当今科学真的需要
这种革命性的深刻反思吗?

《终极理论》代表着到目前为止最有资格称之为"万物理论"的备选理论，《终极理论》竭尽全力地利用简单统一的新原理来解释完全不同的科学概念——可以说，这是一种势不可挡的对科学的全方位强劲反思!

一直以来，我们对于"万物理论"的终极解读同样也是诸如亚里士多德、牛顿、爱因斯坦、霍金等众多伟大科学家的不懈追求，人们希望对万物理论的探索能促进科学的变革，那样的话，人们只需利用自然界中某种被忽视掉的原理来解读现今未知领域里的奥秘。目前为止，人们对万物理论的苦苦探寻催生了"狭义相对论"、"广义相对论"、"量子力学"及宇宙学领域的"暗物质"和"暗能量"等理论。然而，上述理论均存在自身相互矛盾和彼此互不兼容的问题，这便引发了更多的矛盾、问题和未解之谜——如果仔细论证的话，甚至还会有与物理法则相悖的情况出现。结果，我们还是无法解读万物理论，使得当今科学显现四分五裂、支离破碎且毫无明确方向。

《终极理论》告诉我们上述情况为何会发生，并揭示数世纪以来出发点美好，但却最终误入歧途的科学思想，并向人们昭示，我们身边很多已知的能量现象，实际上是长期以来被人们忽视的或被人们误解的、简单统一科学原理的表现形式。这一新的原理可以解释宇宙中所有已知的现象，并将它们统一起来，例如引力、光、电、磁力和原子结构，这样一来，仅仅依靠这一简单明了的科学新原理就能替代现今标准理论中的很多理论和学说——它是一种真正意义上的"万物理论"的备选理论，它能解释并揭晓我们世界里的诸多奥秘。

本书没有艰深难懂的奥秘和悖论，但却能拓展、解放和加速你的大脑思维，让思想自由地飞跃。这是一本很容易阅读的书，为读者提供了大量的和令人信服的结论。让我们赏心悦目地去阅读本书对诸多甚至难倒了当今顶尖科学家的问题所给出的可能或可靠的解答吧。

科学可以这样看丛书

The Final Theory

终极理论

（第二版）

深刻反思我们的科学遗产

〔加〕马克·麦卡琴（Mark McCutcheon）著

谢琳琳　伍义生　杨晓冬 译

反思的灵感来自
爱因斯坦著名的思想实验。
未来的科学将超越牛顿和爱因斯坦！

重庆出版集团 重庆出版社
果壳文化传播公司

The Final Theory: Rethinking Our Scientific Legacy(Second Edition)

Copyright © 2010 Mark McCutcheon

Published by arrangement with Universal Publishers, Boca Raton Universal–Publisher.com.

Simplified Chinese translation copyright © 2014 by Chongqing Publishing House

All Rights Reserved

版贸核渝字(2013)第 266 号

图书在版编目(CIP)数据

终极理论(第二版)/(加)麦卡琴著;谢琳琳,伍义生,杨晓冬译.
—重庆:重庆出版社,2014.10(2016.10 重印)
书名原文:The Final Theory
(科学可以这样看丛书/冯建华主编)
ISBN 978-7-229-08851-4

Ⅰ.①终…　Ⅱ.①麦…　②谢…　③伍…　④杨…　Ⅲ.①自然科
学—普及读物　Ⅳ.① N49

中国版本图书馆 CIP 数据核字(2014)第 242319 号

终极理论

The Final Theory

〔加〕马克·麦卡琴(Mark McCutcheon)著　　谢琳琳　伍义生　　杨晓冬 译

出 版 人:罗小卫
责任编辑:冯建华
责任校对:刘　艳
封面设计:何华成

 重庆出版集团
重庆出版社　出版　 果壳文化传播公司 出品

重庆市南岸区南滨路 162 号 1 幢　邮政编码:400061　http://www.cqph.com
重庆出版集团艺术设计有限公司制版
重庆市国丰印务有限责任公司印刷
重庆出版集团图书发行有限公司发行
E-MAIL:fxchu@cqph.com　邮购电话:023-61520646
全国新华书店经销

开本:720mm×1 000mm　1/16　印张:27.5　字数:446 千
2009 年 4 月第 1 版　2014 年 12 月第 2 版　2016 年 10 月第 2 版第 4 次印刷
ISBN 978-7-229-08851-4
定价:57.80 元

如有印装质量问题,请向本集团图书发行有限公司调换:023-61520678

Reader Praise for The Final Theory
《终极理论》一书的读者评语

这是一本十分吸引人的书。

起初我们担心作者打算得出这样的结论："天工之作"。然而事实上，作者在书中努力地想要给读者呈现一种非传统的、科学领域衍生的、关于宇宙的另一种观点，以及宇宙中存在的各种力，这些都和当今我们所了解的"标准理论"有着天壤之别。

那么作者成功了吗？

至于这一点嘛，那就是本书的妙处所在了。

他**"一定"**弄错了，但**为什么错了呢**？

你或许会轻轻松松地说一声"我懂了"，但他可是比你领先了一大步。毫无疑问，这本书通过将所有当今"标准理论"中固有的、不可避免的疑难问题集中在一起，使所有严肃的读者从中受益良多。科学家们当然知道这些问题的存在，但在本书中，作者将这些问题汇总起来，使其暴露无遗；有的科学家指出了主流理论中的问题，但总是很轻易地说："我们知道大多数问题的解决方法。"这样一来，这本书就成了治疗这种毛病的强力"解药"。但事实上，我们根本做不到，职业科学家也很清楚这一点。我们应该这样去看待引力模型和能量模型：它们只是模型而已，模型存在瑕疵。

这本书中另一个有趣的地方在于它向读者展示了科学的发展历史，让人们清楚地了解到"标准模型"制作过程中形成的各种假设及可能的错误。

那么这就意味着作者的理论是正确的，而标准理论就是"错误"的吗？不尽然。

它只能说明两者都是对现实的模拟，如同其他模型一样，只有通过实验才能一辨真伪。

尽管这本书里的部分观点有些颠覆传统，但总的来说它是一本值得一读的好书；或许正是因为这些观点"颠覆传统"，才让它具有较高的可读性吧。作者撰写这本书，并把它当作科学读物来写，是需要极大勇气的。如果你受过良好的科学教育，那么这本书一定会让你有所思、有所悟的（一旦你过了那种只是想随手翻一翻的单纯动机这一阶段）。

很显然，没人会把这本书拿来当作物理学领域的启蒙读物。由于马克·麦卡琴的原子膨胀公式是基于与当前人们所接受的牛顿或爱因斯坦理论在学校里做的假设截然不同的新原理，如果将《终极理论》运用于物理实验中，你将注定失败。

我想说的是，你了解的科学知识越多，你就越可能在阅读中享受这本书所提供的内容，因为它挑战着你的假设，并迫使你不得不承认我们的标准理论不是一种"既成事实"，而是一个由无数奇异想法组成的、尚能运作的模型。受过良好科学教育的人会发现这本书充满了未揭之谜……

为什么他是错的呢？如果我为了争论而接受他的提议，那么为何又会失败呢？我能用什么**实验**（和理论相对应）证据来击败他的模型呢？

你会发现，用实验证据反驳他是一件多么困难的事情。

本书著述时查经溯源，使用了很好的索引。

——原版读者语

到目前为止，《终极理论》代表了真正可信的"万物理论"的最佳候选理论，它不遗余力地通过一个简单统一的原理最终解释了完全不同的和丰富多样的科学概念——全面地、令人信服地反思了我们所知道的科学！

——原版封底语

尽管麦卡琴先生接受了传统的科学教育和从事传统的职业生涯，然而出自对科学的酷爱，他始终保持着清醒——在今天的科学信仰中存有许多未解之谜、悬而未决的问题和有待解决的矛盾。就这些问题，在他最畅销的科学图书《终极理论：反思我们的科学遗产》中，他为此做好了充分的灵感准备，并开创性地提出了新的科学范式。

——原版学者语

Consider These Quotes on the Subject From Noted Scientists
著名科学家对这一主题的评述

"要说这些问题什么时候能解决，什么时候能达成'统一场论'，皆是不可能的。这些问题也许明天就由一些年轻科学家所发表的论文给出解答，也许到2050年，甚至2150年还得不到解决。但是，一旦解决了，我们就能回答宇宙的深层次的问题。"

——诺贝尔物理学奖获得者，史蒂文·温伯格（Steven Weinberg），摘自《科学美国人》文章："2050年前完成统一的物理学？"

"在科学中，最重要的事情不是去获得如此多的新事实，而是去发现思考它们的新方式。"

——诺贝尔物理学奖获得者，威廉·布拉格（William Bragg）

"我们一无所知。有关引力的一切是个谜团。"

——迈克尔·马丁·涅托（Michael Martin Nieto），理论物理学家，洛斯阿拉莫斯国家实验室，摘自《发现》杂志。

"只有很少的人懂得，或只有很少的人认为他们懂得永久磁铁是怎样工作的。日常生活的磁铁不是一件简单的事物。它是一件量子力学的事物。"

——塔蒂亚娜·马卡诺娃（Tatiana Makarova），物理学家，瑞典于默奥大学，摘自《发现》杂志。

"引力也许不像众所周知的那样工作。飞越太阳系的宇宙飞船的表现是如此之奇异，以至于有些科学家在想，是不是引力理论错了。"

——查尔斯·赛费（Charles Seife），摘自《新科学家》杂志。

谨以此书

献给我的父亲
感谢他给予我的
经过深思熟虑的意见和
为此书编辑付出的大量劳动

同时感谢
一直给我意见和建议的朋友们
以及就众多新观点私下联系我
或参与公开讨论的第一版读者

此外，特别感谢
莫·凯西
史蒂夫·汉森
罗兰·米歇尔·特朗布莱

深切怀念我的母亲

目录

序　言

快乐源自探索事物获得的真知灼见。

——维吉尔（Virgil）

科学是人类揭秘宇宙本质的工具，我们栖息在一个安定有序且建立在稳定可靠的物理法则之上的宇宙，随着科学的不断发展，越来越多的奥秘将会得到解释，我们□□□□了解宇宙。然而，仅在过去的一个世纪，科学使我们认知了□□□□□□团、平行宇宙理论、超维度超弦理论、虚粒子、暗物□□□□□□□□断发展中。是宇宙本身就是如此的匪夷所思，还是我□□□□□□学失去了方向？本书清晰明了地阐述了上述理论的不足，□□□□们继承的科学遗产，从而有力地支持了第二个推测——我们的科学失去了方向！

关键是，我们的科学建立在能量守恒定律这一基础之上，该定律规定：能量既不会凭空产生，也不会凭空消灭，它只能从一种形式转化为其他形式，或者从一个物体转移到另一个物体，在转化或转移的过程中，能量的总量不变。如果一个宇宙里的独立能量和作用力能够在不消耗潜在能量的情况下作用于周围的环境，这必然是幻想与魔法，而不是科学。

通过这个能量和质量的公式：$E = mc^2$，可知这条核心能量定律包含了万有引力、磁力、电力、电磁辐射、强核力、弱核力，甚至物质本身。同样，我们必须了解到正如我们所知的，科学完全是以能量为基础的理论，并由各种各样独立且仍知之甚少的能量、作用力和反作用力组成。此外，许多日常现象，如万有引力或磁力，以一种独立、神秘而不间断的方式作用着，并且违背能量守恒这一物理法则，而我们对此要么完全忽视，要么因为逻辑变换，如能量公式，而不予置之，要么在建立纯粹的数学模型时忽略了。这就是我们从一个更简单的时代得到的能量理论，现在我们通过观察并解释所有发现，专门且广泛地用作科学透镜。

这也意味着，科学家现有的关于万物理论终极理解的研究，要求它必须完全在原有的能量理论的范畴内发现。然而，正如本书明确所示的，把这些强加到如此重大的未知理论的探索中，这是极为不合理的限制，也是迄今为止所有寻找终极理论的尝试均告失败的原因。"能量"一词是科学家一直试图理解并用来解释作用在我们周围的物理现象的统称，至今仍在使用，除此之外，它到底还能是什么？专家们承认自牛顿和爱因斯坦提出他们的理论后的很长时间，直到现在，万有引力能的本质仍是一个有争议的问题。光和从无线电波到 X 射线的所有电磁辐射，现在被认为是量子力学的波粒二象性悖论。电荷和磁力基本上是首要原因，它们无视能量守恒定律的能量转换要求，强有力地、充满活力地和无限地自行作用着。如果强核力和弱核力正如广告所说的存在于世，它们不遵循规定的能量转移理论，是强有力地、充满活力地和无限地自行作用着的作用力的典型，同时也是用来解释与现有原子理论相悖的已发现的作用力。通过狭义相对论可知，光速神秘地与时间通道相连，同时未知的暗能量和暗物质在我们尝试解释天文观测与广义相对论方程之间的巨大差异的过程中，已迅速进入我们的科学视线里。

因此，我们身边的定律是否都真正源自如此奇异且违背规律的现象，或是我们得到的科学理论及对它孜孜以求的先锋者不经意间让我们离开宇宙的真谛，甚至包括宇宙的意义？本书首先阐明，我们的科学是前人得到的有缺陷的能量理论，接着阐述了一个全新的科学理论，用一种在自然中被忽视的单一法则重新定义各种"能量"（energies），更理性地解释了我们身边的发现。这个新解释来自对爱因斯坦思想实验的字面解释，在这个实验中，他发展了抽象得多的广义相对论，也回答了这个问题：如果"能量"这个遗留词只是具有过去世纪历史的占位符，用于解释以它为中心的未知事物，那么这些未知事物是什么呢？

事实上，科学家和业余爱好者提出很多来自科学界的、范围更广和争议性更大的假设，以此尝试着解释未知事物。当新的发现强有力地证实这些假设时，科学家并没有质疑现有的理论，反而如雨后春笋般冒出很多极富创造力的假设，通过创造新的无法解释的现象来解释新发现，进行更深入的研究。如果这些假设创造了足够的争议性或足够复杂，能够满足科学媒体的涉奇之心并吸引到资金，这些就能变成实际上的"科学"。最近对暗物质和暗能量研究的迅速增加，为这一进程提供了极佳的实例分析，否则这些发现就暗示着对现在的引力理论和宇宙哲学假设的反思。在这种情况下，尽管传统的科学方式要求任何经过实验或观察而被反驳的理论都被简单地认为是错误的，且需要对其进行反思，我们完全掩盖了现有理论的失败和为了挽救现有理论而创造的新现象的可变性。现在这些将普遍摒弃传统科学方式，而偏向在科学上没有解释的发现，因为解释已经让科学处于更加紊乱的状态。

尽管各种不间断的尝试证实一些主要的科学理论是错误的或者缺失了，但这些尝试要么植根于被质疑的能量理论之上，要么远离科学，经常是这两种情况都有。这导致我们希望有同样问题的终极理论的出现，这些希望从一开始就是不完善的和陈旧的。虽然在这么多人大叫"狼来了"后，我们可以理解，但我们应该记住在寓言里，最后真的会出现一只狼。因此，在我们探索万物理论时，如果宇宙真是如我们所知的那么合理与可理解之地，尤其是当过去更富于想象力的科学探索不能发现它时，那么应该要有一个可以理解的、有说服力的、清晰明了的最终理论等待着我们去发现。在这些科学篇章中，有关于宇宙和我们生活的世界的第一个真正全面、完全可替代并平行的科学理论，打破了现有受质疑的能量理论的桎梏，成为最终的科学诠释。

图标说明

本书面向科学工作者和普通读者，它对我们今天整个的科学知识体系进行了一次全面的反思。因此，为了加强论述的条理性，并帮助读者迅速确定重点内容及其重要性，关键章节或词条将标注以下摘要框或图标：

> **注意**
>
> 列出论述中着重强调的重点内容。

> **重点提示**
>
> 列出随后论述中的重点内容。

新观点

介绍一种新观点以供思考。

物理法则

表明其为目前标准理论中的物理法则。

违背物理法则

表示与目前科学观点中的物理法则相悖。

谜团

? 表示目前科学观点尚未解开的谜团。

谬误

X 表示当前科学观点中的逻辑或数学错误。

实验

表示思想实验或现实实验。

选择阅读数学

表示下文介绍的数学知识已在前文或将在下文中进行解释，此内容仅供读者选择性阅读。

引　论

最伟大的科学发现从来都能让我们反思自己对宇宙
及对我们生存之所在的固有观念。

——罗伯特·L. 帕克（Robert L. Park）

我们都出生在这一宇宙，我们的生活也都遵循着它的规律和法则。从主宰整个宇宙的万有引力定律，到最细微的原子所遵循的基本原则，自然法则在我们的生活中无处不在。作为智能生物，我们自然想要了解周围的世界，而作为宇宙的孩子，我们应当有能力了解整个宇宙——这是我们与生俱来的权利，这似乎也是情理之中的。

事实上，许多人似乎认为除了一些细枝末节外，我们对这个宇宙已经颇为了解。艾萨克·牛顿（Issac Newton）让我们认识了万有引力这种自然界的引力，此后，其他许多科学家让我们了解了光、电、磁、原子结构，等等。这一过程最终引领我们走到了今天这个地步，如今的科学理论囊括了各种已知的观察结论，它们被统称为"标准理论"（Standard Theory）。这种认知，让收音机、电视机和电脑的发明成为可能，我们甚至能够制造宇宙飞船去探访遥远的行星。尽管科学家们还在孜孜不倦地探求更为深层次的问题，然而标准理论似乎让我们对宇宙有了一个相当全面科学的了解。但事实果真如此吗？

比如，我们在多大程度上真正了解万有引力？我们知道为何万有引力总是让物体相互吸引而不是相互排斥的物理原因吗？牛顿将这一观察视作一种外在的吸引力，并作出了令人信服的描述，但他并没有对这种力的存在和本质给出任何物理解释。不凭借其他已知的能量源，仅仅一种力就能够将物体吸附在行星表面，并让它的卫星在其轨道中运行，这真的可能吗？如果有可能发明一种反引力装置，那么这种装置的理论基础是什么呢？换句话说，万有引力的理论

1

基础又在哪儿呢？尽管牛顿提出了万有引力的概念，但阿尔伯特·爱因斯坦（Albert Einstein）却认为有必要进一步寻根问底，并对万有引力作出了截然不同的描述，与此同时，科学家们仍在继续探寻其他的解释。为什么我们今天的科学对同一现象有着两种截然不同的物理解释，而且还在继续寻求其他的解释——它们真的能回答有关万有引力的最为基本的问题吗？

我们真的了解光吗？几个世纪以来，关于光是由波还是由粒子构成的争论从未停止过。今天我们已经得出结论，认为光既是一种波也是一种粒子（光子）——有时候表现为这样，有时候则表现为那样，视情况或实验的不同而不同。时至今日，光的这种特性依然极为神秘莫测且鲜为人知，它是量子力学的一部分——甚至这一理论的创立人及信奉者，也认为它奇异无比和矛盾重重。

我们真的了解磁吗？我们知道两个磁体同时以北极相碰或南极相碰的话，会相互排斥，但是我们真的能解释这一现象吗？如果我们试图克服排斥力将两块磁体紧贴在一起，我们的肌肉会因为不断消耗能量而感到疲惫不堪，然而磁体内部产生的排斥力却不会疲劳。磁体内部似乎能产生无穷无尽的力，一直像这样不断地与外力相抗衡，最终耗尽所有的外部能量源，而自身却毫发无损，这合乎情理吗？事实上，磁体内部并不存在可确定的能量源来为磁体提供源源不断的内力。我们了解磁场是什么，或者我们只不过是发现了如何创建磁场，并且用方程式来模拟它们的状态吗？换言之，我们是不是将实践知识和抽象模型与真正的认知混为了一谈？

对此问题的深入分析表明，我们无法从当今的标准理论中找到可以解释这些现象，以及日常生活中遇到的许多其他问题的正确答案。科学已经为我们的观察结果建立了很好的模型，但是很多模型都缺乏一个清楚明白的物理解释。牛顿创建了万有引力模型，却无法解释为什么它能吸引物体，以及物体为何只要存在就能不断产生引力。事实上，自牛顿之后的300年和自爱因斯坦后的一个世纪，我们依然无法给出这些问题的答案。我们构建了表述磁场的方程式，以及用于描述其明显观测到的现象的种种理论，但是我们几乎没有清楚的物理解释来说明为何磁场呈现如此的行为特性，而诸如一块简单的永久磁铁内部源源不断地释放出能量这样的现象，更成为了一个个悬而未决的谜团。

许多科学家都认识到，我们对宇宙缺乏深入的了解，因此我们正试图通过高能粒子加速器和功能强大的空间望远镜来加深对宇宙的了解。我们希望这些研究最终能帮助我们在了解宇宙本质方面取得关键性突破——也许突破口在于发现目前尚不明了的基本亚原子粒子或其原理上，抑或通过从太空中探测到的某种新型能量源或宇宙哲学现象中找到突破口。可以预见的是，一旦实现这种关键性的基础发现，其影响必将波及今天标准理论中的一大堆令人捉摸不透的理论，使之成为统一的、清晰的理论，足以为万事万物给出简明扼要、令人信服的解释。物理学家把这一期盼已久的理论称为"万物理论"（Theory Of Everything）——它也被视作当今物理学许多基础研究的终极目标。

我们对万物理论的关键期望，不仅仅在于希望它能清晰和简单地对我们今天尚不知晓的所有物理问题——引力、光、磁等等——作出最终解释，而且期望它能通过我们至今尚无法掌握的、自然界放之四海而皆准的一个单一的统一法则进行解释。一旦找寻到这种理论，它可使一切疑问迎刃而解、大白于天下，就像打开灯后满屋的东西便可一目了然，而现在的理论则更像黑暗中的手电筒，在其照射下，我们看到的只能是零碎散乱的景象。后面几章会阐述，"黑暗中的手电筒"方式也投下了隐约的阴影，在过去的一个世纪产生了极具误导性的假象——最有名的是狭义相对论、广义相对论和量子力学。

就全面性而言，比万物理论稍逊一筹的是统一场论（Unified Field Theory），统一场论常被用于解释除了万有引力以外的其他所有物理现象，并将它们串联起来，因为该理论认为，一旦我们能够真正理解所有的场和力的话，就会发现万有引力在本质上可能与它们极为不同。如今，全世界的物理学家都在致力于探索这两种理论，他们的终极目标都是找到一种能够解释包括万有引力在内的所有自然力的理论体系——这就是包罗万象的万物理论。

尽管万物理论只是在20世纪才拥有了比较正式的定义，但它从来都是科学的终极目标；即便是中世纪的炼金术士，也一直在以他们自己的方式寻求对这个物理世界的终极了解。牛顿对科学的诸多贡献中有一些是他对引力、光以及运动物体力学的描述，而爱因斯坦对这些现象作出的描述与牛顿大相径庭，他为其中加入了能量、质量、空间和时间的概念。无论这二人的努力形式上是否表现如此，他们实质上都是在探索万物理论，许多科学家和他们一样，虽然从事的是基础研究，但其目的是为了揭示宇宙的本来面目。

迄今为止，我们尚未找到真正的万物理论，更确切地说，目前我们找到的所谓的"万物理论"，实际上应称为"标准理论"。尽管我们往往不会授予其"万物理论"的桂冠，但它实际上可以算作一种"万物理论"，因为它试图解释所有已知的观测结果和自然现象。标准理论从存在了好几个世纪的诸多假设中演变而来，其中的精髓融合成为了标准理论的次理论。即便是像量子力学和狭义相对论这样标新立异而又神秘莫测的理论，也是当今标准理论的一部分，而不属于其他某种"万物理论"的范畴。

因此，我们不但可将标准理论视为一种"万物理论"，而且到目前为止，所谓的万物理论也仅此一家而已。想要创立一种新理论来为另一个"万物理论"奠定基础的话，它就必须建立在已知物理学范畴以外的理论基础之上，并且完全以这种新原理为基础，对标准理论的所有内容进行彻底改写。图 I-1 显示的是目前这一标准理论所包括的各类零散混杂的理论，它们是过去几个世纪我们那种"黑暗中的手电筒"般的科学探索的结晶，同时其中还罗列出了万物理论启发人类思维的研究视角，一旦找到正确的基础理论，万物理论破茧而出也就指日可待了。

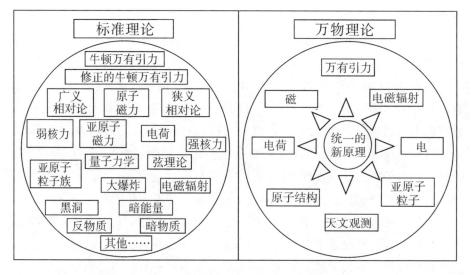

图 I-1 当今标准理论的拼构图与万物理论

本书以下章节介绍的正是这样一种新的物理学原理，它表明所有的物质可能都具有这种目前被忽视或曲解的新的重要特性，并将这种原理发展成为第二个"万物理论"，以供我们思索。这种新理论首先对万有引力给出了清楚的物理解释，解开了当前有关引力的许多困惑和疑团，例如为何它表现为一种显而易见的吸引力，没有能量源它又如何能够存在，等等。行星轨道、海洋潮汐，以及其他已知的引力作用下的观测结果，都可以不借助我们当前的万有引力理论，而完全以这种全新理论加以阐释。这种新理论同样提出了新的见解和可能性，它们都是我们迄今为止闻所未闻的，也是当前的万有引力理论所无法预见的。

这个新原理还以前所未有的物理的简单明了的方式，进一步揭示了原子结构，以及构成原子的电子、质子和中子的本质。这一透视原子结构的全新的视角，为我们阐明了物体的引力是如何与电线中电子流动产生的电和磁直接相关的，因为这个新原理既是原子也是电子构成的基础。对于上文提到的磁体内部看似无穷无尽的能量，新原理同样给出了解释，同时还对为什么电和磁之间总是存在着密切关联性作出了清楚的物理成因。新原理还就原子内部的电子轨道问题加以了阐释，从而以自己的方式解开了当今科学领域内原子理论方面存在的这一疑难课题。

新原理还进一步揭示了光的本质，对于光是粒子还是波，抑或实际上完全是其他别的物质这个由来已久的问题给出了自己的答案。由于量子力学理论在很大部分上是基于标准理论中关于光具有奇异的波粒二象性的信念，因此，新原理对光本质的揭示，将对量子理论产生重大影响。事实上，一旦引入新的统一原理，我们目前对原子结构、光和能量进行的量子力学描述，便似乎成为了多余。任何一种替代性的"万物理论"都会让量子力学成为多余，因为从定义上看，这个新原理是完全不依赖于今天任何标准理论所包含的一大堆零碎理论包括量子力学在内，而独立存在的。

也许我们可以进一步预见的是，爱因斯坦的狭义相对论同样存在种种严重的问题，它也将被新原理所取代。这意味着，我们现在可以用一个适用于所有科学的简单原理，来取代复杂而深奥的量子力学和狭义相对论，并解开一些存在已久的谜团，我们今天奉为真理的光速极限就是其中之一。所有用于支持这些神秘理论和观点的著名的思想实验与现实实验，都将再次接受仔细的检验，由此，我们会发现它们存在重大缺陷、误解，甚至是明显的致命错误。

最后，这个简单的原理为近几十年高能粒子加速器实验中出现的许多神秘现象，以及实验中出现的粒子，例如虚粒子和反物质，给出了解释，拨开了目前笼罩在它们周围的重重迷雾。这种对亚原子粒子实验作出的新解释，同时也为由更强大的粒子加速器发现的、越来越多的新粒子种类作出了新的诠释。新原理还为我们提供了一个崭新的视角来理解爱因斯坦的观点，即根据其著名的公式 $E=mc^2$，质量和能量可以来回转化。原子弹的爆炸过程中出现了质量向能量的神秘转化，粒子加速器中纯能量物化为亚原子粒子的过程中能量转化成质量，与这些理论不同的是，新的统一原理去除了上述两种现象的神秘外衣，为我们给出了一个清楚直白的解释。新原理还涉及了我们进行的许多天文观测，为许多观测结果作出了另一种简单的解释，其中就包括当今有关黑洞、宇宙大爆炸创世事件，以及最近介绍过的暗物质和暗能量。

理终
论极 逻辑谬误——创造"事实"的逻辑扭曲

我们有必要甚或有可能进行如此重要的反思，这件事乍看起来不可思议，因为经过几个世纪，科学已经发展得相当先进和成熟，然而事实是远在几个世纪前，许多重要的科学理念在被证明是先进与成熟之前就已被提出来并加以运用。我们现在继承了历史悠久的观点与信仰。它们与科学以及我们的思想水乳交融，所以通常被认为是毋庸置疑的事实，尽管有许多显而易见的未解决的问题。

在对纯客观真理与认知的科学探索中，我们必须不断采纳过渡性的观点，有的观点经得住时间的检验，有的则不能。在这个过程中，某些观点可能更有可信度、更被认可或更有生命力，却不是最终对科学有益，那么客观事实则被弃之一旁。根据我们的科学发展史和当今的科学观念及下面章节将要讲到的理论证明，未经证明的逻辑谬误的存在已导致长期且普遍被误解的科学理论的出现。

因为逻辑谬误支持当今公认的或受青睐的观点，而这些观点通常是被寄予厚望的或已经根深蒂固的，加上没有其他可供选择的现成解答，上述情况经常会出现。事实上，这种动机本身就说明普遍存在的逻辑谬误是一种验证性偏差，在这种情况下，只有支持受欢迎的理论的论据才会被重视和考虑。逻辑谬误将导致矛盾的论据被作为支撑理论出现，观测结果不是用数据进行解释，故尔明显错误的理论却被接受为事实。其结果是，任何时代里主流的科学观念总是被坚定地承认、广泛地接受、积极地支持和坚决地捍卫——包括现在已知的错误理论。

由于这种情况，通常科学和社会会以一种相当常规的速度发展，并随着重大信念系统被推翻而产生的波澜壮阔的思想革命因此暂停。认识到地球是圆的而不是平的就是一个思想革命的典型例子；对太阳系的认识从地心说到日心说的改变又是一例；从牛顿宇宙的纯经典力学和万有引力学说到爱因斯坦的相对论光速和时空扭曲的物理理论则又是另外一个例证；还有用量子力学的模型和观点来描述能量、亚原子领域的观点是另一个例子。正如本书所详述的那样，现在我们也许面临着科学思想的进一步革命。逻辑谬误促成了最终会被推翻的持续信念模式的形成，而在后面的讨论中，随着这些谬误越来越多地被发现和引用，它们最终会被正式承认。谈到关于脉冲星的论据被广泛引用并支持爱因斯坦的广义相对论并且因此获得诺贝尔奖的理论时，我们从多种逻辑谬误的阐述开始。

重点提示

- **诉诸权威谬误**
- **诉诸共识谬误**
- **非典型样本谬误**
- **归纳型谬误**

也许诉诸权威谬误和诉诸共识谬误是两个最普遍的逻辑谬误的例子。在诉诸权威的逻辑谬误中，一个主张的正确性在很大程度上基于发表主张者的声望与权威。这其中的玄机是因为这些主张背后的知识不为众人所熟知，这就成了一个盲从权威主张的先例。那么科学家、科研机构、享有盛誉或历史悠久的杂志所发表的理论主张，可能会得到超过它本身所含科学价值的认可，上述情况就是源自这种失控局面。这会导致更广范围的科学与学术认同，会被政府、教育系统和科学媒体所采用，也将成为强有力的自我强化系统，它的每一部分都受到其他替代权威的影响，而不是客观地评估原主张的理论价值后再决定。

在诉诸共识的逻辑谬误中，一种被认定为更可信、更正确的理论在很大程度上取决于大多数或是达到共识的观点。尽管这种"人多保险"的办法是一个很公平的假设，其中存在的危险性在于大多数的支持者都不会去检验或质疑最初的理论本身，他们依靠对方来确认该理论的正确性。尽管历史证明主流的观点经常随着时间的流逝而改变，但在共识谬误中，与主流观点相左的观点经常被摒弃，持有非主流观点的人被认为不够见多识广、不够学识渊博或不够明智。科学共识通常包括非正式科学团体内的一致见解，学术机构里达成的共识，还有被科学媒体通过文献、大众科学杂志、图书、网站，以及新闻报纸和电视科学新闻故事灌输的公众观点。这也会是一个强有力的自我增强动力，在这里面原主张的正确性只是被简单地呈现——一个被广泛接受的且毫无异议的定论。

诉诸权威谬误和诉诸共识谬误都被视为逻辑谬误，不是因为权威或共识一定不正确，当然是因为错误的观点在很大程度上得到权威或共识的支持，或者完全以此为基础。这一后果的作用力进一步影响了许多观点，使其遵循已知的权威观点或普遍接受的共识，因此强化了有可能遭到高度质疑的观点。这种情况发生时，我们有且仅有一个高级和基于信仰的信念系统，腐蚀了所有可靠的、客观的、科学进步和理解的意识形态。

现在科学中的很多观点共享了支撑自身的权威观点和共识。学生遵从教科书或老师的权威；老师遵从课程要求、学历或教授；教授遵从主流的学术共识或知名机构、学术期刊、实验或知名人物如牛顿或爱因斯坦的权威观点。同样的观点被科学媒体接受，并传递给公众，这能成为任何民主国家的强有力的作用力，影响并支持政府、学术和教育偏向以及资金。当所有因素得到应有的考虑和尊重时，它们也是强有力地、毫无疑问地自我强化系统的所有部分，贯穿整个既不是绝对正确亦不受权威或共识谬误影响的社会。

谬误
X 脉冲星理论里的逻辑谬误。

在如今被广泛引用的宇宙理论里也有很多逻辑谬误，从做周期运动的双星系统，如双子脉冲星 PSR1913 + 16 发射出的信号，证实了广义相对论，这一理论赢得了诺贝尔奖，而且鲜有人会质疑，从而创造了更一致的情境。然而，广义相对论的证实理论真的是可靠的科学事实，或者它是另一个强有力的权威或共识谬误吗？

首先，因为本书的众多探讨引发了对广义相对论本身的严肃质疑，那么，广义相对论的证实理论如何彻底地进行调查研究并面对质疑进行的探究。

其次，除了可能的权威和共识谬误，这个理论进一步阐明了归纳型谬误这一概念，原始阐述即使是正确的，也不能证实更具深远意义的结论。再进行深入审查，这个例子归根结底就是广义相对论可以用于准确地建立脉冲星PSR1913 + 16 发现的模型。这里的归纳型谬误就是即使这些理论经得起怀疑探究，也不能证实这个更具深远意义的结论：观察结果背后的物理学以及我们整个宇宙的运行已经确认是爱因斯坦扭曲空间-时间的引力理论。真正客观的科学观点能够从如此奇异的远距离观察中，把关于广义相对论的伟大而又具有说服力的结论看成等待更近一步论证的猜测和怀疑。

但是随着非典型样本谬误的出现，能够用这个例子进行阐述的逻辑谬误的类型不会就此结束，一小部分发现被错误地认为是绝大部分的代表，因为这样做支持了一个超前的观点或期望的信念。尤其是现在我们发现了大概100个双脉冲星系统，PSR1913＋16只是占发现数量百分之一的样本。它能被广泛引用并得到以脉冲星为基础的对广义相对论的理论支持的主要原因之一，是因为它比现有99%的脉冲星观测结果更适合爱因斯坦的理论。鉴于此种情况，如果没有论据反驳，我们可以把已知的双脉冲星样本作为广义相对论的论据支持匮乏的开始，而不是在科学界给出的相反的论述。

因此，即使强有力的权威和共识是从非典型样本里得到，并且支持归纳型谬误，也并不意味着广义相对论的证实理论本身是谬误。在其他理论里，这些因素的存在都发人深思。现在很多被认为是可靠科学事实的理论在本书中被列举出来，由于通常有一个甚至多个逻辑谬误的支持，就算不是事实性错误，也是疑问重重。历史证明，当推测和假设依靠薄弱的证据或有问题的逻辑，而这些论据或逻辑又支持当下主流的观点或信念时，科学会严重地偏离方向。一旦验证性偏差开始盛行，信念就会主张远离严格的科学检视和客观质疑，我们对宇宙的理解就会停滞几个世纪，甚至偏离方向。正如上述例子以及本书中大量的其他例子所示，有数十个著名的逻辑谬误，我们一不小心，就会被引入歧途。

同样应该注意的是，在本书中呈现的可替换的科学解释并不包括标准理论里提出的一系列新理论，但是它们属于另一个完全可替代的科学新理论——可替代的万物理论。这个对宇宙的平行解释为现在科学上很多的问题和谜团给出了解答，在不借助与所有实验和观察一致的统一原理的情况下，也能让非科学工作者真正地理解我们的宇宙。

值得注意的是最后一点，这个新理论不可能是由今天的标准理论构成的。也就是说，在下面章节将提到的，在用标准理论解释时，我们的很多日常经验中隐藏着无解的问题和谜团，甚至存在违背基本物理法则的现象。所以就目前来说，我们现在的科学知识的主体不仅仅只是缺少解答，也确实是有致命缺陷的万物理论。我们现行寻求答案的研究有可能修正这些缺陷，把标准理论变成为更受欢迎的万物理论，同样我们也有可能在一个全新的观点里找到答案。在下面的章节中将提到的新理论，不仅能提供一个观察宇宙的可替代性方法，而且是唯一符合万物理论标准的，还是科学界寻找了几个世纪的理论。现在，我们将开始踏上寻找全新科学原理的发现、理解与探索万有引力的无穷奥妙的旅程。

1

Investigating

Gravity

第 1 章

万有引力探秘

"一个人不可能学习他自认为已经掌握的知识。"

——爱比克泰德（Epictetus）

1 万有引力理论

理终论极 万有引力——自然界四大基本作用力之一

万有引力是自然界最基本和人类最为熟悉的一种力。因此，在展开对万有引力的论述之前，我们有必要搞清楚以下两点：我们认为的自然力是什么，它们与标准理论以及我们寻求终极认知的努力之间存在着何种联系。尽管标准理论是由诸多次理论构建而成的，其中一些在图 I-1 中已经提及，然而大多数科学家认为，探索万物理论的努力也就是寻求了解并统一目前被视为自然界四大独立的基本作用力的过程：

- **万有引力**——我们熟知的存在于所有物体间的吸引力，这一概念首先由艾萨克·牛顿提出。
- **电磁力**——电与磁之间存在着密切关联的现象，以及无线电波和光等电磁辐射现象。
- **强核力**——一种强大的将原子核聚集在一起的短程作用力。原子核中有许多彼此距离很近的带正电荷的质子，根据电荷理论，它们会剧烈地相互排斥，从而导致原子核解体。为了解释原子核得以存在这一明显有悖于电荷理论的现象，科学家引入了原子核中质子间存在一种相互吸引的强核力的概念。
- **弱核力**——另一种比强核力弱得多的核力。包括亚原子粒子群的随机衰变（也就是放射性）在内的一些难解现象，直到引入这种核力概念后才得到相应的解释。

目前人们认为，以上这些便是自然界的四大基本作用力，而且从本质上来说，它们不过是目前科学尚未掌握的一种基本作用力或原理的不同表现形式而已。揭开这种基本作用力或原理的面纱，就能找到万物理论，它赓即就会向我们展现，我们当今科学得到的所有观察结果、形成观点以及理论的根本成因。这样一种统一的认知，有望将标准理论中零散独立的抽象理论，转变为一种简单明了、清晰连贯的完整理论，为万事万物作出正确的物理解释，从而在科学界引发一场大革命。

本书提出并论述的这一新理论让我们看到，尽管这种预见符合人类的直觉认识，然而我们至今却仍未取得期望中的成功，究其原因有以下两点。

首先，由于我们对探索对象显然缺乏更深入的了解，因此我们无法肯定自身对自然界基本作用力的界定是否正确。比方说，如果我们的电荷理论与大量观察结果背后存在的真正的根本理论相比，是一种存在缺陷的理论模式，那么我们目前认为的带正电荷的质子总是相互排斥的质子运动模式，可能就是对原子核的一种不准确的描述。相反地，根据自然界一种我们尚未发现的理论，也许在同一个原子核中的质子聚集在一起是完全符合自然法则的，而这种理论却可能为我们所误解并将其描述成质子带"正电荷"。换言之，在许多情况下，质子表现得可能确实就像带有一般概念中的"正电"，然而这种表象也可能基于另一种完全不同的原因——正是它导致质子在同一个原子核中自然地聚集在一起。如果是这样的话，我们提出的令原子核免遭解体的"强核力"概念就成了画蛇添足，而我们试图寻找一个统一理论的努力，就恰恰部分基于在某些被误解或根本不存在的作用力之上。我们目前试图统一这四种作用力的目标，或许一开始就将这些存在缺陷的假设作为了基础。

其次，我们目前主要通过数学方式来找寻一个统一理论的方法，大多可能偏离了研究的最初本质与目的。我们对宇宙拥有一个全新深刻的物理认识的探索，面临着沦落为仅仅运用现有方程式进行数学运算的危险。由于我们期望这种深刻的物理认识，能为所有自然力建立起一个共同的数学框架，因此我们往往想当然地认为，如果运用现有的数学模式直接寻求这种数学意义上的最终结果的话，期待中的更为深刻的理解就自然会浮出水面。然而这种方式可能经不起推敲，因为它假定的是我们已经正确认识了自然界的四种基本作用力，而只需将数学模式加以重新整理。但如果证明这一假定是错误的，那么这种研究方式得到的，只不过是存有缺陷的物理世界模式之间的、一大堆并无多大意义的数学关联。这种方式还可能将我们探寻更深刻物理认识的研究降级，使之沦为一道数学练习题，而无任何深刻意义。这种方式也许能为我们提供一些有益的启发，但它所得到的也可能不过是方程式之间人为的数学关联，而其反映的实际上也只是我们已掌握的有限的物理认知而已，例如电磁学中的弱电统一理论和弱核力。

　　鉴于以上理由，下面各章节有关这种新的"万物理论"的论述，并不是严格遵循自然界"四大基本作用力"的数学统一模式展开的。事实上，这些论述几乎未涉及数学，并且只是在以清晰的物理学和常识性语言进行大量宽泛的科学论述时，才附带地提及这些自然力。然而，这些论述首先谈到的就是四大基本作用力之首：万有引力。这些论述指出了我们目前的万有引力概念存在的诸多问题，并由此引入新的统一原理，在此基础上构建一种新的万有引力理论，能够为许多问题提供相应的答案。一旦这个新原理得到确立，在接下来的章节中，它将在标准理论的其余各个领域掀起一连串的波澜，不仅要对我们的"四大基本作用力"概念进行重新定义，而且将用清晰的物理学语言，对我们当今科学里纷繁复杂的理论体系进行重新界定。

2　万有引力的尴尬

　　牛顿的万有引力定律，无疑是自然科学中最受公认和最为普遍接受的理论之一。几个世纪以来，它对我们的思想和科学的影响是如此的深远与根深蒂固，以至于万有引力定律已经基本上与引力现象本身画上了等号。如今我们几乎很难想象，能将我们关于引力的日常经验与牛顿提出的万物都具有引力的观点分割开来；然而，正如接下来的论述所表明的，牛顿的理论确实存在许多未解的谜团，以及在科学上完全行不通的观点。由于这些问题的阻碍，人们无法普遍接受任何一种新理论，而只会把它当作一种猜想或假设；然而，一方面牛顿观点颇具说服力，再加之目前尚无比它更为合理的理论，因此，在很大程度上我们并未对这一理论进行深推细究。

重点提示

- 牛顿万有引力理论并未解释为何物体总是相互吸引，它不过是为这种观察结果构建的模型。
- 牛顿主张的由地球及所有物体生成的引力场缺乏一个已知的能量源来支持。
- 尽管地球的引力能对物体产生向下的吸引力，并将月球保持在绕地轨道中，然而从未出现过能量源衰减或枯竭的现象——这违背了"能量守恒定律"这一最基本的物理法则。
- 由于错误地运用功方程进行的解释存在缺陷，目前我们都忽视了这其中的种种疑点和矛盾。
- 目前归结于牛顿万有引力理论的所有现象，实际上是建立在早于牛顿之前就得出的方程式基础之上。
- 牛顿提出万有引力完全是多此一举，它没有更多的用处，而且它在自然界的存在缺乏相应的证明或科学的理论依据。

终极理论 牛顿的错误与违背物理法则

万有引力是自然界中我们最为熟悉，同时也是最为重要的现象之一。尽管人们一直都认为显然存在着某种"东西"导致物体下落，然而直到艾萨克·牛顿（1642—1727）的出现，人类才通过方程式的形式，为这种"东西"构建了一个清晰的模型，将它表述为源自万物的一种引力。牛顿还提出，正是这种引力的作用形成了我们观测到的天体轨道，宇宙因而变得像钟表装置一样易于理解而且可以预见，这可是人类历史上破天荒的头一遭。这在牛顿的时代无疑是一项伟大的成就，它为此后以类似方式通过方程式来建立其他作用力的模型奠定了基础。

尽管现在我们常常谈及这些作用力，但有一点往往被我们所忽视：现代科学对大部分作用力仍然未作出严谨的物理解释。我们继承而来的、构成今天科学知识体系的理论和方程式依然非常有用，这很容易让人忽视这些理论和方程式大部分都是一些抽象的模型——而非严谨可靠的物理解释这一事实。牛顿在诸多科学家中，率先为各种不同现象建立起了解释模型，这些模型颇令人信服而且非常有用，但是直到今日，人们也无法用物理的而且科学可行的方式对它们进行充分的解释。

事实上，当牛顿首次提出"万有引力"概念的时候，曾经遭到过强烈的抵制，因为当时经过与神秘主义和迷信思想的长期较量，严谨的理性思维最终开始占据上风，而这种引力在当时的人们看来，代表的几乎是一种无法理喻的魔力。如今，由于牛顿的万有引力已为科学所接受，我们对一种未知的作用力穿越真空，以某种同样未知的方式作用于远处物体的这种观点，早已习以为常。对这些作用力（引力、磁力、电荷等等）中大部分都没有已知能量源这一事实，我们甚至也能泰然处之。然而，在牛顿的时代，这种概念还只存在于神话和魔幻故事之中。对像勒内·笛卡尔（René Descartes，1596—1650）这样的哲学家而言，人类社会是经历了漫长的探索，才摆脱了以往神秘主义的影响，最终步入了一个提倡理性思辨和令人鼓舞的年代。

很早以前，笛卡尔就提出了自己关于轨道的物理理论，该理论认为，行星被一种无形的物质所牵引，这种被称为以太的物质可能环绕在太阳周围。尽管这一理论有它自己的问题，在当时那样一个崇尚理性的年代，许多人将牛顿提出的一种完全未知的作用力穿越真空产生作用的观点，视为是过去神秘主义思潮的死灰复燃。牛顿意识到他的引力理论存在的这一根本问题，因此从未表示能够对它进行解释。然而与其理论相配套的数学模型是如此合理而且令人信服，引力作为物理现实和科学事实的地位因此很快得到了巩固，并在随后的几个世纪里得到越来越多的认可，时至今日，它已经成为最具主导性的理论。

然而应当看到，尽管人们普遍承认牛顿的万有引力缺乏一种合理的物理解释，但是我们却几乎全然忽视它违背了物理规律这一更为严峻的事实。要对这一点进行清晰的阐述，首先就不得不提到一条最为基本、放之宇宙而颠扑不破的物理法则——能量守恒定律（law of conservation of energy）。

物理法则

 能量守恒定律： 能量不会被创造出来，也不会凭空消失，而只是从一种形式转化成另一种形式。

这是最为基本也是最不可撼动的物理法则之一，它已成为检验任何理论或

发明具有科学性的试金石，并从本质上说明有失才有得。如果一种理论或装置表明可与周围的事物产生力或能量上的相互作用，那必定是从现有的能量源里吸收了能量，只不过在其过程中将能量从一种形式转化为另一种形式。例如，当汽油被"耗尽"来提高车速时，汽油中包含的化学能转变成了动能。根据能量守恒定律，汽油中的化学能并未真正消失，而是转化成了另一种形式的能量——车辆运动的动能。

同样地，车辆的动能也并非凭空产生，而是从已有的化学能量源——汽油——转化而来。尽管我们通常会说"消耗"能量源，我们真正的意思其实是说，源自某个特定能量源的能量，被转化成了别处另一种形式的能量。正是这一定律，让我们理解了永动机不可能成为现实，因为它能够不消耗任何能量源，而永不停歇地产生或消耗能量。在科学世界中，根本不存在这样一种"免费的能量"。免费能量装置违背了我们最基本的物理法则。

同样值得注意的是，一旦认识到它如同爱因斯坦著名的方程式 $E = mc^2$ 所描述的那样，能量（用 E 表示）和质量（用 m 表示）也能来回转化，能量守恒定律便将质量也视作一种能量形式。例如，原子弹的爆炸，并不是真的在爆炸过程中产生出巨大的能量，而是通过将其原本的物质转化为能量的方式释放出能量。因此，万事万物都必须恪守能量守恒定律。

违背物理法则

 牛顿万有引力违背了能量守恒定律。

牛顿的万有引力理论只字未提引力随着能量的消耗而变弱。月球质量是地球质量的百分之一多一点（约 1.235%），根据牛顿的理论，如果没有地球引力牢牢牵引着月球在绕地轨道上运行，月球就会与地球擦肩而过，遁入茫茫的太空。然而地球引力场连续消耗的这种巨大能量，上百万年来却始终未造成引力场强度的丝毫减弱。

大气压紧紧地把空气吸附在地球上空，对我们周围的世界产生了强大的作用，这也是地球引力发生作用的结果。一个突出的例子就是地球表面的 70% 是水。通过实验室模拟，火星大气压仅为地球百分之一的极低气压，我们得知水在火星室温下就能立刻汽化。这意味着地球上的液态水通过大气压，被引力持续不断地且强有力地吸附住，同样未造成引力场强度的减弱。

地球引力还对地球表面的所有物体产生强大的引力，在地球中心（地核）产生巨大的压力和热量的同时，让地球成为一个统一的系统。地球引力甚至能够驱动太阳和宇宙中每颗恒星的核聚变，在为产生和维持核聚变提供持续不断的巨大压力的同时，也包含巨大的爆炸力，从而防止某些像超新星的恒星爆炸。这样的情形在太阳系已经持续逾 40 亿年，却无任何已知的能量源为支持此类持续性的巨大能量消耗而殆尽。

当我们发现，地心引力维持这些引力作用和能量创造时不但没有消耗任何能量源的能量，而且根本不存在这样的能量源的时候，这个问题就显得更加扑朔迷离了。我们认为，构成物质的各个原子内部产生的引力集合起来，形成了地球巨大的地心引力，然而尽管我们已经创建了详尽的原子理论——甚至已经成功地分裂了原子，我们仍然无法对地心引力源源不断的能量源作出解释。而这正是现实世界中不可能存在免费能量装置最为典型的一个案例。

这种论述自然会引起这样的疑问：为何这种从根本上违背物理规律的理论，没有引发我们的科学对其进行关注、质疑和研究呢？为什么人们对牛顿的万有引力理论全盘接受而未对其疑点进行探索呢？对于这个问题，人们给出了形形色色的答案。其一是科学界已接受了阿尔伯特·爱因斯坦（Albert Einstein，1879—1955）对引力作出的完全不同的解释——即广义相对论（稍后的论述将对其作进一步的探讨），这本身就是对上述疑虑的一种回应。然而，爱因斯坦的理论不仅没有为这些问题提供解决之策，还引导出了其他问题。事实上，人们并不是因为这一理论与物理规律存在矛盾才接受爱因斯坦的引力理论，甚至时至今日，牛顿的理论存在种种矛盾的这一事实仍未得到人们的普遍承认。

也许更令人生疑的是，即便学术界已普遍将广义相对论视为对引力的合理描述，然而工程人员和物理学家却没有广泛传授或运用这一理论——而是往往将其专用于选择性研究或高等研究，并且大多只是作了纯理论应用。而且，多数大学的理科和工科专业的毕业生对爱因斯坦的引力理论知之甚少，其认知仅限于它或许可能真正揭示了引力现象的奥秘；此外，我们的太空计划也没有普遍运用这一理论。虽然我们的科学原本很有理由认可爱因斯坦创立的、与牛顿全然不同的引力理论，然而迄今为止，牛顿的引力模型仍是学校教授的、太空探索活动中运用的绝对主流理论。所有这些，都进一步加重了笼罩在目前引力理论四周的层层迷雾，因此我们不妨对这些问题作一番深入细究，首先从目前人们尚未承认的引力理论与物理法则的相悖之处入手。

尽管我们最基本的物理法则已经向我们清楚地指出，牛顿的引力理论存在着严重的漏洞和种种疑团，然而科学界对此却普遍不能接受，这又是为什么呢？为什么那些最为精通物理学理论的人，却最不愿意承认这些疑点和违背物理法则的论述呢？

原因是他们在学习引力理论的同时，还会进一步学习如何用"功方程"来解决这些疑点和矛盾。存在疑问的任何领域普遍是用可逆的"重力势能理论"和回归机制的抽象发明来解决，前提就是假定这些在自然界中都真实存在。

尽管我们很快就会发现这种让人产生盖棺定论错觉的解释存在致命的漏洞，然而由于牛顿引力问题目前没有其他解释，我们今天的教育机构也就忽视了这一问题。因此，所有接受过正规教育的科学家，无疑都学过这种标准的（但却是错误的）逻辑解释，这种推理代代相传，很容易地忽视了现在的万有引力理论的谜团和违背这一理论的现象。这就产生了这样一种奇怪的现象：一方面，科学界认为有必要寻求并接受像爱因斯坦广义相对论这样的替代性引力理论；而另一方面，牛顿的引力理论仍然为科学家和教育家所普遍接受和使用。于是功方程便成为揭开整个谜团的关键性因素，因此，我们有必要对它进行一番深入的研究。

 谬误

功方程：存在缺陷的解释。

物理运动往往表现为将物体从一处移动到另一处。所需的力越大，移动的距离越长，这一过程消耗的能量就越大。功方程就试图通过一个简单的方程式来对这一现象进行描述——其本意是用于量化利用能量做功的情况并形成模型，例如燃烧燃料来推动火车运动的蒸汽机。这一方程式是 $W = Fd$，即做功（W）等于力（F）乘以距离（d）。也就是说，移动一件物体所需的力越大，这个力作用于物体的距离越长，这一过程产生的功就越大。

在对某一特定过程或机器所做的功进行分析或定量时，功方程是非常有用的，而且一个多世纪以来，它为工程技术人员的工作提供了诸多便利。然而，一旦其用途超出了其设计初衷，严重的问题也就随之出现了。特别是多年以来，物理学家已经把功方程由一个用于为所做的功进行定量的工程工具变成一个通用的"做功检测器"（work detector），用来告诉我们是否需要用能量来解释一个给定事件。这一转变虽不易察觉却又极具欺骗性，我们需要通过举例对其加以说明：

假定存在这样一种情形：物体太重而无法移动，无论如何施加作用都无法推动它。在此过程中，人无疑花费了巨大的作用力和能量试图移动该物体，但它却始终没有移动一丝一毫。不管我们用自身肌肉力量、以燃烧燃料为动力的内燃机还是以电为动力的电磁体，都是如此。

然而，在这种情况下，误用功方程作为通用的"做功检测器"来"检验做功"的话，它得出的计算结果是这一过程做功为零。随着时间推移，这一物体受到了巨大的作用力，但物体的位移为零，根据功等于力乘以距离这一功方程，计算的结果是做功为零。倘若这被盲目地理解为没有能量损耗，那么我们可能得出一个令人瞠目结舌的悖论：能量源因为试图推动这样一件重物而被大幅耗尽，然而我们却认为它没有消耗任何能量。

这显然是对功方程极为严重的误用，其结果当然也是极为荒谬的，可是正如我们很快就会看到的，这恰恰正是我们用于证明牛顿万有引力的合理性的逻辑推理。功方程只适用于作用力将物体移动了一段距离并对其进行定义和量化的类似情形，但不能推而广之地将其作为通用的"做功检测器"，用于判断任意情况下是否存在能量的消耗。

如今，最初的功方程从纯粹的工程学工具演变成了万能的"做功检测器"，其表述方式也从原先的 $W = Fd$ 演绎成了眼下的 $W = Fd \cos \theta$。后面添加的 $\cos \theta$ 是余弦函数，它将 0 度至 360 度间的任何角度转换成 -1 到 1 之间的数值。因此，原先功方程的计算结果现在须乘上介于 -1 至 1 之间的一个数值，该数值与物体受力方向和实际运动方向之间的夹角 θ 对应。

这个相当奇怪的修正意味着，如果物体完全沿其受力方向移动（通常情况下都是如此），其作用力与位移方向之间的角度为零，功计算的结果就应当乘以 1，因为 $\cos 0° = 1$。也就是说，当作用力与物体位移方向一致时，原先的功方程不做任何改变。但是如果受到向前作用力的物体由于某种原因出乎意料地向侧面移动，作用力与运动方向之间呈 90 度的夹角，那么功的计算结果必须乘以 0，因为 $\cos 90° = 0$，在这种情况下做功则为零。这种经过修正的功方程 $W = Fd \cos \theta$ 用于计算有用功，因为只有与作用力同向的功才是人们想要的，这也是其被称为有用功的原因所在。

这就是我们今天所教授的功方程，至于为何上文提到的牛顿引力理论与物理法则之间的矛盾，没有引起大多数科学家的关注，功方程为解释这一疑问做好了铺垫。它认为一个受到方向向下的地心引力作用的物体并没有产生位移，正因为如此，这个关于物体受到一种不明能量源的作用力作用而保持在地球表面的疑问也就迎刃而解了。根据功方程，如果物体不发生位移就没有做功可言，也就可以推断出没有消耗任何能量，也不需要任何的能量源。物理学中一个严重违背物理规律的理论漏洞突然消失，皆因我们盲目地应用一个借用的工程公式，而且作为解释这个发现（不然无法解释）的正当理由并广泛地教授给学生。以现在的科学水平，物体可以被强制附着在地面上、墙上或者天花板上，而不用关心这个作用力如何发生或者以什么为动力。

修正过的功方程以类似的方式，证明了使月球沿一定轨道运行的巨大作用力同样不需要已知的能量源。因为月球实际上是在做越过地球的直线运动，但却始终受到朝向地球的地心引力的吸引而被限制在一定的轨道之中，这就像一个物体在受到向前推力作用的时候却最终滑向一侧一样。月球越过地球的运动方向与地心引力向下作用力方向之间的角度，与前面侧滑物体的例子一样，都是 90 度，这意味着功方程的计算结果应当乘以 0。如此一来，地心引力没有做任何有用功，进而可以推断出在吸引月球避免其遁入太空的过程中没有消耗任何能量，也就没有必要去找寻能量源了。

严重违背物理规律的理论漏洞又一次突然蒸发了。然而，如果你曾尝试过将一块重石头系在绳子一端，手持另一端高速旋转，努力保持石块做圆周运动的话，你可能就无法认同这种轨道运动不做功、不消耗能量的抽象解释了。争论原因之一就是作用力和运动方向之间有 90 度夹角的说法是错误的。如果没有地球引力的牵引，月球当然会滑行离开，从而离地球越来越远，就像人将一块重石头系在绳子上做圆周运动，要防止它不被往前抛出去，人就要往后拉绳子。所以地球引力实际上应该把月球往地球的方向拉，以防止它远离地球。而且地球的持续引力的牵引方向和月球返回运行轨道的方向一致。所以即使用功方程解释，做功也要通过引力完成，同样也需要从已知能量源获得持续能量。

此外，物体还存在着垂直下落的情形。在这种情形中，功方程的演算结果必定为非零，因为物体位移的方向与地心引力的作用方向一致。事实上，功方程确实计算得出了一定量的功，这表明地心引力消耗了能量，倘若要使这一结果符合我们的物理法则的话，就必须在地球内部找到一个提供等量能量的能量源。由于不存在这样一种目前已为科学所知的能量源，我们要么承认无法用当今科学对引力加以阐释，要么就得去寻找另一种合理的解释。

实际上，人们已经为这种情形找到了另一种抽象的逻辑解释，以回避搜寻能量源的尴尬。为了使一个物体从特定高度下落，首先要克服地心引力的作用，将物体提升至指定高度，这一过程需要做功。由于这种上升运动相对向下作用的地心引力是一种负功，物体下落时，地心引力做的正功正好与此前做的负功相抵消。整个过程做功为零，即净能量消耗为零；于是乎我们再次不必寻找地心引力的能量源。这是目前常用的用来解释物理现象的数学方法，因而现在它有一个物理学术语名称："负功"（negative Work），现在被称作"重力势能"（gravitational potential energy）。

当然，这种抽象解释暗示着，下落物体还是要以某种方式消耗地心引力能量源的能量，但是这种消耗的存在和特质仍然是个谜。而且没有任何理论来解释提升物体这一动作如何向神秘能量源获得能量，以此来为后面物体下落的能量消耗做准备。这种"能量补充"（又称"引力充电"，gravitational charging）只以抽象的方式教授，在某种程度上强化了地球的"重力势能"信念，而从未用具体的物理或科学方式解释或证明过。因此，这种逻辑理论中的"能量平衡"或"能量回归"是一种无解的并且是被创造出来的抽象解释，它不过是想转移人们的注意力，使其忽略地心引力以某种方式吸引物体落向地面却不依靠任何能量源这一理论与物理法则之间的矛盾。实际上，在一份更为详细的分析里其逻辑谬误一览无余，这是人为地支持科学里有漏洞的解释：

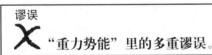

谬误

✗ "重力势能"里的多重谬误。

重点提示

- 说服性定义谬误
- 负负得正谬误
- 传统智慧谬误
- 错置具体性谬误

物体落地大概是由于地心引力的作用。然而，现在已有证据证明，这种很显然的引力作用违背了能量守恒定律。观察发现，落地物体本身并未借助其他已知的外界力量而下落，且自身能量也未消减。在今天，由于缺乏有力的科学解释，人们甚至企图从数学原理入手，用功方程模型来阐述该现象，还堂而皇之地将其作为一种物理解释。

然而，功方程只适用于在清楚明了的物理方案下量化能量的消耗。而在物体下落现象中，功方程仅能用于解释说服性定义谬误（普遍误认为由两个阶段组成）的第一阶段，在这一阶段中，我们应对一些术语进行特别定义，以推出一个合理却往往很难被证实的结论。第一阶段不恰当地借用已十分清晰的物理概念，即人或机器在做实际功时，所涉及的物理学上已解释的作用力和已识别来源的能量。错误地将功方程运用于物理学上尚未作出解释的物体下落现象，以及正式地将其计算结果称之为功，将会促成已得到一个合理物理过程的假象，但事实并非如此。实际上，正是由于这种难以解释的日常引力现象，才突出了说服性定义的必要性。当然，如果能从科学层面上解释引起这一日常现象的能量形式，并确认其能量源，那就再好不过了。

现今，人们利用功方程模拟物体下落的实验纯粹是数学层面上的运用，并不受物理法则和物理现实的约束。因此，我们同样可以随意地运用数学原理将相反的设想——物体上升现象——解释为"负功"。可是关键在于，在物理学上负功是个毫无意义的概念，因为自然界并没有所谓"负力"和"负距离"的存在，因此，功方程的应用只是纯数学的，而且十分抽象。

现在，针对两个可舍弃的数学抽象概念，我们形成了一个说服性定义：只需将它们分别称为"正功"和"负功"，便能确保两个可有可无的物理过程的发生。然而事实上，在物体下落和上升这两个设想方案中，甚至没有一种现象已经得到物理学解释。这一现实也贯穿于说服性定义谬误的第二阶段。在第二阶段，我们对"正功"和"负功"这两个抽象概念进行了说服性的重新定义，它们就像两种可消除的物理能量，叫作"引力能"（gravitational energy）和"重力势能"。从"功"到"能"这一说服性术语的变化，进一步掩盖了这些所谓"引力能"在科学上的不可解释性。同样，这也是两阶段的说服性定义存在于科学界的首要原因。

这里展示了一种假象，即说服性定义谬误如何在一次逻辑思维中运用了两次，将物理学上无法作出科学解释的物体上升和下落现象转变为物理学上已提供科学支持的"能量平衡"现象。事实上，引力能（或"正功"）的物理本质时至今日仍备受争议，而"重力势能"，在说服性定义的第一阶段中称之为"负功"，也同样只是一个纯数学的概念。在该实验方案中，实际上并不存在真正意义上的"能量平衡"，因为这里的所谓能量，只是存在于说服性定义谬误的各阶段中，物理学上无法提供科学解释的假设能量和抽象能量而已。

再者，虽然说服性定义谬误是将"重力势能"引入我们科学界的核心机制，但仍然解释不了目前它在我们的思维中占据重要地位的原因。事实上，还有许多其他逻辑谬误起着作用，首先就是错置具体性谬误，即一个抽象概念被当作物理学上的具体概念。这在上面的论述中就有所体现：物体上升本来是一种抽象概念，却在一开始被说服性地定义为"负功"，接着又被当成更加具体的"重力势能"，这就形成了有说服力的错置具体性谬误。实际上，上升这一动作本身已经涉及能量的消耗，即人或机器为抬升物体而与引力抗衡过程中的能量消耗。除了由说服性定义的抽象概念而引出的错置具体性逻辑谬误外，我们并不需要其他类似"重力势能"的、虚假的、具体的物理现象，而在此方案中也确实不存在其他的了。

此外，一旦这种说服性解释被认为很合理，其他一些支持这种解释的逻辑谬误便会随之产生，以维护其地位。其中一个十分有名的逻辑谬误便是"负负得正谬误"。在这一方案中，一个"负"即是指没有科学依据的强大引力，它被另一个"负"，即纯抽象的概念"重力势能"所抵消了。"负负得正谬误"虽然易于识别并避免，但在该方案中，它还被应用于两个数学上可摒弃的抽象概念，即正功和负功。它们被说服性地重新定义为科学上可解释的物理能量，而事实上并不是。这种合理的、抽象的数学消除与虚假的物理能量消除间的相互交织，使得这种逻辑错误更难以识别并避免。

最后，某种信念一旦广泛传播，且被普遍接受，它的存在往往就不容置疑，这就是传统智慧谬误，即人们普遍认为某种说法或论断是正确的。至今，"重力势能"的权威性说法已流传了许多年，有着上述许多隐藏着的逻辑谬误支持，进而导致了现在这种局面：只要受过良好教育的人们都知道这一说法。因此，它已成为一种不容置疑的传统智慧，使得任何针对这种日常神秘现象所做的深层调查都显得毫无意义且无知。

在我们的科学界和教育界，已经存在大量的逻辑谬误，"重力势能"只是其一。若没有这些逻辑谬误，我们当下的科学权威机构将不得不承认他们对许多日常普遍现象其实知之甚少，所以才有了这样一种假象：我们自认为对引力及日常生活中由引力引起的各种现象十分了解，而事实却并非如此。

一个作用力推动物体移动了一段距离，然后盲目地将其作为所有情形下的、通用的"做功检测器"，在所有这些情形下，即使合理运用，也存在着看似不起眼却可造成深远影响的不同之处，而也正是这不同之处才催生了包括"功方程"在内的这些逻辑难题。

事实上，滥用功方程模型不仅是为了缓解因违背牛顿万有引力定律而引起的忧虑，同样也是为了证明一种力的存在，与之相反，在科学上这种力尚未得到证实。无论如何，任何一种关于力的理论，若违背了我们最基本的物理法则，都是难以接受的。与其如此，还不如去接受一个纯抽象模型，尽管该模型还是一个尚未弄清楚的物理过程。就字面意义来说，由于我们物理学法则存在的原因正是要作为新思想的试金石，所以这确实不能作为合理的物理学解释。功方程模型的误用，由于某种能量源的缺失，从根本上否定了能量守恒定律，也否定了这些概念。

关于功方程模型的这场讨论展示了一种新的逻辑思维，这种逻辑使我们大部分科学家和教育家不去承认现今众所周知的引力已违背了能量守恒定律这一事实。但是，一旦这些不完善的功方程解释被暴露出来并遭摒弃，便再也没有任何理由可以解释引力了。信奉笛卡尔的理性主义者会很乐意将牛顿的万有引力定律作为回归过去的奇妙思维的途径。也许，在牛顿那个时代，人们期待着未来的科学家能为引力提供合理的科学解释，甚至发现其能量来源。可是三百年后，我们不仅未能找到合理的科学依据，反而还对其违背物理法则这一事实视而不见，甚至还用错误的逻辑理论解释其存在。

无论引入功方程模型的初衷如何，它现在都已经深入科学界，使得我们大部分科学家均认为通过其计算而得出的零值，就意味着能量的零消耗。在之后的论述中，这种错误的信念还将反复出现在我们许多不同的科学设想中，如磁力或静电引力。这一计算方法在引力实验中的滥用和其不容置疑的地位使人们逻辑上开始认为引力不需消耗任何能量便可稳住地球上的物体，并让巨大的月球乖乖地在其轨道上运行。

正如前面所说，这一计算方法是不科学的。要说明这一点，只需设想这样一种新的神秘力量，它使物体突然脱离地板，并撞上天花板，然后一直附着在上面。这种力就像今天的引力一样得不到科学解释，也无法从物理学上说明它是如何运作的，又来自于何种能量源。但同样地，若盲目地运用功方程模型以及随之而形成的其他逻辑谬误来解释此种现象，这种力是没有做功的，因为物体始终附着在了天花板上，就像引力总使物体贴着地表一样。而且，由于物体在附着到天花板上之前肯定做过向下运动，那么它们弹向天花板的向上运动也就理所当然了，因为很显然这是一种"能量消除"或"能量平衡"现象。总而言之，关于如今的引力，已没有什么特别神秘之处值得考量了。然而，尽管有功方程模型的存在，除去上面所设想的新的神秘力量，还有我们所熟知的引力，还有许多其他科学之谜尚待解决。

实验

"重力势能"无法解释物理实验。

　　如上所述，"重力势能"是一种错觉，在物理概念中完全没有作用。这一点在许多常见过程中也有体现，比如抽水。

　　从今天的能量科学范例中来看，抽水过程是又一种"免费能量"的神秘现象。要抽空一个水池中的水，无论采取何种方法，靠人力一桶桶地抬水，或是其他一些能量驱动的方法如抽水泵或太阳能驱动蒸发系统，都一定会涉及能量消耗。一池水不可能自己凭空消失。除非在水池边缘恰好有一个充满液体的水龙带在不断排水，并将水排到水池外低于水池内水平面的地方。在这种情况下，池水会通过水龙带向上流，排出池外，直至池内的水彻底排空。在这个不管水池大小、不管水量多少的排水过程中，并没有人力的参与，也没有用到抽水机，事实上并没有任何的燃料使用或能量消耗。有人尝试用"重力势能"来解释此种现象，有时还附加上气压的作用，却仍然无法找出这一自发排水现象的合理能量源或如何维持能量平衡的原因。

　　这一实验清楚地表明，"重力势能"谬误经常用于解释许多重力发生作用的情况，但矛盾的是，它们都没有可识别的能量源。要装满水池，首先水要向下流进水池，同时水的重力势能会随着它的向下流动而减小。这样一来，理论上已用于使水向下流进水池的重力势能却又没有缘由地再次出现，促使水向上流动，进而排出池外。这一抽水过程的逻辑充满瑕疵，这就相当于是说水自己向上运动，然后流出池外。很显然，抽水过程并不能用"重力势能"来解释，这也说明了"重力势能"运用于物理实验中时，只是一个无用的、多余的抽象概念，根本不能解释常见的物理过程。

　　"重力势能"甚至不能解释简单的物体下落现象。一个物体可以被慢慢抬起，慢到不能引起风的阻力，但是在其下落过程中，风的阻力是一定存在的，甚至还会大到彻底抵消重力的加速作用，使物体最终达到恒定的终极速度。假设在物体上升时，重力势能可以凭空产生，而且在下降后也能重新恢复，这就是"能量平衡"。然而，由于物体与空气的摩擦而造成的能量损耗对这一"能量平衡"是一极大考验。尽管如此，无效的"能量平衡"概念仍被使用，因为，若承认能量失衡，就要解释为何重力不会由于能量损耗而削弱，重力最初又是怎样产生的。

可以肯定的是，引力一刻不停地推动着这些物理过程的发生，因为它确实促进着宇宙中许多现象的形成。但是，将这样一个精神上的抽象概念定义为"重力势能"，或是在当今许多科学范例中，将我们身边很明显的"引力自由能"用功方程模型解释，而不是物理学来解释，这都是一种逻辑错误。一方面，科学上仍无法解释在简单的物体上升过程中，物理能是如何产生，如何储存，"重力势能"消耗后又是如何恢复的；另一方面，如上所述，就连这些逻辑谬误也无法真正解释日常生活中诸如抽水和物体下落这样简单的现象。

应用广泛的"能量平衡"或"能量回归"无法解释抽水过程的这一事实，说明了"重力势能"是个错误的概念，是最初被称作"负功"的逻辑谬误，产生于同样错误却被滥用的功方程模型。这些错误的抽象概念歪曲了我们世界真实的物理现象，滥用于至今科学界无科学可行解释的日常情况，使我们无法发现围绕在我们身边真实的物理世界。此外，更加值得注意的是，这些逻辑谬误不仅仅应用于抽水这一过程。如果被广泛接受的"重力势能"无法经受住事实的考验，那么一种普通的重力实验将彻底失去科学可行的依据支持，以后也不能再用它来解释其他的引力现象了。

之所以出现这种情形，是因为我们急于相信这种地心引力能够远距离起作用，在地球之外把物体牵引过来。几个世纪以来，它始终是我们唯一的合理解释，事实上，时至今日它也依然是物体自由下落和月球沿轨道运行唯一令人信服而又直观的物理解释。当今科学界所持的权威立场认为，爱因斯坦的广义相对论关于"扭曲的四维时空"的阐述提供了另外一种解释。然而，正如我们所见，这个理论本身也存在显著问题，它关注的并不是我们的日常体验，而且与牛顿更为直观的引力理论相比，也远非常人所能理解。实际上，正如以下章节介绍新的原理时将提到的，我们完全可以用一种简单直观且科学合理的方式对引力加以解释——既不用借助一种未知的作用力，也无须求助于一种抽象的、茫然未知的"时空扭曲"理论。只是当今人们毫无疑义地笃信科学以能量为基础，笃信相关的能量守恒定律，因此我们需要借助一些创意和抽象概念，诸如"重力势能"或者功方程，来努力解释周围这些显著违背物理规律的现象。

到目前为止，我们已经看到了万有引力概念存在着诸多的问题与谜团，甚至是与物理规律相矛盾的地方。我们无法解释为何引力能吸引而不是排斥物体，我们也清楚物质内部不存在产生这种作用力的能量源，而引力消耗能量的同时其力度却没有丝毫减弱，也没有消耗能量源——这种"免费能量"的想法违背了能量守恒定律。

此外，牛顿引力学说还存在另一个棘手问题有待考虑：引力在空间的传播速度。我们首先从目前为人所普遍接受的宇宙极限速度——光速——入手来探讨这个问题。

物理法则

光速极限：物质或能量在空间的运动或传播速度都不可能超越光速。

这是为当今科学普遍承认的一条法则，即光在真空中的传播速度是所有物体运动速度的上限，也是所有的场以及各种形式的能量在空间传播的速度上限。根据这一法则，任何已知物的传播速度都无法超越光速。这是爱因斯坦狭义相对论的一部分，如今已经成为了我们科学中一条不可撼动的自然法则。

违背物理法则

牛顿的万有引力超越了光速极限。

牛顿的万有引力理论没有触及速度极限。让我们用太阳突然消失这样一个普通的例子来加以说明。在这种情形下，当最后一束太阳光以光速抵达地球之前，阳光还会持续照射地球大约 8 分钟，这期间给人以太阳依然存在的印象，但太阳引力场其实是随着太阳一道瞬间消失的。此后地球不再受到太阳引力的作用，因而地球也就不会在轨道中再多停留 8 分钟，而是会立即脱离绕日轨道飘入太空。

这是因为整个太阳系的任何地方都会立即感受到太阳引力的消失，实际上根据牛顿学说，整个宇宙都会感受到这一变化，因为不管在牛顿关于引力的描述中或已成为模型的公式中都没有明确的传播速度限制。引力以这种比光速还快的速度在空间传播——甚至于瞬间传播到宇宙的各个角落——这是我们的科学目前仍无法解释的一个大谜团。

这是牛顿引力学说与物理规律存在的又一矛盾之处，目前尚未出现一种令人信服的逻辑解释能让我们不再对此耿耿于怀。不像上文提到人们将功方程错误地运用于解释引力学说与物理法则相悖的现象，眼下引力学说与光速极限之间的矛盾是显而易见的。然而，需要指出的是，尽管这种矛盾缺乏合理解释，但爱因斯坦的广义相对论却为之提供了一个解决之道，因为爱因斯坦与牛顿二者引力理论主要的差别之一，是爱因斯坦的方程中引入了时间因素。根据爱因斯坦的理论，引力在空间或者说在"空间-时间"的传递需要一定的时间，这就为这一问题提供了一个答案。不过这毕竟只是一种假设，因为引力的真实速度仍然是个未知数——人们尚未就此直接进行过相关的实验。

实际上，引力的速度问题在科学界一直存在争议，而且就如何正确测量它也有相当大的分歧。一些科学家宣称证实了爱因斯坦的理论，一些科学家则试着独立核实这些说法，并作报告说光速极限仅仅只是提前进入这些研究者的方法和假设中。此外，因为赞同爱因斯坦理论的研究结果似乎更受欢迎，而且更容易被接受，这个版本经常被科学家们不适当地进行公开阐述，似乎这是已经被证实了的，让公众和科学家对引力的速度产生了更多的疑惑和怀疑。

因此，我们拥有了两种选择：一个是牛顿创立的简单直观但有悖于光速极限的理论；一个则是爱因斯坦提出的截然不同的物理理论，它为牛顿理论与物理规律间的矛盾之处提供了一种未经证明的解答。除此之外，相当多的业余爱好者和科学家们都质疑爱因斯坦的理论是否完全代替了牛顿的引力学说，或者是以某种方式在其基础之上运行。由于它们彼此间存在这种互动的关系，于是乎今天的科学领域便形成了两种理论并存的奇特现象。其中任一理论都不能作为对引力的唯一正确的描述而独立存在，两者间形成了一种互补的关系。尽管常识告诉我们，任何观测结果只可能存在一种明确的物理解释，然而正是两种理论间的这种相互关系，导致今天的科学出现了两种截然不同的引力理论共存的局面。显然，其中一种理论一定存在着致命的漏洞，抑或两种理论都只不过是过渡模型，其价值在于抓住了引力真正的物理解释的一个侧面或另一个侧面，而迄今为止，引力的庐山真面目仍然笼罩在重重迷雾之中。下一章我们要谈的就是这一尚未为人认识的物理解释，它为当前科学存在的这种奇特的现象提供了一个解决之道。

除了上述讨论，还有很多显而易见的关于海洋潮汐的证据，说明我们对今天的引力理论和信仰的理解极度不足。

理终
论极 **月球不能引起潮汐**

重点提示

- **巧合谬误/假因谬误**
- **对冲谬误/特设救援谬误**
- **排除证据谬误**

月球在地球上方经过时都会令海洋涨潮，这一事实长久以来证明了月亮以某种方式引起日复一日的潮汐。这种信念到现在都还存在，而众多科学家和教育家宣称：潮汐是由月球的引力牵引而引起的。然而，不管其中的关联性多么令人信服，科学里没有可靠科学证据的因果事实就是巧合谬误，用一个巧合事件证明一个事件引起另一个事件。同样，当有更进一步的原因质疑所谓理由的正确性时（如关于万有引力或"扭曲空间-时间"的有坚实科学解释的缺失），就出现了我们所说的假因谬误。正如下面讨论所示，我们有足够的理由认为月球引起潮汐之说是一个谬误。

月球距离地球最近时海洋涨潮，反之落潮，每天周而复始，现在这个关于潮汐的解释充满了变数和疑团。一个常见的误解就是当月球离地球最近时（正当头顶），月球的引力让海水上涨；然而这在物理原理上是不可能的，因为这个牵引力即使达到最小的潮汐效果，也必须先完全克服地球的表面引力。就像人的肌肉要举起一个物体离开地面，就必须要有足够大的作用力先抵消它本身的重量，所以任何水域要从水平面开始上涨之前必然有一个从月球而来的牵引力。任何微弱的月球作用力仅仅减少物体或海水的重量，但是仍然让物体紧紧地附着在地面上，海水同样也停留在海洋水平面，丝毫没有移动。因此，一个直接向上的牵引力并不是月球引力引起海洋潮汐的确切的物理机制。

有时候，也有人解释说，即使月亮只是微微减轻海水的重量，这也能使海水压缩然后引起涨潮。但是一旦考虑到月球距离地球有 22 万英里（35.4 万公里），月球表面引力抵达地球时减弱到只有六分之一，这种解释也显得苍白无力。如此远距离的引力减弱，意味着月球传递到地球的引力只有地球表面引力

21

的 30 万分之一。如此微弱的重量减轻作用在理论上仅仅只能让 4 千米深的海水产生 1 厘米的压缩膨胀，而且前提是海水随时都可以被压缩，但事实上不是。考虑到海水极端抗拒压缩力，即便 1 厘米的海水膨胀也能有很夸张的效果。因此，仅仅重量上的减轻是月球的引力不能引起潮汐的另一个物理原理。

在地球的另一面引起涨潮的说法则宣称：整个地球被拉向月球，所以地球由于拉力而移动，在地球另一面的海水随着地球的远离而发生涨潮。然而，这个说法也存在大量疑问。就算地球与月球之间的吸引在理论上能够加快地球靠近月球的速度进而在地球的另一面引起潮汐，但是同时这种作用在靠近月球的那一面则挤压海水，消除这种作用力。而且月球比地球轻，只有地球的 1/81.3 重，会以更快的速度靠近地球，这样两个天体都会持续向对方靠近（因为地球靠近月球的那一面也会发生潮汐），直到它们互相撞毁成为另一个天体。显然，对整个地球的加速作用是月亮不能引起海洋潮汐的另一个物理原理。

虽说如此，还是有很多其他解释被发现，尽管它们最终都涉及直接向上的拉力或是对海水的挤压力理论的变体，都涉及来自月球的作用力，都受到与上述讨论类似的缺陷物理学或逻辑的影响。我们更要注意一点：不管宣称的月球作用力是以牛顿引力理论还是以爱因斯坦引力理论为基础，上述所说的大量失败的潮汐解释还是将应用于实例中。

除了上述讨论的反对受月球引力影响而引起潮汐理论的证据外，质疑月球对地球的影响存在的更进一步的证据，能在人造卫星的行为中找到。

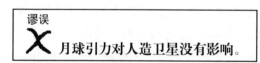

正如上面提到的，当月球经过地球上空时，月球的引力或者影响会有效地减小地球对物体的重力加速度。按照适用于下落物体的标准公式，$d = \frac{1}{2}at^2$，这样一个有效减小的向下加速度会延长下落物体掉到地球的时间，伽利略·伽利莱（Galileo Galilei，1564—1642）发现的加速度公式表示，如果有有效的向下加速度 a，物体在给定的时间 t 里，会下落少一点的距离 d，因为引力被减小了（例如它们下落的速度更慢）。

根据现有引力理论和轨道理论，轨道上的人造卫星在围绕地球运动时，都在持续地自由落体——这被称作"绕着地球下降"的动力，这一点非常重要。这就意味着当这些卫星经过月球时，因为月球有效减小了重力加速度，它们的下降速度会慢一些，然而这并不减慢它们围绕地球旋转的水平速度。因此，当卫星在月球下方经过时，水平绕地运行的速度变化会比下降速度更快，因此它们的轨道由均衡稳定变成为不均衡上升。

特别是，近地轨道的人造卫星，比如说轨道空间站，通常 90 分钟绕地球一周，这意味着每一个轨道上的卫星大概需要飞越经过月球 30 分钟。利用月球引力在理论上对地球重力加速度有 30 万分之一的减小得出的计算结果表示，在卫星经过月球的这半个小时内，轨道大概上升 50 米。因为一天内有 16 个 90 分钟的轨道周期，累加起来每一天轨道有 800 米的上升。这一积累结果是由人类的天文观测和太空计划推断得出，而在这些观测中，物体被推送到更高的轨道后依然在原处，即使推送力（例如任何有效引力减小作用或影响）被撤去以后。所以，每一个经过月球的轨道上升都会维持原样，并且会随着每一次周期性的运行而进一步增加。这种每天持续 1 千米的上升并不是小影响，然而，撇开关于纠正对卫星最微妙的外来影响的说法，也没有任何提到来自月球对它们造成的引力影响——即使像地表海洋的涨潮。这就进一步证明不仅月亮在人造卫星不受影响的同时不能引起潮汐，而且根本没有月球对地球作用力的最好证据。

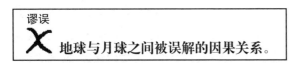

谬误
地球与月球之间被误解的因果关系。

在著名的地球周期运行速度变慢和月球正在远离我们这两个理论中，存在着一种假设的因果关系，这是导致月球影响潮汐理论持续存在的另一个因素。尽管这两个作用极其微弱，而且没有任何可信的物理联系，然而它们已经与科学密切联系起来——地球和月球之间物理引力的相互作用的假定结果。这个说法宣称：地球的周期运行牵引月球在轨道里运行的速度变快，也让它慢慢远离地球，同时这一个引力也牵引减缓地球的运行速度。然而，再次值得一提的是，基于观察巧合，没有任何明晰科学解释的纯粹假设在科学证据被提出来之前，仅仅只是个巧合谬误。

但是进一步说，在这种情况下即使最初宣称的巧合本身也是一个极富争议的假设。在太阳系中周期运行的绝大部分天体，如果它们的运行逐渐变快，怎么也会令人惊讶，如果它们的速度逐渐减缓就没那么令人吃惊了，因为没有能量支撑的系统逐渐将能量消耗殆尽，最终慢慢减缓。任何影响因素或这些因素的叠加都能解释地球运行的慢慢减速（大概 4 000 万分之一），而且这一减速不足为奇，例如太阳的磁场对地球的吸引作用，以前的小行星撞击或者飞散在太空里的集聚物质。同样地，太阳系里绝大部分天体都在轨道里运行，当我们试图用理想化的数学模型去描述的时候，现实世界里的任何轨道都不可能处于绝对的平衡。因此，我们可能期待所有轨道能有轻微失衡，不管增大或减小的大小，而且月球的轨道大小确实增大了 100 亿分之一。

所以，与其相信一个把地球的运行速度减缓与月球的每分钟增大的轨道联系起来，并且缺乏科学解释的因果机制，还不如用另一个更为简单的解释，即存在两个不相干的事件，各自独立地用相对不令人吃惊并令人期待的方式运行。不像月球经过地球并引发潮汐的偶然性——将在第 3 章里解释其动力——在这种情况下根本没有任何真正的巧合。最开始的巧合理论本身大概就只是用来支持现在广泛受支持的引力学说（验证性偏差谬误），因为缺乏对这种假设的"巧合"的科学因果联系，增加了一个巧合谬误。事实上，没有任何特别的理由解释月球增加的轨道大小和地球减慢的运行速度之间的这种巧合或联系，也不能用这个作为现行引力学说的可靠的因果证据。

因此，即便现在的科学也不能给出一个关于潮汐效应普遍令人满意的解释，相反却留下一大堆不正确的证明和解释。以上所有常见的解释都与观测结果相悖，例如海洋潮汐应该是难以察觉，潮汐效应应该与观察结果相反，人造卫星应该在运行轨道里明显地持续上升，甚至月球和地球的相互撞毁。这些就是现今关于引力和潮汐的理解和解释。

这些以及后面将出现的关于潮汐的讨论，进一步阐明了贯穿科学的极成问题的特征，也就是对冲谬误或者特设救援谬误，即是一个有缺陷的解释被提出来后，继而转向第二个解释，再到第三个。通常新增的解释也都有缺陷，因为首先如果有可信的科学解释，就没有必要借助对冲或挽救措施来创造一个活动目标。这些技巧的应用促使排除证据谬误的出现，并且深陷于谬误解释中，进而排斥其他正确理论，因为已经出现了广为接受的答案。

但如果摒除这些谬误，我们就能够发散思维，例如，你会发现对于地球运行速度的减缓和月球轨道的增大还有其他可能的解释。在第 3 章将有详细的讨论，海洋潮汐的确有清晰的物理成因，而这与月球无关，也已被证实存在，这一发现基于基本物理学，而且是被要求存在于地球上的旋转动力。然而，这种效果也被忽视或忽略，因为我们坚持认为月球偶然在地球上空的经过以某种方式引起潮汐。

3　牛顿万有引力学说的起源

到目前为止，我们所进行的论述，很大程度上都是以我们通晓牛顿引力学说为前提的，该学说将引力描述为物体内部发出的一种吸引力；除此之外，我们并没有谈及该理论的详细内容及其起源。假若我们对最终浓缩成为牛顿万有引力理论的各种猜想的演变过程作一番细究的话，也许就能为被人们忽视的引力的能量源问题盖棺定论，而如果这种作用力纯属子虚乌有，我们也能借此追溯到它的源头。

在牛顿之前的几千年里，众多宇宙运行的模式被提出来并遵循。然而，由于绝大多数都误解了几何学和太阳系、恒星的运行，这些模式是随意的人造机制，而不是对自然的真实描述。直到尼古拉·哥白尼（Nicolaus Copernicus，1473—1543）出书说明整个星系以太阳为中心，并由拥有自己轨道的行星围绕，自然的真正动力才被正确地发现，并被广泛接受。因此，提出更多关于自然中实际出现的现象的科学建议被用来解释天体运动，现在来说也是极有可能的。这个探索中领先的一点就是提出了空间天体之间存在一种吸引力如何作用的概念。

牛顿的"万有引力定律"（Law of Universal Gravitation）首先发表在他1687 年出版的著作，也就是今天人们众所周知的巨著《自然哲学之数学原理》（The Principia）一书中。其中牛顿对他提出的全新的引力进行了描述，向人们阐明了如何用它来解释我们观察到的物体坠落以及天体沿轨道运行等现象，甚至还给出了一个简单直观的数学公式来计算任何两个物体之间引力的大小。为了得出这一方程式，牛顿一定利用了当时他能找到的一切信息，这些信息来自于他自身的经验、学识以及当时积累起来的天文数据。现在就让我们沿着牛顿形成其引力学说的思维过程进行一番探索。

在当时，约翰尼斯·开普勒（Johannes Kepler, 1571—1630）基于那个时代的天文数据，已经对卫星和行星轨道作出了一套规范的数学描述。事实上，开普勒的行星运动三定律的确非常准确实用，时至今日，依然是为人类太空计划所采用的最为重要的工具之一。然而，尽管开普勒取得了这一非凡的成就，这些定律只是给出了行星运动的数学描述，却并没有解释这种物理运动为何以及如何发生的。其实，开普勒定律描述的只是行星运动的几何规律，而没有从物理层面对这种几何规律作出解释。

在牛顿万有引力定律问世之前，科学界关于可能存在某种引力已经产生了种种猜想，但是没有人能够就此构建起严谨的理论体系或证明这种力的存在。牛顿完整的引力理论最终令人信服地做到了这一点，弥补了开普勒行星运动纯几何定律与人们认为自然界某种引力，可能是产生这种现象的原因的强烈猜疑之间存在的鸿沟。牛顿的万有引力定律就此将正式登场，接下来我们会对其起源作一番探究，看看对于今天人们感到既熟悉而又神秘的地心引力的源头，我们能有哪些发现。

物理法则

 牛顿万有引力定律：所有物体都具有引力，物体间引力的大小随质量和距离的平方而变化。

牛顿的万有引力定律已被视为一条自然法则，它认为物体的质量越大，其引力场就越强，当这一引力场进一步向空间延伸时其强度会迅速减弱。具体来说，计算任意两个物体间引力的大小时，应将它们的质量相乘再除以二者中心点之间距离的平方。最后，这一计算结果再乘上一个常数 G（即万有引力常数），以力的标准单位来表示。这种两物体间引力（F）大小的计算公式为：

$$F = \frac{G \cdot (m_1 m_2)}{R^2}$$

式中：m_1 和 m_2 代表两个物体的质量；

R 代表两物体中心间的距离（半径）；

G 代表万有引力常数。

这一公式就是众所周知的万有引力定律。然而，牛顿提出的这一公式的内涵可不仅仅是一个普通公式那么简单。它为人类的认知领域和科学引入了一种全新的自然力。它不仅仅是一个抽象模型，更是一份宣言，向人类宣告，自然界确实存在一种物体自身产生的吸引力——其大小随着物体质量和彼此间距离的不同而变化，它们的质量我们用手能感觉到，它们的距离我们能够测量出来。

我们从小就接受这种理论的教育，对其早已习以为常，然而在牛顿生活的那个时代，首次提出这种观点的确具有石破天惊的效应。当时有些人已经作出猜想，认为可能存在这一性质的作用力，用它可以解释物体坠落以及天体沿轨道运行等现象，然而牛顿却是第一个真正指出确实存在这种作用力的人，并且用非常精确具体的方式对它进行了描述。

此外，正如我们稍后将要提到的，人们依据牛顿万有引力定律，顺理成章地推导出了牛顿轨道方程，它极为精确地预测了行星的运动规律，时至今日，依然在人类的太空计划中起着关键性的作用：

$$v^2 R = GM$$ 　　式中：M 代表沿轨道运行天体的质量；

R 代表轨道半径（距离）；

G 代表万有引力常数；

v 代表沿轨道运行天体的速度。

尽管推导出的这些公式是证明牛顿理论正确性的有力证据，但如果进一步观察便会发现严重的不一致和诸多问题。例如，正如讨论过的，牛顿的万有引力定律宣称，引力是通过从某处而来的吸引力的牵引发生作用，而且这个作用力随着距离的平方相反地发生变化。即便是爱因斯坦也无法质疑平方反比定律，而是构建成引力理论的广义相对论。然而，上述的牛顿轨道方程，适用于不同高度的轨道，不仅没有包含任何作用力，而且只随着距离的变化而变化——不是距离的平方。如果牛顿关于引力本质的学说是正确的，沿着轨道运行天体的动力应该与牛顿的平方反比作用力密切相关，或者至少与某种平方反比动力关联。

进一步说，地球近处实际上并没有所谓引力的平方反比作用的有力证明。近地轨道上的天体都是处于失重状态，被认为围绕着地球持续进行着自由落体运动，所以随着轨道高度的变化并没有平方反比重量的差异。近处没有轨道的天体也被认为是朝着地球做自由落体运动，同样处于失重状态，而且没有呈现任何宣称的平方反比减重。我们有必要用火箭试验进行推力测量，而且实验特别设计用于阻止地球上不同距离点的下降物体，以此来测试牛顿的平方反比定律主张。

下面的章节会更深入地探索现在万有引力理论里存在着惊人的矛盾，包括牛顿引力误解是怎样普遍产生，又是怎样被打破的。

然而，在牛顿的引力理论之前，地球上物体重量产生的原因不仅不明，而且还被认为是月球和地球运动的原因。但是，现在牛顿成功地把它和奇异全新的吸引引力与相关公式联系起来。所有这一切，都使牛顿的引力学说成为了一个革命性的发现，同时它更被奉为自然界存在此种作用力的颠扑不破的证据。

但是，这种新发现又从何而来呢？我们以某种方式从一个模糊的猜想，即我们周围的世界可能存在着一种吸引力，逐步得出了一个明确的结论，肯定了这种力的存在以及所有的物体都存在这种力，并用方程式对它在地球和整个宇宙间的作用方式作出了精确描述。这一切又是如何发生的？

我们随后对这一问题进行的探究，将有助于揭开这一谜团，向大家表明牛顿的引力学说是以一个从逻辑和科学角度来看都存在着漏洞的假说为基础的，这一学说实际上是完全多余而且毫无必要的。此外，由于这一学说的出现，一个关于行星轨道的、至关重要的非引力方程为人们所忽视，之后，牛顿引力理论对它进行了一番不必要的改写，将其改头换面转变成为一个全新的方程式——也就是我们今天广泛使用的牛顿轨道方程。回顾一下这一切是如何发生的以及由此产生的巨大影响，我们会得到有关牛顿引力理论的一些惊人发现。

这似乎是一个非凡的理论，因为这根本不是我们曾学过的关于地球引力理论的历史，而且这种情况发生的过程非常直截了当，而且可以验证。为了阐述牛顿的发现过程及其含义的交替观点，我们先讲述一个假设的科学发现，这与围绕牛顿万有引力发现的事件平行。稍后我们会探究这如何具体地与牛顿联系起来，与我们现在关于引力的科学理论联系起来。

理终论极 一个假设科学发现的故事

假设：天空中有一个存在了上千年的观察现象，但是缺乏科学解释和模型化的公式。我们将之称为事件一，某个特别的科学家对这个科学上重大的公开议题非常感兴趣，并私下里进行研究。

对事件一的私下研究

对事件一的观察数据表进行分析的时候（只选用科学家的数据），科学家在这些数据中发现了一个关于距离的模式，并形成一个新的公式一，把这个事件模式化。

科学家无法解释根据经验得出的公式一的物理学原理，但是注意到事件一表面上与日常生活中的事件二非常类似，得出一个涉及距离和另一个易于理解的作用力的公式二。科学家们决定合并这两个公式，创造一个混合的公式三，包含距离平方和无定义的作用力。

公式三从物理学上说没有特别的意义，只是对从两个迥然不同的物理事件中得出的公式的任意混合。然而，进行合并以后，公式三能够扭转推导出的步骤，当公式二被替换进去后能得到公式一，或者当公式一被替换进去后能得到公式二。

结论公开发表

一旦公之于众，科学家不会讲述如何从数据中一个模式里得到纯经验主义的公式一，相反他们将这个涉及未定义的作用力和距离平方部分的公式三称为"平方反比定律"，如此便有一个明显的吸引力最终解释自然界的事件一。

因为有显著的证据证明宇宙中和事件一中存在假定的吸引力，科学家们公开地把从事件二（仅在表面上相似）中得出的公式二替换到新的"平方反比定律"中。自然而然得到了公式一，精准地把事件一模式化，并且明显证实了新的"平方反比定律"和自然中新的吸引力存在的理论。

公众并不知道公式一是在之前数据的模式中被私下创造出来的，而不是从对自然界中新作用力的理解或任何知识中得出的。同样也不知道新的"平方反比定律"（公式三）以及相关新吸引力是通过人为地合并公式一和公式二得到的。这让公众错误地认为公式一是从最新的"平方反比定律"中得出，从而通过自然界中新吸引力的发现解释了长久以来存在的"天空中的疑团"。

上面的故事告诉我们，一个科学家，比如牛顿，怎样错误地把一个观察结果如轨道（事件一），与另一个表面类似的事件如绳子系着石块的摆动（事件二），等同起来，创造出一个官方的但却毫无意义的"平方反比定律"（公式三）。物理绳子上的作用力（实际上是"平方反比定律"中没有定义的作用力）可能提出实际作用于宇宙的吸引引力的假设。因此，把石块-绳子实验的向心力公式（公式二）代入"平方反比定律"，得到现在著名的牛顿轨道方程（公式一），即使同样的公式从可用的观察数据中很容易得到。在科学界整个实验被认为多余，且误导性强，所以根本没必要诉诸平方反比定律或吸引作用力。将这个概述牢记于心，我们接着详细讨论科学界里这种情况。

终极 理论 牛顿引力定律起源新说

尽管牛顿在开普勒行星运动定律的基础上，对他的引力定律进行了推导，然而与下文提出的变化极为相似，下文提出的关于这一理论导出的不同的观点，为牛顿引力的起源描绘了一幅更为清晰的景象，着力于解决这个至今仍悬而未决的问题。

重点提示

- 开普勒提出的三个关于行星运动的纯几何方程并未涉及引力或具体物理现象，他在牛顿之前就对天体运行进行了非常精彩的描述，今天看来仍是如此。
- 从当时积累的天文数据，可以轻而易举地推出第四个具有重要意义的纯几何轨道方程，然而没有关于这一几何轨道方程最终得以问世的任何正式记录。

- 把几何轨道方程当作描述绳子牵引石块旋转的方程，就可以轻松地推导出牛顿引力方程，因而也就可以通过与牛顿提出的"石块-绳子"相同的假设，得出牛顿的万有引力。
- 这种将旋转的石块和做轨道运动的行星相提并论的假设毫无必要，存在严重的漏洞，它使得时至今日牛顿引力理论依然存在无法解释的重重疑点和与物理法则相悖之处。
- 目前我们广泛运用的牛顿轨道方程，是从牛顿引力理论推导出来的；它似乎是一个全新的重要的轨道方程，但其实不过是上述第三点的翻版，对原先的几何轨道方程进行了一点改头换面，实属"新瓶装旧酒"。
- 牛顿的整个引力理论纯属臆造，毫无科学依据，其理论基础是早已存在的几何轨道方程，以及将"石块-绳子"关系与天体轨道混为一谈的漏洞百出的假设。

终极理论 先有轨道方程，后有牛顿理论

要探寻牛顿引力学说的起源，应从开普勒行星运动三定律入手。与牛顿万有引力定律以及由此推导出的牛顿轨道方程不同，开普勒定律是基于天体观测结果对行星运动作出的纯几何描述。这三个定律的提出早于牛顿引力理论，而且根本没有涉及引力概念。其定律内容如下：

物理法则

 开普勒行星运动定律：
- **开普勒第一定律**——行星沿椭圆形轨道围绕太阳运转，太阳处于该椭圆形轨道的一个焦点上。
- **开普勒第二定律**——行星在沿椭圆形轨道运动过程中，无论其运行至何处，太阳和该行星之间的连线在相等时间内扫过的面积相等。
- **开普勒第三定律**——给出了一个方程，通过测量行星做一次完整的轨道运动所需的时间来计算行星与太阳间的平均距离。

这三个定律极其精确而可靠，对我们今天的太空计划也具有至关重要的意义。开普勒和牛顿从当时掌握的天文数据中，应当可以毫不费力地发现关于轨道的另外一种模式，但无论是开普勒的定律还是牛顿的引力理论都忽略了这一点。我们把这种纯几何关联称作"几何轨道方程"（Geometric Orbit Equation）：

新观点
几何轨道方程。

几何轨道方程是以前从未为人们所认识的纯几何方程，由标准天文数据之间的组合模式推导而来，它指出太阳系中任何行星的轨道半径（也就是行星与太阳之间的距离）乘上行星运行速度的平方，其结果总是同一个常量，该公式如下所示：

$$v^2 R = K$$ 式中：K 是一个固定值常数 1.328×10^{20}（m^3/s^2）；

R 是行星轨道半径（与太阳的距离）；

v 是行星运行速度。

利用大多数入门级物理教科书中的标准行星数据表，人们可以轻而易举地推导出这种关联。对所有做绕日旋转的行星而言，常数 K 都是相同的，但其他轨道系统的 K 数值会有所不同。例如，依据行星数据表，对绕地球运动（而不是绕日运动）的物体而言，K 的数值计算结果为 4×10^{14}。地球轨道系统的 K 值适用于月球轨道，以及各种地球卫星和绕地航天器的运行轨道。

根据这一几何轨道方程，我们可以由轨道运行物体的运行速度推算出它们之间的距离。这一方程也能够给出进入既定轨道所需的速度，以及从一个轨道转入另一个轨道所需的速度变化，从而使设计或变更人造卫星和航天器的轨道成为可能。这一方程，可以满足小到航天飞机完成飞行任务的燃料需求，大到人造火星卫星轨道插入的所有计算要求。尤为值得一提的是，几何轨道方程的出现早于牛顿，也并未用到他的引力理论；正如几何轨道方程的名称所显示的，它是通过纯几何的方式得出了这些结论，与质量或引力没有任何关联。

几何轨道方程是一个很重要的天文观测结果，早在开普勒和牛顿的时代就应该得到人们的认识。但是科学史上没有特别提到过这个方程，只有牛顿的万有引力定律讨论中曾提到过牛顿的轨道方程。最令人注目的是,这种早期几何关联的存在,可能是牛顿引力猜想以及最终的万有引力定律的源头。为了把问题搞个水落石出,我们不妨回到所有初级物理课程都会谈到的、对行星轨道所做的一个常用类比——假定行星等同于系在绳子一端做圆周旋转的石块,牛顿也是这一类比提法的始作俑者。

理终论极 "石块-绳子" 假说

乍看之下,月球被地心引力牢牢吸引而围绕地球旋转的观点似乎非常合理,因为我们都很熟悉一个与之似乎相仿的现象:挥动系在绳子一端的石块,让它围绕我们做"轨道运动"。当然,这并不是一条真正意义上的轨道,因为当我们的肌肉用力后控制石块不让其飞出去时,这个"轨道"是绳子长度以及绳子在明显张力下共同作用的结果。

这样的类比让我们产生了一个古怪念头:月球轨道也存在着一种神秘的吸引力,它以一种目前科学尚无法解释的方式穿越空间产生作用,似乎无须任何能量源就能将月球约束在其轨道之中。这种等效比拟是由牛顿提出来的,并且今天仍为我们所广泛接受,在此,我们在介绍有关牛顿引力理论来源新解时,将沿用这个"石块-绳子"的假设。

在这一假设的前提下,将控制石块围绕我们沿圆形轨道运动的力与把月球限制在绕地轨道中的地心引力画上等号,似乎也就顺理成章了。这种计算控制绳子一端石块做圆周运动的作用力(F)的向心力公式早已为大家所熟知,其实早在牛顿那个时代它便已经是家喻户晓了:

向心力公式 ("石块-绳子"的相互关系)

$F = mv^2/R$ 　　式中:m 代表石块的质量;

　　　　　　　　　　v 代表石块的运动速度;

　　　　　　　　　　R 代表旋转半径(绳子的长度)。

把它与引力轨道的状况放到一块进行比较,我们就可以看到所有的有关因素之间存在的等效联系,如图 1-1 所示:

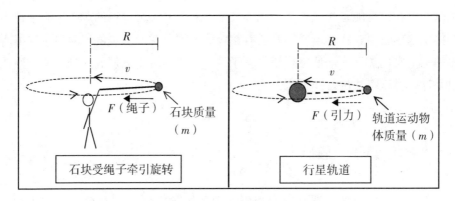

图1-1　"石块-绳子"运动模式与行星轨道的假设等效说

现在我们已经有了一个轨道公式（几何轨道方程）和描述受绳子牵引旋转的石块运动模式的公式（向心力公式），并在两者间建立了等效联系。那么，将这两个独立的公式合并后得出一个能体现这一等效关系的公式应当是可行的。为此，我们首先对几何轨道方程进行转换，得出一个关于速度的公式（$v = \sqrt{K/R}$），然后将其代入向心力公式，如此得到一个新的公式：

假设引力方程

$F = mK/R^2$　　式中：m 代表轨道运行物体的质量；

　　　　　　　　　　K 是几何轨道方程中的常数；

　　　　　　　　　　R 代表轨道半径，它同样源自几何轨道方程。

这一新方程式是几何轨道方程与向心力公式的混合体，它的推导过程基于这样一个武断的假设：旋转的石块在表象上和物理特性上与沿轨道运动的物体是等效的。这表明行星对物体一定存在一种实实在在的牵引力，将其约束在轨道中，这与图1-1所显示的"石块-绳子"模式中存在的一种物理张力一模一样。这个是牛顿的个人理论，但是现在来说是革命性突破，让牛顿的万有引力理论的发展如虎添翼。正如我们即将看到的，这个假设的引力新方程为牛顿的万有引力定律奠定了基础，而力 F 则是假定存在的"引力"的首次亮相。

注意

☞ 这个新的合并方程标志着引力首次登上科学的殿堂。

正如上文指出的，这个新的合并方程不仅仅是数学推演，更是这种假定存在的"引力"的"创生点"，也是与轨道有关的各种作用力的起始点。在该方程问世之前，几何轨道方程已经对轨道作出了描述，它所采用的纯几何表述方式只涉及了速度和距离，没有提到轨道运行物体会产生一种吸引力。的确，开普勒早于牛顿的这些研究大部分都按照这些规律运行着。现在我们有了一个显示引力可能在其中产生作用的方程式，这种引力与轨道运行物体的质量 m 成正比，而与轨道半径 R 的平方成反比。

尽管对于与牛顿同时代的科学家而言，当时这个不可捉摸的大谜团是科学界炙手可热的研究项目，新方程的产生是一个令人振奋的成果，然而我们必须清醒地认识到，从推导过程来看，它至今依然是一个没有任何依据的假设。我们从一个全函数、纯几何轨道方程，仅仅通过一些简单的假设和数学演算手法，就推导出一个说明轨道中作用力与物体质量有关的方程。即便到了今天，这种假设的力与过往一样依然是科学界神秘莫测的一个话题，没有任何科学解释能够说明物质为何或如何产生这种力，并且能对其他物体产生吸引。然而，这个新方程确实让这种假设的力有了一个具体的外在形式。现在它不再是一个模糊的猜想，它拥有了一个表述性的方程，具有了一个物质来源（即轨道运行物体的质量 m），并且呈现出力的大小与物体和被绕行物体之间距离的平方成反比这样一种特性。无论它的依据是否是一个纯粹的假设，它无疑是一个相当令人信服的结论。

现在让我们做一个简单的小结，眼下我们通过假设受绳子作用而旋转的石块等同于太空中观测到的纯几何性天体的轨道运动，得到了一个包含质量和作用力因素的混合方程。这个假设引力方程为：

$$F = mK/R^2 \qquad \text{——假设引力方程（上文已出现过）}$$

该方程认为存在一种将物体限制在轨道中的吸引力，其大小与轨道运行物体的质量成正比，与距离的平方成反比，而且取决于一个神秘的常数 K，K 的数值因轨道系统的不同而不同。但是这个常数代表的又是什么呢？

由于这个新的假定存在的引力可能由轨道运行物体（m）产生，那么被绕行物体也应当产生这种引力；因此，其质量也应当被包含在这个方程式中。那么，如果假定常数 K 其实就是被绕行物体的质量，我们就得到了一个合理的解释。我们知道太阳的质量是所有行星轨道的一个不变常量，它不是月球（以及所有的人造卫星）轨道的常数。但在我们独立的地球轨道系统中，地球的质量是月球（以及所有的人造卫星）轨道的常数。因此，这个随轨道系统发生变化的常数，很有可能就是被绕行物体的质量，后者同样是随轨道系统变化的一个常量。那么，用另一个质量 m_2 来替代 K，我们的假设引力方程就变成以下这个样子：

$$F = m_1 m_2 / R^2 \qquad \text{——用 } m_2 \text{ 代替常数 } K\text{，得出假想的万有引力方程}$$

最后一步是确认这一方程式的计算结果是以力为单位进行表达，并且应当是个合理值。当前这一方程式将两个质量相乘再除以距离的平方，得到的单位是（kg^2/m^2），也就是千克²/米²。这并不是力的单位，而且利用对地球的合理估计质量或用太阳作为较大质量 m_2 进行计算后得出的结果，比合理数值要大出数百万倍。

然而，这个问题却在谈笑间得到了化解：将方程式乘以一个数值，将其结果减小到一个合理的区间，并将单位转换成力的单位，完成这一切只需人为地引入一个能满足要求的比例常数。然而，倘若我们现在认为假设引力方程如实地描述了自然界存在的一种吸引力，那么这个人为引入的比例常数必定是一个真实的自然常数。尽管所有的这一切还都只是一个假设，但如果这一假设正确的话，这个常数将会是如今众所周知的万有引力常数 G，方程式的最终表达式因而演变为：

$$F = G\,(m_1 m_2)\,/R^2 \qquad \text{——牛顿的万有引力定律}$$

注意

 这正是前文提及的牛顿在其《自然哲学之数学原理》一书中提出的万有引力定律。

正如上文指出的，这个最终结果恰恰正是 1687 年牛顿在他的《自然哲学之数学原理》一书中提出的万有引力方程。尽管这个推导过程与牛顿的正式介绍的方式存在些许出入，但是它表明在几何轨道方程中可以清楚地找到牛顿所说的万有引力的来源。

有鉴于此，我们现在可以对该作用力理论是如何形成的以及其基础是否牢靠做一番评鉴。现在我们知道，牛顿推导出这一结论并没有任何有关神秘能量源的尖端理论作为其支撑。相反地，其学说只是基于受绳子牵引旋转的石块，在物理意义上等同于在轨道中运行的物体这一假设。

然而，"石块-绳子"模型确确实实存在一个可确认的能量源——我们的肌肉，而维持物体做轨道运动的引力却不是这样。同样地，"石块-绳子"模型中约束石块的牵引力，在物理层面上也能得到完全合理的解释，它实际是绳子的张力，而牛顿的万有引力却缺乏一个清晰合理的物理解释。简而言之，将这两种模型等同起来的假设，更多的是基于它们都具有包含做旋转运动的物体的系统表象，而不是基于任何已经证实的物理等同性。

此外，与"石块-绳子"模型相比，其他物理系统和轨道运行物体可能存在更多的相似之处，受弹簧牵引旋转的石块就是其中之一。"石块-绳子"模型存在的问题之一，是绳子一端的石块的旋转速度可以持续加大，而其距绳子另一端的距离却保持不变，其中绳子的张力也在相应增大。假若这种模型在物理意义上确实等同于轨道运动，那么在轨道距离不变的前提下，必须加大引力才能牵引住一个加速运动的物体。然而在理论和实际情形中都没有发生这种情况。相反地，对轨道运动的物体施加更大的向前推力，它就会向太空更深处运动，这在很大程度上类似于受可拉伸的弹簧牵引，而不是长度固定的绳子牵引的石块加大旋转速度时所发生的情形。

因此，只要我们对有可能等同于轨道运行物体的常见机械装置进行直观猜测，我们就应认真地考虑放弃"石块-绳子"这一模型，而以"石块-弹簧"模型取而代之。这并不是说轨道在物理意义上就等同于"石块-弹簧"模型——这种模型同样存在其自身的局限和问题，而且这种选择同样具有其武断性，因为我们看到的仅仅是它们表面存在的某些相似性。尽管如此，作为一种更有依据的推测，与作为当今万有引力理论基础的"石块-绳子"模型相比，它或许在功能上更类似于轨道，这恰恰暴露了牛顿万有引力学说的根基是何其薄弱和武断。

有意思的是，如果运用"石块-弹簧"模型，我们最终得到的结果可能与牛顿万有引力定律截然不同，因为"石块-弹簧"的向心力公式与"石块-绳子"的公式不尽相同。也就是说，两者存在差异也就意味着，当我们和之前一样用几何轨道方程中的速度参数代入这个向心力公式时，得出的引力表达式也必定有所变化。然而这种基于"石块-弹簧"模型导出的引力方程和现有的牛顿引力方程一样，也会得出一个地心引力数值。尽管这个数值无法直接测量——即便用现有的牛顿方程也无法做到——它却赋予了引力是自然界真实存在的作用力的这种表象；我们甚至可以通过确定的质量和距离，计算它的大小。

注意

由此可见，我们熟悉的牛顿万有引力定律并不是一个真实的自然法则，它不过是以轨道和完全不同的"石块-绳子"模型的表面相似性为基础，存在着漏洞的理论创造。

通过上文对牛顿引力学说另一个来源的讨论，鉴于之前已经存在的纯几何方程式，即开普勒三定律和现有的几何轨道方程，可以看出将引力概念引入轨道学说不仅极为武断，而且纯属画蛇添足。

但是，要不是进行了这样一番推导的话，我们还不会认识到这一事实，因为我们的科学并不包含几何轨道方程，至少不了解本书论述中提及的这种规范的几何轨道方程。相反地，现在被我们广泛使用并教授的是从牛顿万有引力定律中推导出的牛顿轨道方程。此外，由于牛顿轨道方程是我们天文科学和太空计划的立足根本，因此作为该方程明显起源的牛顿引力学说，也被认为具有至关重要的意义。

然而，现在我们可以证明，牛顿轨道方程只不过是有效地将早已存在的几何轨道方程改头换面重新进行了包装。为了证明这一点，我们不妨对至今普遍使用的牛顿轨道方程的来源进行一番深究。

终极理论 牛顿轨道方程的诞生

在随后进行的阐述中，我们有必要谨记一点：我们的科学对上文刚刚提到的从几何轨道方程到牛顿万有引力定律的演变过程是一无所知，几何轨道方程对其而言也是闻所未闻。因此，以下从牛顿万有引力定律推导出牛顿轨道方程的过程，目前被认为是其唯一的出处和表达形式。

与牛顿轨道方程完全等同，且事实上更为准确的几何轨道方程时至今日仍不为人所知，正如上述讨论的情况，牛顿万有引力定律的理论基础也存在着漏洞却尚未被人发现，这让牛顿理论关于自然界中吸引引力理论连同万有引力常数 G 深深植根于我们头脑中。有的理论认为对于引力彻底的物理学理解终于达成了，数世纪以来这个说法阻碍了我们对引力的物理性质的进一步了解，同时也掩盖了这一线索：来自几何轨道方程的引力常数 K 背后的真正物理学解释依然扑朔迷离。

这便造成了如此一种印象：今天牛顿轨道方程的存在以及它对天文学和我们的太空计划做出的卓越贡献，完全应归功于牛顿的万有引力学说。然而，正如下文将要阐述的，我们对牛顿理论心存敬意完全缺乏事实依据。实际上，不仅在牛顿有生之年他自己既不知道也不需要知道引力常数 G 的价值，而且现在引力常数的计算也只是个纯学术的使用。在现在地面或太空任务中 G 也没有被直接使用，也是不必要的——这个事实值得特别注意：

注意
　牛顿的引力常数 G，即便在当今也没有直接使用，它是纯学术上的一个数值。

沿用至今的牛顿轨道方程的标准推导过程，首先是基于将"石块-绳子"模型等同于太阳系中做轨道运行天体的这一假设——如今我们几乎是完全不加思索地接受了这个存在了几个世纪的假设。由此可见，由于当今的引力理论有效认为牛顿的引力学说与上文提到的"石块-绳子"模型中的向心力属于同一种物理概念，对牛顿轨道方程的推导首先便从为这两种力画上等号开始。

牛顿的方程式　→　$GmM/R^2 = mv^2/R$　←　"石块-绳子"模型方程式

在此，牛顿方程式中两个物体的质量 m_1 和 m_2 变成了 m 和 M，分别表示做轨道运动的较轻物体的质量 m，以及轨道中心被绕行的较重物体的质量 M。以上这个等式立即简化成前文中提到的在当代科学中为大家所熟悉的牛顿轨道方程的表达式：

$$v^2R = GM \qquad \text{——牛顿轨道方程}$$

我们应当注意到，尽管这看上去是从牛顿的引力定律中推导出的一个全新的重要方程式，然而实际的情况则是，它不过是将原先的几何轨道方程导出牛顿万有引力定律的这一过程逐步进行逆向推导而已。也就是说，我们从几何轨道方程入手，通过"石块–绳子"这一存有漏洞的假设，最后得出了牛顿的万有引力定律，现在我们所做的不过是用同一个有漏洞的假设，从牛顿引力定律倒推至最初的几何轨道方程。上面的牛顿轨道方程与几何轨道方程看上去有所不同，然而正如我们马上将要看到的，这不过是一些外在表现形式上的差异而已。

如今人们尚未认识到这一事实，因为牛顿对万有引力定律所作的推导并没有显示出它源自几何轨道方程。因此，我们今天所使用的轨道方程，似乎是一个从"严谨可靠的牛顿万有引力理论"中推导而来的全新结论。从牛顿的引力方程倒推至准确的几何轨道方程的过程已鲜为人知，这使得我们对牛顿的引力学说、"石块–绳子"这一类比的物理等效性以及自然界牛顿引力的存在深信不疑。

回顾一下之前牛顿引力方程的推导过程可以发现，常数 K 实际上是被人为武断地用两个相乘的常数 GM 所取代了。回想一下，K 被认定表示的是轨道中心被绕行物体的质量 M，随后人们又意识到必须引入"自然常数"G 来改变计算结果的大小和单位，在这之后 K 就被替换掉了。然而从 K 到 GM 的转换仅仅基于一个极为武断且毫无根据的假设；如此看来，重新采用最初的常数 K 不仅有理有据，而且要更为准确。因此，如果我们将上文开始的从牛顿引力方程到牛顿轨道方程的倒推过程继续下去，

$$v^2R = GM \qquad \text{——牛顿轨道方程}$$

那么下一步就该是用 K 来代替 GM，从而便可推导出最初的几何轨道方程：

$$v^2R = K \qquad \text{——几何轨道方程}$$

这表明我们今天使用的基于牛顿引力理论之上的牛顿轨道方程，其作用与几何轨道方程完全一样，而后者可以很容易地从天文观测结果中直接推导得出，根本不必借助于万有引力。它们的确是同一个方程式。事实上，这也解释了为何时至今日，几何轨道方程仍不为人们所了解——因为我们自认为已经有了正确的以引力为基础的方程，其中包括质量 M 以及"万有引力常数" G。既然如此，我们甚至没有必要对这个显而易见、简单明了且完全等效的几何模型予以关注，然而从本质上来说，它比我们如今所熟知的牛顿轨道方程出现得更早。

然而，一个既不复杂又极为实用的几何模型早已有效问世这一事实，具有非同寻常的重要意义。我们的科学和太空计划还在广泛地运用着开普勒三定律，而它们同样与引力概念没有丝毫关联。因为如我们所知，没有任何以牛顿轨道方程为基础的明确的物理解释，在我们使用牛顿轨道方程的时候，我们实际上正不知不觉地运用着几何轨道方程。

从这个意义上说，我们所有的天文学理论以及太空计划都是针对物理现象中的一个不解之谜，所用方程实际上完全是建立在几何学这一单一的基础之上——而不是以牛顿的万有引力为基础。我们可以轻而易举地得到一个与我们的引力方程等效的、简单明了的几何轨道方程，这个看似无关紧要的事实绝对不容忽视，它确实具有重大意义。

注意

 尽管尚未得到普遍认可，但无论是在理论上还是在实践中，牛顿万有引力这一抽象概念未经证明，纯属画蛇添足且多此一举。

尽管进行了分析，但上述结论似乎下得过早，因为牛顿轨道方程包含被绕行物体的质量 M，而几何轨道方程只有一个任意常数 K。这样看来，牛顿的引力理论至少说明，这个常数实际上表示的是轨道中心被绕行物体的质量，这可能是一个非常有用的发现。事实上，今天的牛顿轨道方程的一个非常重要的贡献，是我们显然可以通过它来远距离计算远处物体例如太阳系中行星的质量。换句话说，如果我们已知了物体沿轨道运动的速度 v 以及它的轨道半径 R，那么我们就可以运用牛顿轨道方程来计算被绕行的较大物体的质量 M。如此一

来，我们便可以通过观测行星卫星的运动情况计算得出遥远行星的质量，这也正是现在我们所掌握的行星质量的测算方法。

相反地，如果我们使用几何轨道方程，在已知做轨道运行物体的速度和轨道半径的情况下，我们只能计算得出该轨道系统的常数 K，而无法计算被绕行物体的质量。掌握特定轨道系统的常数数值，对计算该系统内部其他做轨道运动的物体的运动速度或轨道半径同样极具价值，但是仅凭这个常数，我们无法知道轨道中心被绕行物体的质量。

因此，倘若不是牛顿引力理论的话，我们似乎永远也无法确定太阳系的卫星、行星以及太阳的质量。因此，牛顿的引力理论看来具有更为深奥的物理学意义，也让我们对大自然有了更加深入的了解。然而，随后的论述将表明实际情况完全不是这样。认为牛顿引力定律进一步开拓了人类的视野，具有超越前人的开创性意义的想法，不过是我们的错觉而已。

重点提示

 牛顿理论不能精确测定遥远星球的质量。

牛顿的引力学说认为，来自行星内部的引力可穿越太空；我们可以远距离地测定该行星的质量，因为根据牛顿学说，行星的质量与引力的大小成正比。尤其是根据牛顿轨道方程 $v^2R = GM$，要确定轨道中心被绕行物体的质量，我们似乎只需要留意观察做轨道运行物体的运动速度及其轨道半径。然而，接下来的阐述表明，人类可以通过这种方式直接测定远处物体的质量，不过是我们的一大错觉罢了。

重点提示

- 几何轨道方程和牛顿轨道方程这两个轨道方程表达的都是做轨道运行物体的运动速度和轨道半径之间的相同关系。
- 已知的卫星和行星的质量，不过是基于牛顿理论中一个未经证实的假设得出的近似值，它们并非我们相信的上述天体实际的准确质量。
- 上面所提到的假设假定轨道与质量直接相关——这一论断既未经证明也非完全正确，依据它得出的太阳、月亮和行星质量结果也相当随意草率。
- 我们还是可以利用这些随意草率的质量数值来计算轨道速度和距离，因为我们通常不会孤立地使用这些数据，而是将其作为 *GM* 表达式的一部分，这完全等同于原先几何轨道方程使用的常数 *K*。

我们首先应当注意的是，无论我们采用的是几何版的还是牛顿版的轨道方程，其作用均在于描述做轨道运行物体的速度和轨道半径之间的关系。两种轨道方程式在这方面都起到了相同的作用，因为牛顿的"引力"轨道方程不过是将原先几何方程的常数 *K* 改头换面，实施了一番"整容术"而已。我们可以将几何轨道方程中常数 *K* 的符号随意改换成其他符号，例如改成牛顿方程中两个相联的符号 *GM*。但是这终究只是一番纯粹性的表面变动，实际上却根本没有改变原方程式的形式和本质。不论怎样，该轨道方程式还是一如既往地显示出运动速度和轨道半径之间的关系。

然而，既然常数 *K* 的数值可以通过对远处做轨道运行物体的观测轻松地加以确定，那么将 *K* 随心所欲地变化成 *GM* 使得我们可以计算得出 *M*（因为 *G* 是科学中一个已知的常数），这造成了一个表象，我们误认为自己可以远距离地测定轨道中心被绕行物体的质量。常数 *K* 或许与被绕行物体的质量有关，这种可能性不过是牛顿学说一个有趣的猜想罢了，它既缺乏科学证明，又与我们的轨道计算毫不相干。

这一点应当引起我们的注意，因为我们今天正被错误观念所蒙蔽，以为我们在航天飞行计划的轨道计算中使用的是卫星和行星的质量数据。实际情况则是，我们不会单独地使用这些假定质量数值，而是将其作为了 *GM* 表达式的一部分。而且正如我们现在所知道的，这个表达式其实就是原先几何轨道方程中的常数 *K*。远距离计算 *K* 的大小，将 *K* 重新定义为 *GM*，从而得出 *M* 的一个表达式，而后再将其代入 GM 式中，这不过是在逻辑上来回兜圈，以掩饰我们使用的依然是原来的经验常数 K 这一个事实。牛顿的这种循环逻辑默认存在着"万有引力"，以及由此产生的远距离测定物体质量的方法，这个说好听点只能算是一种猜想，说难听点就是纯属子虚乌有。

目前，我们使用的牛顿轨道方程 $v^2R = GM$ 是真正原创性的轨道方程，其中包含了一个真实的物理质量，这是一个极大的错误观念。之所以产生这样的错觉，是因为牛顿方程来自于纯几何方程的这一真相，被颇为令人信服的引力概念严严实实地掩盖了起来。今天我们不可能像之前那样对牛顿理论与最初的几何轨道方程展开比较，因为几何轨道方程还不为我们的科学所了解；几个世纪以来，这个方程式的存在及重要性，始终被岿然不动且基本未遭质疑的牛顿理论所掩盖。

我们完全接受了教科书上列出的太阳质量，却忽视了这样一个事实：即这一太阳质量是通过将已知的行星运行速度和轨道半径，代入目前的牛顿轨道方程计算得出的，而计算结果中的 GM 实际就是常数 K。我们在不知不觉中认可了将 K 重新表述为 GM 的做法，将我们对行星的纯几何观测中计算得出的一个纯几何常数随意地变成了太阳的质量。倘若不是此前论述中的那番分析，我们甚至可能不会意识到我们所做的是这样一个毫无根据且极为武断的假设。我们对牛顿引力学说深信不疑……我们相信沿用至今的轨道方程完全是牛顿学说的产物……我们坚信这一轨道方程中的质量代表的是一个物体真实的质量……我们甚至根本无法对该方程的几何来源进行任何思考，因为它被我们对牛顿理论的盲从和错误认识死死掩盖住了。

接下来，我们不禁想问，教科书中作为天体质量列出的这些数据究竟还有没有任何意义。即便我们可能是通过"K 就是 GM"这个未经证实的假设计算得出了这些质量数据，然而常数 K 必定与轨道中心被绕行物体的某种物质属性相对应，这一想法似乎是合乎情理的。进一步说，K 的数值在不同的轨道系统中确实会有所变化，这一变化似乎反映出这些不同轨道系统中心的被绕行物体间存在着质量差异。那么，我们又应如何看待这一现象呢？

下一章引入新的自然法则概念之后，我们对这个质量问题的了解将会更加全面；然而，眼下我们可以暂且认为目前的质量数值表示的是近似质量——是一种基本合理、有一定依据的推测。这是因为我们观测到的称之为轨道（其中并不涉及引力，除非它的存在得到科学的证实）的引力效应，确实与轨道中心被绕行物体的质量有关——但并不像我们今天所认为的成正比关系。

因此，我们将经验常数 K 替换成以质量为基础的表达式 GM 的做法虽有一定道理，但却不够精确。也就是说，尽管牛顿提出的源自物质的万有引力模型无法如实地描述物理现实（我们已谈到了其中的不少原因），然而有一点是不可否认的：各个巨大的行星和太阳造成了我们所观察到的物体自由下落和物体沿轨道运动的现象。那么，既然我们知道太阳和行星主要的定义属性之一是其质量，我们便会想当然地认为，对太阳系的观测结果应该与其质量有着直接或间接的关联。正如我们将在下一章看到的，我们的观测结果与天体质量只存在着间接的关联。

为了方便说明问题，我们不妨假设存在这样一种情形：太阳系中所有的天体都具有一个存在吸引力的磁场，但我们还没有发现磁力的存在。在这种情况下，我们可能会认为物体的质量直接导致了我们在轨道中观测到的引力现象，这意味着如果一个物体被观测到的引力效应加倍，其质量必定也加倍。

然而，我们有所不知，吸引力加倍实际上是由于磁场强度翻番造成的，但它不一定与物体质量翻倍对应。例如，若两个质量相同但物质组成不同的物体产生的磁场强度不同，那么磁场强度与物体质量间一比一的正比关系就不成立了。观测到的轨道吸引力加倍的现象，可能是由一颗比另一行星（物质组成不同）质量仅多出 30% 的行星造成的，然而我们关于轨道观测结果和质量成正比的假设，可能会令我们得出该行星质量增加了一倍的错误结论。

这和目前认为质量与轨道观测结果成正比的想法如出一辙。想来这种正比关系是因牛顿神秘的"万有引力"而存在的——我们从未感受过，也从未远距离测量或探测到这种作用力，然而其大小却被认为可以直接反映物体质量上的变化。因此，倘若依据牛顿学说进行的计算显示轨道观测结果与引力翻番后的情况相一致，故此我们就认为该轨道中心被绕行物体的质量也相应是原先的两倍。

然而，下一章将要介绍的新原理表明，轨道并不是由"万有引力"产生的，虽然其实际的成因确实与质量有关，但这种关系并不属于严格的一比一对应的正比关系。它表明，虽然"更大的行星对沿轨道运行的物体有更大的吸引力，也相应地有更大的质量"这一说法有理可依，但是这个假设不可能从远距离被证实；行星的构成需要进行物理上的分析才能确定。这类似于此前我们所做的关于磁场的想象设定，其中轨道中的作用力（在这个情形中就是磁场）越大，对应的行星质量似乎就越大，然而这种作用力有可能完全是由另一种磁性物质成分产生的，某种程度上与质量毫不相干。

在我们用假设和计算确定天体的质量（如太阳质量）时，我们会用到这一点。这个假设是说地球强制性地受到太阳牵引而做圆周运动，所以在我们看来，这个有效的向外抛力——通常被称为"向心力"，等于从太阳而来的引力，如此轨道才能维持稳定平衡。紧接着我们可以根据牛顿的引力方程，直接计算出向心力是多少，太阳的质量是多少，才能从这么远的距离产生相等的引力。

在这里，得出的"太阳质量"再次成为一系列未经证实的假设产物。地球以这样的方式强制性地做圆周运动是假设，如此得出了向心力存在，得出太阳发出起抵消作用的引力。最终这个假设的牵引力在牛顿提出的方程里被计算出来也是一种假设。这样说大概更准确，这些不仅是未经证明的假设，更是可被证实错误的假设。因为现在的讨论对牛顿的引力学说和引力方程提出了严重怀疑，而且太阳向内的拉力和向外的抛力作用的结合，会在地球和太阳之间引起延伸性呈直线式的海水涨潮。然而，地球每天沿着这条直线做周期运动，经过时也没有发生涨潮。

基于上述所有原因，我们之前才说已被普遍认可的太阳系中，太阳、行星及其卫星的质量只不过是有根据的推测，而不是准确的质量数值。其中有些可能与天体的实际质量非常接近，而其他则可能与实际数值相差甚远。对大多数标准轨道计算而言这并不构成什么问题，因为正如上文提到的，我们只是在表达式 GM 中用到这些质量数值，而它不过是又让我们回到原先几何轨道方程中的常数 K，天体实际的质量数值因此也就变得无关紧要了。然而，出于其他一些原因，搞清楚质量问题还是非常重要的。例如，如果我们所认定的行星质量与其实际质量相差过大的话，行星地质学家就难以搞清楚行星的构造、成分及其地质状况。此外，对太阳进行的理论性聚变反应计算在运算过程中也涉及到了太阳的质量因素，要想正确认识聚变反应本身的物理规律，掌握准确的太阳质量数据很可能具有至关重要的意义。

谬误

牛顿引力学说对卫星轨道方程的误导。

尽管我们已强烈意识到前面详细讨论过的牛顿引力学说的随意性，在下面这个例子里，还是可以更为简洁地阐述一下。下面的例子展示了人造卫星常用的另一个轨道方程，但是与几何轨道方程以及从中演变而来的牛顿轨道方程不同的是，它来自一个有漏洞的人造卫星模式，人造卫星在绳子上做强力旋转向外运动来抵消它们自身重量产生的向下的拉力。

如牛顿所说，把"卫星轨道方程"和这两个轨道方程区别开的主要特征是，它最终的方程形式包含了牛顿的重力常数 g（重力加速度），随着距离平方的变化而发生相反的改变。然后，例子中的分析将告诉我们，以"石块-绳子"来比喻沿着轨道运行的行星就是一个错误，一个前面讨论过的常见错误。此外，落下或沿着轨道运行的物体受到一个向下的拉力，这是看似显而易见的事实，但也是个常见却没得到证实的假设；一个物体本身重量的重力只在与地面接触且有合理正当的理由时才发生，这一点下一章会讲到。

因此得出的卫星轨道方程仍然能准确地进行卫星计算，因为就算"石块-绳子"理论缺少物理依据，做圆周运动的物体也能准确地被这一理论模式化。从远处而来的一个抵消力把沿轨道运动的卫星往下拉，这是另一个未经证实的概念，它补充了做圆周运动卫星的工程模型，因此我们能得到正确的轨道计算，尽管"石块-绳子"这一物理理论仍然漏洞百出。这就是在继续讨论这个例子的过程中最主要的观点。

我们还要注意到下面的卫星轨道方程全部是以走入歧途的抽象概念为基础，因此得到的方程同样包含不必要且具有误导性的概念——牛顿最著名的重力常数 g 不在另外两个功能相同的轨道方程里。如果没有如下分析，隐含在卫星轨道方程里并具有误导性的概念的精准本质和含义很难发现，这些分析是后来从一个罕见且具有启迪性的角度得出：

终极理论 发现卫星方程误解的两种方法

如果我们把假设的卫星在自由空间里向下的作用力（mg）和假设向上的向心力等同起来，前面也谈到过，把它看成系在绳子上面摆动，我们就能得到一个计算卫星运行速度的常用公式：

$$mg = mv^2/R$$　　式中：m 代表卫星的质量；

g 代表重力常数；

v 代表卫星的运行速度；

R 代表轨道半径。

两个概念的等同化，简化了卫星轨道方程：

$$v^2 = Rg \qquad ——卫星轨道方程$$

作为一个开始的例子，让我们假设一个在地面上的理论轨道。这种情况下，R 就是地球半径，g 是已知的在地面的 9.8 m/s^2。要强调的很重要的一点是物体只有在接触地面时，重力值才能被感觉到，测量到，并证实；地面之上处于无引力轨道里的卫星作用于远处而来的牵引力只是纯假设。然而，在上述卫星轨道方程里使用这些数值能够准确地计算出这样一个轨道的运行速度。

在障碍物和大气层之上更实际的高度，选择两个地球半径为 R，卫星则在离地球中心（地面之上一个地球半径的距离）两倍的距离。根据牛顿引力的平方反比定律，两倍距离的卫星受到的吸引引力只有三分之一的强度，使得 g 只是理论值的 2.45 m/s^2。用这些数值进行正确的轨道运行速度计算不仅证实了牛顿远距离作用力的存在，也证明了这个作用力随着距离平方而削弱。在此高度的卫星的准确速度再一次在卫星轨道方程里用这些数值被正确地计算出来。而且，正如我们所料，所有通过此方程计算出的速度与用牛顿轨道方程得出的计算结果相同：

$$v^2 R = GM \qquad ——牛顿轨道方程$$

通过这两个方程得出的计算结果也必须一致，因为它们都是计算同一个卫星的速度。如果我们进一步观察便会发现奇怪之处。与卫星轨道方程不同的是，牛顿轨道方程既没有随着距离平方而减弱的说法，也根本没有提到牛顿的引力。实际上，在速度计算中唯一的变量是卫星的高度 R；其他参数都是固定的常数——万有引力常数 G 和地球的质量 M。可是如果一个方程有重力常数 g，根据牛顿的平方反比定律在不同的高度必须要重新计算，怎么可能同时有另一个方程根本没有这样的作用力或者以高度为基础的平方反比说法却能得到完全相同的结果呢？

答案就是这两个方程实际上是同一个，而平方反比重力常数 g 完全是个多余且错误的解读。上面所说的等同重量（mg）的简单步骤加上向心力构成了新的卫星轨道方程，这正是牛顿轨道方程，不必要且极具误导性的创造物。不过我们很难超越这些多余的创造理论，因为卫星轨道方程通常的纯理论上的推导和最终形式创造出平方反比引力这一引人注目、独立、一致的错误理论。但是如果我们从另一角度来看这个事情，误解就能被打破：

我们从重新推导卫星轨道方程开始——这次从牛顿轨道方程开始，轻微调整后得到：

$$v^2 = GM/R$$

如果我们任意地在右边分子和分母乘以 R，得到：

$$v^2 = R（GM/R^2）$$

这样基本完成了由牛顿轨道方程到卫星轨道方程的转变。中间的乘法并没有改变方程，因为分数线的上下同时乘以任何数字都只是乘以了一个 1，但是如果我们观察上面括号里面的式子，就能发现随着距离平方发生了相反变化。当我们把地球半径 R 代入进式子里（专门选择固定常数 G 和 M 这两个数值的历史遗留问题），就能用括号里的式子计算出已知的地球表面重力加速度为 9.8 m/s^2。能够计算出已知的地球地表引力，随着距离远近发生相反变化，这组式子似乎满足了牛顿重力常数 g 的要求。所以，用变量 g 代替括号里的式子得出：

$$v^2 = Rg$$

这正是这部分开头用等同重量和向心力推导得出的卫星轨道方程。我们现在明白为什么这个公式能得出与牛顿轨道方程一样的结果，因为它仅仅只是重新调整牛顿轨道方程然后乘以 1（用 R/R 的方式）。但是表面上完全多余的运算是怎样把明显没有引力、距离平方变化的简化版牛顿轨道方程变成两者皆具的新方程？这实际上是通过在上面清晰展示误解产生过程的重新推导中用的数学手法得到的——正是通过在这部分开头的原始卫星方程推导中用到的纯理论方程得到的错误理论。唯一的区别就是通过上面揭露的数学手法得到的卫星轨道方程可以推翻错误理论，揭露本质，下面我们将揭晓。

实际上，首先没必要把简化版牛顿轨道方程乘以 1，更重要的是，没有理

由必须通过乘以 R/R 的方式得到这一结果。事实上，因为在这个方程里有一个正当的 R 来代表距离，我们应该注意不要在乘法里用任意不定的符号来表示 R，所以我们不要疑惑于正当的距离参数 R。当然，这种疑惑上面已经发生。

现在，为了强调我们是任意乘以 1，而且是任意选择一个不定且除以本身的符号来完成这一运算，我们用一个通用的未知数 X 来代替 R。所以，用 X/X 重新进行计算我们得出：

$$v^2 = X \ (GM/XR)$$

现在我们更清楚已经采用一个没有（也不应当）无缝融入方程的未知参数。然而，我们之前选择符号 R 的过程是任意且不定的，这让我们对实际的距离参数 R 以及不恰当地融进方程产生怀疑。这没有改变从简化版牛顿轨道方程得出的计算结果，因为新增的分数线上面和下面的 R 最终在计算过程中被消除了，因此产生了对有距离平方术语（R^2）的方程错误解读。

这与下面这一说法类似：直线方程 $y = x$，与"曲线方程"$y = x^2/x$（在 x 中并不是曲线）一致，但是适当简化后，同一直线方程就只涉及 x。尽管我们很容易看到分子和分母中添加的 x 被消除，但是如果我们用 z 代替 $1/x$，把 $y = x^2/x$ 变成 $y = x^2 z$，把分母 x 隐藏起来，消除 x^2 的过程就没有那么清晰了。

重要的是如果我们用没有简化的方式，有可能会产生各种各样的误解，如从直线出来的曲线——或者根本就没有的平方反比作用力。正如上面所阐述的，这样一个误解是通过刻意创造和处理牛顿轨道方程的未简化形式而创造出来的，从而准确得出现在的卫星轨道方程，在这一过程中暴露了一个隐藏的事实：这就是现在科学中卫星方程的本质。这一典型（无效）的纯理论方程表明在这部分开始的最初推导中就秘密创造了这个虚幻且未简化的方程，如果没有上述分析，我们更难意识到这一点。在科学中这种数学手法并不罕见，在第5章关于爱因斯坦狭义相对论的讨论中会再次出现。

讨论再次表明今天所有的引力方程都有同一个问题——在隐藏真正的基础性非牛顿物理原理的同时创造了著名的牛顿引力误解这一误导性的理论，它本不必如此复杂。同样重要的是，牛顿引力理论的相同核心虚幻性特征被保留下来，同样也被并入进爱因斯坦的广义相对论，持续扩充，合成了这些错误的假设、误解和理论。

　　上述分析揭露了一些多余的概念，它们被有效地添加到牛顿轨道方程里面，得到以看似有用实则误导人的"万有引力"为基础的卫星轨道方程。但是，通过把自由空间里卫星的假设重量和一个假定的向心力画上理论中的等号，我们原本就已得到这一结果，所以我们不可能在没有上述分析的前提下，分辨出这些误导人的理论和误解。当然了，即使简化版牛顿轨道方程本身之前也被认为是极其正确，亦是纯经验主义的几何轨道方程多余且误导人的变形。

　　尽管以上所有的论述都表明，轨道并不是由牛顿提出的因质量而产生的万有引力所控制，然而仍有一些颇具说服力的错误观点在和牛顿理论相唱和。我们的太空计划中就有这样的一个例子，所有的轨道计算中都必须包含宇宙飞船的质量这一因素——甚至细微到要将燃料消耗导致其重量下降，或者因携带了从遥远的卫星或行星上采获的岩石样本造成的额外重量等因素考虑在内。如果宇宙飞船的质量是影响我们目前轨道计算精确性的一个重要因素的话，那么绝大多数太空任务的成功不就证明了牛顿学说计算结果及其观点的正确性吗？

　　对此我们的回答是，宇宙飞船的质量只是太空任务涉及的惯量计算而非轨道计算的重要因素。任何通过燃烧燃料来强行改变宇宙飞船轨道的尝试都需要进行惯量计算。一个足球运动员的质量对任何企图进行抢断的球员来说是需要其考虑的一个至关重要的因素，同样地，对于完成指定操作需要燃烧多少燃料的计算而言，宇宙飞船的精确质量也是极为重要的一个参数。质量越大的宇宙飞船，完成一个动作需要燃烧更多的燃料，其燃烧时间也更长，就像足球运动员体重越大，对其实施抢断的难度也就越大。这不过是通过牛顿方程式 $F = ma$（力等于质量乘以加速度）进行的一个标准的牛顿惯量计算（而不是万有引力计算）。

　　这种基于质量的惯量计算对于任何太空计划都具有至关重要的价值，这进一步强化了我们关于质量在轨道计算中尤为重要、不可或缺的错误观念。轨道（其构成了所有宇宙飞船运行轨道的基础）完全可以通过与质量或作用力无关的开普勒纯几何方程和几何轨道方程来加以描述。就像所有的物体不管质量大小都以同样的速度下落，它们也遵循着独立于质量之外的轨道线，因为轨道被认为是现在科学中持续进行圆周自由落体的另一种形式。

4 有证据证明万有引力存在吗？

尽管牛顿的万有引力概念违背了物理法则，而且它也并不是描述轨道和宇宙飞船轨迹的必要手段，但人们还是因其为生活中方方面面的许多问题提供了答案而将它视为至理。举例来说，根据这一理论，地球上的物体之所以有重量，是因为地球内部存在的地心引力对物体产生向下的拉力，用与其质量相称的作用力将它们牢牢地吸引在原地，并使其具有了因质量不同而不同的重量。即便对于这种恒定的牵引力我们缺乏科学上讲得通的解释，但我们感觉上则认为似乎确实存在着这样一种作用力。

即便在牛顿之前，人类就已意识到这种效应一定有其发生的根源，但当时人们不一定将它视作是来自地球内部的一种地心引力。它有可能是地球磁场造成的，也可能是太空中的天体产生的某种向下的排斥力，抑或还有种种其他的解释。爱因斯坦甚至指出，地球引力的效果完全无法与空间平台上不断向上的加速度区分开来。

因此，物体的重量只不过是一种不可辩驳的常识性体验——没有人会认为释放手中所持的物体后它会向上运动——然而造成这种现象的根本原因却仍是一个未解之谜，我们无法排除任何一种可能性。人类发明了弹簧秤用以测量物体的重量，但是这个装置不过是利用了我们身边随处可见的重力效应而已。我们所使用的机械秤，其实是以弹簧原理而非地心引力原理为基础，其工作过程完全依赖于产生重力效应的那种未知的因素。

甚至计算炮弹等抛射体在空中的飞行轨迹依据的也并不是牛顿的万有引力理论，但今天人们往往是这么描述的。如前所述，伽利略为下落物体或飞行中的炮弹给出了一个极为有用的恒加速度方程，稍微关注一下这个方程式，你就会发现它并没有特别涉及万有引力：

$$d = \frac{1}{2} at^2 \qquad \text{——恒加速度方程}$$

这一方程实际上表明，一个物体无论是自由坠落还是射向空中，其下落的垂直距离 d 等于其受到的向下的恒加速度 a 与物体落至地面所需时间 t 的平方的乘积。值得注意的是，该方程式是一个不涉及物理质量或作用力的纯几何方程，它只是呈现出了这样一个显而易见的事实：自由落体存在一个向下的恒定加速度。它对产生这种效应的原因并未加以解释，与之相仿的是，牛顿之前的人们对于物体存在重量的原因也不甚了解。地球上存在的这种可观测且可测算的向下加速度作用，对于所有物体（无论其质量如何）而言都是一样的，而且人们可以很容易地测算出该加速度为 $9.8\ \mathrm{m/s^2}$，将其直接代入上面的方程式可得出：

$$d = \frac{1}{2} \times 9.8 t^2$$

我们习惯用字母 g 代表地球表面物体受到的这个恒定加速度，于是以上方程式便演变成：

$$d = \frac{1}{2} g t^2$$

符号 g 用来表示重力所产生的加速度（$9.8\ \mathrm{m/s^2}$），其依据的是牛顿万有引力学说；但这种解释当然仅仅是一种假设而已。

 谜团
无论物体的质量如何，其加速度都相同。

正如上文提到的，无论导致自由落体产生加速下落现象的原因是什么，它都同样轻而易举地让所有物体均呈现同一加速度，却没有明显可见的作用力。无论物体是轻如鸿毛，还是重如泰山，情况都是如此。假如这其中存在某种作用力的话，它一定是一种神秘莫测而又不为人知的作用力，非此不能产生如此妙用。

谜团
? "引力屏蔽罩"之谜。

"引力屏蔽罩"是笼罩在引力周围的又一层迷雾。我们能够用各种材料来阻断隔绝电流、电场、磁场、光、无线电波以及放射线，但唯独对引力场却无计可施，这又是何种原因呢？由于科学从未真正认清地心引力的奥秘，我们也就始终无法设想或排除研发某种物质或装置来屏蔽引力作用的可能性。

一旦这种发明成为现实，我们只需在物体和地面之间插入这一引力屏蔽罩，物体便可悬浮在半空中。如果引力产生的吸引力无法穿过引力屏蔽罩向上延伸的话，那么在屏蔽罩上方的所有物体都可以飘浮在空中，不会被引力牵引下来。多年来这种想法从未销声匿迹（而且还会继续被一再提起），始终笼罩着一层神秘色彩，除非最终被证明根本不可行，否则它还是会不断引发人们的兴趣和热情。

结语

先前的论述已经表明，尽管牛顿提出的万有引力是一个极具说服力的直观概念，然而它一直是问题成堆。作为一个众多观测结果背后真正的、尚不为人所知的根本原因的模型，它已显示出了自身的价值——这也是人类构建任何模型或方程式的目的所在。然而，当该模型被视为客观事实时，一大堆问号也就接踵而至了。实际上，正如上文所表明的，牛顿的模型甚至并非是绝对不可或缺的，因为从苹果坠落地上到沿轨道运动的卫星在内的所有现象，都可以通过纯几何方程式来加以充分的解释。这个模型是传承了数个世纪的科学遗产的一部分，正因为如此，尽管它显然并非是一个科学上能站得住脚的理论，但我们今天的科学却未曾对它提出有力的质疑。

我们也曾试图对该理论的逻辑加以修补，被误用的功方程以及提出广义相对论这一全新的理论便是这方面努力的明证——然而这一切均于事无补。我们无法为牛顿的万有引力找到真正科学的解释，我们也无法创建一套切实可行的理论来将它完全取代。因此，牛顿的万有引力理论依然是我们用于解释物体下落和沿轨道运动现象最主要的、最令人信服和最广泛地用于传授的学说，尽管它也是我们科学体系中一个存在致命漏洞的理论。

　　牛顿提出其万有引力学说无疑是一个革命性的创举，之所以这么说，是因为人们认为它最终为那些长期以来始终令人迷惑不解的观测现象产生的根本原因，提供了一种物理解释。然而，如果万有引力不是这一根本原因的科学解释，那么什么才是呢？下一章给出的答案对引力作出了一种明确的物理解释，并且一举解开了我们迄今为止提到的所有谜团和违背物理法则的疑难，它将向大家介绍一条崭新的自然法则——这也是迄今为止始终被我们的科学所忽视的一条法则。

2

Encountering

The New Principle

第 2 章

邂逅新原理

"我深信宇宙的原理是优美的和简单的。"

——阿尔伯特·爱因斯坦（Albert Einstein）

5　新的引力理论

正如第 1 章对地心引力的考察所展示的那样，尽管牛顿的物质带吸引性质的引力模型是非常引人注目和直观的，然而当这个模型被用于描述真正的自然力时，问题也随之而来了。千百万年以来，地心引力将物体牢牢地束缚在行星的表面，同时将天体牢牢地限制在轨道中，而引力大小却从未有丝毫的减弱，也不凭借任何的能量源——所有这一切都显然与能量守恒定律背道而驰。引力还必须在瞬间穿越整个已知宇宙空间中的任何距离——这又违背了当前物理学的光速极限。另外，无论下落物体的质量如何，引力都可以同样轻易地令其迅速加速，又不对其产生任何可识别的压力——这是人类已知的其他作用力所望尘莫及的。

在引力概念被引入科学三个世纪以后，我们仍然不能解释物质为什么会产生引力，引力是如何穿过真空的，乃至它为何会对其他物体产生作用力。尽管我们熟悉"引力效应"，并拥有引力效应模型，我们称颂牛顿，后来又推崇爱因斯坦，然而我们并不真正了解引力的本来面目；时至今日，它的物理实质对我们来说，依然是完全陌生的和神秘的。

此外，我们没有理由妄下结论，认为我们是生活在由引力所控制的宇宙中，或者得出结论认为在自然界确实存在这种力。每一个物体在太阳系中的运动，可以用我们现有的一套与作用力和质量完全无关的纯几何方程来描述和计算。牛顿的宇宙是一个由天空中各个天体，按照其质量发出的引力所构成的宇宙。它只是一个根据几何模式就能预测宇宙运行的外包装，不管我们是否利用牛顿的引力这个外包装，宇宙的运行都可以预测。

在地球上的人们都有物体重量效应和向下加速度效应的体验，并且自古以来我们行星上的每个生灵就本能地承认和利用这些效应。不管我们是不是按照从我们行星内部发出的引力来解释，其情况就是这样，并且总是这样。我们可以利用纯经验方法或几何方法测量和计算这些效应，但却无法提供关于牛顿万有引力的确凿证据。

然而，对我们来说，知道行星的运动还不够，我们想知道它们为何会运动。对我们来说，知道地球上的重量和重力加速度效应还不够，我们同样想知道为何会产生这些效应。确实，如果人类着实想在技术上和智力上有所作为，我们必须了解这些现象背后的成因。然而，行得通的解释屈指可数，尽管凭借足够的智慧，我们可以给出不计其数的解释——笛卡尔给出了一个解释，牛顿提出了另一个解释，爱因斯坦又奉献出了另一个不同的解释，然而没有一个解释能够回答我们的根本问题。事实上可以说，我们当前的引力理论，通过在牛顿理论中引进一个科学上不可解释的力，或者在爱因斯坦理论中引进一个扭曲四维时空连续统一体的抽象概念，愈加显得神秘莫测。

牛顿理论和爱因斯坦理论都作出了精确的预测，但应用到更宽泛的宇宙观测结果中时却依然苍白无力，这一点下面会讨论到。尽管任何设计精致的模型都会以一定的精度和有效性捕捉到现实世界的核心特征，但倘若这些模型不能与物理现实完全匹配，它们最终会失效并无法真正提供我们所要寻求的更深层次的答案。为了穿越表面上的认识阶段，进入真知和理解的世纪，我们需要超越被动的模型和解释，当我们详细审视物理定律和我们的常识时，这些被动的模型和解释就会失效。

如果一个理论违背了我们的物理定律，那么作为一个真正的物理解释，它就是存在缺陷的，这正是为什么在初级阶段会有这样的定律。同样，如果一个理论与理性及合理性背道而驰，那么它完全是一种抽象，不能成为物理解释。因为按照定义，解释是澄清一个问题，而不是混淆一个问题。因此，我们今天所拥有的是有缺陷的模型和不成功的解释，那么我们观察到的下落物体和在天空轨道运行的物体究竟是什么呢？引力究竟为何物？为了回答这个问题，我们首先假想存在一个二维世界。

实验
一个桌面世界。

1884 年，埃德温·阿博特（Edwin A. Abbott, 1838—1926）写了一部小说，叫作《平面国》（*Flatland*），书中的生物不是生活在和我们一样有长、宽、高的三维世界中，而是生活在只有长和宽的二维世界中。这些生物和这个世界，就好像画在平展在桌面上的图纸一样。对于这些生物，它们只能识别和理解画在桌面上的二维物体，却无法理解桌面之外的、我们三维世界的物体，就好像我们不能理解四维物体一样。三维物体与这个平面桌面相结合的唯一办法，是通过这个物体与这个二维世界相交时产生的横截面"切片"。

让我们扩展这个概念，看看如果所有物体，如这些圆锥形三维物体从上向下通过桌面，这些物体连续通过桌面时它们的圆横截面不断增大（图 2-1），此时，这些平面生物能够体验到什么呢。

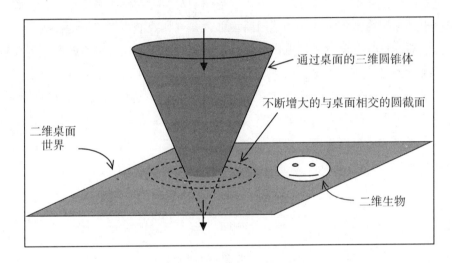

图 2-1　通过桌面世界的圆锥体

在这些生物看来，由于某些未知的原因，这些物体的圆横截面就会以规则的平面物体的形式出现在它们的桌面世界上，并且面积不断扩大。一旦这些物体的横截面扩大到碰上一个生物，这个生物就会受到这个不断变大的物体的作用力，从而感到一个恒定的作用力。物体彼此相互靠近，以及在与物体接触时产生恒定作用力的这种描述，可能听起来多少像我们受到的引力。在我们的世界中，所有物体都以某种方式彼此吸引，并且是特别大的、称之为行星的物体在与它接触的物体上产生这样的力。

然而，两者似乎只在这一点上具有可比性。在这个思想实验中，这些生物会看到它们周围的物体尺寸越来越大，最终相对它们来说变成巨人。然而，在我们的世界中，物体保持固定尺寸不变。同样地，就像这些二维世界的生物不能理解三维世界一样，我们也同样难以想象——我们世界中的物体也许是我们很难想象的、四维物理世界中的奇异物体投射到我们的三维世界的结果。

但是，如果桌面生物也以周围物体同样的速率变大，结果又会怎样呢？这样的话，所有物体的相对尺寸不变，尽管我们不能直观地看到这种尺寸的变大，然而所有物体将持续变大，不断占据它们之间越来越多的空间。这种所有物体看起来保持固定尺寸，但它们之间的空间不断变小的这种场景，可以更简单地描述为普通物体由于无法说明的原因在彼此吸引。桌面生物在日常的经验中也许会理所当然地认为，它们宇宙中的物体不知何故互相吸引，各种假设可能不断涌现，并试图解释这种现象，这与我们对引力的感受颇为相似。正如在前面提到的，笛卡尔、牛顿和爱因斯坦都企图解释我们世界中的这种效应。

然而，这个桌面世界模拟仍然存在着诸多疑问：对这种吸引的根本解释是以三维世界之外的不可思议的第四维度为基础的，而第四维度从某种角度而言超出了我们的一般经验，这意味着我们世界中熟悉的物体所具有的真实形状，可能超出了我们的一般的三维理解。然而，如果这个第四维度的确就存在于我们这个规则的三维世界中，那情况会怎样呢？如果它存在于每个原子之内又会怎样呢？

6　原子的新特性

我们暂且假设当前有关原子内部结构的理论都是错误的，我们即将知道在原子外表面之下是一个我们完全不熟悉的内部维度，它的物理性质与我们今天原子模型中的任何内容都不相同。我们进一步假设这个陌生的内部维度的本质就是持续地向外膨胀进入我们的世界中，真正创造了我们称之为原子的物质——从这个陌生的内部维度不断地向外膨胀的原子。所有物体也同样会不断地膨胀。

如果情况是这样，这就意味着在过去的一个多世纪里，所有的原子模型都忽略了这个现象。奇怪的是，我们的原子模型在过去的一个世纪里已经一次又一次被推翻，最近则笼罩在巨大的量子力学的谜团中。原子膨胀在我们对原子理论进行不断修订过程中被忽视的原因是，我们一直在简单地构建原子内部空间与外部空间的一致性。如果我们撇开这一假设呢？就像二维桌面生物对三维世界完全陌生一样，如果原子内部世界的本质与我们在原子外部掌握的完全不同，结果会怎样呢？那么，正如对桌面生物来说，设想将它们的二维空间经验的规则应用于神秘的三维空间是不适宜的，设想将我们的三维空间观念的规则用于原子的内部世界也是不适宜的。

实际上，我们的三维空间的概念和经验完全是原子外部世界的产物，三维空间的存在仅仅是因为原子首先存在，然后才确定了原子外部世界。除非我们经过巨大的努力将原子分裂，否则原子的内部世界与我们毫不相干，我们的世界完全是由原子的外部特性以及原子之间（而不是原子内部）的空间所定义的。我们知道三维世界存在的前提是原子首先存在，因此不一定能得出三维世界可以转变和应用到这些预先存在的原子内部世界，以此解释它们的存在。原子本质上创造或定义了原子外部的三维空间，但是在它的内部不一定含有同样的空间定义。

事实上，在过去的一个世纪里，我们试图按照我们熟悉的三维经验来模拟原子的内部世界，最后得到很不满意的结果。一个很主流的原子早期模型是卢瑟福-玻尔（Rutherford-Bohr）模型，以欧内斯特·卢瑟福（Ernest Rutherford，1871—1937）和尼尔斯·玻尔（Niels Bohr，1885—1962）命名。在这个模型中，电子围绕原子核旋转，有些像行星围绕太阳旋转一样，不同的只是电荷将电子和原子核保持在一起。尽管这个模型仍是一个有用的介绍性的原子模型，但今天人们认为它太简单且问题重重，不能恰当地描述原子内部的物理世界。取而代之的是，我们现在有了神秘的有关亚原子和原子行为的量子力学理论，即使是这些理论的创造者和从业者，也乐于承认这些亚原子和原子的行为是奇异的和无法阐释的。正如我们可以期待的，试图将原子内部的世界解释为好像我们熟悉的原子外部的三维世界的一部分，很可能得出毫无意义的理论，因为这些理论也许完全不能描述这个预先存在的独特世界。

然而，这并不意味着原子内部的奇异世界不可理解，而只意味着这个原子内部世界不能从不承认原子内部有完全独特的性质的观点去理解。尽管原子内部世界可能超出我们正常的经验，甚至超出我们已有的科学，但不一定超出我们的理解力。事实上，膨胀原子内部世界的性质在第 4 章原子的探测中将清楚地解释，但现在，对这个新的物理原则我们仅介绍"所有原子的通用原子膨胀速率"。从现在开始，这个概念将称为"膨胀理论"。

7 全新的膨胀理论

 膨胀理论：宇宙中每个原子以同样的原子膨胀速率在膨胀着。

理终论极 膨胀理论能成立吗？

我们对膨胀理论（Expansion Theory）的第一反应很可能是——这是一个有趣的想法；但是如果原子在膨胀的话，我们现在肯定早就已经注意到了。我们对原子和分子已经进行了无数的实验，我们的显微镜甚至已经足以识别单个原子，然而我们却从未观察到原子的膨胀。

然而，正如在前面的思想实验中提到的，如果构成各个物体的原子都以相同的速率在膨胀，那么物体同样也会膨胀，包括我们自己。因此，我们不会注意到周围的其他物体正在膨胀，即使我们刻意寻找，我们也完全无法直接观察到。我们会像每一个其他原子物体一样"陷入"同一个膨胀物质的宇宙中，无法超越这个宇宙之外去观察它们的膨胀物质。在由膨胀原子构成的宇宙中，由膨胀原子组成的生物永远不会看到其他物体其实也在膨胀。每根尺子和其他测量仪器也在以同样方式膨胀，因此显示的尺寸不变。

然而，所有这些潜在的膨胀中会导致一些显而易见的结果——物体的不断膨胀吞噬着周围的空间，它们在自由空间中的距离将会不断缩小，最终会互相接触并互相推动。但是，这种情形果真会在我们的世界中发生吗？确实会这样。

想想一个苹果从树上掉落的情形，这一启发了牛顿得出万有引力理论的事件。如果地球在膨胀，苹果树将持续被向上推拉，对树枝和上面的苹果产生相当大的向下压力，就没有了假设的地球吸引力。一个苹果掉落时，苹果树持续向上，地面从下面靠近，苹果将不会受到任何压力或作用力，只会在空中飘浮——同一片天空，当牛顿观察到苹果落地时，会发现地球膨胀的作用力。实际上并不是牛顿的苹果落到了地上，而是地面撞到了苹果。但是牛顿自然而然地假定他自己位于静态地球上，紧紧附着在地面，而且假设的地球引力强行使苹果掉落。特别是，牛顿罔顾下落物体根本没有受到任何由引力引起的压力这一事实，得出了万有引力这个结论。

但是，现在我们能够考虑可能是牛顿在几世纪以前误入歧途，他观察到甚至感受到我们膨胀地球的动力，但是却把它错解为地球发出的一种吸引力——一种到现在仍是神秘无解的作用力。站在一个膨胀的行星上观察，我们会看到下落物体加速向下；在行星连续向它膨胀的过程中，物体好像被某种吸引力粘在地面。我们也会体验到来自脚底下这个行星同样的膨胀力作用在我们身上，好像它要把我们向下拉，我们必须挣扎才能保持站立一样，这就会得出我们称之为重量的效应。在整个过程中，与下落的水滴和行星相比，我们会保持同样的相对尺寸。因为万物也包括我们自己，都以同样的宇宙原子膨胀率（即同样的百分比）在膨胀。

尽管有上述的讨论，膨胀原子概念似乎仍然可以轻易地被日常生活中的很多其他的普通的重力体验所否定。例如，一架飞机在空中飞行，与下面膨胀的地球没有直接关系，但是飞机却受到引力的作用，仿佛地面滋生出一股作用力，越过重重障碍，把飞机牵引下来。但是事实上是我们蓄意地、机械式地虚构出"引力"。飞机燃烧燃料产生向前飞行的动力，而且被设计成流线型，通过把空气往下压，把向前的动力转化成向上的推举力。如果飞行员驾驶飞机升空，我们能感受到更大的"引力"，如果俯冲，"引力"变小。飞机受到的引力事实上完全是不断虚构并维持的人造重力，与从下面来的牵引引力毫无联系。根据膨胀理论，我们产生的推举力使飞机以 $9.8\ \mathrm{m/s^2}$ 的加速度上升，因而产生相同的引力感觉，让我们感觉如履平地，同时也使飞机与下面膨胀的地球保持稳定的距离。

再例如，当我们手中握着一个物体，为什么我们能感到有重力在拉这个物体？为什么能感到它们的重量呢？与这种情况一样引人注意的是，这正说明了我们之所以会感到我们自己身体的重量，只是因为我们必须挣扎才能站在这个不断膨胀、对我们施加作用力的行星上。同样，如果我们拾起一个物体，把它拿在手中，就像我们受到地球向上的推举力一样，实际上我们对物体施加了向上的推举力，而不是让它离开和落下（即当地面向它接近时让它飘浮在半空中）。由于当我们加速向上时要带着物体和我们一起向上，我们会感觉到肌肉紧张，这就产生了我们称之为重量的效果。事实上，在电梯里我们都会体验到类似的效果，当电梯从静止状态开始向上加速时，我们腿部肌肉便绷紧，以支持我们自身的重量。当我们手中握着的物体更重时，我们的手臂肌肉就会绷得更紧。同样，在膨胀原子的宇宙中，当我们只是站在地面上时，我们脚下的行星膨胀产生连续的向上加速度，就会由于连续的"电梯"效应，产生我们自身的重量和我们手中握着的任何物体的重量。

注意

 事实上，正是这个叫作等效原理的"升降舱效应"，启发了爱因斯坦得出他自己的引力理论（稍后将作讨论），但爱因斯坦没有考虑真正的原子膨胀，而是选择了他的更为抽象的广义相对论。

尽管我们手中物体的重量和下落物体的加速自由下落可以通过膨胀行星进行解释，然而我们自己下落时的主观重力体验却仍然有待作答。当地面向我们靠近时，我们毕竟不会感到只是舒舒服服地飘在空中；当我们垂直下落时，我们内心有一种令人警觉的下落体验，而且在我们下落时感到风从耳边刷刷吹过。如果没有引力将我们拉向地面，这怎么解释呢？

这实际上是一个生物学现象：令人警觉的下落感觉是一种由视觉提示和身体感官联合触发的生存反应，这些感官记录自由下落的物理位置改变。视觉提示包括当我们下落时看见大楼、汽车和下面的地面向我们冲过来，或离我们而去。如果我们只是飘浮在空中，而地面加速向我们靠近，这正是我们预计会看到的。与我们身体相关的一个感觉是：当我们下落时，风从我们耳边吹过。然而，如果行星和它的大气层加速向我们靠近，这也是可以预料到的。正像一列地铁列车进站时，推动车头前的一层空气，我们会感到有一股风吹向我们。

我们身体的另一个主要感觉是：当我们身体的加速传感器检测到我们不是站在坚实的地面上，而是下落时所产生的令人担忧的下落感觉。然而，如果这些传感器记录地球持续地向我们膨胀是正常的，那么此膨胀的消除就被认为是不正常的，从而引起我们的警觉。我们已经演化成一种与膨胀地球经常接触的生物，只要这种情况不变，我们身体的传感器就会记录一切都好。从一个悬崖上跳出，当我们飘在空中时，我们脚底下的膨胀力就会消除，当地面向我们冲过来时就触发了警报机构。太空中的宇航员有同样的下落感觉，尽管他们是飘在太空中，根本不下落。这个心理的警报机构存在，因此我们迅速伸手去够某个坚实的物体，以便抓住它们，否则就太晚了。在物体或人自由下落过程中，没有客观的证据证明有拉力存在。

顺便提及，根据今天的引力理论，在围绕地球轨道上的宇航员，例如在航天飞机上的宇航员，当他们在轨道中疾驰而过的同时，也不断地向地球下落，而不是像膨胀理论所说的那样只是飘浮在空中。然而，如果情况真是这样，那么执行阿波罗号月球任务的宇航员，当他们离开自由下落轨道时，就会立刻失去这种下落的感觉，在飞往月球的途中真正飘浮在深空。有些宇航员确实报告说，他们最终适应了这种下落的感觉，而另一些宇航员却一直未能适应，但是不管他们是在围绕地球的自由下落轨道还是在飞往月球的途中飘浮在空中，情况都是这样。虽然从标准理论的观点来看，轨道自由下落与飘浮的体验基本相同这一事实可能有些奇怪，但这正是膨胀理论所预计的，因为根本不存在下落（即被"引力"向下拉），只有飘浮。我们在地球上下落、环绕地球轨道运行和飘浮在深空拥有相同的感觉，因为这些感觉都是一样的：根据膨胀理论，它们都是飘浮体验。

膨胀行星理论还可以解释我们行星和环境的很多其他方面。例如，我们知道在地球的中心有巨大的热量和挤压压力，目前我们认为它是将万物向内拉的地球总引力的产物。然而，这又一次意味着 40 亿年来引力始终不凭借任何已知的能量源，对地球施加巨大的挤压力，且强度毫不减弱，这违背了物理定律。然而，如果地球在各个方向向外膨胀，而这个膨胀正是构成地球的每个原子内部世界的本质的产物，这个内部热量和压力也就可以预见了。各个方向的向外作用力都对地球中心施加作用力，从而在地球中心产生巨大的热量和挤压压力。

同样，如果地球不断地向外膨胀，压缩围绕地球的薄层气体，在大气层内部产生固定的大气压力，那么大气压力也就容易解释了。因为气体完全围绕着地球，地球膨胀时这些气体无处可躲，因此被向外膨胀的地球所捕获，产生分布在大气层各处的整体大气压力。当前对大气压力的解释是：地球引力吸引大气中的每个原子，将它们全都束缚在地球的表面。

地球的不断膨胀也自然而然地解释了下雨现象。因为云本质上是大气中水分较为集中的一片区域，膨胀地球和大气会带着这些水分加速向上。当越来越多的水聚集在云中时，水的惯性（即对连续加速的自然阻力）将使水越来越难以留在向上加速的云中。最终，无法保持水和纤弱的云一起加速向上，当云继续上升，水开始离开云，停在空中，而地面从下面向飘浮的水靠近。对于站在地面上的人来说，雨是向下落，就好像引力以某种方式伸手够到这些雨，并将它们从云中拉下来。这个效应很容易用手握一块含有饱和水分但不再向下滴水的海绵来解释，迅速将海绵向上提高，水就会离开海绵留在空中，就好像当云加速向上时雨离开饱和的云一样。

膨胀理论的提出使我们科学中的一些致命缺陷暴露出来——数世纪以来一直被忽略的缺陷：

重点提示

当今的引力理论未通过物理下落测试。

在第 1 章，我们逻辑性地阐述了功方程的错误应用以及"重力势能"的发现导致了解释下落物体的引力理论的出现。现在我们能更深入地阐明当今的引力理论也没有通过物理下落测试分析，相反却暗示发现了膨胀理论的引力解释。

理终论极 下落物体未通过物理分析

被投掷出去的物体涉及一个清晰明了（强有力）的作用力 F，通过一段距离 d 发生作用，直到作用力消失。其间消耗的能量或功等于物体获得的最终动能，$\frac{1}{2}mv^2$（m 是物体的质量，v 是速度），公式可表达为：

$$Fd = \frac{1}{2}mv^2 \qquad \text{——所做的功和动能之间可以画等号}$$

这是经典物理学上直截了当的相等，表明已知物理作用力 F 产生物体运动的动能。然而，下降物体通常会出现另一种不同的情况。膨胀理论规定没有任何一种作用力能够让一个下落物体加速落地，因为地球在膨胀，同时也在向物体靠近。但是牛顿提出存在一种吸引力吸引物体落地，爱因斯坦没有给出物体怎么样或为什么会"遵循扭曲时空"落到地上的任何物理解释。所以，既然爱因斯坦提出的是未解的理论说法，而膨胀理论到现在也有未解之处，牛顿的万有引力理论成为现在对下落物体广为教授的解释。

但是，与被投掷出去的物体不同的是，没有任何可证实且有科学解释的作用力作用于下落物体。所以对一个被投掷出去的物体采用上述等式的一般步骤，并应用进行计算的做法从科学层面上说是不正确的，因为如果这个公式要有科学意义，作用力 F 必须为人熟知。如前面讨论的，物理证据表明没有任何实际作用于下落物体的作用力被检测到，也没有任何可辨认的物理压力的存在，尽管下落物体假设被强行加速下落。所以我们不能任意在这个物理公式里插入假设的作用力；我们必须要借鉴牛顿对他假设作用力的正式定义，他提出作用力根据物体本身的质量 m 从物体本身发出，造成重力加速度 g。根据牛顿第二运动定律（$F=ma$），这可用公式表示假设的自由落体物体的重力作用力（或重量）：

$$F = mg \qquad \text{——牛顿对重力的证实定义}$$

把这个公式代入之前的功方程和重力势能公式可得出：

$$(mg)\ d\ =\ \frac{1}{2}mv^2$$

但是，牛顿的重力假设马上就土崩瓦解了，因为作用力的证实定义代入后在公式两边得出多余的质量符号，消除后，得到纯经验主义的方程：

$$gd\ =\frac{1}{2}v^2 \qquad \text{或} \qquad v^2=2gd$$

对于被投掷出去的物体，这个公式并不能以这种方式消除，因为没有已知的（强有力的）作用力不需要进一步的证实或定义。所以，对可被证实的且作用于一个物体上的作用力所做的功，有清晰的表达，也有清晰的动能表述。但是，如果我们使用牛顿对假设的作用于下落物体的力的正式定义，质量、作用力、动能会消失，只剩下简单的经验主义或几何表述。最终的表述仅仅只是根据观察到的下降距离和常见的下降速度，计算所有物体的速度。没有提及牛顿假设的作用力、所做的功、动能，甚至物体的质量。当牛顿的万有引力假设在物理方程里正式应用于下落物体时，所有这些概念一概消失。

这可能听起来很奇怪——直到我们考虑这与膨胀理论发现的关于重力的物理解释一致。以这种观点来说，不存在有"万有引力"（或"扭曲时空"）以某种方式加速物体落地。物体的质量与它的下落毫不相干，因为地球的膨胀导致地面撞到下落的物体。物体在传统意义上并未获得动能——当地面撞向它时，它的质量和惯性依然能产生同样的作用力，但是动能并不是如之前被投掷的物体那样准确有力地作用于下落物体之上。

所以，爱因斯坦对引力理论上的描述不能实际地应用于下落物体，牛顿提出的重力的代入也土崩瓦解时，最终结果直接指向膨胀理论提供的引力解释。

终极理论 下落物体未通过实际的物理实验

现在考虑一个实际的物理实验：一个物体被托举到地面之上，另一个物体用绳子系在它下面。如果松开上面的物体，两个系在一起的物体一同下落，绳子还是如坠落之前一般始终系着两个物体。这遵循了：不管是依照牛顿还是爱因斯坦的原理，引力始终作用于所有物体，而且让下落物体加速下降。既然引力不管怎样都会作用于所有物体，连接物没有任何理由仅仅因为被松开就发生改变。

然而，如果把绳子换成橡皮筋，结果将会截然不同。上面的物体被松开后，橡皮筋收缩，把下落的物体拉近。但是根据现今的引力理论，这种情况不应该发生，因为依照重力 $F = mg$，在下落之前一个物体悬挂在另一个之上，橡皮筋被拉伸时，向下的引力仍然行之有效地作用于物体之上。现代科学无法解释这一简单的下落测验实验。所以，对于现在万有引力理论这样一个基本的缺陷，科学解释是什么呢？

唯一能提供的解答就是采用转移论题谬误以完全忽略上面的讨论，抛弃标准的万有引力分析，完全转向这两个更加模棱两可的"重力"（weight）和"失重"（weightless）术语。因为正式的科学定义一致——重力加诸物体上的作用力（$F = mg$），所以这些术语模棱两可，但是有一个同样有效的常见定义：物体的重量或称为重量值。因此，如果使用科学定义，不管物体被举起来还是进行自由落体，都大同小异；不管哪一种情形，只要重力持续作用于物体上，它就始终会有科学定义的重力。这正是物体加速下降的原因。但是下落物体同样普遍被称作无重力，因为下落时它既没有特定的重量，也没有测量得出的重量。

这些术语的科学和常规用法界限分明，如果与远离月球或地球的深空中的无重力环境相比而言，这个实验中的下落物体之一在下落过程的半途中被抓住。抓住下落物体会再次引起橡皮筋的再次收缩，另一物体则继续悬挂于橡皮筋上，然而如果是在失重环境中，同一个物体被抓住，橡皮筋的收缩不会发生，物体将悬浮在太空深处。

虽然如此，对于自由落体运动中橡皮筋的收缩，科学解释是因为物体处于"失重"状态，所以之前伸展橡皮筋的重量被移除，橡皮筋才能发生收缩。但是我们了解下落物体从科学角度说并不是处于失重状态——飘浮在深空物体所呈现的状态——但科学地讲，在落下去之前，还是受到万有引力影响，因此会有相同的重力。摒弃科学分析，忽略失败实验中得到的证据，运用重力和失重的通用用法，采用转移论题谬误，这是目前科学对于万有引力理论中清楚地阐述实验性失败的唯一回答。

另一方面，膨胀理论轻而易举地解释了这一实验。最开始橡皮筋伸展，因为握物通过膨胀地球持续向上的推力，而加速远离悬挂物。但是一旦松开握物，"万有引力"不再作用于它，不再把它拉向地面，随着地面靠近，两个物体都会真正处于悬浮的失重状态，从而让橡皮筋收缩。不管物体是被握住或下落，万有引力始终存在，尽管这是科学史上一个错误的理论，但是依照膨胀理论，这是引力作用的自然结果。

8　揭开谜团，解决矛盾

膨胀理论对于引力怎么会将物体"拉"向地面，现在明确提供了一个物理机制。在牛顿提出引力后的几百年来，我们的科学对于这个问题始终未能作出确定的回答，而现在我们发现不再需要用神秘的拉力来进行解释。物体不是被拉向地面，而是停留在空中，是膨胀的地球向它靠近。通过这个新的观点，科学现在可以结束对神秘"引力子粒子"（graviton particles）毫无所获的搜寻，很多粒子物理学家从理论上推定这些粒子存在，在物体之间迅速移动，以某种方式产生引力。至今这仍是物理学中一个尚未解决的大课题，然而一旦引入膨胀原子的观点，这个课题就迎刃而解了，而且是个完全不必要的研究。搜寻"引力波"也是这样，如今很多天文学家假定：存在"引力波"，这种引力波以某种方式在爱因斯坦广义相对论的四维空间-时间连续体中传播。

在前一章提到的一个相关的问题是：事实上无法找到任何可以使用的"引力屏蔽罩"（gravity shield）或其他设备，使物体能毫不费力地轻轻地飘在空中。一个尚未解决的谜团是找不到这种效应，有很多人认为它真实存在，但从没有一个证明是成立的。膨胀理论首次从物理学角度给出了对引力本质的清晰认识，指出为什么这样的想法从一开始就有根本的缺陷。企图阻挡或对抗引力场是没有意义的，因为引力场根本不存在。我们能够向上推动一个物体，使它处于膨胀地球的前方，例如通过磁场的排斥力或火箭的向下推力的方式，但是没有"引力屏蔽罩"可以阻挡或抵消引力。

膨胀理论对下落物体的描述，也揭开了前一章提到的巨大谜团，即为什么所有物体，从微小的高尔夫球到巨大的远洋定期客轮，都会被引力以某种方式按同样的速率加速，以同样的速度下落。两者质量和惯性的差异对引力来说显然是无关紧要的，因为引力同样轻易地令所有的物体加速，同时在加速的物体上不会产生明显的应力，这在物理学上是一个空前的奇迹。然而，当我们考虑物体实际上根本不下落，而是飘在空中，是地面膨胀向它们靠近时，迷雾也就随即消散了。在这种情况下，不管它们的质量如何，地面都会同样地靠近所有飘浮的物体（图 2-2）。

这说明为什么在前一章说下落物体受到加速效应，而不说经受着由于引力产生实际的加速度。图 2-2 右图中物体的质量与它们在膨胀原子世界中下落多快没有关系，因为物体在这样的宇宙中只是看上去在下落，它们实际上是飘在空中，是地面在同等地靠近它们。我们不需要借助穿越空间的没有缘由的拉力，就能清楚地揭开这个谜团。而牛顿理论说：即便是一个很大的物体在它下落时，也会在引力作用下立即和迅速地从静止状态加速。

重力效应（weight effect）现在可以简单地看作惯性，或膨胀行星从下面

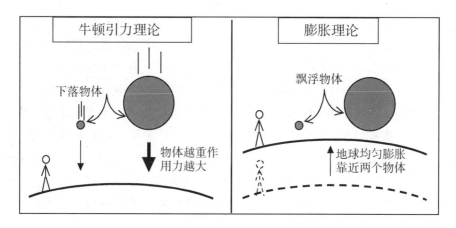

图 2-2 同样下落的物体：牛顿理论对比膨胀理论

推它时物体对移动的阻力，这种效果随质量的增加而增加，就像坐在秋千上的人越重，推他就更困难一样。秋千上的人越重，推他就越困难，就像膨胀行星向上推重物体的情况一样，造成这两种情形的原因都是我们称之为"重力"的效应。我们不需要借助万有引力来解释在地球上感觉到的由质量决定的"重力效应"。

因为物体下落实际上不是由一种作用力引起它加速落向地面，因此也不需要能量源来解释这个效应。实际上，我们观察到的物体"下落"，只是由于行星向着它们膨胀所产生的纯几何效应，根本没有实际的力驱动物体运动。这也化解了前一章指出的与能量守恒定律存在的巨大矛盾，因为如果没有作用力加速下落物体的话，我们也就不需要能量源。作为假设的能量储备地，物体被托举时充满能量，物体下降时消耗能量，"重力势能"这一缺乏科学解释的创造性理论存在的必要性被削弱。

同样，物体似乎是因为牛顿万有引力而束缚在地面上，这个事实现在可以由地球向着它们膨胀来解释。这又一次化解了它与物理定律之间的矛盾，即为使物体停留在地面上，一个力要不断地消耗能量，却找不到任何能量源，进而我们也不再需要利用功函数进行勉强解释。

有必要指出的是，原子膨胀不是简单地用一个与膨胀原子能量源有关的新谜团，来取代引力能量源这个谜团。在这两个场景之间存在着巨大的差别，这是朝着膨胀原子提供的知识和理解迈出的关键一步。当今，我们无法对牛顿引力的存在和表现作出科学解释，于是我们提出了"引力能"（gravitational energy）这个概念。但是我们根本不理解这种具有吸引力的"引力能"，也并不坚信它存在于自然界。正如前面讨论所指出的，除了物质，我们对"引力能"现象的信服导致失败的解释、借口和转移论题行为的出现。但是一旦意识到原子存在以及性质的明确特征就是膨胀性，所有这些都会消失殆尽。

这进一步说明在整个宇宙中没有不膨胀的物体。如果一个物体存在，它也会膨胀，即物质存在和膨胀是一个整体，是同一件事情，而且一直如是。当然，人们自然想要知道为什么情况会是这样，为什么我们生活在一个原子总是在膨胀的宇宙中呢？答案不可能是"能量"，因为我们刚刚看到"能量"不能回答我们的引力问题，它只是一个由于我们对膨胀原子的理解有误而给出的术语。

其实，现在的科学仅仅阐述能量是一种十分活跃的现象，常常促使所有事件从一个形态转化成另一个形态。如果进一步探究此谜团，就有另一个理论，宣称能量只是数十亿年前"大爆炸"中突然出现的意外之物，从此万物慢慢平静下来。只是现有理论宣称宇宙充满未知的"暗物质"，加速万物四散分离的速度。很显然，现在的能量理论根本无法提供任何合理的解释，所以重新用"能量"来解释膨胀原子是巨大的退步。在本书里，我们会一再发现"能量"术语从不是答案，但是却是备受质疑的标准理论的关键核心问题。取而代之的是，第4章详细介绍了一个全新概念来回答这个问题，这个概念有关原子及其内部结构和性质，是根据膨胀理论提出的。

牛顿引力与光速极限相矛盾的问题，现在也有了清楚的和简单的解答。正如我们刚刚指出的，一个物体从地球给定高度下落，不是被迫向下加速地落向地面，而是两个相距一定距离的相互膨胀物体（地球和下落物体）之间的纯几何结果。在整个宇宙中，物体之间的运动也是纯粹的几何效应。唯一问题是几何效应的传播有多快，这个问题很容易回答。

如果一个物体从环境中消失，它的几何形体也随之消失。如果它的几何形体是膨胀的，它的膨胀和膨胀效应也随它一起消失。换句话说，正像飘浮在空中离开地球一定距离的一个物体，会被认为在向着膨胀中的地球下落一样，如果地球突然消失，这个物体就会立刻重新恢复到原来的状态，即一个飘浮在空中的物体。如果在宇宙中存在另一个膨胀的行星，这个物体就会立刻被认为是落向这个行星，不管它们之间相距有多远。时间上不存在任何的滞后，因为膨胀物质的几何形体基本上是瞬间跨越宇宙中的任何距离。

这种瞬间效应被视作是牛顿引力不可思议的一面，为此，正如在前一章中提到的，爱因斯坦在描述引力的广义相对论中提出了光速极限这个解决之策，不过至今尚未证实。然而我们现在可以发现，将牛顿的超光速的引力模型视作实际原子膨胀的瞬间几何效应的模型，完全没有问题。这个速度传播问题引发了一些显然与广义相对论有关的问题，例如，是不是它所说的有关引力的速度极限可以通过实验进行检验？如果这种速度极限被证明有误，或被膨胀理论视作是不必要的，它又意味着什么呢？正如前面第 1 章所提到的，我们尚未进行过具有权威性的、毫无争议的实验来确定引力的传播速度。

正如我们即将看到的，膨胀原子概念也为物理学中长期未解决的很多问题作出了清楚明确的解答，而目前的引力理论或最好的实验研究都未能对此给出清楚的答案。在用原子膨胀代替牛顿的引力之后，一些今天无法设想的新的可能性也随即出现了。然而，我们首先回到膨胀行星的"升降舱效应"问题上。我们看到，这个概念在我们的科学中早已以等效原理的形式存在了，但是我们忽略了它对膨胀原子的影响，结果出现了爱因斯坦的更为神秘和抽象的广义相对论。

物理法则

等效原理： 我们无法区分由于引力所产生的一个人的重量和以相同的加速度在太空中向上推一个物体所产生的力。

尽管等效原理在理论上并不是一个自然法则，但它是一个经受实验证实的事实，爱因斯坦思索良久，试图用它揭开引力的真实物理本质。他认为牛顿的万有引力不是有关重力的最后结论，他的直觉认为，从等效原理可以得出一些重要的东西。他想知道，为什么地球上被认为是由和牛顿万有引力一样神秘莫测又无法解释的现象造成的重量和加速效应，可以通过机械加速一个物体就能轻易再现呢？按照这个想法，他设计了著名的思想实验，最终得出了他的广义相对论。其思想实验如下：

实验

 爱因斯坦的太空升降舱。

爱因斯坦想象一个在箱子里的人远离地球，飘浮在太空中。然后，他将这个箱子想象成是一个在太空中被向上拉的升降舱。当升降舱被向上拉时，升降舱的地板会向上碰到飘浮在里面的人，当升降舱继续向上拉时，就会带着这个人一起向上运动。爱因斯坦注意到，根据等效原理，如果升降舱以恒定的加速度 9.8 米/秒^2 被向上拉，其效果等同于在地球上受到 9.8 米/秒^2（在前一章提到）的加速效应，目前我们认为此加速效应是牛顿引力的产物。也就是说，升降舱里的人会重重地掉落到地板上（当升降舱实际向上升时），并且也会同样体验到与地球上一样的身体重力效应（当电梯继续向上加速时）。在太空里加速向上的升降舱中的人和只是站在地球地面上的人之间，没有一丝半毫的差别。

爱因斯坦认为，我们可以从中学到一些非常重要的东西，从而获得关于引力的真正的物理理解。确实，正如膨胀理论所展示的，我们的膨胀地球恰恰正是爱因斯坦思想实验中的升降舱。随着所有原子的统一膨胀率导致我们整个行星不断向外膨胀，地球以恒定的加速度在太空中对我们施加向上的作用力。

注意

 然而，我们的膨胀行星并非像在爱因斯坦升降舱的思想实验中提到的那样，仅仅是等同于引力；相反，毫不夸张地说，它本身就是引力。

此讨论用下面的图 2-3 来说明，牛顿的引力和爱因斯坦的升降舱之间的等效原理在第一、二两个框中表示，我们的膨胀行星在第三个框中表示。

第一个框表示站在地球上一个箱子里的人，牛顿提出的万有引力向下拉他，造成我们日常生活中非常熟悉的重力效应。第二个框表示同一个人站在同样的箱子里，但这一次箱子是一个在深空中的、以恒定速率向上的太空升降舱，它精确模拟地球上的重力体验。箱子中的这个人无法知道情形已经和地球上的第一个框不同了。这正是一个世纪前爱因斯坦思考引力的本质时的思想过程。最后，第三个框表示：在第一个框和第二个框中的两个概念，可以联合形成基于膨胀理论对引力清晰的和物理上可行的解释。引力外观上的向下的力，在确切的意义上是由膨胀行星形式的太空升降舱向上加速产生的。重要的是，这不仅仅是模拟重力，它实际上解释了宇宙中引力本身奇特的物理起源和性

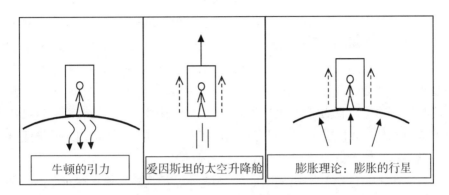

图 2-3　膨胀理论产生的思想过程

质。图 2-3 中的第三个框用一个清晰简单的图，十分真切地回答了几代科学家和思想家所思考的这个年代久远的问题。

　　然而，爱因斯坦没有遵循他的思想实验得出膨胀行星的结论，这将进而意味着膨胀原子的存在。取而代之的是，他选择了一条非常困难的反向路径。对爱因斯坦来说，在头两个框中所显示的等效，意味着我们行星的质量一定会以某种方式扭曲周围的空间，并且扭曲的不只是三维空间，而是一个被爱因斯坦称作"空间-时间"的四维领域。换句话说，很像平面桌上的生物只能体验二维的物体（长和宽），看不见三维空间一样，爱因斯坦认为我们的三维体验，实际上是起源于看不见的、具有物理真实性的、包括时间在内的四维时空的性质。在我们这个三维本体和体验到的四维抽象中，即长度、宽度和高度，再加上时间，爱因斯坦断言物质的存在会以某种方式令"空间-时间"这个四维"织构"（fabric）发生扭曲，从而导致物体下落和物体沿轨道运行。这个观点与上文思想实验理应得出的膨胀理论同样不同寻常，爱因斯坦从中得出了时空扭曲的结论，并体现在他有关引力的广义相对论中。

　　在这一点上，与之前提到的牛顿理论相比，爱因斯坦根据这个思想实验走上广义相对论的道路是一个错误的选择，让他偏离了目标，即对引力进行准确的物理解释。然而，作为另一个模型，爱因斯坦的理论提供了一个关于某类引力观察的有用观点，但是正如第 3 章中将要详细讨论的，它也存在很多问题，并未在理解上取得必要的突破，以揭开引力谜团和解决上文提到的至今仍与物理规律存在的矛盾。

　　广义相对论只能是另一个模型的原因很多，下一章将详细讨论。其中一个原因是，从本质上它只不过是一个纯数学的抽象，对牛顿引力理论中的问题没有提供清楚的物理理解或解决方案。它是从等效原理和升降舱的思想实验中应该得出的合乎逻辑的清楚合理的结论吗？能够仅仅因为当事件在三维宇宙中发展要经过一定时间，就能宣称将其转换成四维宇宙吗？这样科学吗？只是由于物质的存在就会以某种无法说明的方式使它神秘地扭曲吗？用这种方式解释地球上的下落物体或我们手中物体的重量合理吗？这种解释能让我们满意吗？认为物体以某种方式沿着一个假设存在的、扭曲的、环绕地球的四维时空做曲率运动就能真正地更好地理解物体沿轨道的运行吗？

进一步来说，爱因斯坦的扭曲时空理论常常被这样解释：空间类似一块平坦的"橡皮床单"，一个重物体（如"太阳"）从中间压下去，有较小的物体沿着中间的凹陷在"轨道"里进行圆周运动。我们可以把这样一个简单的理论视觉化，但是这真的与它所代表的理论毫无关系？首先，牛顿至今无解的万有引力应该已经神秘地在橡皮床单之下存在，并把太阳往下拉，从而导致中间凹陷部分的产生。然后就是橡皮床单究竟代表着什么的问题。一种可能是两个空间维度在下面扭曲并进入时间维度；另一种可能是一个空间维度和一个时间维度构成一块两个维度的"时空"床单，在下面扭曲形成一个完全未定义的维度（图2-4）。

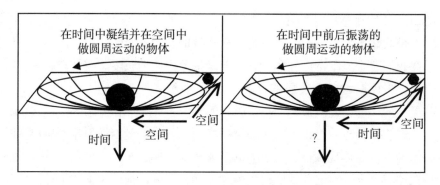

图2-4　支持广义相对论的错误类比谬误

无论哪种方式，因为图2-4中的物体在这个平面中做圆周运动，就只有两个可能的错误解释：时间静止不动，因为物体在下面的时间维度里不做圆周运动（左图），或者物体在把时间作为维度之一的"橡皮床单"里不停地前后做圆周运动（右图）。

　　尽管这只是广义相对论提出的类比，鉴于在这个任务上难以计数的失败，我们必须严肃地询问如果有的话，它究竟代表什么。就其本身而言，对公众来说是广义相对论代表的视觉图，实际上是极具误导性的错误类比谬误，即为了支持某一理论的类比与这一理论本身或进一步的检验毫无关系。这一类比的理论错误意味着爱因斯坦的理论确实有缺陷，或者这是一个具有严重误导性且广泛流传的视觉化图，留下了理解并支持爱因斯坦理论的错误印象。

　　更进一步地，从这样抽象的观点，我们怎么能够开始评估下落物体和沿轨道运行物体的能量源问题呢？与重新反思"能量科学"的膨胀理论不同的是，爱因斯坦的广义相对论在现今的能量范式里起完全作用，但是却无法从能量层面解释引力。我们再次得出，这只不过是一个在探索对引力的真正物理解释的过程中的一个过渡理论，其本身不能成为真正的物理解释。如果它是真正的理论，它就会和牛顿万有引力理论一道解决这些谜团和问题，并迎接一个理解和崭新的新世纪的到来。但是，情况并非这样，事实上它使得问题变得更加抽象和神秘。

　　前面的讨论引进了膨胀理论中膨胀原子的一般概念，第 4 章将深入研究原子的内部尺寸，从物理细节上解释这个现象。然而，在一般概念性介绍和最后的物理细节之间还有一个重要的领域，这就是需要给出原子膨胀更具体的形式和更精确的定义。如果所有原子以统一的膨胀速率膨胀，这个速率是多少呢？它能确定吗？如果可以的话，又如何确定？如果原子膨胀真的是牛顿万有引力定律中的引力方程背后的物理解释，那么在膨胀理论中有代替的方程出现吗？下面将对这些问题逐一作答，首先我们从测定所有原子的实际统一的原子膨胀速率开始。

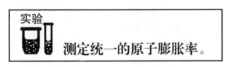

实验

测定统一的原子膨胀率。

　　膨胀理论提出，宇宙中的所有原子都在膨胀，这是一个本质上成为很多观察和实验基础的原理，这个原理被忽略或误解了几千年。提出这个原理，有人可能会觉得原子膨胀速率可能是自然界中深深隐藏的秘密，然而结果却是它可以直接进行计算。既然所有原子、物体、行星和恒星都保持恒定的相对尺寸，它们一定是以同样的原子膨胀率在膨胀（每秒钟膨胀相同的百分比）。如果不是这样，某些物体的尺寸相对其他物体就会扩展得非常快，有些物体就会收缩得看不见。因此，每个原子和物体必须精确地以一个单一的宇宙原子膨胀速率膨胀。因此，只要测定了任何一个原子或物体的膨胀率，我们就可得出宇宙中所有原子和物体的膨胀率。

我们的地球就是便于我们计算的这样一个物体。如果一个下落物体果真是一个自由飘浮的物体，是膨胀的地球向它靠近。那么，在地球上所有物体在 1 秒钟内看上去下落的距离，实际上就是地球在 1 秒钟内向这个物体膨胀的幅度。因此，我们只需要确定所有物体在 1 秒钟内落到地面所处的高度。这个高度实际上反映了地球在 1 秒钟内的膨胀幅度。因为我们知道地球的尺寸，我们能够计算出它代表的百分比或膨胀率。我们一旦进行了这个简单的计算，我们就可以得出所有原子和整个宇宙中物体的膨胀率。

大家都知道，不管物体的质量如何（假定忽略了风的阻力），如果它们从 4.9 米的高度下落，它们将在 1 秒钟的时间落到地面。所有膨胀物体都会从它们的中心沿各个方向向外膨胀，即径向膨胀。因为我们已知地球的半径为 6 371 千米（6 371 000 米），我们只需要计算 4.9 米占 6 371 000 米的百分比，就能得出地球在任何给定的 1 秒钟内的膨胀率（图 2-5）。计算结果得出此膨胀的百分比略小于每秒百万分之一。因此，宇宙中的每个原子、物体、行星和恒星均以大约每秒百万分之一的速率膨胀。

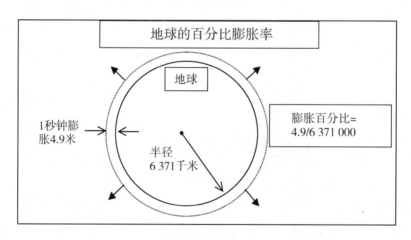

图 2-5 从行星的膨胀百分比得出原子膨胀速率

以下是宇宙的原子膨胀率的精确计算过程。由于原子膨胀率的计算和使用需用符号以便指代,所以我们用符号 X_A 来表示。"X"表示膨胀,下标"A"代表原子物质(即原子和原子组成的物体),因为还有其他形式的物质,如亚原子粒子,它不是我们这里讨论的内容。有关原子与亚原子物质的关系在第 4 章做进一步讨论。

选择阅读数学
(x,y) **统一原子膨胀速率计算**。

一旦由于地球引力产生的标准加速度 9.8 米/秒^2 被看成是地球径向膨胀的结果,我们就可以计算出地球在 1 秒钟内的膨胀幅度。在前一章中,我们已经得出了计算恒定加速下物体运动的距离公式:

$$d = \frac{1}{2}at^2$$ 式中:a 是恒定加速度;

t 是加速度作用的时间长度。

地球 1 秒钟的径向膨胀幅度是:

$$d = \frac{1}{2} \times 9.8 \times 1^2 = 4.9 \text{ 米}。$$

地球 1 秒钟的膨胀量除以地球半径得出统一原子膨胀率:

$$X_A = 4.9/R_E$$ 式中:R_E 是地球半径(6 371 000 米);

X_A 是需要计算的统一原子膨胀率。

$\therefore$ $X_A = 0.000\ 000\ 77$(或 7.7×10^{-7} 科学标记法)。

注意
 所有原子和物体的统一原子膨胀率 X_A 的值是每秒 0.000 000 77/秒,单位是/秒^2(每二次方秒)。

此统一原子膨胀率的数值结果 X_A 意味着，我们现在可以计算任何原子、物体或行星在 1 秒钟的总计膨胀量，只要 X_A 乘以它们的半径即可。地球半径乘以 X_A 得出 4.9 米，它是地球上物体"由于引力导致下落"在第 1 秒钟落下的距离。因此，只要知道每个原子、物体和行星的尺寸，就可大体计算它们的有效引力。这与牛顿的引力观念完全不同，牛顿观念认为，从所有物体发出的引力与它们的质量成正比。以下观点我们要特别强调：

注意

 在膨胀理论中，一个物体或行星的引力取决于它的尺寸。这显然与牛顿理论认为引力取决于它的质量截然不同。

膨胀理论和牛顿引力理论之间在"尺寸与质量"上的差别，解释了为什么在前一章中所说，我们在今天所接受的月球、行星和太阳的质量仅仅是近似值。它们的质量估计值的理论基础，基于假定天体观测是空间物体的质量造成的直接结果，因为引力是由质量产生的；而膨胀理论认为，这些效应实际上是这些物体膨胀时的尺寸变化造成的结果。

因此，根据膨胀理论，一个和地球同样尺寸的行星，即便该行星的构成物质使它的质量只有地球的一半，然而由于每秒钟的膨胀幅度相同，所以它应该有与地球相同的引力。换句话说，同样尺寸的这两个行星其轨道行为相同，但是利用今天的牛顿轨道方程所做的标准计算，将错误地得出这个较轻的行星的质量与地球相同。因此，如果构成我们太阳系中其他卫星和行星的物质密度与地球的密度不同，那么我们对这些物体的质量计算就会偏离正确值。这个尺寸与质量"大小"的问题将在下一章做更详细的讨论，并得出有关我们当前太阳系中的月亮和行星假定的重要的与令人吃惊的结论。

这种提供原子膨胀率更精确定义的努力，不只是得出了原子膨胀率 X_A 的精确值，还得出了有关这一持续膨胀对物体之间距离影响的精确方程。这个方程，即原子膨胀方程，能计算出膨胀物体间距离随时间推移而递减的变化。

引力的新方程

在讨论原子膨胀方程的建立之前，我们要说一说它与牛顿万有引力定律方程之间的差别。因为膨胀理论和牛顿万有引力理论解决的都是物体间相互吸引的问题，似乎在形式上，原子膨胀方程与牛顿万有引力定律方程极其相似。然而，仔细推敲牛顿的方程就会发现，这样的想法是没有理由的。首先让我们再来看一看第 1 章的牛顿万有引力方程：

$$F = \frac{G \cdot (m_1 m_2)}{R^2}$$

其中：m_1 和 m_2 是两个物体的质量；

R 是两个物体的中心距离（半径）；

G 是万有引力常数。

尽管这个方程是牛顿引力理论的符号，实际上它确实只是一个符号。原因有几方面：首先，回顾前一章的内容，该方程是从一个"石块-绳子"模型中得出的，我们已经指出这个模型是有缺陷的，它过于简单地试图在物理上将这个模型与天空中沿轨道运行的物体等同起来。确实，即便这种物理等同证明是正确的，这个模型在概念上也是错误的。因为前一章已经指出，其他的模型比如"石块-弹簧"模型，在功能上更类似于轨道。

其次，仔细考察牛顿方程就会发现：实际上它本身就没有什么用处。它既不能计算轨道物体的速度，也不能计算物体之间由于牛顿万有引力作用引起的距离随时间的减小。实际上，它只是代表一种任意的、鲜有变化的观点，认为任何两个物体之间存在一种以质量为基础的力，并且其力度随距离的平方不断减小。在迄今为止的整个讨论中，已反复说明了这个观点在科学上是不成立的。

此外，尽管目前人们认为牛顿的轨道方程是非常有用的，认为它是从牛顿万有引力方程得出的重要推导，但这个方程实际上只是将先于牛顿存在的几何轨道方程进行了改头换面而已。简言之，牛顿方程和他所主张的存在引力的学说同样的空洞无物，根本没有描述真正的物理现实，只是在缺乏对膨胀原子的理解之前对观察现象的令人安慰的直观解释。但别忘了，如果没有牛顿的解释，对我们最平常的日常观察就没有切实可行的科学解释，这种情形也许还会持续几个世纪。

正是因为牛顿方程的这个纯符号的特性，使得推导出这个方程的有缺陷的"石块-绳子"假设不能澄清在使用它过程中的问题；毕竟，从一个没有直接实用功能的方程中能得出什么呢？它从未被用来计算穿越真空空间中一定距离的、能被证实的引力的强度。我们无法远距离地实际感知或测量这个引力，因为牛顿引力是不存在的。由于牛顿引力的存在已然成为定论，并且这种错误观念已存在几个世纪，因此这个事实很难被人接受，但是从到目前为止的讨论中，我们必须得出引力不存在这个合理的结论。

从某种意义上说，在今天比在牛顿的时代更难意识到这一点。我们都看到了从发射架推进一个火箭需要多么大的推力，当火箭航行到外层空间轨道，这种推力就逐渐减小了。初看上去，这似乎说明牛顿引力随距离的增加而减小。但是实际上不是引力在减小，而是火箭很快转向水平，沿环绕行星的轨道运行，使它看上去好像飘浮在空中。同样，尽管轨道运行飞船从我们的观察角度来看是高高在上，但是从整个行星的外部视野来观察，它几乎没有离开地面，这意味着如果牛顿引力存在的话，在一般的轨道高度引力不会消失。我们太空计划的种种事件让我们产生这样的一个印象，好像我们已经看到牛顿引力的减小，但事实并非如此。

然而，与牛顿万有引力方程不同，下面的原子膨胀方程不是一个主张存在一种神秘力的符号，它是一个基于可靠的基本物理概念、不违背物理定律的函数方程。因此我们没有特别的理由期待这个方程与牛顿万有引力方程有任何直接的类似。

下面的原子膨胀方程的推导分成两个部分。第一部分是概念推导或思想实验，利用普通的语言和清楚的图表，说明这个新方程的逻辑和起源，不涉及数学描述。这一部分给出重要的概念：原子膨胀是什么和它怎样影响我们的日常生活？第二部分用数学语言重新描述它的概念性推导，以得出描述我们周围现象的实际原子膨胀方程。可以跳过思想实验后面的数学推导，而不会遗漏任何重要的概念，因为它大部分是重复思想实验中的概念推导。

实验

原子膨胀理论的概念推导。

原子膨胀概念涉及物体表面之间距离的变化，实际上是由于膨胀动力使物体彼此靠近而引起的。这与牛顿方程中用于解释为何物体彼此靠近的引力形成了对比，牛顿方程认为是物体中心之间的距离发生了变化。在膨胀理论中，物体之间表面与表面的距离说明：物体之间的距离通常指的是物体表面之间的距离，物体通过表面相互作用，物体中心与日常的事件和体验关系不大。因此，膨胀理论认为存在以下两个效应：

- **绝对距离减小**——由于物体不断向周围空间膨胀和彼此之间的膨胀，物体表面之间的距离不断减小。
- **相对距离减小**——由于空间不会膨胀，相对于不断变大的物体和人体，距离实际上都变短了，物体之间的距离进一步减小。

第一点很容易理解。两个膨胀物体之间的空间变得越来越小，两个物体最终彼此接触。这可以认为是绝对空间的减小，因为由于物体的实际膨胀，物体之间的空间确实被膨胀物体占据了。一个物体向它周围空间实际膨胀的量，一定意味着这个物体与其他物体之间的空间或距离减小了同样的量。

第二点或许不那么浅显易懂，但同样是真实的和重要的。它指的是物体之间的距离相对于不断膨胀的物体和人体变小了，因为膨胀物体之间的空间并不和它们一起膨胀。

想象这个情形的一种办法，是设想朝着一个 1 千米外的目标走去。如果所有生物和物体（包括我们）的尺寸突然放大了一倍，而它们与目标之间的距离没变，那么目标就只有 0.5 千米远了。向目标前进的每一步距离就会变大一倍，如果我们的尺寸加大一倍，跨过的距离就加大一倍，距离实际上减半了。当然，为了说明问题，这个例子中假定了地面没有随着由原子构成的其他物体一起膨胀。实际上，地面当然也会膨胀，因此距离不会发生改变。然而，这个例子是想说明飘浮在空间的两个物体之间将会发生的效果，因为真空空间不是物质的物体，因此不和别的物体一起膨胀。对于自由飘浮在空间的物体，这里说的相对量指的是当所有物体膨胀时，它们之间的距离会不断地减小。这里说的相对减小是附加在由于物体向它们周围空间膨胀所引起的绝对距离减小上的。

注意，尽管自由飘浮物体之间的真空空间似乎显然不是一件可以伸展或膨胀的"东西"，但必须要清楚地说明一点，因为很多理论实践者比如爱因斯坦的广义相对论认为，太空（或空间-时间）可以扭曲或伸展。在膨胀理论中，不存在可伸展的"空间-时间构造"渗透在宇宙中这样抽象的概念，空间只是像通常认为的那样，只是物体间距离的度量。如果物体不断扩展，那么在自由空间中，它们之间的距离就会由于上面提到的绝对效应和相对效应不断减小。

正是由于物体之间这个距离的减小，使得牛顿学说用源自物体的万有引力将它们彼此吸引来解释这种现象。

我们继续推导这一概念，原子膨胀方程必须体现绝对和相对距离的减小效应。它必须计算两个物体当它们的膨胀物质占据了它们之间的间隙时表面距离的绝对减小，然后计算物体变大时的进一步的相对减小。

图2-6中体现了这种双重效应。这里，两个物体都从其中心向外膨胀1个半径，应使它们之间的距离减去这两个增加的半径绝对量，从初始的6个半径距离减小到4个半径距离（上图）。然而，从已经膨胀的物体角度看，剩余的4个半径距离实际上只有2个半径距离（下图）。

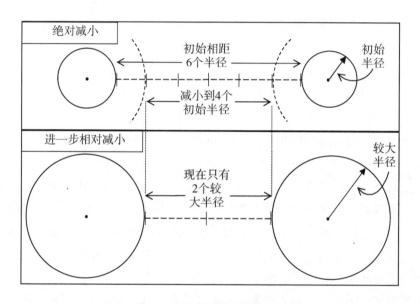

图2-6　绝对和相对距离减小

图2-6中的上图，说明两个物体原来相距6个真空空间长度（两个物体之间的虚线仅是虚拟的距离参照，不是实际的物理标尺）。为了简化该图和便于讨论，沿着虚拟参照线的每个刻度长度为物体的半径尺寸，但是也可以是任何其他物理参照物的尺寸。如果两个物体尺寸加倍了，它们每一个占据了它们周围一个半径的空间，使它们之间的距离总共减少2个初始半径，从6个长度减少为4个长度。这是两个物体膨胀时它们之间空间的绝对减少。

然而，物体之间的距离完全是通过参照物体来进行定义的——在宇宙中不存在任何绝对的参照尺。在这个例子中，物体之间的距离是用它们之间的分段长度的数目来进行计量的，每段长度等于物体的半径。因此，由于物体的半径现在加倍了，宇宙中所有其他可能的物理参照物也加倍了，剩余的 4 个长度距离实际上被估计为 2 个长度（两个较大的半径长度）。这是物体之间空间的进一步相对减小，与不断扩展的物体相比，它被认为是在不断收缩。此外，因为我们自己也在膨胀，我们实际看到的是物体朝着它们之间的固定距离增长，如图 2-6 所示，不过更确切地说，我们看到物体的尺寸好像没变，而它们之间的距离似乎缩短了（图 2-7）。

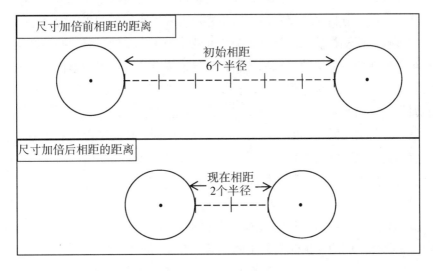

图 2-7 图 2-6 中同一场景实际看上去的样子

图 2-7 认为，宇宙中原子膨胀这一事实，完全被所有的生物和物体都在膨胀的宇宙所掩盖。如果我们能够以某种方式跳出到不断膨胀的物体之外，我们就可以用绝对不变的标尺测量固定不变的距离；如图 2-6 上图所示，这个固定不变的距离逐渐被不断扩展的物体占据，距离从 6 个长度减小为 4 个长度。但是，因为我们无法处于不断膨胀的物体之外，相反地，我们看到物体的尺寸保持不变，而它们的距离迅速减小，如图 2-7 下图所示，这样在同一时间段内，距离从 6 个长度减小为 2 个长度。哪一种场景是真实的事实呢？当然唯有后者，因为只有一个宇宙，如图 2-7 所示呈现在我们面前。图 2-6 的解释告诉了我们宇宙之基石——膨胀的概念，但是如果物体只是在字面上增长大小，实际却在原地维持原样，这样宇宙不复存在。不理解我们宇宙赖以维持的

膨胀，就只能接受对物体之间表观吸引的神秘解释，就像牛顿的引力有违物理
定律一样。

为了进一步说明绝对量和相对量都是真实的和重要的，我们回到图 2-6。
假定该图中的两个物体均是小行星，我们乘坐一艘与小行星同样大小的飞船在
其间飞行。如果我们仅考虑图 2-6 上图中所显示的物体增长的绝对量，我们
将会注意到，小行星之间的 6 个长度距离由于它们向周围空间增长仅减小了 2
个长度。小行星之间剩下的 4 个长度可以放两个小行星，因此也可以放两艘飞
船，留下很多空间可在其间飞行，每一侧多出 1 个长度的空间。

然而，这个分析是不完整的，因为它没有考虑小行星和飞船的尺寸增加所
造成的影响。即使初始距离是从 6 个长度减小为 4 个长度，但这剩余的 4 个长
度相对于现在变大一倍的行星和飞船长度仅为 2 个长度。因为小行星和飞船不
管它们膨胀多少，始终是两个半径长度，实际上留下的空间仅能刚好放下一艘
飞船而没有一点空隙。我们从图 2-6 下图中能清楚地看到，其中一个较大的
小行星或者与之相同大小的一艘飞船，刚好在中间。这与考虑相对距离减小效
应之前的宽敞空间的情况是完全不同的。正如这个例子说明的，当我们宇宙中
的物体持续变大时，所有距离持续的相对缩小对我们宇宙中的生物和物体来说
是真实存在的，有着重要的现实世界的含义。

前面关于空间中两个膨胀物体的概念讨论也可以用数学来表达，得出一个
确定膨胀物体之间距离随时间减小的绝对量和相对量的方程，如图 2-6 所示。
这个方程是原子膨胀方程，我们将在下面的选择性阅读讨论中进行推导：

选择阅读数学
(x, y) 原子膨胀方程的数学推导。

要推导原子膨胀方程，我们首先利用物体掉落地球的场景，从讨论由于原
子膨胀导致物体之间距离的绝对减小入手。正如前面图 2-5 所表示的，地球
向它周围空间的实际膨胀幅度是每秒 4.9 米，这可以从在这个高度下抛一个物
体得出，这个物体在 1 秒钟之后碰到地面。

尽管图 2-6 说明这个距离也包括下落物体向地球方向的膨胀，以及由于
所有物体膨胀造成的距离相对减小，我们在这里可以忽略这两个额外的效应，
因为在这个场景下它们可以被忽略不计。也就是说，因为原子膨胀率 X_A 是一

个很小的小数，即每秒 0.000 000 77，一个较小下落物体的膨胀是微不足道的，相对距离减小也同样是很小的，与我们巨大行星的每秒 4.9 米膨胀幅度相比可以忽略不计。因此，对于所有的实际计算，所有物体在 1 秒钟内的下落距离 4.9 米就是地球在 1 秒钟内的绝对膨胀量，用原子膨胀率 X_A 乘以地球半径 R_E 即可得出。这可以写成：

$$X_A R_E = 4.9 \text{ m} \qquad ——地球在 1 秒钟内的绝对膨胀量$$

注意，尽管上面的表达式在技术上给出的单位是 m/s^2，实际上这里隐藏了一个乘子 $(1 \text{ s})^2$，它抵消了单位 s^2。在后面的推导中可以清楚地看到这一点。

现在，有两种方法得出行星在 1 秒钟膨胀 4.9 米，不论以固定速度 4.9 m/s 膨胀，还是以 0～9.8 m/s 的加速度，都得出平均速度为 4.9 m/s，从而导致膨胀量为 4.9 米。我们知道地球的膨胀是采取后一种方式，因为我们站在地球上感受到有一种持续的力。如果地球只是以固定的速度膨胀，其效果就会像脚从汽车加速器上挪开让其滑行一样，就根本没有推力了。因此，地球的膨胀不是以固定速度按每秒 4.9 m 的恒定量增大，而是以每秒 9.8 m/s 的速度膨胀，通常以 9.8 m/s^2 加速度表示。这在表 2-1 中和地球的每秒膨胀量（物体下落距离减小）一起给出：

表 2-1　地球膨胀的速度和距离

时间（秒）	速度增加	平均增加速度	增加 1 个距离
1	0～9.8 m/s	4.9 m/s	4.9 m =**1**（**4.9 m**）
2	9.8～19.6 m/s	14.7 m/s	14.7 m =**3**（**4.9 m**）
3	19.6～29.4 m/s	24.5 m/s	24.5 m =**5**（**4.9 m**）
⋮	⋮	⋮	⋮

正如在表 2-1 最后一列粗体字所表示的，每秒钟的额外距离可以表示为最初 1 秒钟下落距离的整数倍。因为初始 4.9 m 距离是地球膨胀量 $X_A R_E$，我们可以表示总下落距离，或地球在给定的秒数之后的膨胀量为（以表 2-1 最后一列所列数据为准）：

表 2-2　用 $X_A R_E$ 表示的额外距离和总距离

时间(秒)	每秒增加 1 个距离	总下落距离(所有之前距离之和)
1	$1(4.9 \text{ m}) = 1(X_A R_E)$	$\mathbf{1}(X_A R_E)$
2	$3(4.9 \text{ m}) = 3(X_A R_E)$	$3(X_A R_E) + 1(X_A R_E) = \mathbf{4}(X_A R_E)$
3	$5(4.9 \text{ m}) = 5(X_A R_E)$	$5(X_A R_E) + 3(X_A R_E) + 1(X_A R_E) = \mathbf{9}(X_A R_E)$
⋮	⋮	⋮

现在我们得到了一个计算在任何给定秒数之后地球膨胀总距离的公式，即表 2-2 最后一列粗体字所表示的。总的下落距离简化为地球在 1 秒钟的膨胀量 $X_A R_E$ 乘以总下落时间的平方（这个事实也是在前一章提到的伽利略恒定加速度方程的理论基础）。这个总距离 d 可以写成整变量 n 的平方乘以地球的 1 秒钟膨胀量：

$$d = n^2 X_A R_E \quad\quad ——在 n 秒时间间隔后地球增长的绝对量$$

现在，让我们设想两个类似于图 2-6 中的球，半径分别为 R_1 和 R_2。它们表面的初始距离为 D，由于膨胀 n 秒之后它们的联合绝对膨胀量为 $n^2 X_A R_1$ 和 $n^2 X_A R_2$，距离将减小为 D'，简化成方程为：

$$D' = D - n^2 X_A \cdot (R_1 + R_2) \quad\quad ——两个物体之间的距离随着时间$$
$$推移因它们的绝对膨胀而减小$$

最后，我们必须解决测量仪器膨胀时相对距离减小的问题。从已经膨胀的物体的角度看，上面计算的剩余距离 D' 还要进一步缩减一个因子，这个因子等于原子物体随时间推移的膨胀量。例如，如果宇宙中所有物体的尺寸增加一倍，即便是它们之间的固定距离也会有效地减少一半。

刚才所表示的随着时间推移地球新膨胀量为 $d = n^2 X_A R_E$，这意味着地球的总尺寸包括地球原来的尺寸后为 $R_E + n^2 X_A R_E$，简化为 $(1 + n^2 X_A) R_E$。这说明地球和所有其他物体膨胀的系数为 $(1 + n^2 X_A)$。因此，随着时间推移当所有物体持续膨胀时，物体之间的距离按比例有效缩减了同样一个系数（1 +

$n^2 X_A$）。这类似于通货膨胀对流通货币的影响。通胀率百分之 x 使货币值的缩减用货币值除以 $(1 + x)$ 计算。类似地，距离要按比例缩减或者除以描述膨胀物体的同一个 $(1 + n^2 X_A)$ 系数。因此，膨胀物体之间距离减小的完整方程为：

新观点

原子膨胀方程：

$$D' = \frac{D - n^2 X_A \cdot (R_1 + R_2)}{1 + n^2 X_A}$$

式中：$X_A = 0.000\ 000\ 77/s^2$（或 $7.7 \times 10^{-7}/s^2$）。

上面的原子膨胀方程计算半径为 R_1 和 R_2 的两个膨胀物体之间距离随时间发生的改变 D'。方程式的分子部分是两个膨胀物体占据更多空间时它们之间距离的绝对减小 D，分母部分是与不断膨胀的物体相比相对距离随时间的进一步缩减。变量 n 是测量两个物体之间的原始距离后经过的秒数，X_A 是之前计算的恒定的统一原子膨胀率。这个方程适用于所有下落物体和飘浮在空间中由于原子膨胀互相靠近的所有物体（这种效应目前人们认为是由牛顿万有引力引起的）。

我们现在可以看到，在牛顿万有引力定律方程和原子膨胀方程之间存在着很大的差别。在膨胀理论中，物体之间的"引力"实际上是物体膨胀的结果，因此得出的方程仅与膨胀物体的尺寸有关，与牛顿方程中的质量和引力都无关。另一个明显的差别是，牛顿方程认为引力随物体之间距离的平方减小，然而在原子膨胀方程的分母部分却没有这样的距离平方项出现。

这些显著差异强调了这样一个事实：牛顿方程没有描述自然界中实际的作用力，因此它的公式中没有任何内容需要在膨胀方程中出现。也就是说，牛顿只是发明了一个任意的假想力的抽象模型，如第 1 章所述，并试图用它来解释观察到的现象，而这些现象实际上是由原子膨胀引起的。这种猜想的力无法远距离被实际感知或测量，牛顿方程也从未被直接使用过。因此，我们没有理由认为原子膨胀方程与牛顿主观臆断的发明有任何相同之处。

对于原子膨胀方程的最后一点观察是：对于短距离下落的物体，下落距离几乎与今天所用的下落物体和抛物体的方程相同，即与前一章引进的伽利略恒定加速方程相同，此方程为：

$$d = \frac{1}{2} at^2 \qquad ——恒定加速方程$$

本章稍后将指出，尽管这一点并非显而易见的，对于短距离下落而言，原子膨胀方程只表示行星的绝对膨胀，它与伽利略方程是完全等效的。因此，如今广泛使用于短距离下落物体的恒定加速方程，实际上是近似于真正的但却鲜为人知的原子膨胀方程，这种近似忽略了下落物体的绝对膨胀和距离的相对缩小。

应当注意的是，在原子膨胀理论中提到的绝对距离和相对距离减小，正如该方程所表现的，只有在两个物体自由飘浮在空间中时才发生。如果它们是落在地面上，它们也会以同样的膨胀速率不断膨胀，物体相距的距离固定不变，因此物体之间的距离不会减小。这很像在膨胀气球上画的两个圆圈。气球、圆圈和它们之间的距离全都同等膨胀。当万物同等膨胀时，就不会有相对尺寸变化，也没有距离减少。在这种情况下，就像坐落在地面上的物体，物体之间的距离是一种物质体，它随着物体一起膨胀，这和自由飘浮物体之间的真空空间不同。如果一个物体处于围绕行星运行的恒定轨道中，这意味着物体的速度和方向抵消了行星的膨胀，从而令它们之间的距离不变，因此距离也不会减小（下一章将对轨道进行详尽的论述）。

因此，尽管宇宙中的所有物体都不断地相互靠拢，按照牛顿理论这是引力作用的结果，按照膨胀理论这是原子膨胀造成的，但是我们一般看不到物体以两种理论所预计的方式互相吸引。事实上，牛顿引力理论和膨胀理论对物体落向地面的方式也不能明确地加以区分。这是因为我们今天实际上是用伽利略方程，而不是用牛顿引力理论描述落体，并且膨胀理论所预计的下落时间的差异需要相当长的下落距离才能显现出来，但是在这期间，风的阻力会对其形成干扰。

这意味着我们通常看不到结果，这让我们对牛顿理论产生质疑，或对膨胀理论给出的另一种解释产生怀疑。牛顿理论不正确的主要原因是它违背了科学规律，并且对引力及其他表现缺乏必要的物理解释。膨胀理论对观察现象给出了同等功效的解释，进行了合理的和精确的数学描述。这些清楚的物理解释成为了我们经验的基础，解开了今天我们面临的种种谜团，化解了与物理法则之间的种种矛盾。

在继续讨论之前，我们先应用原子膨胀方程来体验一下该如何运用该方程。正如在图 2-6 的膨胀场景中清楚看到的，当物体尺寸加倍时，由于相对和绝对作用的缘故，原先相距 6 个半径的距离，或 $6R$，随着物体大小的加倍实际上缩短为 2 个半径，$2R$。之前在推导原子膨胀方程时，通过单一物体的绝对膨胀，我们发现物体膨胀 1 个半径的距离要花 19 分钟：

$$d = n^2 X_A R \qquad \text{——半径为 } R \text{ 的物体在 } n \text{ 秒后的膨胀幅度}$$

因为 d 是一个半径为 R 的物体向它周围空间膨胀而导致的物体间距离的缩短，所以当物体尺寸加倍时此距离减少了 1 个半径，如图 2-6 所示。将大小为 1 个半径（$1R$）的膨胀代入这个方程得出：

$$R = n^2 X_A R \qquad \text{该公式可简化为：} \qquad n^2 X_A = 1$$

由于 $X_A = 0.000\,000\,77/\text{s}^2$，得出最后结果为：$n^2 = 1/0.000\,000\,77$。

解出的 n 值为 1 140 秒，或 19 分钟。因此，尽管我们不直接观察或体验，宇宙中的所有物体每 19 分钟膨胀一倍。

现在我们将所有的必要数据代入完整的原子膨胀方程，计算得出如图 2-6 所示的、物体从 6 个半径长度（$6R$）减少到 2 个半径长度（$2R$）。注意在原子膨胀方程中，两个物体半径 R_1 和 R_2 都被下面的 R 代替了，因为两个物体的尺寸相同。将所有已知数值代入原子膨胀方程得出：

$$D' = \frac{6R - (1\,140)^2 \cdot (0.000\,000\,77) \cdot (R + R)}{1 + (1\,140)^2 \cdot (0.000\,000\,77)} = \frac{6R - 2R}{2} = 2R$$

这样，原子膨胀方程计算得出：原来相距 6 个半径的距离在这两个物体膨胀一倍后缩小为 2 个半径，如图 2-6 和图 2-7 的下图所示。

注意，尽管由于在计算结束时，物体已膨胀两倍，表示初始相隔距离为 $6R$ 中的物体半径 R 似乎要比结果 $2R$ 中的物体半径 R 小，但两种情形中仍然用同一个符号 R 来表示。这并没有错，因为宇宙中的参照物也都在膨胀，这两者之间并没有具体的大小区别。我们可以得出一点：膨胀的物体在增大

（grow）这一说法在学术上是不正确的，因为依据我们的经验以及对增大和尺寸的定义，它们的前后尺寸实际上并没有改变。因此，我们应该尽可能说物体在膨胀，而不是说具体的尺寸在增大。膨胀在不知不觉地发生着，然而尺寸和增大这两个术语实际上指相对于另一个物体的相对比例，而且并不会随着膨胀而发生改变。但是，我们通常将物体尺寸视为绝对术语，而不是仅仅相对于其他物体的词，这仅仅是因为我们不知道膨胀物质这一基本现实。一旦我们认为所有物质都在膨胀，我们就能明白尺寸始终是一个相对术语，因为所有的物体和所有的标尺都在不断地膨胀变化。

因此，尽管有时很难避免，但是说一个物体因为膨胀而尺寸增大在学术上是不正确的，而且为了避免不必要的困惑，我们要将此牢记于心。比如，如果我们误认为地球的确在增大，每一秒都比前一秒更大，甚至成为几何级数的"复合增长"，我们可以得出结论：它将飞快地快速增大，随着它的膨胀最后甚至超过光速，我们将会被压扁挤入地下。

当然，我们的地球确实在持续膨胀，但是相较于我们和其他物体而言，它还是原来的尺寸，只是时刻在我们脚下产生持续加速向下的引力牵引。这个由引力产生的加速度单位为 m/s^2，或米每二次方秒，这意味着地球每秒膨胀4.9米，同时其他物体也按比例膨胀，然后在下一秒钟继续膨胀4.9米，再下一秒……如此循环往复。不管地球已经膨胀了多长时间，根据我们对位移、时间和运动的定义，地球的膨胀总是以平均每秒4.9米的速率向外膨胀。地球在上一秒膨胀了很小一部分，我们自身、我们的标尺和我们对米的定义也一样膨胀，这种情形在下一秒，下下一秒，再下一秒中重复出现。当我们清楚地认识到在我们日常生活体验中有关基本膨胀的术语和效应时，膨胀地球的尺寸并没有迅猛增大（事实上没有任何增大）或它表面的速度也没有增加。

理终论极 新启示和可能性

直到现在，我们始终受制于随意的抽象引力模型，该模型颇为实用，但它缺乏科学上清晰可行的解释。结果，不但在我们的理论框架内存在着诸多待解答的谜团，而且问题重重的理论令我们无法从根本上对任何有关宇宙的其他问题作出明确的回答。

例如，我们何以得知反引力是否是一个正确的科学概念呢？我们有可能实现反引力吗？如果能的话，又如何实现呢？是什么原理让反引力排斥物体呢？又是什么原理（根据牛顿的理论吗）让物体彼此吸引呢？

还有，所以物体真的都以同样的速率下落，而与它们的尺寸和质量无关吗？自亚里士多德（Aristotle，前 384—前 322）以来，这一直是科学上长期未解决的问题。今天我们认为所有物体的下落都是一样的，但这很难用实验进行确切的验证，当今的引力理论对此问题的答案也不尽如人意。

我们探寻更深入理解的原因之一，是为了最终得到一个理论——真正的万物理论，它清晰明了地包含了真正的物理现实，让我们能明确回答任何和所有诸如此类的问题。实际上，正如下面显示的，膨胀理论为许多长期有待解决的问题作出了明确的回答，同时还向我们指出了至今人们尚不能想象的新的可能性。

新观点

引力的两个要素。

当前，人们认为是引力让我们停留在地球上，并令月球绕地球做轨道运行。这是牛顿引力理论所做的决定性贡献之一。在牛顿之前，对于是何种力使我们停留在地球上，人们始终没有达成一致的观点，而且对于卫星和行星为何在其各自轨道上运行也知之甚少。这两种现象都是由一种单一的万有引力造成的，这个观点是牛顿学说的一个理论创新。

然而，膨胀理论指出，这两种情景是由两种截然不同的现象产生的。我们停留在地面上并具有重量，这确实是由于我们脚下的膨胀地球不断地对我们施加作用力而造成的，而下落物体和轨道运行物体却根本不受任何力的作用。下落物体和轨道运行物体在最终与行星相接触之前，完全是几何膨胀的结果。这是膨胀理论与牛顿理论之间非常重要的区别，可以通过一个简单的思想实验演示出来：

实验

泡沫聚苯乙烯行星。

让我们设想存在一个和地球大小一样，但是由一种极轻的材料，如泡沫聚苯乙烯构成的行星。这两个行星，尽管质量和化学成分不同，但它们像所有其他物质一样以统一的原子膨胀速率膨胀，因为尺寸相同，它们会以同样的速率向任何下落或轨道运行物体靠近。因此，在两个行星上分别以同样高度"下落"的物体，将以同样的速率在同一时刻落在这两个行星地面上。从纯粹的远距离观察角度来看，这两个行星拥有同样的引力作用。

然而，一旦物体到达地面上，它们的重量就由膨胀行星向它们施加的作用力产生，而这一过程中两个行星最后得出的结果是不一样的，部分原因在于它与每个行星的质量有关。这很像面对面站在带滚轮的滑板上的两个人。如果一个人背靠砖墙去推另一个人，另一个人就会受到完全的推力作用而被推开。然而，如果背靠的砖墙拆除，两个人将彼此分开，并都受到推力作用，而另一个人滚动的速度和距离都要小于第一种有砖墙时的情形。

同样地，大行星的巨大惯性就好比是太空中的一面砖墙，当行星膨胀时靠着这面墙推开表面上的物体。地球的膨胀受到了内部惯性巨大的"砖墙"的支撑，因此地表物体实际上感觉到的是地球膨胀的全部作用力。但是，如果这个太空中的"砖墙"是由泡沫聚苯乙烯做的，因为惯性小，在施加推力的时候会大幅度后退，在它表面上的物体受到的支撑力也减小。因此，行星的质量越小，在加速物体和加速行星之间耗费的膨胀力就越多。因此，即使泡沫聚苯乙烯行星和地球每秒的膨胀幅度一样，该行星上的物体不会受到行星的全部膨胀力。当泡沫聚苯乙烯行星与另一物体接触时，由于自身膨胀，它后退的幅度要比地球大得多，这降低了它加速该物体的能力，从而令该物体的重量略微降低。

这个思想实验指出了当今引力理论中一个被忽略但却非常重要的引力的双重性质。牛顿声称，重量以及下落物体或轨道运行物体都是万有引力作用的结果，这一观点在对地球上物体下落时观察到的速率和测得的物体重量之间，人为地强行加入了一个数学等式。如果我们愿意的话，我们可以在下落物体和驻留在地球上的物体之间加入数字等式，因为这完全是出于方便考虑才这样做的。然而，当我们把这些人为的假定应用到别的行星或卫星上时问题就出现了，这些行星或卫星的密度与地球不同。正如在上面的思想实验中提到的，在空间一定距离体验到的引力，并不一定像牛顿等式所说的那样表明是地球表面的引力。此外，正如在下一章将看到的，这对理解月球和其他行星的引力是一个重要的因素。

新观点

所有物体的下落不尽相同。

正如前文所述，人类对这个问题思索了几千年。亚里士多德相信，物体下落的速率与其重量成正比，因此物体越重下落越快。这个观念盛行了大约两千年，直到伽利略用实验方法向它提出挑战。伽利略声称，只是因为风的阻力使某些物体比其他物体落得慢，他显示大多数物体下落时间只有微小的差别，即使是它们的重量相差很大。他进一步通过巧妙的实验断定，所有物体以同样速率下落，与其重量无关（假定不存在风的阻力）。这个概念作为一个合理的实验结论和理论上合理的假定已经屹立了几个世纪，这个概念在伽利略的恒定加速方程 $d = \dfrac{1}{2}at^2$ 中反映出来，至今仍被人们广泛使用。

然而，凭借直觉作出的假设和有限的实验并不等于真实的物理理解。伽利略从未宣称能够理解为何物体会明显地以同样的加速度向地球靠近，他只是提出了这个假定或猜想，并找了适当的实验证据来支撑。即便在今天，下落物体的科学发现也是建立在相同经验过程的基础上。相反，膨胀理论清楚地显示出在下落物体中涉及的每一个要素，使我们能看到伽利略留给我们的方程和对下落物体描述中存在的缺陷。

膨胀理论提出了一个方程——原子膨胀方程，清楚地呈现出隐藏在引力背后精确的物理机制。这个方程说明，今天广泛使用的描述下落物体的伽利略方程只不过是接近真相而已。实际上，物体既不像亚里士多德认为的那样其下落速度由其重量决定，也不像伽利略设想的和今天我们认为的那样毫无差别地下落。物体下落几乎是相同的，因为它们的下落实际上是地球向飘在空中的物体的膨胀，再加上物体同时向行星小幅度膨胀造成的。下落物体本身的小幅度膨胀完全取决于它们的尺寸。因此，所有物体的下落几乎相同，但大物体比小物体稍快一些。膨胀理论毫不费力地、明确地回答了这个长期有待解决的问题，因为它不是一个看似有合理实验结果支持的盲目假设，这是历史上首次对现实世界作出的真实物理描述。

我们仔细观察发现，伽利略方程实际上是原子膨胀方程的分子部分表达的绝对距离的减小，唯一不同的是它只考虑了地球的膨胀而没有考虑下落物体的膨胀。也就是说，伽利略的下落物体方程 $d = \dfrac{1}{2}at^2$ 只与表示地球膨胀的这一部分有关，即之前在推导原子膨胀方程时公式 $d = n^2 X_A X_E$ 所表示的内容。这两个方程都有"时间平方"项，剩下的项，即伽利略方程的 $\left(\dfrac{1}{2}a\right)$ 和膨胀方程的 $(X_A R_E)$ 都给出同样的 4.9 m/s² 数值。这两个方程得出完全相同的数值结果，因为伽利略方程仅是表示地球膨胀的一种抽象方式。

然而，伽利略没有意识到，正是我们行星的膨胀导致所有物体在第 1 秒钟"下落"4.9 米，他也无法将它表达为统一原子膨胀率乘以地球半径（$X_A X_E$）。相反地，伽利略认为物体由于某种未知原因落向地面，从而得出一个关于加速物体的方程，而非关于行星膨胀的方程。

这是伽利略根据他的直觉和观察得出的、有关下落物体行为的最佳的有根据的猜测，一直沿用到今天。然而，膨胀理论不仅指出伽利略对于"落体"的解释并非完全正确，还指出伽利略方程忽略了不同尺寸的物体下落时间会稍有差别，这是因为在下落时，它们向地面的膨胀不同。膨胀理论同时也指出，伽利略方程完全忽略了在原子膨胀方程中分母表示的额外相对减小。然而，这些忽略的量对于短距离下落的小物体来说可以忽略不计，对物体的长距离下落而言，风的阻力成了主要考虑因素，所以几个世纪以来，人们始终没有注意这些问题。

即便在今天，想要证明伽利略方程的不精确性也极其困难，因为我们必须使物体在真空中下落很长距离，才能精确地测量出下落时间上的显著差别。不过，由于膨胀理论直接抓住了根本的物理成因，彻底澄清和理解了问题。我们知道伽利略给出的恒定加速度方程忽略了两个分项，而我们可以精确地计算出这一疏漏有多大？由于原子膨胀方程掌握了实际的基本的物理现实的每个要素，我们不必再纠缠于诸如物体下落时是否存在细小的下落时间差，如果存在，是什么导致这种差别产生等等这些问题。我们无须盲目地进行实验来测量它与现行理论之间的细微差别，或试图找出这种差别意味着什么。我们不再心存疑虑，因为与谜团重重且基本无法解释的"万有引力"概念不同，膨胀理论向我们清晰明了地揭示了隐藏在下落物体背后的真正机制。

确实，如果没有膨胀理论，我们甚至不知道在我们进行的实验中去寻找绝对和相对距离减少这些要素，以检验当前落体理论（theory of falling objects）存在的细微的差异。今天，我们是如此坚定地相信牛顿的引力理论，因此我们极有可能会在实验中改变物体的质量以检验它们下落时存在的时间差。我们不大可能预想到尺寸差异是影响其下落时间的一个主要因素，而且是唯一的一个因素。如果不能认识到是下落物体的尺寸，而不是质量引起细微的下落时间差异，我们就很可能在实验中选择落体不同的质量而不是不同的尺寸，从而使问题变得更加混乱，使我们徒劳无功。

实际上，被称为卡文迪什实验的经典实验室用实验声称：通过卡文迪什勋爵发明的一套仪器，演示了物体之间与质量有关的万有引力效应，1798 年卡文迪什曾经用这套仪器测量过牛顿万有引力方程中的万有引力常数。在下一章将从膨胀理论的观点对这个实验进行分析，指出我们当前对真正基础性的膨胀原理的了解是多么匮乏，这也是全世界各个实验团队之所以得出各种不同结果的原因之所在。这同样也是为何实验人员声称还需要对卡文迪什实验的某些方面进行更多研究的缘故。

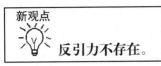

新观点

反引力不存在。

当前，我们的科学认为，某种类型的反引力概念或仪器是完全可能存在的，并且它们时常出现在科幻小说中。因为我们对似乎存在于四周的万有引力缺乏科学理解，因此我们乐于去发现或发明一种具有反引力的物质，它具有一个反引力的排斥力。毕竟，引力似乎源源不断地来自物质而无须任何的能量源，因此，为何不对原子进行研究以期能找到同样神秘的反引力呢？这样的反引力理论和当前的引力理论基本无异，这两种理论都同样神秘而在科学上又缺乏解释。

然而，膨胀理论指出，牛顿的万有引力纯属虚构。世界上不存在这样不断源自物质的吸引力，希望发现源自物质的源源不断的神秘排斥力（反引力）同样是个幻想。今天的引力概念是我们对观察到的膨胀原子现象错误理解的结果，因此，反引力概念也是同样以这个错误理解为基础的。尽管认识到我们绝不可能借助反引力装置毫不费力地飘浮在空中，这一点可能令我们相当失望，并且如果我们的宇宙现实确实是这样，知道这一点就会有极大的益处，这样我们就不会天真地去幻想那些不可能的事情了。同样，有了正确的理解，我们就可以开始关注从前没有膨胀理论时所不能考虑的新的可能性，如下面这个观点：

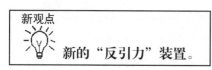

新观点

新的"反引力"装置。

在科幻小说中经常看到，得助于宇宙飞船的"人造重力"装置，我们可以在宇宙飞船里如同在地球上一般地行走。如之前对反引力的讨论，当今科学对引力的了解还不足以去合理地解释或否定这样一个装置。它是科学还是科幻……我们现在对引力的理解有限，还无法判断。当然，膨胀理论清楚地指出，这种装置是纯粹的科学幻想。

然而，自从空间幻想家韦恩赫尔·冯·布劳恩（Wernher von Braun）的设想在作家阿瑟·C. 克拉克（Arthur C. Clarke）的小说《2001：太空奥德赛》（2001：A Space Odyssey）中出名之后，在各种人造重力装置中，我们找到了一种简单可行的装置。其设想是一个非常大的圆形或圆柱形飞船绕其中心轴自旋，因此飞船内的物体将被甩到侧面，就像旋转甩干机中的衣服一样。如果这个巨大的自旋飞船的侧面是地面，家具和宇航员将由于向外的旋转效应（即所谓的离心力）被控制在这个"地面"上。飞船的尺寸和自旋的速度可设计为使物体停留在侧面（现在是地面）的力，其大小等于在地球上感受到的引力强度。这个力被认为是人为重力，因为它是用模拟牛顿神秘的万有引力的机械方法产生的。

然而，膨胀理论指出，从这层意义上说，所有的引力都是人为的，因为即使是地球的引力也是由于行星的简单机械膨胀产生的。我们宇宙的任何地方不存在"真实引力"这样的东西，不论它是以原因不明的吸引力形式还是以神秘的扭曲"时空"的形式出现。此外，在掌握膨胀物质的知识后，我们现在可以根据膨胀原子的原理设计另一种类型的"人造重力"装置。

一个简单的想法是一个安装在太空的非常长的高塔顶端的平台。如果塔的长度足够，那么它每秒钟的膨胀量就会与行星相同，即以米/秒为单位。因此如果一个人坐在高塔顶端的平台上，就会感受到类似于站在行星上体验到的加速度力，产生一个"人造重力"的环境。

我们当前的理解是无法接受这个概念的，因为我们现在认为引力取决于物体的质量大小。要产生同样的引力，塔的质量就必须同行星一样，并且在形状上也没有理由要将这么大的质量塑造成一座塔，如果一个圆块也能起到相同作用的话。这基本上就意味着要创造一颗完整的行星，这种替代方案并不实际。然而，膨胀理论指出：真正起作用的不是物质的质量，而是尺寸。太空中的巨大高塔可以构造稀疏、质量很轻，只要它是由足够强度的材料建造并能够承受膨胀时的内部压力就行了（就像膨胀地球内部有压缩力一样）。

最后，还需要考虑到一个问题才能保证塔的概念更切实际。为了保证获得标准的地球引力，其长度应等于地球的半径（约 6 000 千米），而不是整个直径（12 000 千米）——在平台的相反端我们还需要一个平衡物，其质量等于整个塔的质量。否则，由于自由飘浮的膨胀物体一定从它们的惯性中心或质量中心向外膨胀，因此这座 6 000 千米长的塔将从它的中心膨胀，沿相反方向产生两段长度为 3 000 千米的膨胀，这两段在中心之处会合。这就会将平台处的实际引力减小为预想的一半。然而，在相反端配一个足够质量的平衡物，质量中心就会向这一端移动，整座塔就会从平衡物处向外膨胀，在平台产生完全的引力效应（图 2-8）。

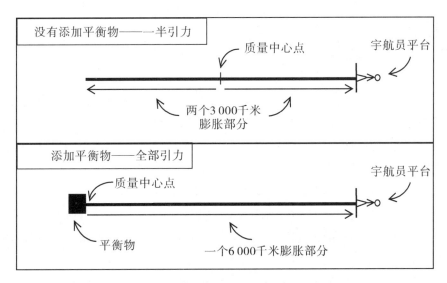

图 2-8　膨胀中的太空塔产生一半引力和全部引力

在很多物理学课本和课堂上有一个经典的思想实验，揭示如果一个物体掉

进穿过地球中心的隧道，从地球的这一面到达另一面会发生什么。牛顿的万有引力理论认为：该物体由于地球内部引力的作用将加速，开始的加速度很大，下落的距离越长则加速度越小，因为当物体向地球中心靠近时，它下面的地球物质减少了。因为在这个思想实验中风的阻力可以忽略不计，因此，在它向地球中心靠近的过程中没有任何东西来影响它的下落，因而在到达地球中心时，它将以巨大的速度前行。

在地球中心，它不再受到任何的引力作用，因为在地球中心各个方向都面临着等量的物质，但是它巨大的速度令它穿过中心，进入到隧道的另一半，到达地球的另一面。当物体穿越隧道向地球另一面前进时，它的速度会减慢，因为在它的下面有越来越多的地球质量，其受到的引力作用也随之增强，把它拉向地球中心。因此，物体会减速，当它到达地球另一面隧道入口处时停止，然后又返回来向地心下落。

这个思想实验清晰地显示了牛顿提出的万有引力中的一个主要漏洞。因为牛顿的万有引力理论没有体现出引力来自任何能量源的能量消耗，物体永无止境地从地球的一面向另一面来回周期性摆动，这显然是一个不可能实现、需要无偿能量的永动机。也就是说，根据当今科学，我们需要能量才能使物体在相当长的距离内强力加速到巨大的速度，然后再强力使它减速，这个过程反复进行千万年。然而我们从未考虑到驱动这一过程需要从能量源获得能量。这种设想随着当下引力理论的正确应用被一代代教授传承下来，然而却从未提及其中明显违背物理法则的现象。

膨胀理论对此描绘了一幅完全不同的情景画面。下落物体实际上没有受到将它拉向隧道的作用力，相反地，在空间中彼此靠在一起的地球和物体只是原位膨胀。地球的尺寸无比巨大，这意味着它每秒钟的膨胀量比物体大得多（当然统一膨胀率是相同的），因此当地球膨胀时实际上是它把物体吞到隧道中（绝对膨胀量）。因为所有其他物体也在膨胀，包括所有测量装置，所以到地心的距离相比起来实质上大大缩小了（相对膨胀分量）。

如之前表2-1和表2-2中所示，在推导原子膨胀方程过程中，地球的膨胀让下落物体与地球之间产生相对速度，且这种速度会随着膨胀的继续一秒接一秒进行合成。这个源自于宇宙中的惯性速度都是相对的，而且会持续滑行直到改变。这种相对速度最初是由强力抛掷物体引起，还是由地球膨胀的纯几何作用引起均无关紧要——宇宙本身不可能知道或关心一个物体如何与另一个物体进行相对运动。因此，这种因源自第一秒的膨胀进入隧道的物体的相对速度复合会持续，而且会在接下来的第二秒进一步增加，再下一秒……反复循环。

随着地球持续膨胀，直到吞没下落物体，故落体也获得持续增加的朝向地心的相对速度。因此，和牛顿的解释类似，该物体以惊人的相对速度穿过地心，然后继续往地球的另一面前进。但是，这里有一个关键区别。地球没有提供推力，推动物体并加速进入下落隧道；遍及宇宙各处一如既往地只有同一的、持续进行的物质的原子膨胀。没有可利用的、缺乏科学解释的"重力势能"理论，也没有任何直接的且强有力的加速度作用于该物体上。由膨胀理论的观点可知，在这种假设中不存在"能量"谜团或违背能量理论的现象。

同样地，随着物体继续沿着隧道运行至地球的另一面，它相对于地球的速度有效减缓了，而地球在物体向上运行的过程中持续膨胀。再次强调，这种有效减速行为并不是因为强有力的向下牵引力，这样就不存在违背能量定律的现象。因此，很大程度上就如我们现在被教授的一样，该物体确实在隧道里前后往复摆动运行，而在这个过程中却没有违背最基本的物理法则——能量守恒定律。这突出了这样一个事实：因为我们完全忽略了膨胀物质，并错误地将其表述为"能量"，标准理论的创造者完全虚构了作用力、能量，甚至一些通常不可能得到科学或严密逻辑支持的"能量定律"。这也是我们将会在书中从头至尾看到的一个事实——由于缺少对膨胀物质的理解，当今科学完全陷入了能量范式的陷阱中。

膨胀理论和标准理论的另一个关键区别是，当今基于万有引力学说的物体质量，将根据该物体在运动中其上面和下面的质量的数量与分布来确定它在任意给定点的速度。这不仅要求我们了解行星整个内部质量的本质和密度，而且，这几乎肯定会得到一个显著不同的结果，而不是完全不受基于质量的推测影响的、纯粹以尺寸为基础的膨胀理论的计算结果。因此，为了合理准确地预测如此大范围的行星环境中将会发生什么，拥有正确的引力知识和理论至关重要。

值得注意的是，这种思想实验与只有引力作用下在绳子上无穷自由来回摆动的单摆实验没什么不同。再一次强调，用当今的术语说，单摆向下摆时受引力影响而加速，然后向上摆时减速，如此反复无穷；而在其他已知的物理情境中，却要求有持续不断的能量源。但是，我们却被告知要区别对待引力情境下的加速和减速，须用抽象的"重力势能"取代必要的物理能量源，这种"重力势能"在单摆向上摆时"增加"，在单摆向下摆时"消耗"。仍然再一次强调，我们无法解释这种"重力势能"的本质或存在——它存储在哪里或者它是如何通过单摆在空间摆动从而增加或消耗的。况且，"负功"或"重力势能"的谬误已在第 1 章就说明。当如此抽象的概念不能进一步证实物理解释时，它就不能被当作其他严重违背最基本物理定律现象的一个科学解释依据。

膨胀理论既没有虚构出"不知何故"的物理上强行给单摆加速和减速的"重力势能"，也没抽象出"不知何故"的永不停止地存储和释放单摆动能的"重力势能"。相反地，它提出所有物质的基本膨胀，意味着膨胀的地球使整个单摆机械装置持续加速向上，同时对单摆产生持续向下的加速作用。由于系在加速单摆机械装置上的绳子的牵引作用，这种有效的向下加速变成一种振荡的、强有力的向上加速摆动。这种持续不断的强力摆动运动完全来自于时刻进行着的自然界的原子膨胀，而这决定了遍布宇宙各处物质的本质与存在，同时摆脱了对科学上难以解释的"能量"和相关违背"能量定律"现象的需要。

谬误
✗ 目前轨道理论中的致命矛盾。

根据牛顿的理论，轨道里包括被万有引力强力限制的运动天体，就像系在绳子上旋转的石块。然而，这一动力产生的向外的向心力将作用于沿轨道运行的天体，就像系在绳子上的石块。但是，当天体运行经过时，轨道也经常被描述成持续的自由落体运动，消减了向外的向心力。下一章将会提出和解决现有轨道理论里的致命矛盾，我们将根据膨胀理论来重新解释轨道。

理终
论极 **结语**

到目前为止，我们已看到，尽管牛顿的引力理论表面上是一个成功的理论，但它实际上违背了最基本的物理定律，它基于一个完全不能解释的能量源和穿越空间传播并互相吸引的机制而存在。爱因斯坦试图提出另一个引力理论，结果得出了更加神秘和抽象的广义相对论，却没有解决任何问题。这两个理论基于进一步的错误应用或者抽象理论的虚构，诸如功方程或"重力势能"来解释日常的观察。

然而，通过运用自然界中一个奇异的、被人们忽略的原理——膨胀原子的简单概念，解开了所有这些谜团，撇清了所有辩解，化解了它们与物理规律之间的矛盾，并解释了所有已知的万有引力现象。膨胀理论还首次清楚明确地回答了关于万物的、从各种物体的下落速率到类似反引力和人造重力的概念中长期未解决的经典问题。

这一章还指出，膨胀原子的深层物理现实也可以从下落物体这样普通的事件中彰显出来，因为其导因是行星由无数的膨胀原子组成。此外，我们可以轻易地从这个简单的落体事件中计算出统一原子膨胀速率，其结果是一个极小比例的膨胀率，每秒不足百万分之一。体现我们宇宙的深层物理现实性的原子膨胀方程也很容易推导，可以作为理解在过去存在的，也许在将来还会存在的许多问题的权威性指南。

然而，尽管我们对这个至关重要的、有非常真实可能性的、过去几个世纪都没有解决的科学发现做了令人信服的介绍，然而要完全透彻地解释原子膨胀，还有很多问题需要处理。尽管牛顿的引力理论问题成堆，毕竟它被广泛接受了几个世纪，并且颇为好用，时至今日仍在很大程度上依然如此。虽然现在已经证实，这主要得益于当我们使用科学家如开普勒和伽利略的纯几何方程的同时，也在使用牛顿的万有引力理论，这仍然是让人印象深刻的最高成就。

因此，膨胀理论不仅仅是要化解违背物理定律和当今引力理论的谜团，以及解释经常讨论的许多日常体验，还必须解释轨道、海洋潮汐和很多其他当前认为是万有引力作用引起的天文观测现象。如果轨道的形成不是由于运行的天体被某种形式的引力强力固定在圆形的路径（轨道）上，如果不是月球的引力引起海洋潮汐，那么膨胀理论对这些事件必须有一个合理的解释。下一章将指出：膨胀理论确实能为这些事件和其他天文现象作出合理的解释。下一章还将解释我们目前科学尚无法解释的、在太空任务中被称为"引力异常"的神秘现象。因此，我们现在将继续运用原子膨胀的观点来探索宇宙的奥秘。

3

Rethinking Our Celestial
Observations

第 3 章

天文观测反思

"眼睛只会看到那些心灵能够理解的事物。"

——亨利·柏格森（Henri Bergson）

　　第 2 章提出了一个崭新的物理概念——膨胀理论。它指出，如果在我们的宇宙中，所有的原子持续以每秒百万分之一体积的速度膨胀，那么我们将首次为引力作出一个清晰明了的物理解释。这个理论将彻底消除当前万有引力理论中存在的诸多概念上和科学理论上的漏洞，同时它还将有史以来首次给出引力的合理解释，以消除科学中种种令人费解的谜团和抽象概念，而不是像我们如今的替代理论那样引发更多的疑问。一个有关源自万物的莫名引力的理论将因此失去其存在的价值，而关于遍布整个宇宙的神秘的扭曲四维时空构造的学说也会面临同样的结局。

　　这个关于物质膨胀的新理论——膨胀理论，将被用于解释我们周围世界存在的种种为人们司空见惯的现象，而目前我们把这些现象的产生都归因于牛顿提出的万有引力。正如随后的论述将要指出的，这个全新的自然法则同样也可用于解释太阳系中的观测结果——行星轨道、海洋潮汐、行星际太空旅行，等等，并且根本无须借助于违背了物理法则的万有引力概念。本章将为探寻引力奥秘的努力画上一个句号，它将向大家证明，不仅天文观测现象完全可以用原子膨胀理论来解释，而且它能解答目前还悬而未决的一些重大问题。

　　宇宙的所有运动形式中最为基本的当属轨道运动。事实上，可以说轨道为天体的结构和秩序奠定了基础——卫星环绕行星做轨道运行构成了独立的行星系，行星环绕恒星做轨道运行构成了稳定的太阳系，无数颗恒星沿轨道运动形成了蔚为壮观的巨大旋涡体，从而构成了宇宙中的各个星系。现在就让我们从膨胀理论的角度，对这种被称为轨道的至关重要的天体运动形态进行一番探究吧。

9 轨道

理终论极 牛顿的轨道学说难以自圆其说

我们从小就被灌输这样的观点：月球受到牛顿所说的地心引力的作用而被牢牢地束缚在轨道之中；如果不是这种引力的作用，月球就会脱离轨道，不会被限制在当前的轨道上，而是会高速掠过地球遁入茫茫的太空。然而，正如前面两章指出的，牛顿所描述的这种巨大的约束力，实际上是其抛出的一个武断的论断，作为其基石的"石块-绳子"类比模型在概念上存在漏洞，而且在科学上也根本不能成立。前文已经阐明，将月球束缚在轨道之中的并不是所谓的"引力索"（gravitational cord），而几何轨道方程的出现要早于牛顿理论，它描述了一个与质量及作用力毫无关联的纯几何轨道效应。此前我们已经介绍过了原子膨胀理论，在此我们可以发现，这个新原理是解释宇宙中存在这种纯几何轨道效应的真正的物理机制。

然而，在研究这一新的轨道概念之前，我们有必要先来深究一下当前主流的一些观点，首先从牛顿运用"万有引力"概念解释轨道所进行的思想实验入手。我们可以看到这个思想实验存在严重缺陷和疏漏，而几个世纪以来，人们对此却浑然不觉，时至今日依然如此。

重点提示

- 牛顿反映轨道运动的"炮弹"思想实验，并非人们认为的是对轨道所做的全面描述，它仅适用于极为特殊的情形。
- 牛顿的思想实验同样存在一个致命的漏洞，以至于这一特殊情形的轨道想定也难以成立。
- 膨胀理论对这些问题加以了修正，为此，我们需要对牛顿最为基本的运动定律之一——牛顿第一定律——进行反思。

实验

牛顿关于做轨道运动炮弹的假想。

牛顿将轨道描述成在地球上被水平抛出的物体运动路径的逻辑延伸；这些物体都沿抛物线落向地面，而且它们被抛出时的速度越快，其坠落的位置就越远。牛顿分析认为，如果一个物体具有足够大的初始速度——假定在山顶上用一门威力巨大的大炮将物体射出——它将沿着一条理论直线路径运动到足够远的距离，由于引力的向下作用，实际上它是沿着一条环绕地球的圆形轨迹下落（图 3-1）。这条环绕地球的连续圆形运动轨迹，伴随着在引力作用下形成高速运动物体，大概就是月球等天体轨道的源头。实际上，牛顿学说的这种解释也正是今天轨道被视为持续自由落体状态的原因——人们认为做轨道运动的物体呈持续下落态势，在其高速经过地球曲面时又再次获得了它失去的高度，从而得以保持一定的轨道高度。

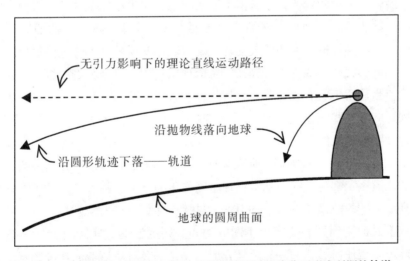

无引力影响下的理论直线运动路径

沿抛物线落向地球

沿圆形轨迹下落——轨道

地球的圆周曲面

图 3-1　牛顿学说对轨道的解释：物体高速经过地球曲面形成所谓的轨道

谬误

牛顿学说对轨道的解释不具有普遍适用性。

以上便是牛顿学说对于轨道的解释，时至今日，它依然是为我们所采信的一种解释。然而,我们进一步分析便会发现这一观点存在诸多问题(除了该思想实验中牛顿所谓的万有引力有悖于物理法则之外)。

我们仔细设想一下沿轨道做加速运动的物体的状况,就会发现其中的一个问题。航天飞机等近地轨道中的物体,完成一次轨道飞行大约需要 90 分钟。经验和轨道方程告诉我们,随着物体的运动其轨道越来越高,它们绕地球旋转的速度也会越来越慢。我们甚至可以把物体送入足够高的轨道,使其完成一次轨道运动的时间恰好为整整 24 小时——与地球自转一周所需的时间相同。我们把这个轨道高度称作地球静止轨道或地球同步轨道,因为做轨道运动的物体始终处于地球上方同一位置——与其下方地球的 24 小时自转周期保持同步。这条轨道对于一些特定种类的通信卫星而言非常有用,它们必须始终停留在地球上方的一个固定位置,其服务才能持续覆盖地球上的某个特定区域。

然而,如果一个物体能够保持在地球表面的同一个区域上方做轨道运动,那么我们就不能认为它是高速经过地球曲面;其运动状态根本不应被表述为经过地球表面,而应是持续停留在地球上方的同一位置。同样,我们也不能简单地认为做轨道运动的物体处于自由下落的状态,因为在固定区域上方做自由下落的物体显然会落向地面。然而这两大要素——高速经过一段曲面和持续下落——正是牛顿轨道学说的两大支柱。牛顿轨道学说的基本理论虽适用于大多数轨道,但却完全不能用于解释某些轨道现象,这一点令人难以接受。这一学说要么应当适用于所有轨道,要么就是存在着根本性的漏洞。下面就让我们详细地探讨一下这些问题。

地球同步轨道的存在,向我们表明地球表面的弯曲度与轨道并不存在关联性,由此我们可进一步推断,地球曲面与各类轨道之间都没有任何关联,因为所有的轨道一定都是受同一基本物理法则作用的结果。不可能说处于地球同步轨道高度以下的轨道受一套物理法则的制约,而一旦物体到达这个"特殊高度"就会转而受到另一套完全不同的物理法则的制约。实际上,同步轨道表明地球可以是任何形状——甚至是方形——这不会对轨道造成丝毫影响。也就是说,尽管一个试图沿方形行星做轨道运动的物体会撞上行星的某一个边角,但如果行星自转的速度与物体轨道运动的速度相同,这种情况就不会发生。在这一状态下,沿轨道运动的物体永远不可能接近前面方形行星的边角,并且尽管行星表面并非曲面,它还是会始终保持沿同步轨道运动(图 3-2)。物体完全有可能在自转的方形行星表面同一区域上方做同步轨道运动——然而这与牛顿有关天体高速经过一段曲面的论述截然不同,由此可见,牛顿的轨道学说并非像我们当前认为的那样是一个具有普遍适用性的真理。

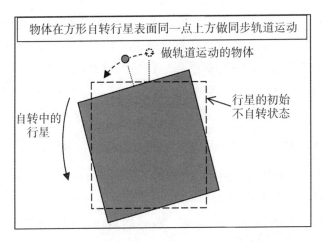

图 3-2 地球同步轨道与行星表面是否成曲面无关

这个结果说明，尽管图 3-1 中牛顿基于"万有引力"观点对轨道作出了一个简单直观的解释，但它其实不过是描述一个特殊情形的模型，不能作为适用于所有轨道现象的真正的物理解释。这里提到的特殊情形模型是指一个球形且不自转的行星。这种"球形假设"认为，月球、行星和恒星等都是自然形成球状外形，而"不自转假设"则是源自牛顿关于从地球上某一固定位置（比如山顶）水平发射物体的这一假想为起点。把山看作发射炮弹的一个固定点，从根本上忽视了这样一个事实：山是位于一个自转中的行星表面。

这个行星呈球形外观且不自转的特殊假定，为牛顿基于引力的轨道学说打开了方便之门，导致他得出了一个错误的结论，认为物体越过（不自转）行星的（球形）表面做自由落体运动，便形成了种种不同的轨道。因此，在球形行星这一常见假定中（但其依然属于一个特定情形），牛顿的思想实验似乎为轨道现象提供了一个合理的解释，然而事实显然不是这样，因为它并不能普遍适用于所有的轨道。

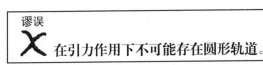

谬误

在引力作用下不可能存在圆形轨道。

牛顿的思想实验存在的第二个问题是，最终形成图3-1所示轨道的高速运动炮弹的运行路径被描绘成一个圆形轨迹，然而落向地面的速度较慢的炮弹遵循的是所有水平发射物体典型的抛物线轨迹。水平抛射物体之所以形成抛物线运行轨迹，是因为在下落过程中它们都会产生一个持续的向下加速度；因此，水平抛射的物体在持续加速下落的同时，仍然以初始速度沿水平方向运动。这种运动方式最终便会形成一条抛物线轨迹，它随着物体的行进不断加速向地面弯曲——而不会形成一条圆形轨道。这是所有基础物理课程都会教授的内容，前面章节中提到的伽利略的恒加速度方程将其表述为 $d = \frac{1}{2}at^2$。然而，我们可以从图3-1中看到，地球表面和沿轨道运动的炮弹轨迹是相互平行的圆形曲线，双双偏离了从山顶延伸出的理论直线。抛射体根本不可能呈现这种偏离水平线的圆形曲线的运动轨迹，抛射体运动方程也得不出这样的运动路径。

由此可见，根据公认的自由落体模型，牛顿思想实验中高速运动的炮弹，不可能形成一个稳定的圆形轨道。根据万有引力理论，行星周围的物体做自由落体运动的时间越长（例如围绕行星做轨道运动），它落向地面的速度必定越快，仅靠物体沿行星的圆形曲面运动是无法形成一条稳定轨道的。图3-1中所示的圆形轨迹显然是一种武断的判断，因为我们知道太阳系存在许多这样稳定的圆形轨道，然而根据牛顿学说，这种轨道是根本不可能存在的——无论炮弹发射的速度有多快。从数学角度来看，一条抛物线无论怎么延伸，它也始终保持抛物线形状——绝不会成为圆形。

即使我们假定牛顿有意将他特殊的非自转球体模型，延伸至涵盖像自转的方形行星这样的一般性轨道状态，由于所有水平抛射物体都呈现非圆形运动轨迹，他的理论依然无法成立。这是因为一个围绕中心轴旋转的行星，其自转的轨迹是一条标准的圆周轨道，与之匹配的也只可能是同样的圆形轨道。但是，正如方才我们所讨论的，牛顿理论认为，一个沿自由落体轨道运动的物体受到一个恒定的引力作用，它使物体沿着弯曲度持续加大的抛物线不断加速落向地面，而不是沿一条与行星自转相一致的平滑圆形轨迹运动。图3-3便说明了这一点，左图为实际观测到的同步轨道的几何形态，右图显示的则是牛顿学说对这类轨道进行的预测。

左图中轨道运行物体的圆弧形轨迹表明，由于行星以与其上方物体相同的速度做圆周自转，后者实际上始终与地面保持着相同的距离——即沿地球同步

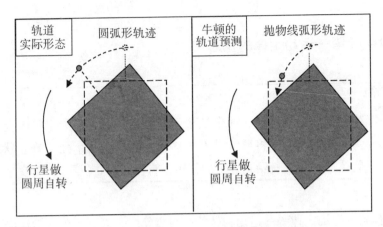

图 3-3　圆形地球同步轨道与牛顿轨道预测之比较

轨道运动。这就是我们观测到的许多卫星的运动状态。然而，右图中牛顿学说所预测的物体的抛物线运动轨迹，与行星自转的圆周轨道却并不一致。这说明即使行星自转的速度与物体运动的速度一致，该物体依然会不断加速落向地面。沿趋向地面的抛物线轨迹运动的物体，在球状行星和做圆周自转的其他任何形状行星的周围均不可能保持一条稳定的轨道。而牛顿万有引力学说又指出，所有物体被释放后都将呈加速下落状态，从而形成抛物线形运动轨迹。因此，以上论述表明，牛顿关于轨道的解释只适用于一个特殊情形，并不是一个真正具有普遍适用性的轨道法则。此外，他自创的地心引力和运动的理论也表明，其圆形轨道学说所依赖的前提是根本不成立的。

　　以上关于牛顿轨道学说的第二点——圆形轨道运动是不可能的——引出了一个非常严肃且影响深远的问题。无论我们认为下落的物体是受到由地心引力产生的加速度作用，还是受到由我们行星膨胀产生的几何加速度效应的影响，加速度的存在都是一个不容争辩的事实。因此，如果事实真是如此，水平发射的物体都会沿抛物线落向地面。那么，如果无论成因如何都会造成下落物体抛物线的运动轨迹，膨胀理论或其他任何理论对轨道作出的解释怎么可能有任何的不同呢？如果物体下落时根本无法沿圆形轨迹不断运动，我们又该如何解释图 3-3 左图所示的情况，以及我们亲眼所见头顶上方的月球轨道这样的圆形轨道呢？正如我们很快将看到的，这个问题的答案其实就隐藏在膨胀理论中；然而它同样要求我们对科学遗产的另一基石——牛顿第一运动定律——重新进行一番思考。

对牛顿第一运动定律的反思

物理法则

牛顿第一运动定律：一个处于运动状态的物体，如果没有受到外力作用的改变，将继续沿直线移动。同样，一个处于静止状态的物体，如果没有受到外力的作用，将保持静止。

牛顿第一运动定律——运动物体的一般规律——揭开了公认为经典力学发展的序幕，它也是牛顿关于运动的三个基本定律中的第一个。尽管这一最为根本的自然定律长期以来都未受到任何的质疑，但我们仍然必须谨记一点：这个定律问世前后，科学界对于物质膨胀这一更为基本的法则一无所知。这样看来，原子膨胀这样全新的基本法则的发现，会对像牛顿运动定律这样长期被奉为经典的科学理论产生冲击，也就不足为奇了。

事实上，牛顿第一定律并非像它看上去那样是独立存在的，它其实与牛顿的引力理论密不可分，因为物体在空间中的运动轨迹并不是直线；对于这个现象，牛顿解释道，这是由于他的万有引力作用使物体产生相互吸引力。牛顿第一定律为处于运动状态的物体提出了一条理论上的直线轨迹，但这种情形从不会发生，因为空间中两个彼此经过的物体必定会由于各自引力的作用而被拉向对方。

因此，即便是以牛顿学说来观察，牛顿第一定律也不过是一个理想化的情形，它可能存在于一个没有引力的宇宙中，但决不可能是自然界的客观存在。甚至一个在地面上沿"直线"滚动的物体，其实也是在环绕圆形地球滚动，它由于受到地球引力的作用而被束缚在这一圆形轨道中。根据牛顿第一定律，地面上并排滚动的两个物体看上去好像是沿直线前进，然而从更宽广的视角来看，它们实际是处于两条恰好互相平行、环绕地表的弯曲轨道中。尽管从牛顿学说的角度来看，这一点也许并不值得一提，但在膨胀理论看来，它却具有极为突出的重要性：它可以让我们认识轨道是如何形成的。

关键在于，牛顿认为，物体经过轨道时一定拥有绝对直线运动速度和动量，但由于受到万有引力的作用会被拉近行星，并被束缚在轨道中运动。为此，牛顿不得不提出物体在理论上"拥有"绝对直线运动轨迹这一概念（他的"第一定律"），而物体在他的"万有引力"作用下会偏离这一直线轨迹，从而形成了自身的运动轨道。但如今我们知道，物体在空间的运动并非绝对的，而是相对的，对此伽利略已正式提出过，爱因斯坦也强调了这一观点。同时我们也知道，还没有人对"具有吸引力的万有引力"作出科学解释。

相反，由膨胀原子组成的宇宙，既不需要一个具有吸引力的万有引力概念，也不需要物体拥有一条绝对直线轨迹，因为宇宙中的物体总是自然而然地彼此围绕着做轨道运动。我们没有必要借助于一个难以解释的"万有引力"概念，抑或是如今一个被广遭贬抑的关于物体绝对直线运动轨迹的"法则"。我们只能相信这是膨胀物体的自然轨道效应（natural orbit effect）。

新观点

自然轨道效应。

为了对膨胀物体的自然轨道效应作出最有效的解释，我们有必要先简要地阐述一下物体运动的基本原理。牛顿的运动三定律构成了我们目前关于物体运动规律的认知；然而牛顿的想法过于绝对，他脑海中的宇宙具有下列特征：

- 完全由不活跃的非膨胀物质构成。
- 所有物质都具有永不枯竭的引力。
- 物体在空间中运动时固有一个绝对速度和动量，这是根据充斥整个宇宙的某种想象出来的抑或暗含的绝对参照坐标网来定义的。

关于前两点，我们已经进行了充分的阐述，证明了物质并非一成不变，而是处于活跃的膨胀状态，而牛顿万有引力的存在，无论从逻辑和科学的角度看，也都站不住脚；而有关物体具备绝对动量这最后一点，则有待进一步的探讨。有必要牢记的是，当今科学中根本就不存在这种绝对动量，这与牛顿的"第一定律"恰恰相反。

事实上，运动并不是绝对的——判断物体间如何相对运动充满了主观色彩——这并非一个新发现。伽利略提出了相对运动原理（principle of relative motion），然而与牛顿的观点相比，它却并未赢得人们的青睐，牛顿认为运动中的物体固有一个绝对速度以及直线运动动量，并且始终受到一个来自其他物体的引力的作用而偏离其运动路径。然而，一旦我们发现牛顿忽略了原子膨胀这一事实，那么物体没有绝对速度和动量，其运动具备相对性的事实也就变得明朗起来了。为了阐明这一点，我们首先来看图 3-4 所示的运动物体的状况。

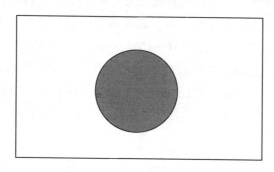

图 3-4　快速穿过深空的孤立物体

　　该物体是已知宇宙中唯一存在的天体，它正快速穿越太空——情况果真如此吗？如果没有其他物体作为其运动的参照，我们如何能下此判断呢？我们很容易想象物体穿过了本页的图框；然而在一个除了这一天体之外一无所有的宇宙中并不存在这样的参照物——根本没有可资利用的参照系。

　　正是这种人们出于本能想象出来的或是暗含的参照系或参照坐标网，使我们自然而然地认为牛顿关于绝对速度和动量的断言是如此合情合理（至少乍一看是这样的）。我们一直都生活在有固定边界的世界里，还有我们脚下的土地也是固定的，因而我们也就很自然地把物体的空间运动看作是相对于某个固定静止的事物而言的。这也就解释了为什么很长时间内，都存在一种绝对的、无形固定的"宇宙苍穹"的空间概念，作为科学世界里一种假想的参照物，而这种概念很久以后才被推翻。事实上，在宇宙中的任何角落都不存在这种固定的参照物，以供某个物体做其相对于周遭其他物体的纯粹相对运动的参照系。

　　我们可以想象，当我们飘浮在太空中时（尽管完全没意识到），这个物体自我们身边快速掠过；然而，由于宇宙中唯一存在的就是这个物体，"我们"同样不存在于这个情形中，无法作为参照物。缺少其他物体作为静止参照点的话，一个孤立的物体不可能具有绝对速度或动量，也根本不可能具有任何特定的速度或轨迹。现在让我们来看一看这一物体快速经过一个参照物的情形（图 3-5）：

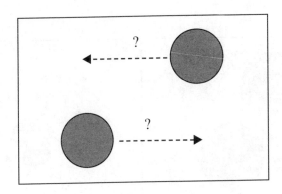

图 3-5　一个物体快速经过另一个物体

　　图 3-5 中，哪个物体正在移动，哪个物体是静止不动的？倘若这是宇宙中唯一存在的两个物体，那么图 3-5 中的方框也不能作为参照物，我们也就无从判断了。如果我们认为一个物体是静止不动的，那么另一个物体就处于运动状态，但是这完全是主观性的选择。事实上，不但我们无法判断到底哪个物体处于运动状态，而且它们二者实际上都不具有任何绝对速度或动量；真正存在的只是它们彼此间相对的运动关系。我们可以认为一个物体正在运动而另一个物体静止不动，或者认为两个物体正以叠加在两者相互接近的总速度之上的任意多个组合的速度相向而行。事实上，这两个物体甚至可能在朝同一个方向运动——比如说向右侧运动——处于后方的物体运动速度更快并将超越前方的物体。

　　由此可见，牛顿第一定律已经遇到了麻烦，因为图 3-5 中的两个相向而行的物体，它们各自的速度和动量完全是不确定的，没有哪个物体独自拥有一个绝对速度或处于绝对静止的状态。在此情形下，牛顿第一运动定律并不适用。如果不受外力作用的话，哪个物体会继续其直线运动路径？如果不受外力作用的话，哪个物体又会继续保持静止状态？

　　现在我们来设想一下图 3-5 中的两个物体存在于一个由膨胀物质组成的宇宙中。图 3-6 中的左图显示的是这个概念，再看右图，它显示的是我们宇宙中奇异的物理结果。左图显示的是滑行的物体从上一秒开始膨胀至这一秒再至下一秒；而右图显示的是大小不变的物体彼此不断做曲线运动。图示说明这种基本的膨胀概念，从物体上一秒处部分离开运动轨道至下一秒处不停地在宇宙中重复上演，使得这两个相对经过的物体的轨迹出现了持续的自然弯曲——这便是自然轨道效应。

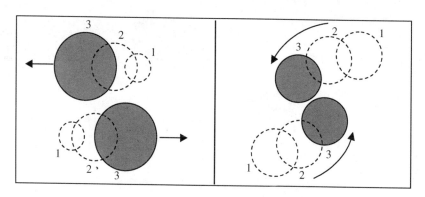

图3-6　自然轨道效应的概念（左图）和结果（右图）

在第一个时段（左图和右图中均标注为1），两个物体相互间存在一定距离。到了第二个时段（均标注为2），两张图中当它们几乎并排彼此经过时，由于互相膨胀，它们之间的距离已经缩短了。到了第三个时段（均标注为3），它们彼此经过时已经非常接近。这个特别的例子表明，向内的螺旋上升运动有助于区别不同时刻，但是速度较快的运动物体会在保持相互间一定距离的情况下沿既定轨道持续前进，如右图所示。

值得强调的是，图3-6仅仅是说明事件在每一刻是如何发生的一幅略图，用左图通俗基本的概念或机制来解释右图所示现实世界中真实物体在那一刻是如何运动的，包括物体的位置及运动的方向。左图并没有显示物体在各自的宇宙中尺寸逐渐变大并行进的平行物理宇宙本身，而仅仅呈现了右图中促使现实世界的物体在大小不变状态下做持续曲线相对运动的基本膨胀概念。

如今，科学界已经广泛认为不可以对空间物体下绝对运动的定义——空间物体的速度和动量应完全定义为相对运动。将此同所有物体都在膨胀的理论相结合之后，就必然会产生图3-6中右图所示的膨胀物体在空间中的曲线相对运动。这就是宇宙自身的"第一运动定律"，取代错误的牛顿第一运动定律（它论及的是绝对运动和不膨胀的物体）。

在这个充满膨胀原子的宇宙里，尺寸恒定的物体由于内在的膨胀而相互吸引，在其穿过空间时向彼此做曲线运动。这种曲线轨道并未偏离物体运动的绝对直线动量——正如牛顿所说的那样——而是我们能够预计得到的膨胀物体以纯粹相对运动穿过彼此时的唯一轨道。无须费力试图解释自然轨道效应，因为它是对这个充满纯粹相对运动和膨胀物体宇宙的唯一合乎逻辑的解释。

新观点

全新的"第一运动定律"： 空间中的物体既不做绝对直线运动，也非静止不动，准确的描述应当是，由于它们内在的膨胀，物体要么是彼此相向运动，要么是沿曲线或圆形轨道相互环绕运动。

如今，牛顿第一运动定律在我们的思想中早已是根深蒂固，这使得我们很难真正摆脱它的影响，进而客观地看待上述这一新的第一运动定律。具体来说，尽管图3-6清楚地表明由膨胀物质构成的宇宙中存在自然弯曲轨迹，然而它只给出了由瞬间运动影像组成的部分轨道的图解。单单从比照左右两图来看，的确给人以物体呈直线运动的印象，但是如果我们继续抓拍更多的运动瞬间，又会发现什么呢？

只要稍不注意，我们就会重新陷入牛顿绝对运动学说的死胡同里，相信物体会沿左图中绝对不变的直线轨迹进行运动，仿佛它是一个独立于真实物理宇宙本身的现实存在。根据目前牛顿臆断出来的已经失去说服力的绝对运动理论看来，左图所示的物体运动轨迹永远不可能交叉而行或改变方向，而相互环绕运动的实现需要交叉而行或改变运动方向，如此引致完整的运动轨迹不可能在右图出现的错误结论。这一错误在于忽略了这一点：左图并非描述牛顿绝对直线运动轨迹理论中的真实物理宇宙，仅仅描述了在任意时刻内右图中真实物理宇宙里产生曲线运动轨迹的基本动力。既然左图所描述的动力是构成我们宇宙每个时刻的基础，出于同样原因，右图所示的曲线运动在每时每刻地上演着，这就产生了我们周围时刻进行着的曲线和轨道运动路径。绝对直线运动的物体在现实中是不存在的，它是牛顿臆断出来的。

为了更直观地理解，我们可以想象自己就站在一个不断膨胀的地球上，地球的膨胀力将我们向上推起，月球就在我们的头顶上方经过，消失在地平线上。我们不断向上升便意味着月球在下降，它的位置越来越接近地平线，而我们却离地平线越来越远。这并非视觉错觉，然而，当地球向外向上、向各个方向不断膨胀时，月球的确朝着地平线的方向下降，下降的作用力使得月球在下降的过程中跟随地球的曲线运动轨迹运动。这就是月球相对于地球而言的实际的持续相对运动。

要想搞清楚这一点，我们可以回想每一个人都曾有过的经历。当有人站在我们前方时，他们在月球经过我们头顶后的同一高度看到月球经过自己的头顶，同样，他们也会看到月球朝着地平线的方向下降，道理是一样的，我们先于他们看到月球从头顶经过的经历一点不稀奇。当然了，同样的经历随着地球上视角相近的观察者不停地看见这一幕而一遍遍上演，从而产生持续的自然轨道动量。月球运动有一条绝对直线轨迹，在直线轨道上月球必须时刻发生偏离，只有这样才能沿轨道运动，这种概念纯粹是牛顿完全错误的臆造，这种说法与实际宇宙存在的动力毫无关联，但却已深深地镶嵌进我们的思维里。

由于我们的思维被牛顿第一定律所描述的持续直线动量概念强有力地左右着，然而，事实上我们生活在由无自然力的曲线和轨道构成的宇宙里，因而正确认识这一点很重要。牛顿的理论没有如实地描述我们生活的宇宙，正如用牛顿的理论来表现图 3-6 中左图的现象，以呈现物体的独立直线轨迹运行的物理宇宙是错误的做法一样。根据观察可以证实，牛顿的"直线轨迹"概念在宇宙中根本不存在，这并不是因为牛顿"引力"的发明将万事万物都脱离其轨道，而是宇宙的内在膨胀动力使牛顿的直线轨道概念在现实世界中变成弯曲的，他忽略了膨胀的存在，而事实上，一切物体都在膨胀。这就是自然轨道效应，该效应导致所有物体能畅通无阻地在空间做曲线运动和轨道运动，正如我们所观察到的那样。

牛顿的"第一运动定律"和"万有引力"是对实际上由自然轨道效应引起的轨道运动现象的错误解释。得到这种新认识之后，我们便可理解，尽管下落物体沿下坠的抛物线轨迹运动，但物体形成圆环形轨道这种可能性是存在的。建立这种新认识之后，现在再让我们来探讨一下轨道现象形成的一般性解释这一话题。

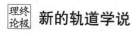 **新的轨道学说**

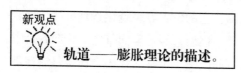

第 2 章提到，牛顿关于万有引力支配轨道运行的模型，充其量不过是一个模型——而并非事实的真相。相反，在我们所生活的宇宙中，不断膨胀才是物质的本来面目，这才是天体力学的理论基础。此外，考虑到行星膨胀的因素，我们就无须借助于万有引力来解释物体总是坠向地面的这一现象，而轨道现象同样也是物质膨胀运动的产物。下面我们首先来看一下，爱因斯坦对牛顿基于万有引力的轨道理论是怎么说的吧。

实验
爱因斯坦对轨道的"太空升降舱"解释。

第 2 章中曾提到爱因斯坦的"太空升降舱"的思想实验，它表明太空中一个向上加速运动的升降舱，构成了与地球引力相同的一个环境，爱因斯坦还进一步设想了一道光束穿过升降舱的情形。他意识到，从处于升降舱中的人的角度来看，当升降舱加速向上运动时，这道穿越升降舱的光束看上去就像是在引力作用下向升降舱底部发生了弯曲。而只有从升降舱外部观察，我们才能够确定是引力令光束发生了弯曲，还是光束依然保持着直线运动，而升降舱的底部则在不断向光束靠近（图 3-7）。

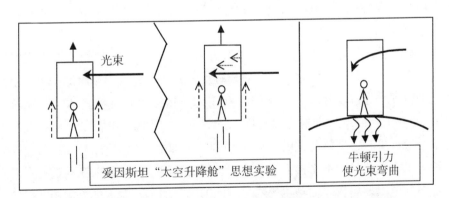

光束

爱因斯坦"太空升降舱"思想实验

牛顿引力
使光束弯曲

图 3-7　快速通过的一道光束类似于牛顿引力使光束发生弯曲的情形

这个思想实验，让爱因斯坦得出了与牛顿关于作用力牵引物体在轨道中运动的想法完全不同的另一种解释。然而，正如第 2 章中曾提到的那样，尽管这个思想实验显然与膨胀的地球在太空中加速向上运动的设想直接相对应，然而爱因斯坦却未能从中得出这一结论。毕竟，由于我们处在地球的地面上，置身于这个升降舱的外部，我们看不到太空舱向太空做加速运动，而只是停留在地面上而已。爱因斯坦没有顺着物质膨胀的思路继续他的思想实验，这个思路本可以证明随着地球的膨胀，升降舱实际上完全可能向太空做加速运动，但由于我们也同样在随着地球加速向上运动，因此太空舱也反常地呈现出在地面上静止不动的状态。

事实上，膨胀理论体系中并不存在这样的"旁观者"，因为我们都是这个由膨胀物质构成的宇宙的一部分。然而，爱因斯坦却提出了一个极度抽象的概念，认为周围"时空结构"（space-time fabric）一定发生了扭曲，形成了一个围绕行星的四维曲面，所有物体——包括光束在内——无一例外都相应产生扭曲。依据这一观点，当光束沿着"四维时空"曲面运动时，它看上去就像受到三维空间作用力的影响而发生弯曲一样。这便是爱因斯坦在广义相对论中提出的轨道概念。这种"四维时空曲面"如何以及为何随物质的存在而存在，与此有关的种种谜团依然尚未解开，但是，作为一个抽象的工作模型，这一概念为我们提供了一些发人深省的结论。

膨胀理论在爱因斯坦思想实验的基础上得出了浅显直白、合乎逻辑的结论，它一举解开了与之相关的种种谜团，而不是进一步加深疑问。膨胀理论指出，弯曲的轨道正是当一个物体（或光束）经过时，在其轨迹内做向上加速度运动所造成的——一旦引入物质膨胀的概念，就没必要将问题进一步抽象化和复杂化。

同样，它还消除了关于牛顿的"万有引力"如何能够拉动一束纯光能的疑问。根据当今科学，能量应该比物质轻得多，因为它既不是由原子也不是由亚原子粒子组成。实际上，对于能量到底为何物，我们目前真的是一无所知（我们将在下面的章节中对它进行明确的解释）；因此，我们完全无法解释当光束经过行星时，牛顿所谓的"万有引力"是如何让光束发生弯曲的。膨胀理论的出现，使我们不必再去寻求这一谜团的答案，因为光束在经过行星时发生弯曲的原因，与物体运动轨迹发生弯曲的原因如出一辙，都可运用几何学原理加以解释——这就是物体经过另一个膨胀物体时产生的自然轨道效应。这种效应完全可在几何学中找到相应的解释，其中并不涉及任何神秘的引力或"时空"扭曲，它足以解释运动物体和光束的轨道现象。

新观点

物体运动轨迹是时间的纯几何效应。

在探讨自然轨道效应之前，我们已经提到过圆形轨道的可能成因这一问题。我们认为，所有抛射物体都是沿抛物线落向地面，因此它们绝不可能沿一条圆形轨道围绕地球旋转。然而这一结论是基于牛顿的以下观点：由于"地心引力"赋予了物体持续向下的加速度，沿抛物线轨迹运动的物体实际上拥有一个绝对抛物线动量。但抛射物体的抛物线轨迹并不是这些物体拥有的一个绝对动量，而只不过是物体经过膨胀行星时形成的相对几何形态，一旦我们树立了这一认识，整个情况就会发生变化。

膨胀理论不同于现今人们普遍认同的观点，它表明，抛物线轨迹并非经过某颗行星"引力场"的所有物体都拥有的绝对动量。相反，抛物线轨迹是造成物体经过该行星时，速度太小而无力抵消向它们袭来的膨胀力的背后原因。这些物体朝地面降落时的确呈现抛物线轨迹运动，但这纯粹是这个时刻的相对几何效应造成的，而非被某一个绝对直线动量推向另一个全新的绝对抛物线动量。当地球的膨胀力大于这些从地球经过的物体本身质量时，物体只能保持平稳滑行的状态，由此产生了这个时刻的抛物线形的相对几何效应，这些物体呈抛物线朝地面撞去（图 3-8）。

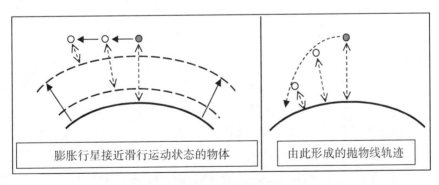

膨胀行星接近滑行运动状态的物体　　　由此形成的抛物线轨迹

图 3-8　膨胀行星造成的抛物线形相对几何效应

左图显示的是当一个运动物体滑行经过膨胀行星时的内在膨胀概念。如表示行星和物体间距离的箭头所示，行星和物体间的距离随着物体的相对速度加快而急剧缩短。然而，我们没法看到物体的内在膨胀动力，而只看得到物体向地球快速接近时产生的抛物线结果（右图）。这是由行星膨胀造成的纯几何效应，牛顿错将它当作物体在他的"万有引力"牵引作用下动量发生变化的结果。

值得一提的是，这便意味着经过的物体并不依赖于在"引力牵引"下的绝对下降抛物线动量，然而这一错误观点却被当下所接受。实际情况是，当物体运动速度太慢，赶不上行星的膨胀速度时，就给人以其沿抛物线下落的印象。但是，如果物体运动速度够快，那它便会形成我们在宇宙中所能观测到的那种圆形轨迹，即我们所说的轨道。也就是说，只要一个物体经过一个膨胀行星时的速度足够快，在任何时刻它离开行星的距离和行星膨胀的幅度相当，那么该物体将与行星保持恒定距离，从而形成一个有效的圆形几何轨道（图3-9）。

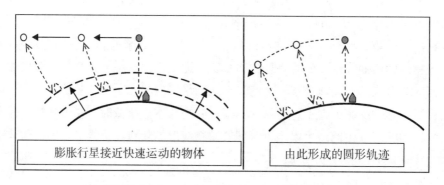

膨胀行星接近快速运动的物体　　　　由此形成的圆形轨迹

图3-9　一个快速运动物体形成的一条圆形轨道

图3-9中，一个高速运动物体在任意时刻内脱离行星的运动距离，刚好抵消了行星的膨胀效应。因此，物体继续向前运动时，它与行星之间的距离保持不变——如此便形成了物体运动的圆形轨道。请注意：图3-9中没有出现图3-8所示的物体和行星之间距离加速缩小的现象。相反，就物体与行星间的相对几何关系而言，物体似乎对地面不产生任何速度分量——而不是前文提到的"复合增长"。其原因在于，正如刚刚我们提到的，物体运动速度之快，足以时时抵消行星的持续膨胀效应。因此，每一秒过后，物体与行星之间的几何关系都与前一秒相差无几，其结果便是物体实际上始终保持在距离行星表面同一高度上运动。

这就好比把钱存入银行账户后就不断地从中将利息取出。如果是这样的话，银行存款便不会不断加速增长，因为复利效应还没来得及累积就被不断地消除了。银行的存款利率对所有储户都是一样的，但有的储户选择将本金带利息都放在户头上，以获得更多的利息增长，而有的储户则选择把利息取出来，如此一来，后者就不可能获得利息的持续增长。同样地，膨胀行星对经过它的物体也存在类似的效应，当行星持续膨胀，移动较慢的物体会向着地面急剧下落，而速度较快的物体时时刻刻调整与行星的相对膨胀几何关系，以保持在轨道上。

于是乎，轨道运动中的物体就给人以存在一个环绕行星的连续圆形动量的印象，然而这只是一个纯几何效应——而并不像牛顿认为的那样，物体在引力作用下真正具有并保持着一个圆形动量。抛物线轨迹和圆形轨迹都不过是行星膨胀造成的纯几何效应，并且运动物体还在时时调整与行星的几何关系。一个移动速度较慢的物体经过一个膨胀的行星时，自然呈现出沿抛物线落向地面的状态，而速度较快的物体则表现为沿围绕行星的圆形轨道运动。

最后，我们可以看到，图 3-9 中给出了一个小型的地表特征，它随轨道运行物体一起运动，由此可见行星自转的步调与物体运动的速度一致。换句话说，图 3-9 显示的是一个地球同步轨道，轨道物体在运动过程中总是处于地面同一位置上方。从这一情形我们可以得出几个重要结论。

首先，该地表特征运动与否无关紧要。我们可以自始至终将其标注在同一个不变的位置——这也就意味着图中的行星并没有自转现象——而上方物体运动轨道的几何形态及其与行星的相互关系却不会因此而发生任何变化。因此，牛顿基于引力的轨道学说的前提条件是物体必须经过一个球形行星的曲面，而膨胀理论指出这一限制条件纯属多余，或者说只是构成了一个特例。沿轨道运动的物体并不一定需要相对于地表特征运动，如果行星也在进行自转，轨道中的物体也可能处于同步运动状态，并相对于行星保持静止，因为轨道形成的原因并不是物体要摆脱下方的"引力作用"，而是其抵消膨胀行星几何形态变化的结果。

其次，尽管图 3-9 所示的是典型的球状行星，但它也可能是任意形状的行星——只要该行星的旋转和膨胀与物体的轨道高度和速度保持平衡，物体便可形成一条稳定的行星同步轨道。其原因在于，如果物体在围绕一个自转行星做轨道运动时，始终处于在行星表面同一地物的上方，那么行星的形状如何也就无关紧要了。该物体绝不会在行星表面其他地物的上方经过，也绝不会领略行星的全貌；它只是在沿轨道运动，因为进行圆周自转的行星，其离开轨道运行物体的速度恰好能够抵消它朝向物体的膨胀（图3-2所示）。

　　球状行星形成的这种圆形几何关系，允许物体以各种轨道速度和高度——而不仅仅是形成行星同步轨道所需的轨道速度和高度——与行星自转和膨胀步调一致，围绕着行星做轨道运动。在这种球状行星的特殊情况中，行星的自转因素可以被完全忽略，牛顿正是以这一特例来构建自己有关轨道的一般性理论，提出"万有引力"的作用使经过行星上方的物体形成掠过行星曲面的圆形轨道，尽管同时又可导致其他一些物体沿抛物线轨迹坠向地面。这种理论不仅暴露出了牛顿引力学说中一个无法调和的矛盾，而且它也并不适用于更为普遍的轨道现象，其中就包括行星同步轨道，在此轨道上的物体始终停留在行星表面同一地物的上方。

实验

从地面构建一条通天轨道。

　　在此之前，根据膨胀理论所作出的轨道现象讨论，要求我们用一种全新的方式来思考引力、速度、加速度、动量，乃至许多确立已久的经典力学定律。综合来看，这使得从牛顿轨道理论到膨胀理论下的轨道学说的转变成了一个不可小视的挑战。以下是利用基础物理学和膨胀物质来辅助，从地面真正建造一个地球同步轨道的模型需要遵循的原则。

　　设想地面上的一个小型平台上放置着一个物体。这个物体有正常的重量，其重量并非来自引力的向下牵引力，而是膨胀行星加剧了它对自身质量的惯性阻力，使其加速上升运动。现在我们着手将平台建高，把它建成一个高塔。由于地球是不断转动的，高塔的顶部会以更快的速度画一个圆形运动轨迹，这个轨迹快速向下做弧形运动，便会偏离该物体，就好像坐在向下做弧形运动的过山车时，我们会偏离自己的座位一样。弧形运动的向下力会加速抵消行星膨胀和高塔对物体所产生的向上力（即引力），就好像坐弧线运动的过山车时发生的情况一样。这种力的相互抵消使物体能暂时停留在不断做圆形运动的塔顶，但随着塔越建越高，物体的重量会越来越轻。当塔最终建到某一个高度，在这个高度上其弧形运动的向下力完全抵消向上的膨胀力，该物体几乎碰触不到塔顶，当塔顶旋转时，物体在高空盘旋，全然没有重量的样子。

　　此时，我们可以停止建塔了。现在，该物体缓慢移动但始终碰触不到做弧线运动的塔顶，就这样，该物体就会持续呈"无重量状态"地在旋转的塔顶上方盘旋。这种在做弧线运动的塔顶持续盘旋所形成的轨迹就是地球同步轨道，至此，旋转的物体已经完全不再需要高塔来做依托，因为塔向上的膨胀几何效应被其向下的弧形几何效应所抵消，致使塔不再支撑物体，也不再和该物体存在任何力的接触。事实上，该物体在塔还没有达到最高点时的前一刻就开始沿轨道旋转，那一刻物体只是轻轻地落在塔顶上，但已经接近无重量的状态了，接着，物体继续旋转，直到失去最后那一点点尚存的重量，这个时候，塔的高度比前一刻高了一点点，但最终达到最高点。

　　虽然物体在一个恒定的高度上位于膨胀高塔的上空，并在既定的轨道上旋转，乍一看似乎有些矛盾，但这与该物体在比这个临界高度稍矮一点的塔（有效尺寸不变、不断膨胀的塔）的上空环绕没有多大区别，而此时物体已经十分接近无重量状态了，这是一个从量变到质变的过程。这就是发生在这个由纯粹相对运动和无处不在的膨胀物质构成的宇宙里的自然轨道效应。它和前面图 3-9 所描述的动力本质上是一样的（轨道现象和图 3-9 所描述的动力可以用同样的理论来解释），图 3-9 的左图描述了物质的内在膨胀概念，右图描述了真实世界里的特殊情况。

　　它还显示，地球同步轨道和其他任何轨道现象是一样的，同步轨道下方的行星旋转速度对其他轨道不存在任何物理影响。无论下方的行星是否进行同步旋转，上方的既定轨道照旧运行，丝毫不受影响。因此，上述讨论不仅以膨胀理论为根据，通过一步步模拟建造塔，清晰地阐述了地球同步轨道，同时也阐明了其他所有轨道现象，表明了轨道是如何通过自然轨道效应的纯几何效应产生的，而这种纯几何效应仅存在于由纯粹相对运动和膨胀物质构成的宇宙里。

围绕不规则形状天体做轨道运动

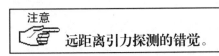

下面让我们就一个任意形状行星的更具普遍性的轨道现象做一番深入的分析。假如物体快速经过一个任意形状行星时与行星之间的距离甚至大于行星最

高表面地物的高度，那么该物体可以围绕行星做轨道运动，就好像后者是标准球体一样。理解这一点并不难，只要围绕行星画一个圆圈，将行星表面最高的地物都包含在圆圈中就可以了。就轨道运行物体而言，一个任意形状的行星和一个具有任意地表特征（如丘陵和峡谷）的球状行星没有任何区别。从远处看，所有的行星都可以被圈在一个想象中的球壳之中，其上方的一个物体在围绕它做轨道运动，就好像行星真是一个和球壳大小相同的球状天体一样（图3-10）。这又一次说明了牛顿基于圆形行星的轨道现象的解释并不是对所有轨道现象都适用，他的描述仅仅是任意形状行星中更普遍情形的一个特例。

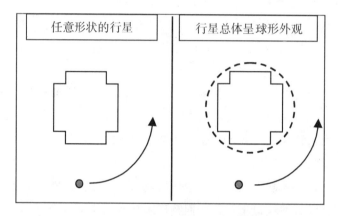

图3-10　从远处看，所有行星都呈球状天体与球形轨道

　　物体在较远距离做轨道运动时，可以忽略行星的形状，也不必为避免撞到行星上的凸出物而在某个固定位置上空做行星同步轨道运动。物体距离行星较远时，它可以以各种轨道高度和速度做轨道运动，行星表面各种地物以及该行星的整体形状均可忽略不计，也无须考虑行星的自转因素。

　　在这种情形下，做轨道运动的物体克服了行星整体膨胀的影响，好像行星就是想象中与其周围那个球壳一样大小，在此时，其真实的形状和地表特征变化都可以被尽数忽略。其时，我们可以从轨道高度测得这些变化。假设该物体是一颗人造卫星，它做轨道运动过程中不断向地表发射无线电波，通过无线电信号触及地表上高低不同的地物后回程时间的变化，我们就可以计算出地物的不同高度，由此便可绘制出一张卫星下方丘陵、峡谷等地貌的地形图。

　　同样，卫星经过时，伴随下方行星整体形状（方形、椭圆形等等）的逐渐变化，测得的信号的回程时间也会随之逐渐变化。这表明，当下方行星的整体形态由于自转而远离或接近卫星时，卫星会测量出它的轨道高度也会随之发生或高或低的缓慢变化（图 3-11）。

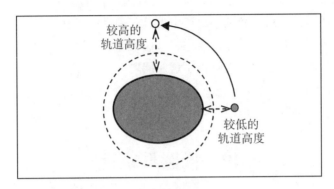

较高的
轨道高度

较低的
轨道高度

图3-11　围绕非球形行星做轨道运动时物体轨道高度的变化

不规则形状行星的半径变化，造成了该行星各区域膨胀幅度的不同，因此人造卫星在经过行星不同区域上空时，轨道与行星之间的几何关系便相应发生变化，这就导致了卫星轨道高度的变化。卫星在如图 3-11 所示的虚线圆圈上做轨迹运动，椭圆形行星较长轴线的膨胀超出了圆圈，并接近卫星，然而较短轴线的膨胀太小而距离圆圈更远。两条轴线都在以相同的百分比率膨胀。当然，椭圆行星的总体形状是不会发生变化的，但是较长轴线在任意时刻的膨胀总幅度大于较短轴线。

因此，当人造卫星稳定地围绕这个虚线球体做圆形轨道运动时，高度测量结果会显示这个椭圆形球体表面的高度是不断变化的。值得注意的是，由于行星的较长轴线大于卫星所围绕的虚线膨胀球体的半径，同时膨胀其实就是引力，行星的引力范围超出了覆盖这片区域的轨道范围，因此，引力会将卫星向行星拉近。同样的原理，由于膨胀行星的较短轴线未超出膨胀球体的预设轨道，因而引力太弱小而无力吸引卫星靠近行星，卫星便离行星越来越远。

然而，由于我们目前认为轨道是牛顿"万有引力"作用的产物，因此这种轨道高度的缓慢变化也就被想当然地认为是因行星"引力场"的变化造成的（至少部分与之相关）。这种错误观点会导致我们对行星内部物质的密度变化产生错误认识，因为"引力场"与目前认为的质量成正比关系。因而，尽管膨胀理论指出轨道高度变化只是行星外形变化的自然结果，然而目前我们却认为，高度变化是行星内部质量分布状况的外在反映。这一点非常重要，我们稍后会看到，它对我们认识月球引力产生了相当大的影响——膨胀理论指出，迄今为止我们对于月球的这一特性一直存在误解，测量方式也并不正确。

在此之前，我们主要是依据膨胀理论对理想化的圆形轨道进行了重点论述；然而，圆形轨道只是椭圆形轨道中更具普遍性的一种。现在我们再简略地探讨一下椭圆形轨道这一话题，其中将再次证明，轨道的引力解释存在一个致命的漏洞，而膨胀理论却恰恰解决了这一问题。

10　椭圆形轨道

理终论极 牛顿理论无法解释椭圆形轨道现象

尽管我们一般认为环绕球形天体的轨道都呈圆形，然而实际上标准的圆形轨道在自然界中是极为罕见的；绝大多数轨道是呈椭圆形（即卵形）的。轨道的椭圆程度被称为离心率，离心率为零，表示轨道是一个标准的圆形。我们在任何标准的天文数据表中都可以发现，太阳系中没有哪颗行星围绕太阳运转轨道的离心率为零；几乎所有的天体轨道都呈椭圆形，只不过离心率存在差异而已。那么，如今我们又该如何解释椭圆形轨道现象呢？图 3-12 显示的是一个常见的椭圆形轨道，正如第 1 章中开普勒第一定律描述的那样，被绕行天体偏向椭圆形轨道一侧，或者说位于轨道的一个焦点上。

万有引力学说是这样解释椭圆形轨道的：轨道运行物体快速经过行星并运行一段距离后，由于受到万有引力作用而逐步减速并被拉回到行星的周边轨道，又快速运行到远距离，这一过程周期性的重复便形成了椭圆形轨道。这种解释乍看之下似乎颇为合理，它可能与用弹簧牵引石块旋转时石块的运动状态颇为相似。在这个模型中，弹簧的伸展会使向远处运动的石块减速，这一过程中石块丧失的动能被储存在拉伸的弹簧中，当石块在弹簧的牵引下围绕我们旋转时，这一动能将向后牵拉石块并令其不断加速，在经过我们之后再次运动到远端。

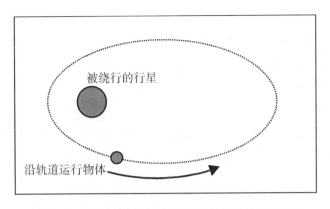

图 3-12　物体沿椭圆形轨道围绕行星旋转并正朝远离行星的一端运动

> **谬误**
> ✗ 然而，进一步分析就会发现，这一逻辑推理存在一个致命的漏洞：牛顿的万有引力与弹簧没有丝毫相似之处。事实上，两者恰恰截然相反。

　　牛顿发明了一个方程式来计算他提出的这一新作用力在不同距离处的理论上的强度。在第 1 章提到的牛顿万有引力定律方程中，其公式底部的距离的平方表明：如果距离翻一倍，引力就将减小为原来的四分之一，如果距离增加为原来的 3 倍，引力会进一步减小为原来的九分之一，以此类推。因此，我们可以清楚地看到，牛顿所说的万有引力与弹簧毫无相似之处，不仅如此，它与弹簧的作用截然相反。

　　一个被拉伸的弹簧其向后的拉力不断增强，这种作用力与弹簧被拉伸的幅度成正比——如果弹簧被拉伸到原来长度的 2 倍，其作用力也加倍，拉伸为原来的 3 倍长，其作用力增加为原来的 3 倍，以此类推。然而，方才我们提到牛顿的引力其大小不会像弹簧一样增加，而是随着距离的增加其向后的作用力不断减弱——而且是急剧减弱。这与弹簧完全不同，倒是更像一团口香糖，当它被拉伸得越长，就会变得越细、弹性越小，越难以回复到最初的形状。口香糖并不能像弹簧那样在被拉伸的过程中先将能量储存起来，随后在一定条件下再将能量释放出来，它只会不断发生变形，回复力越来越小，最终被越拉越长而无法恢复原先的形状。

　　同样地，牛顿的万有引力学说也没有提到能量是如何储存在"伸展的引力场"中的。随着引力场的"伸展"，其能量源并没有增强，也没有"获得任何势能"，因为我们从未发现过牛顿引力的能量源。当物体向远处运动时，动能转化为"重力势能"——这一当前盛行的观点只不过是一个抽象的理论创造，缺乏已知的物理机制或科学证明。这个理论创造是可以理解的，也是十分必要的，300年前牛顿提出的万有引力定律是在被苹果砸中了之后对其原因的疑惑细究后催生的，但如今不能再将其看作是牢不可破的物理现实。

　　于是，我们面前便出现了这样一种情形：轨道运行物体向远处快速运动，随后由于牛顿引力的牵引作用在快速减弱，不断放慢速度。这正与弹簧运动机制相反，当弹簧失去储存的动能时，牵引力作用随之加大。那么，将这些轨道运行物体拉回来的额外能量，更确切地说，将物体以恒定加速度拉回的能量又从何而来呢？只能说这种能量来自于引力场——而这恰恰正是当今的理论观点。然而，如果发明一种弹簧，当它被拉伸时其拉力越来越弱，而在它恢复到正常长度的过程中，它的回复拉力又逐渐增强，那么这将成为一个令人着迷却又无法找到科学解释的奇特现象。与普通弹簧不同的是，当假想中的这种神奇弹簧被拉伸时，其内部能量并没有增强，相反它随着弹簧弹性的变弱而逐步消失，然而当弹簧缩回时，这种失去的能量又神秘地再次出现在弹簧中并不断增强。这与基本的弹簧原理完全对立，而且自然界根本不可能存在这一现象，但这恰恰就是引力学说为椭圆形轨道给出的解释。

　　这一解释试图为人们熟悉的天体现象作出解答，否则它至今仍会是一个未解之谜，但同时，这一学说也违背了物理法则。根据能量守恒定律，能量不会凭空产生，它要么先被储存起来而后再被释放，要么就得消耗某个能量源。然而，没有确定的物理机制或场所能够储存轨道运行物体失去的动能，随后在它加速返回朝向行星运动时再次释放能量，也没有确定的能量源来为物体的加速返回过程提供能量。

　　尽管如此，这依然是我们目前拥有的唯一的轨道学说，因此，我们炮制出了这样一种抽象理论：物体远离行星的过程中，"引力势能"（gravitational potential energy）不断增强，随后它又重新作用于物体，令其加速向行星方向运动。何种条件下会出现这种势能的积累，它如何被储存起来，为何会随着物体的远离而逐步增强，它又如何重新作用于物体，将其拉回？凡此种种，我们始终未能找到答案，在我们的科学中无法觅得解开这些谜团的钥匙。

理终论极 椭圆形轨道新解

膨胀理论为解开这个难题提供了一个全新的视角，因为该理论认为，轨道实际上与轨道运行物体的加速和减速运动无关，而上述那种物理法则和科学都无法解释的"引力弹簧"也实属无稽之谈。这不过是空间内彼此经过的膨胀物体相互间几何关系的自然结果。

在轨道运行物体快速离开球形行星向远方运动的过程中，它只不过是以一个恒定速度移动，而以复合率膨胀的行星则不断向该物体靠近。因此，膨胀的行星追上该物体只不过是一个时间问题而已，这与一个被抛向空中的物体最终会落回地面的情形一样。如果我们未能意识到行星实际上是在不断膨胀，我们就会认为该物体是在逐步减速，这便使我们产生了一种错觉，认为是源自行星内部的某种"引力"降低了物体的速度。而物体开始从远处朝向行星方向运动则是"拉回"阶段的起点。

当轨道运行物体距离行星越来越近时，它确实是在做加速运动，然而就像方才向下抛物那个例子一样，这只不过是由一个以复合率膨胀的行星的相对几何形态导致的加速度效应。当物体返回并接近行星时，其有效速度的递增使其得以克服行星膨胀的影响，与后者高速擦肩而过，这与前文探讨过的理想状态圆形轨道的情形颇为相似。因此，物体以高于行星膨胀速度的相对速度掠过行星表面，并继续向远处运动，留下图 3-12 中箭头所示的那段轨迹。物体这一远离行星的惯性运动方式，某种程度上类似向上抛入空中的物体——使得行星因自身膨胀的缘故再次追上物体，如此往复便形成了我们所见到的椭圆形轨道。

这一轨道学说解开了许多当今引力理论所造成的未解之谜。一旦我们树立起物质膨胀的观念，我们就能够抛开"万有引力"远距离作用以及具有绝对动量的物体在椭圆形轨道中不断重复失去和获得动能的这些错误认识。事实上，如随后的论述所显示的那样，膨胀理论可以帮助我们解释诸多的天体观测结果，破解种种谜团，其中之一便是被我们称作"引力透镜效应"的现象。

理终论极 "引力透镜" 效应

正如上文在关于轨道的论述中所提到的，围绕行星和恒星做轨道运动的不仅仅只有天体，当光快速掠过这些天体时，它也会受到与之相似的影响。光实际上并不是围绕这些天体做轨道运动，因为它的传播速度太快，不会被牢牢地限制在这样一条严密的圆形轨道之中，它只是在经过天体时发生弯曲或偏折。我们通过观测认识到了这一点，因为当一个像太阳这样巨大的天体经过宇宙中遥远恒星的所在区域时，这些恒星看上去似乎在原来的位置上发生了轻微的移动。

这些恒星当然不是真的移动了位置，而只是给人以这种印象，之所以产生这种短暂的光幻觉，是因为当这些恒星发出的光经过巨大天体附近来到设在地球上的望远镜时，光线发生了弯曲。如果星光在我们探测到它之前就发生了弯曲，那么恒星在天空中的位置看上去就略微有些偏离，因为我们自然而然地认为，我们所看到的任何光线都是直接从发光源沿着一条直线传播的。我们便会对恒星的位置作出一个错误的判断（图3-13）。

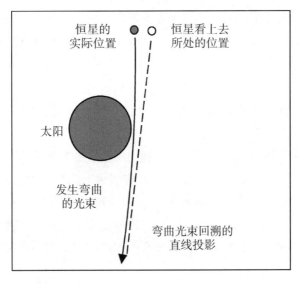

图3-13　星光弯曲造成的对恒星位置的光幻觉

　　这种光幻觉，实际上是视差造成的常见现象。当光线从一种物质进入另一种物质——例如从空气进入水中，或从水进入空气中——而发生弯曲时，就会出现视差。这就是为何当铅笔的一半被插入一杯水中时，它看上去似乎发生了弯折的原因。图 3-13 所示的光线弯曲，就是所谓的引力透镜效应，因为一般的光学透镜，比如放大镜上使用的镜片，对光线都具有一个相似的弯曲效应。其实，一个介于我们和恒星之间的巨大天体（图 3-13 中的太阳就是如此），就像是空间中的一个大型光学透镜一样来自远处天体的光线产生影响——但是人们认为这并非一般的光学现象，在其中起作用的是引力，而这种描述却也造成了一个未解之谜：

　　谜团
　　引力如何影响能量?

　　目前我们有关引力透镜的描述，为天文学家观测到的光幻觉提供了一种解释，然而，这种解释存在一个很大的问题：它是一个缺乏可靠科学依据的构想。也就是说，星光似乎因为巨大天体的介入而发生弯曲，对此我们有大量相关的观测依据，然而我们无法提供可靠的科学解释，说明这种现象到底是如何产生的。牛顿会断言这是引力以"某种方式"让纯光能发生了弯曲，爱因斯坦则认为是围绕在该巨大天体四周的四维时空织构因"某种原因"发生了扭曲，致使光线在经过该天体时沿曲线路径传播。

　　这两种描述都存在着"某种方式、某种原因"这一语焉不详的问题。时至今日，我们也无法解释牛顿所说的引力是如何以及为何会对物质天体产生作用，而且我们对能量的本质无疑了解得太少，根本不足以解释牛顿的引力对光束产生的影响。我们同样无法明确解释天体是如何或者为何会像爱因斯坦所说的那样在其周边形成"四维扭曲"。目前为止，我们已就这两种引力理论存在的种种问题进行了一番论述，有鉴于此，我们只能把上述关于"引力透镜效应"的解释看作是针对天文观测结果给出的抽象模型，而其真实物理解释尚待发现。

　　实际上，我们已经从膨胀理论角度对这种效应的成因作出了解释。正如之前图 3-7 中所示的那样，一颗行星或恒星朝向一束经过的光束膨胀，两者间的几何关系会令光束发生偏折，就像它会导致一个速度较慢的物体形成一条围绕自身的运行轨道，或造成一个下落物体坠落地面一样。所有这些情形的几何效应及根本原因如出一辙。假设我们将这束光看作是一束高速穿过某一巨大膨胀物体的光子，我们会发现这一解释和之前任意关于经过物体的曲线自然轨道效应毫无区别。运动速度太快而无法呈曲线进入某个紧凑轨道的实体物质，在沿其新轨道（变成了曲线的偏折轨道）继续滑行之前，会在部分轨迹的几何效应作用下滑行很长一段距离，经过的光束同样会暴露在这种纯几何动力下。

因此，光线实际上并非真的沿直线传播，当它经过一个或另一个膨胀状态的参照物体时，通常会发生一定程度的弯曲或偏折，这与人们一般的看法正好相反。当周围没有任何膨胀物体做参照以判定光线是否发生几何偏折时，我们可以将光的传播路径呈直线看作是一种运动的未完成态，因为在宇宙中，直线传播的光束几乎不存在。我们只能说，如果在光束传播路径上不存在任何物质，那么它的确会沿直线传播。但是，由于任何给定光束传播路径的某一点上几乎总是存在某种形式的物质，因此在我们宇宙中，从遥远恒星发出的真正意义上的直线光束只能是个例外情形。

这并不是说天上恒星的位置不可靠。宇宙中的大部分天体都向外放射光呈一个光球（sphere of light），所以大部分外来物体进入这个不断扩大的巨型光球时都会变得相形见绌，因而在发光天体周围只会发生一点点变形。当物体穿过越来越多的物质时，其光球会越来越模糊和变形，但不管怎样，光球依然会不断扩大，从其源头不断发出光线来。当我们看到一颗恒星时，我们其实看到的只是巨大光球的一小部分，这个光球渐渐向地球靠近，它完全可以将地球吞噬，我们所看到的那一小部分是光球返回其中心源头的轨迹而已。距离地球很近的天体，如木星或者太阳，可以在我们发现之前将我们所看到的这种光的残余发生偏折，但是一般来说，恒星的位置是不受引力透镜效应所影响的。

因此，引力透镜效应既不是一个特例，也不是纯光能和牛顿所谓"万有引力"之间神秘的相互作用的结果，同样不是由爱因斯坦提出的"时空织构"的神秘扭曲造成的。只不过是，当光线穿行在正常的三维空间，掠过充斥在宇宙中的膨胀物质时，就会出现意料之中的自然偏折。

11　月球与引力问题新探

　　任何关于轨道的讨论，如果撇开几千年来人类再熟悉不过的轨道范例——月球轨道不谈，都将是不完整的。长久以来，月球始终陪伴着我们，令我们着迷，由此也产生了众多有关月球本质、运行及其影响的神话和学说。真正踏上月球表面的探索者，曾亲身感受过其相对地球弱得多的引力——其大小仅为地球的六分之一。月球总是以同一面朝向我们，因为其绕中心轴自转的速度恰好与它周期为一个月的绕地轨道运转完全同步。此外，可以推测出月球导致了地球上海洋潮汐的产生，海水会随月球绕地旋转周期性地涨落。

　　所有这一切现象，都令人类始终对月球这个伙伴充满着好奇，而我们相信自己已然找到了它们的正确答案。事实果真如此吗？本章和前面各章的论述已经表明，细究之下，牛顿的万有引力学说可谓是漏洞百出，引力很可能根本不存在。然而，方才提到的月球所有的特性，其相关解释都是建立在存在引力这一基础之上的。如果事实其实是我们生活在一个由膨胀物质主宰的宇宙之中，那么我们对于月球观测和体验的认识又会因此发生什么样的变化呢？正如我们很快将看到的，膨胀理论指出，月球和我们生活的这颗行星都存在着一些一直为我们所忽视或误解的现象，它们或令人耳目一新，或出乎我们的意料。

　　我们首先从月球引力这一问题入手。由于我们已经造访过月球，并实现了月面行走，因此我们知道月球的引力大约是地球引力的六分之一。然而，如果引力实际是原子膨胀的结果，我们便无须在月球上行走，就能知道它的表面引力——我们只需根据月球的半径，就可轻而易举地计算出它的引力。比如说，如果月球是地球的一半大，那么它每秒钟的膨胀量便也是地球的一半，因为膨胀量等于统一原子膨胀速度 X_A 乘以半径。这样得出的月球引力大小就是地球的一半。因此，在已知月球的半径为 1 738 千米的条件下，我们便可以很容易地计算出月球的预期引力。地球半径为 6 371 千米，这就是说月球半径仅略大于地球半径的四分之一。同时它表明月球引力也应当是刚刚超过地球引力的四分之一。然而这要远远大于我们在月球表面测得的六分之一于地球引力的数值。那么这两个数据存在差异，是否说明膨胀理论又是一个存在致命漏洞的引力理论呢？

事实上，在对一个问题进行深入分析之前，理论和实际最初存在矛盾是极为普遍的现象。甚至连牛顿的万有引力理论也和膨胀理论一样，最初也曾作出过月球表面引力为地球的四分之一这样的预言（此前我们对轨道方程式的观察中有过相关暗示，轨道方程式仅随距离的变化而变化，而不是距离平方的变化）。事实上，它可以很容易地证明，而且牛顿的理论实际上预测认为，一个天体的表面引力应当仅与它的大小成正比，而与其质量无关，这正是膨胀理论的观点。这个令人颇感惊讶的事实，可以通过下面这个例子来加以证明：

设想存在一个半径比我们地球大一倍的行星。由于体积与物体半径的立方成正比，那么一个半径比地球大一倍的行星，其体积应该是地球的 8 倍（即 2 的立方）。进一步说，该行星的质量应是地球的 8 倍，而且根据牛顿的理论，其引力也是地球的 8 倍，因为牛顿认为引力与质量成正比。然而站在这个较大行星表面的人距离行星中心的距离也要加倍，根据牛顿的理论，引力与距离的平方成反比，因此，既然 2 的平方等于 4，我们必须将刚才计算得出的 8 倍引力除以 4，从而得到牛顿理论中的表面引力数据。经过如此的演算，我们最终得出这个半径 2 倍于地球尺寸的行星的表面引力是地球引力的 2 倍。事实上，这个例子导出的一般性结论认为，牛顿理论与膨胀理论的预言如出一辙：天体的表面引力仅与其尺寸有关。实际测得的月球表面引力为地球的六分之一，而牛顿认为半径四分之一于地球的月球引力应是后者的四分之一，我们又该如何看待这两种数值之间的差异呢？

答案可以在任何标准天文数据表中找到，我们只是假定构成月球的物质其密度一定比地球物质的密度低得多。这样的话，月球的质量将比根据它体积得出的质量小得多，如此我们就可以得出所需的月球密度，以此解释最初牛顿学说的预言和实际测量值之间存在的差异。目前，月球质量和密度的数值就是这样得出的。同样，膨胀理论有关四分之一表面引力的预言，也可以通过月球内部的密度变化加以解释，但其最终会得出一些关于月球的至关重要且不可思议的结论。

首先，与牛顿理论不同的是，膨胀理论认为，将月球质量减半并不会导致其表面引力减半。从技术角度来说，质量减半会稍微削弱月球的表面引力——正如在第 2 章"泡沫聚苯乙烯行星"思想实验中所提到的那样——然而表面引力的这种下降是可以忽略不计的。也就是说，质量越轻的月球在向位于其表面的物体膨胀时，作用力确实会较小，因为一个较轻的月球更易在膨胀过程中受到相反方向作用力的影响，尽管如此，由此导致的月球膨胀力的减弱，其实是可以忽略不计的。这是因为即使将月球的质量减半，它剩下的质量仍然是位于其表面的任何物体质量的数十亿倍，因此，当它向相对质量可以忽略不计的物体全力膨胀时，对于后者而言，它实际仍好像是宇宙中难以撼动的一堵高墙。

由此看来，如今我们用以解决牛顿理论关于月球表面引力的预测与现实之间矛盾的方法——假定月球的密度较小——并不能解决膨胀理论面临的相同矛盾。然而，尽管减轻月球质量的方法并无多大意义，但对月球内部质量的分布重新加以诠释，便可以轻松化解这个矛盾。要想搞清楚这一点，我们必须先考虑两个关键因素。第一，关于月球引力为地球四分之一的计算方法是基于一个理想状态的假设——它假定月球从其几何中心向外均匀地膨胀。尽管这一假设看似合理，然而我们很快就会发现，物体并不一定是以这种方式膨胀的。第二，我们没有对整个月球的表面引力直接进行测量，我们测量的只是月球朝向地球较近一面的引力。阿波罗宇宙飞船出于与地球保持通讯联系这样的现实原因，着陆在了月球的近地一面，因为在月球背面是无法与地球进行必须的通讯联络的。这两点关键因素表明，月球引力背后可能还大有文章。

第一点——物体不一定从其几何中心向外膨胀——我们在前一章关于空间中一座 6 000 千米的高塔讨论中已经有所触及了。现在让我们再来回顾一下：没有平衡物的话，这座塔将会从中心往外向两个方向膨胀，然而对它施加平衡物后，它就会完全向一端膨胀。这是因为物体的膨胀肯定存在一个中心点，所有膨胀力都集中在这一点上——即当各部位向外膨胀时产生反向推力的惯性中心。然而，这个位置并不一定是该物体的几何中心，而应当是它的质量中心（质心）。正是物体的质量产生出惯性或反向阻力，因此物体内部的推力中心就位于这样一个位置：从该中心延伸至物体边缘各个方向上的质量都相等。

在空间塔的例子中，在不施加平衡物的情况下，整座塔的质量分布均衡，因此塔的质心同时也是它的几何中心，其两侧的质量完全一样。正因为如此，塔从其几何中心向外膨胀，实际上在其中心两侧分别形成一座 3 000 千米高的塔，而不是仅在一侧形成一座 6 000 千米高的塔。然而，如果对塔施加与塔身等重的平衡物，那么塔的质心就会位于平衡物与塔相接的位置。从这一点开始，一侧整座塔的质量与另一侧平衡物的质量相平衡，这样整座塔就从这个中心点向一侧膨胀，形成一座 6 000 千米高的塔。显然，该质心膨胀点和塔的几何中心相距甚远——但这一事实未必显而易见。不管塔是否从几何中心膨胀，其不会发生太大的变形。

这不仅仅是一个纯理论性的推导，它具有非常重大的现实意义，因为在这两个不同的情形中，塔两端感受到的实际引力是完全不同的。在未加平衡物的情况下，从塔几何中心开始的膨胀表明，两侧 3 000 千米的膨胀部分感受到的只是地球（其半径大约为 6 000 千米）实际引力的一半。而在添加平衡物的情况下，整座塔 6 000 千米的膨胀其结果是塔的最远端感受到的引力基本与地球的引力相同。同样值得我们注意的是，站在平衡物一端的人感受到的引力则会小得多。打个比方说，如果该平衡物是由一种密度非常大的物质组成，这样它的质量与整座塔相同，长度却只有 600 千米，那么它的引力将只有地球引力的十分之一，因为它的大小只有地球的十分之一。

因此，从几何中心开始的膨胀和这个例子中完全从一端进行的膨胀，这两者之间的区别在于一座是两端各具一半引力的塔和一座一端具有完整引力而另一端只有十分之一引力的塔。无论加或不加平衡物，这两座塔的外观、大小和形状几乎完全一致，然而塔内部的质量分布造成了在指定塔端感受到的引力相差了 9 倍。确实，如果在整座塔的外部盖上一层遮蔽物，让人无法判断是否添加了平衡物，那么除非我们亲手去测定塔两端的表面引力，否则这两种情形在外观上就完全不存在任何差别。宇宙中所有物体和其外观都在膨胀，所以就算是偏离中心的膨胀，物体形状也不会发生太大变化和变形。我们无从知晓塔内部的质量分布，但一旦与塔两端实际接触时，这种质量分布对引力会产生巨大影响。这一动态知识对月球研究具有非常重要的意义：

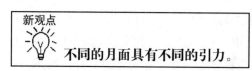

新观点

不同的月面具有不同的引力。

与空间塔的论述相似的是，膨胀理论提出，月球内部也存在着质量分布不均匀的现象。如果月球正面（总是朝向地球的一面）聚集的物质更多，密度更大，那么这一面所起到的作用与塔例子中的平衡物极为相似，而密度较低的月球背面则好比塔本身。这种密度差异很可能是逐步变化的，物质密度从月球正面向月球背面逐步递减。这符合我们对于月球成因所做的一种假设，我们很快就会谈到这一点。它同时还意味着月球的质心偏离了其几何中心，更靠近月球正面的位置，这样月球正面的膨胀半径就比背面要短。进一步说，这就意味着月球正面每秒钟的膨胀幅度将小于背面，因此，月球正面的表面引力比背面要小（图3-14）。

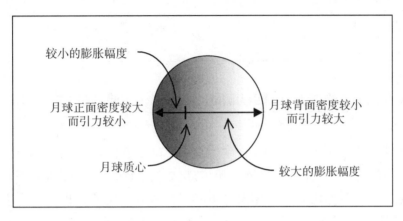

较小的膨胀幅度

月球正面密度较大而引力较小

月球背面密度较小而引力较大

月球质心

较大的膨胀幅度

图 3-14　月球密度的不均匀造成不同位置的引力差异

图 3-14 显示出月球正面的引力为何会比膨胀理论预测的要小，膨胀理论假定月球从几何中心向外膨胀，因而月球背面的引力相应较大。膨胀理论预测月球几何中心的引力为地球的四分之一，顺着这个思路走，我们可以得出以下结论：月球正面引力据测为地球的六分之一，其背面引力则应当是地球的三分之一。因为六分之一和三分之一的平均值为四分之一，这就符合了月球引力为地球四分之一的最初推断。

注意

这意味着，与我们普遍持有的观点不同的是，月球背面的表面引力应当是地球的三分之一，这是目前认为的六分之一这一比值的整整两倍。

我们已经通过太空中绕月做轨道飞行的人造卫星远程测得了整个月球的引力变化，迄今为止，我们甚至从没考虑过月球正背两面的引力存在巨大差异这种可能性。尽管严格意义上说，这些卫星并不能测得月球的表面引力，但当它

143

们沿绕月轨道运动时，其轨道高度变化被认为是反映出了月球引力的变化，卫星在轨道不同位置感受到的来自月球引力的作用力也不尽相同。据此，由于卫星绕月旋转时其轨道高度只会发生细微的变化，加之月球正面测得的表面引力仅为地球的六分之一，这使得天文学家得出了整个月球引力大小均匀，为地球引力六分之一的结论。然而，之前进行的论述，已经为我们揭示了这一推论存在的漏洞：

谬误

在绕月轨道进行的月球引力测量，是以一个存在漏洞的假设为基础的。

现在让我们回顾一下，正如之前图 3-11 以及随后进行的讨论所显示的，轨道高度的变化完全是由于表面地物的高度变化以及被绕行天体整体形状的变化造成的，这些变化导致天体向卫星的膨胀幅度产生着变化。正是这些由"大小和形状"因素造成的膨胀变化，导致了卫星轨道高度的改变；并非根据当今牛顿万有引力理论的"质量"因素造成的变化。由于绕月人造卫星轨道高度几乎没有任何变化，我们由此作出了月球表面引力一致的推定，这一切只不过表明我们的月球是一个表面平滑的球体。人们所做的测量工作并没有真正得出月球表面引力的数值，它显示的只不过是月球的圆度和光滑度。

关于月球不均匀膨胀的另一个关键点是月球对远处物体可能产生的作用，比方说做轨道运动或正在下落的物体。为了探讨这一问题，我们再回顾一下"空间塔"这个例子。假设我们悬浮在太空中，紧挨着塔（未加平衡物）的几何中心，那么我们不会察觉到它的膨胀现象——我们只会紧挨着一个看似大小不变的塔的中心继续保持悬浮状态（因为我们也在以同样的速度膨胀）。如图3-15 的上图所示。

然而，如果塔加上了平衡物，并从一端而不是从它的几何中心向外膨胀的话，情况就完全不同了。如果是这样，我们会看到塔膨胀着超过我们，这种情形就好像我们是从地球上的塔上跳下来，紧挨着塔下落一样（图 3-15 的下图）。这是因为在塔向庞大的平衡物施加反向推力时，它实际是从位于一端的一个固定点向外膨胀，并在此过程中经过了悬浮在塔旁侧边的我们。最终，整座塔会越过我们，于是我们便会停留在塔的底端，这正是塔由平衡物向外膨胀的位置（即质心点）。

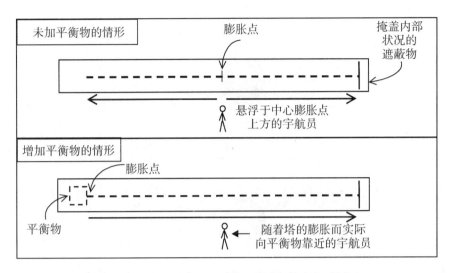

图 3-15　内部膨胀点不同产生的外部效应亦不相同

因此，尽管在有或无平衡物的这两种情形中，塔的整体大小和形状方面任何明显的物理差异都可以被轻易地掩盖起来，然而我们只要悬浮在塔侧就可以知晓我们身处的到底是哪一种情形。

同样，如果月球像刚才那个例子中提到的那样发生偏离几何中心的膨胀，那么从太空中似乎也能观察到与上述例子相同的现象。换句话说，假设我们在太空中悬浮的位置紧挨着月球几何中心点，那么我们会看到月球从靠近正面的质心发生偏离几何中心的膨胀，从而与我们擦肩而过。当密度较低的月球背面膨胀越过我们时，我们实际上会发现自己正"落"向月球正面（图 3-16）。顺便说一句，我们当然也可能会落向月球表面，因为当我们悬浮在月球旁边时，月球同样会向外朝我们的方向膨胀。

图 3-16 的上图显示月球内在偏离中心膨胀的概念，下图则是作为由膨胀物质构成的、我们所能感受到的月球膨胀的结果。我们不会察觉到月球的膨胀，而是会看到一个大小不变的月球不知何故与我们擦肩而过（出于同样的原因，我们实际上也会落向月球表面）。我们可以看到观测者所谓"不变"的观测位置，实际上是从月球的几何中心移向靠近月球正面的偏离中心膨胀点。那么，既然对于悬浮在月球旁边的观测者而言确实存在这种效应，如果质量分布确实偏离中心，那么难道不会对我们绕月旋转的卫星产生一些可观测到的影响吗？如果我们回过来看之前膨胀理论对轨道现象作出的解释，我们就会发

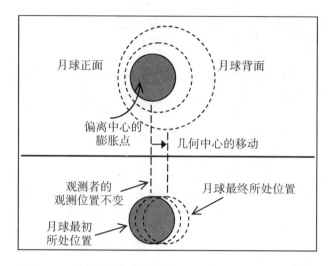

图3-16　月球的偏离中心膨胀（上图）及其结果（下图）

现，月球内部的偏离中心膨胀并不会对做轨道旋转的卫星产生丝毫影响。

　　大家应该记得，当一个物体从行星上方沿抛物线下落变为沿圆形轨道环绕行星旋转时，该物体的绝对动量不会发生改变。这两种轨迹均是物体以不同速度经过一个膨胀行星时呈现出的独立效应，完全以当前的几何形态为基础。同样，悬浮在太空中，与月球相隔一段距离的观测者，其几何形态和膨胀运动不同于沿轨道快速经过月球的卫星，两者并没有什么可比性。在悬浮观测者的情景中，偏离中心膨胀效应一览无余地呈现在我们眼前，而轨道运动情景却忽略了这一事实，它所关注的只是绕球形膨胀天体进行的轨道运动。只要做轨道运动的物体在任何时刻都具有可以克服该天体膨胀影响的速度和轨迹，那么这种稳定且可持续的几何形态才是关键所在。该天体内部在发生偏离中心膨胀以及物体慢速移动时，总是沿抛物线轨迹落向地面而不是沿圆形轨道运动，则这些都无关紧要。轨道的几何形态是一种独立的动态过程，一旦与高度、方向和速度正确匹配后，它便只与物体所绕行天体的整体形状和膨胀速度有关。

　　由此可见，根据膨胀理论的观点，绕月旋转的卫星可能会始终受到四分之一于地球引力的月球引力的作用，而不是在月面一侧时受到六分之一于地球的引力，而在另一侧则受到三分之一于地球的引力。这就解释了为何我们在月球正面测得六分之一于地球的实际表面引力，而同时我们认为我们在绕月轨道中感受到的引力场作用是均匀的。其结果是，我们至今都没有怀疑月球背面可能存在两倍于正面的表面引力。只有通过膨胀理论，我们才会对此产生怀疑，这使得该项预测成了对膨胀理论的决定性检测。

有意思的是，1969 年，当阿波罗 11 号的宇航员首次准备着陆在月球表面时，他们发现，当他们掠过月球表面飞向既定着陆点时，他们的下降速度要比预计的快得多。这一下降速度大大超出正常速度，他们不得不在最后时刻进行计划外的手动修正，结果登月舱远远越过了预定着陆点，以至于在这最后的紧要关头，控制中心曾考虑完全放弃着陆计划。在人类太空探索的早期，许多俄罗斯和美国的无人驾驶航天器神秘地坠毁或迫降在月球表面，这与阿波罗 11 号的遭遇极为相似。

膨胀理论认为，这些登月飞行器实际受到的"引力作用力"有可能并不止地球引力的六分之一，而是四分之一，这取决于它们降落过程中是垂直下降，还是沿水平轨迹掠过月球表面以类似于轨道运行的方式着陆。在此情形下，实际引力比预期引力整整高出了 50%，如仍按照六分之一于地球引力设计的降落规程操作，其结果当然会出人意料。引力的本来面目其实是行星膨胀，对这一点缺乏足够认识，可能会给登陆月球或其他行星的飞行任务带来灾难，此外，它也许能解释多年来我们的太空计划中发生的其他一些异常现象，从中可能找到一些太空探索行动归于失败的原因。

目前，另外一个观测现象也被众多天文学家视为不解之谜：太阳系中的其他卫星如木卫一和土卫六，与月球大小相仿，但它们有大气层而月球没有。这之所以被认为是一个谜团，是因为根据当今引力理论，既然大小相仿，那么它们的引力场也应相似——不过这个引力场的强度太弱，无法吸引气体形成大气层。那么，如果六分之一于地球引力的月球引力场不足以形成一个大气层，木卫一和土卫六的引力场又如何能做到这一点呢？正如方才讨论的，膨胀理论指出：一个具有中心膨胀点的如月球般大小的天体，实际应当产生比我们目前认为的月球引力大 50% 的有效均匀引力。这也许能够解释为何大小相仿的其他卫星能够形成一层薄薄的大气层了。

反过来说，由于月球质量分布的不一致，月球某一面上的实际引力相对要弱得多，这就好比气球上存在一个缓慢撒气的漏气孔一样。任何早期在月球上存在过或者因火山活动而断断续续产生过的大气层，也许就是从引力较弱的那一面慢慢飘逸进了太空，而引力较大的一面气压也较高，这就造成大气不断向引力较小的"漏气孔"运动、泄漏。除此以外，剩余的大气总是会均匀散布在月球四周并因此不断向"漏气孔"弥散，在这两个因素的共同作用下，大气会不断泄漏直至最终荡然无存。这便可解答为何太阳系中大小相仿的卫星在大气层的厚薄度上具有显著差别了。

尽管膨胀理论的提出使我们有充分的理由怀疑月球内部的密度并不均匀，正面密度较高而背面密度较低，但我们是否同样有充分的理由认为，有关月球成因的猜想能够支持月球存在密度差异的这一判断呢？事实是，一种广为人知的地-月成因的猜想，的确是建立在月球内部存在这种密度变化的基础之上。

实验　地-月系统的形成。

关于月球起源的学说甚多，其中之一认为，地-月系统的形成方式与我们所认为的太阳和行星的形成方式相同——由一个巨大的旋转着的气体和颗粒物圆盘凝聚而成。我们认为，整个太阳系在太阳和行星形成之前，曾经就是这样一个巨大的圆盘，圆盘内部可能散落着一些较小的旋涡结构。最终在引力的作用下，这个巨大的旋转圆盘凝聚成一个庞大的中央自旋天体，而较小的旋涡则变成了做轨道运动且进行自转的小型天体。这个庞大的中央天体就是我们的太阳，而较小的天体就是行星系——也就是旋转着的行星及其卫星。当然，从膨胀理论的角度来看，导致圆盘和旋涡结构压缩凝聚的并非是微小的气体分子和颗粒物产生的一种向内作用的"万有引力"，其真正的原因在于它们自内向外的膨胀。

随着圆盘压缩凝聚得越来越紧密，它会形成一个紧密的中心，并且密度由中心向外缘逐渐降低，这就像水槽中的肥皂水被排出时，越接近水槽中央，肥皂水的浓度越高一样，这一点很容易理解。我们现在依然可以在太阳系中观察到这种现象，巨大的压缩作用形成的太阳位于太阳系中心，越接近太阳系边缘的真空区就越大。"凝聚盘"（condensing-disk）学说既可解释位于太阳系中心的太阳的形成过程，也可以用来描述位于各自较小的行星系中心且拥有轨道运行卫星的各个行星的成因。

这一学说也可用于解释地球和月球是如何形成的——从巨大的太阳系圆盘内部一个较小的旋涡盘演变而来，其内物质向中心部位聚集便形成了地球，而圆盘边缘的物质则凝聚成为了月球。我们应当注意，一些有关地-月系统形成原因的学说在这一点上的看法有所不同，例如，另一观点认为，形成中的地球受到一个行星尺寸物体的撞击，碰撞物被抛入绕地轨道中，形成了一个旋涡盘，月球由此孕育诞生。这种观点的依据之一是地球相对于月球轨道平面有所倾斜，而且阿波罗探月行动收集到的月岩也表明，月球过去曾经经历过剧烈的熔融过程。不管事实究竟怎样，下面论述中提到的普遍原理均可适用于这两种观点。

让我们回到早期的地-月圆盘这个话题上来，处于中心的旋涡状物质逐渐从外围物质中分离出来，并凝聚成我们旋转的地球，而余下的那一圈外围物质则聚集起来形成了月球。这一过程使得地球内部密度分布均匀对称，这与凝聚成地球的圆盘中心的特点非常相像，此外，在由旋涡盘凝聚成形的过程中，地球自始至终在进行着自转，这也有助于物质分布得更加均匀。然而，月球的情况却有所不同。

月球可能是由外围宽阔的颗粒环形成的，其分布幅度更广，密度呈现梯度变化，离地球越近密度越大，而越靠近外围的外缘其密度越低。而且，月球也没有绕中心轴旋转或自转的现象，形成月球的外围颗粒物可能不具备这样的运动特征。它们只是围绕形成中的地球缓慢地旋转，由外围颗粒物凝聚而成的月球也做着相同性质的运动。这倒可以解释月球为何正面密度较大而背面密度较小，以及它为何总以相同的一面朝向地球，因为这些正是形成月球的颗粒物环所具有的特性。现在地球每天的自转比月球周期为一个月的绕地公转要快得多，这也在情理之中，因为随着地球逐步凝聚成形，其自转速度也会自然加快，这就像滑冰者抱紧胳膊时其旋转速度会加快一样。

这种学说表明，月球并非像人们一般认为的那样在绕中心轴进行着自转，而其自转速度恰好与绕地公转速度一致，因而朝向地球的始终是同一面。月球的这一特征并非纯属巧合，也不像如今人们通常所说的那样，是因地球的"引力"而维系着的。膨胀理论指出，轨道的形成与任何作用力都无关——它完全是空间中膨胀物体彼此经过时自然形成的几何形态。因此，月球不存在某种作用力导致的自转现象，而形成月球的颗粒物环同样也不存在这种旋转特性，在缺乏有助于物质分布更均匀的自转运动的情况下，月球内部最终也呈现出颗粒物环那种从内缘到外缘的密度变化的特点（图 3-17）。

让我们借助图 3-18 所示，用一根做轨道运动的可拉伸杆的例子来进一步说明不做自转运动的轨道运行物体，比如月球，如何能在轨道运动时总是保持以同一面朝向地球。图中，这根可拉伸杆最初垂直指向地球，而且不具备自转这一初始运动状态。我们从天文观测和第 1 章的轨道方程式中认识到，离地球

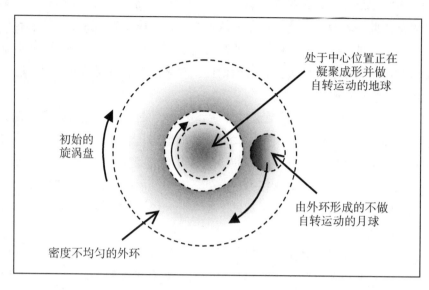

图3-17　无自转运动的月球呈现出与外环相同的密度变化特征

较近物体的轨道运动速度要大于离地球较远的物体；因此，当可拉伸杆围绕地球做轨道旋转时，它会逐步伸长，因为离地球较近的一端比之较远的一端移动的速度更快。如图所示，这就导致可拉伸杆有效地开始自转，并且不再垂直于地球。

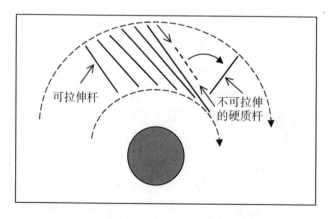

图3-18　自然轨道几何形态令物体始终面向地球

但是，如果这根杆是由硬质不可拉伸的物质制成的，情况又会怎样呢？此时的情形就好像是可拉伸杆持续受到来自内部（通过原子键）的作用力而无法产生伸长的形变，始终保持着原先的长度。由于硬质杆两端同时受到来自中心的向内拉力，因此靠近地球的一端会不断被拉离地球，而离地球较远的一端则会不断地被拉向地球。并且当近地端被拉向更高的轨道时，它的速度会逐渐减慢，而远地端被拉向较低轨道时它的速度则会逐渐加快，其结果是硬质杆在进行轨道运动时向后产生旋转并与地球形成垂直关系（图 3-18 所示）。然而，由于没有外力改变硬质杆最初的非自转状态，因此它依然保持原先与地球相垂直的位置关系——这就相当于一个物体做轨道运动时，始终以同一面朝向地球——而其本身并无任何自转运动。

注意

由此可见，不做自转运动的物体自然地保持其相对被绕行行星的几何位置，因此该物体总是以同一面朝向该行星。

做轨道运动的航天飞机和空间站的例子，可以进一步验证上述这一观点。这些航天器以极快的速度围绕地球飞行，完成一次轨道运行一般需要 90 分钟，而且总是以同一面朝向地球，周而复始、月复一月、年复一年地沿着轨道运行。难道它们的轨道真的设计得如此完美，以至于其自转速度刚好能与轨道运行配合得天衣无缝吗？前文的论述已经证明，这些航天器无须做自转运动，只需要以一个形成稳定轨道所需的正确速度径直飞入无自转的绕行星的轨道，余下的交给物体的膨胀几何效应以及自然轨道效应来安排就好了。月球始终以同一面朝向地球也是出于同一原因。月球没有自转现象，其始终以同一面朝向地球也并不是受地球"引力"作用的结果；事实上，倘若月球果真存在自转现象，那么这种自然形成的几何效应就会受到破坏，我们所能看到的就是一个在围绕地球公转的同时又在自转的月球了。

注意

根据膨胀理论，由于月球内部密度分布的不均匀，预示了月球正面的引力较弱，月球背面的引力较强，这种现象其实是上述广为人知的地-月成因假说的自然结果。

12 潮汐力的本质和起源

今天，人们之所以相信存在牛顿谓之的万有引力，其中一个主要原因在于我们身边潮汐力的作用。潮汐力无疑是真实存在的，它造就了地球上海洋的潮起潮落，而且人们甚至认为，当若干年前的苏梅克-利维9号彗星经过木星时，是潮汐力使彗星发生了解体，并最终坠落在木星上摔得粉身碎骨，这也成为当时一件里程碑式的天文事件。尽管我们从未直接感受到或测量到我们认为在地-月之间起着相互牵引作用的引力，然而当月球从我们头顶上方经过时，海水随之涨潮，我们测得的地球表面引力也略微下降，从这些事实中，我们作出了存在引力的推断。人们自然而然地认为，这些现象是月球经过地球上方时，牛顿的万有引力对地球表面的海洋和物体产生作用的结果，得出这种结论也是可以理解的。

然而，如果确实不存在牛顿所说的万有引力的话——这也是膨胀理论的观点，那么就应当有另一种确凿可信的理论来为目前认为是由"引力潮汐力"（gravitational tidal force）造成的种种现象作出新的解释。我们将在随后的论述中看到，这种理论确实存在，不过首先让我们来看一下有关海洋潮汐现象的另一种说法。

终极理论 真是月球造成了地球上的海洋潮汐现象吗？

地球上的海水大概每半天（12小时）涨落一次，因此每天我们都可以经历两个潮汐周期。这种现象目前被认为是由月球造成的，在地球自转的过程中，当月球从其上方经过时，它对地球表面的海洋产生牵引，导致海水出现涨潮现象。地球另一面的海洋也会因相同的原因掀起波澜。由于这两股海潮随着地球的自转，每天都在围绕地球运动，因此我们便会感受到海水在24小时内周期性出现两次涨落。

　　尽管这种解释看似颇具说服力，但它并不能构成存在牛顿所谓万有引力的结论性证据。潮汐力的存在是不可否认的，月球从地球上方经过时，它会造成海水涨潮以及测得的地球表面引力数值下降；然而，潮汐力与月球的运行相伴发生的这一巧合，并不一定表明是月球孕育了潮汐力。事实上，如果我们重温一下刚才讨论过的地-月形成假说，我们就会明白即便月球突然消失，地球潮汐力依然还会继续存在。正如我们即将看到的，潮汐力与月球经过地球在时间上配合得天衣无缝，这是事出有因的，不过这也仅仅是一种巧合——潮汐力的形成其实并不应该归因于月球。

新观点

海洋潮汐完全是地球内部运动的结果。

　　让我们再仔细地来探讨地-月形成这一话题。开始时，初始圆盘围绕其整体的质量中心旋转，当地球和月球分别凝聚后最终形成地-月系统的质量中心（质心）。由于初始颗粒物圆盘围绕其整体质心旋转时没有外力的干扰，圆盘便保持在形成地-月系统的质心的位置。由于地球的质量比月球大得多——大约是月球的一百多倍——整个系统的质心很有可能位于形成中的地球内部，而且在两个天体分离后依然如此。在这个阶段，刚刚道扬镳的地球和月球这两个不做自转运动的天体彼此相对，以与最初旋转盘相同的速度围绕质量中心点缓慢地相互旋转（图3-19）。

　　然而，初始圆盘仅仅分裂成两种都不自转的类型，但当我们分别对这两个形成中的天体进行考察时，旋转的质量多少出现了一些变化。首先来看地球，尽管从技术层面上说，它只是一颗围绕初始圆盘的质量中心点旋转的非自转天体，然而该质点位于地球内部，这就意味着早期的地球是在围绕它内部的某个点进行旋转。一个围绕自身内部某点旋转的天体，实际上也是在围绕其内部的一个点进行着自转。

　　因此，在地球形成初期，它绕圆盘质心进行的旋转就相当于在缓慢地做着偏离其内部中心的自转或者摆动——就好比一个慢慢打转的鸡蛋发生的摆动旋转。这不同于我们今天所见到的地球每天围绕其中心所做的自转，而是一个完全不同的、缓慢得多的运动状态，它可能在地球形成今天的自转之前就已经存

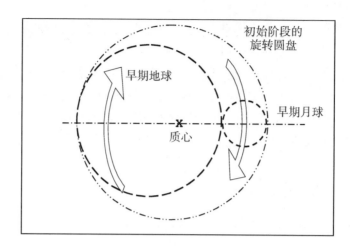

图 3-19　早期地球和月球围绕初始阶段的质心旋转

在了。

　　另一方面，早期的月球在远处环绕该质心点旋转，它始终是一个不自转的天体，以与地球的低速摆动旋转相同的速度围绕地球内部的质心旋转。如今这种低速旋转被我们称为朔望月，因为当地球和月球在太阳面前彼此相对缓慢旋转时，月球在月运周期内面向地球呈现出盈亏现象。就像初始圆盘以单一速度旋转一样，由它分裂而成的地球和月球这两个天体，也在以与初始阶段相同的慢速围绕初始质心点旋转，两个天体因此也呈面对面的形态。

　　然而，尽管月球始终以一面朝向地球并围绕地球缓慢旋转，如今地球还会像当初那样面对着月球、保持步调一致地缓慢旋转吗？今天我们最熟悉的一种旋转运动便是地球的每日自转——这是一种围绕几何中心进行的自转，月球每完成一次绕地轨道运行，地球便自转了 28 圈。地球的这种运动形态可能在早期的地球和月球彼此彻底分开后不久就开始形成了。随着时间的推移，这两个天体变得越来越小，而且逐步向各自的中心压缩凝聚，但是对于内部旋转的地球而言，这一过程可能引发了一种新的内部运动。正在凝聚和旋转中的地球可能在缓慢的摆动旋转的过程中，开始形成它居于自身几何中心的质心，导致在地球内部形成另外一种绕心旋转。随着地球的密度变得越来越大，这种绕心旋转的速度也在加快，这进一步推动了这个新几何中心质心的形成。

　　于是地球出现了两种旋转运动———种是面对着月球保持步调一致、周期一个月的缓慢摆动旋转，另一种则是速度较快、周期一天的绕心自转——与此同时，不自转的月球仍然面对地球，以与地球缓慢摆动旋转相一致的速度沿轨道缓慢运行。地球每月的、缓慢的偏离中心摆动，导致其表面的物体和海洋被向外抛甩越过摆动轴——如果延伸这条轴线的话，它会贯穿地球与月球相交（图 3-19 所示）。这意味着涨潮（以及地球表面引力测得值的降低）始终与月球存在一种静态对准的关系，每天地球自转经过这条潮汐力的轴线时，我们便观测到了海水的潮涨潮落。因此，潮汐力是真实存在的，而且确实伴随着月球经过我们的头顶同步发生，但它不过是地球每月缓慢摆动的结果而已，我们可在地-月形成的历史中找到这种摆动与月球轨道运行同步发生的原因。

的确，根据当今物理学和引力理论的观点，地球自身周期为一个月的缓慢摆动是明白无误的事实和必然发生的存在。所有的自由旋转系统都是围绕其惯性质心旋转的。这就解释了为什么洗衣机在做偏离中心的转动时会发生剧烈抖动了——这是当受到外力迫使机器做几何圆形旋转时，洗衣机在对失去平衡的质心做调整。地-月系统也是一样的道理，这一点即便是当下的引力理论也作同样的解释，当月球沿着轨道运动时，地球和月球会被连系在一个"引力索"上。这说起来有点像太空里一只旋转的巨型杠铃，这只杠铃的一端放着重量是另一端重量几百倍的物体。一个如此巨大的杠铃在太空中是不会做绕中心点旋转的，但会围绕其偏心的质心点旋转。从数学的角度上说，地-月系统的这一旋转轴心点在地球内部的计算结果是几千公里长，如图 3-20 所示。

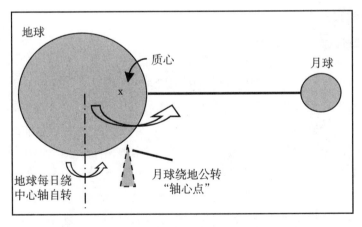

图 3-20　侧视图：地-月偏心旋转所形成的"杠铃"

因此，我们简单地将这一情景看作是月球做轨迹运动时强有力地拖曳着地球的做法，在已知的物理学理论中是找不到依据的，而在太空中却是既定事实。假如地球以自身的引力拖曳月球，不断把它拉入某个轨道，我们自由飘浮的地球也会被一同拖曳入内，如此一来，一个以地球内部质心点的同步轨道运动便产生了，见图3-20。因此，甚至以今天的科学界而言，地球自身周期为一个月的缓慢摆动也必然存在，当月球从地球上方经过时使其产生向外的抛甩效应。

值得注意的是，纯粹的旋转物理作用而没有"引力拖曳"就足以产生这样一个向心加速度造成的向外抛甩效应，或者称为"离心力"，如图3-20所示的杠铃杆一样，托住杠铃的杆并不是产生该效应的源头。杆的作用是在地-月系统旋转时托住地球和月球，但地-月系统旋转所产生的额外力才是造成向外离心力的根源。考虑到此前展示的在没有引力作用下月球如何发出并持续至今的动力讨论，潮汐力完全符合膨胀理论的描述。由于海洋潮汐的相对高度极其微小——远远小于地球半径的百万分之一——如此微小的效应来自地球内部周期为一个月的大尺度缓慢摆动的必然结果，而地球的缓慢摆动就发生在我们从地球上走过的时候，故而变得丝毫不令人惊讶了。

海洋潮汐的另一个特点是，每个月两次当太阳、地球和月球处于同一直线时，我们会分别观测到满月和新月，在此期间，海水潮位通常会更高。当太阳和月球位于地球两侧时就出现满月现象，而两周后当它们位于地球同一侧时则会出现新月现象。目前人们认为，这种排列使得海洋受到位于同一直线的太阳和月球共同的"引力牵引作用"，这便是造成潮水涨得更高的原因，我们并不认为这种直线排列与高潮位在发生时间上的巧合或许是由其他因素导致的。即使每天太阳从海洋上空经过时，也丝毫没有涨潮的迹象，然而这种信念依旧认为，每个月两次，来自太阳的"引力牵引"会剧烈地同月球的引力叠加，导致涨潮。此外，上文关于潮汐的论述，同样可以用于解释这一现象。

在有关初始旋转地-月圆盘的讨论中，假定该圆盘是一个标准的圆形；然而提出这种假定仅仅是为了方便我们的论述。实际情况是，由于早期的地-月圆盘实际上是位于太阳系圆盘中的一个旋涡，因此当它作为太阳系圆盘的一部分旋转时会受到离心力的作用，将它拉离形成中的太阳（图3-21）。事实上，正是这种向外的离心力，导致早期的太阳系在自转过程中逐步变平坦呈现出圆盘状外形。

因此，地-月盘原本很可能是一个椭圆形的旋涡，其延长轴逐渐远离太阳方向，而根据前文提到的撞击物高速撞向太阳这一有关月球起源的"剧烈撞

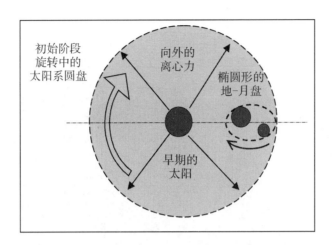

图 3-21　太阳系圆盘中的作用力导致地-月盘形成椭圆状外形

击理论"，我们同样可以推导出地-月系统的这种椭圆状外形。这些早期的天体运动可能对整个地-月系统的质心产生了影响，导致它沿此类椭圆形轨迹运行。同样值得注意的是，这种动力可能转瞬即逝，或随着时间的推移演变为其他动力，这仍然意味着就算它在不停地演变，在地球的时间尺度内，它也会持续存在数百万年之久。因此，之前图 3-19 中所示的地-月系统静止不动的质心，也可能在进行着椭圆形轨道的摆动。当我们使一个鸡蛋任意旋转，而不是保证它绕其靠近一端的、偏离几何中心的质心点旋转时，我们就可以观测到这种一个摆动套一个摆动的现象。

　　如果是这些早期的天体运动导致地球内部也形成了这种一个摆动套一个摆动的现象，且其延长轴对着远离太阳的方向，那么就可以解释为何在满月和新月期间海水的潮位略高。每当地球周期为一个月的缓慢摆动经过延伸至太阳的垂直线（即初始椭圆形地-月盘的中轴线）时，如图 3-21 所示，另一种椭圆形摆动总会达到其最高峰值。此外，由于月球总是处于与地球以每月为周期的偏心缓慢摆动相对的位置，因此当地球潮汐力达到峰值时，它也会与这条垂直线交会（图 3-22 下部分）。

　　这就解释了为何当地球上的潮汐力出现峰值时，太阳、地球和月球会排成一条直线，但这纯粹是由地-月系统形成过程造成的，现在我们可以从地球内部的摆动和自转运动中看出些许端倪，而不是科学尚无法解释的太阳和月球神秘的"引力"作用下的结果。事实上，地球内部还有其他已知的摆动，例如地球旋转轴的缓慢摆动或进动，导致我们头顶上空的恒星做周期为 26 000 年的一致缓慢漂移运动。

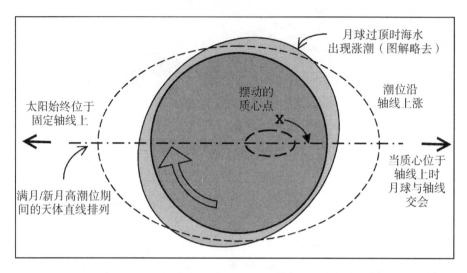

图 3-22 放大图 3-21 中的地球：满月/新月时的潮汐

以上论述表明，我们完全可以从一个自转物体内部运动的这一角度来解释潮汐现象。确实，根据方才讨论过的地-月成因假说，地球内部应有可能形成这种内部运动，而正是内部运动造成了我们今天所看到的潮汐效应，因此，我们也完全没有必要再求助于月球的"引力作用"来对潮汐现象加以解释。牛顿的引力理论可以作为描述诸多天文观测现象非常实用的模型；然而，一旦我们真的把它看作是自然界存在的一种作用力，那么众多的宇宙和地球现象背后真正的原因就可能不会大白于天下。几个世纪以来，我们甚至完全忽视也并未看清地-月系统复杂的自转和公转运动的真实面貌，一直把所谓作用于地球的外部引力误作导致潮汐产生的原因，不仅未质疑还广为传授，完全忽略其内部原因。

理终论极 行星对经过的天体真会产生牵引作用吗？

时下的观点认为，远处行星的引力会对地球产生一定的牵引作用，我们甚至会时不时地据此作出地球的潮汐效应将因此异常增大的预言。人们认为，当一些行星在其绕日轨道中与地球排成一条直线时，地球受到的"引力牵引作用"会随之变大，于是乎便出现了上述那些预言；然而，预言中的现象似乎从未成为现实。它们之所以没有发生，当然是因为根本不存在来自这些行星并对地球产生影响的引力，而且地球内部也不大可能存在其他一些摆动机制导致潮汐力的变化与这种随意的行星直线排列在同一时间内发生。然而，我们往往还是会把一些观测现象当作是"引力潮汐力"作用的结果。既然我们已经指出当今引力理论漏洞百出，而膨胀理论也认为根本不存在这种始自远方的、穿越太空的作用力，那么我们又该如何看待上述这些观点呢？现在就让我们来进一步分析一个被广泛报道的、有关太阳系中明显存在潮汐力效应的案例。

理终论极 苏梅克–利维 9 号彗星

1994 年坠落于木星表面的苏梅克–利维 9 号彗星，恐怕是最为人们所熟知、被媒体报道最多的与潮汐力有关的案例。这颗飞向木星的彗星，实际上是由许多独立的碎片构成的，因此在其与木星碰撞的过程中发生了多次壮观的撞击。

人们普遍认为，该原始彗星最初一次近距离靠近木星时，首先一定是被该行星巨大的引力撕裂。这被视为引力潮汐力发生作用的一个活生生的例子，因为理论上木星的引力对彗星靠近其一面产生的作用力会更强，对远离木星的一面作用力则较弱，从而将彗星撕裂成了碎片。然而，膨胀理论却认为，这种来自行星、对远处做轨道运动的天体产生作用力的引力纯属子虚乌有。这颗彗星可能只是在早几年前以足够克服木星膨胀影响的速度沿弧形轨迹经过木星，其缘由全在于几何效应，而与"引力"无关。此外，对此天文事件的深入分析表明，引力学说的解释存在一个致命的漏洞——而这种作用力在科学上也经不起推敲。

 谬误
木星引力并非造成苏梅克–利维 9 号彗星解体的原因。

人们普遍认为，当苏梅克–利维 9 号彗星在旅途上最初一次近距离靠近木星时，因木星引力场的牵引作用四分五裂成了碎片；然而，这种观点存在一个明显的漏洞。要想搞清楚这一点，我们不妨来看一看航天飞机的例子，这种航天器大约每 90 分钟绕地球飞行一圈。如果航天飞机真的是在引力作用下停留在轨道中，就像绳子牵引石块运动那样，那么当航天飞机快速绕地飞行并在引力作用下持续沿一条圆形轨道运动时，整个机体应当受到相当大的应力——系在绳子一端快速旋转的物体必然会受到这种应力。然而，没有迹象显示航天飞机也承受着这种强大的牵引作用力。目前对此的解释是，引力遍及航天飞机的各个部位，其所有原子都承受着这种作用力，因此航天飞机各部分受到的引力的大小几乎完全相同，只是离地球较远的一端受到的作用力略弱。因此，与由外部连接的绳子牵引着的石块受到巨大应力的情况不同的是，构成航天飞机的所有原子，应该都笼罩在地球引力场之中，导致整个机身受到的张力只会存在些微的差异。

如果事实果真如此的话，那么机体各部位微小张力的差异实际上应当是极其小的。我们从未察觉到航天飞机机体及其搭载物承受着这种作用力，对其加以测定更是无从谈起——即便是在执行了一周甚至更长时间飞行任务的航天飞机机体上，我们也观测不到这种应力的蛛丝马迹。甚至在自由飘浮的物体身上，我们也丝毫没有察觉到因引力存在细微差异而导致的整个机身内应力对它们产生的影响。因此，我们有较为充分的理由认为，如果整个机身确实受到这种存在细微差异的力的作用，那么其大小恐怕也只有在地球上所感受到的一根羽毛的引力那么大。目前没有证据能够证明这种作用力的存在，大家可以因此认为航天飞机实际上就像膨胀理论所说的那样，是处于一个自然的零作用力的轨道中运行，不过，我们不妨将这种引力分析引入苏梅克-利维 9 号彗星这一案例，看看会得到什么样的一个结果。

1993 年人们首次发现这颗彗星时，它已经裂解成了碎片。科学家们对以往的观测结果再次进行了研究分析，试图确定彗星碎裂的原因。尽管科学界掌握的证据并不完整，但一般的观点还是认为，彗星在早前一次接近木星的过程中，在与其中心相距约 1.3 倍木星半径的距离上，受到木星引力的作用而发生了破裂。也就是说，当彗星经过木星时，其位于木星表面上方的距离大约相当于木星半径的三分之一。根据牛顿引力随距离增加而减小的理论进行的相关计算显示，彗星在这一距离上受到的引力作用要比在木星表面受到的引力小 40%。更直观地说，这就意味着彗星受到的引力只比航天飞机沿绕地轨道运行时理论上所受到的引力大 50%（在此还是想提醒一下大家，人类从未实际感受到或者测得过这一作用力）。

现在，既然我们已经知道近地轨道中的航天飞机即便已持续飞行了数日，其整个机身受到的净应力也是难以察觉的，因此，我们很难想象在一次短暂的飞越过程中，苏梅克-利维 9 号彗星便会因受到仅比航天飞机大 50% 的应力而发生破裂。全长 2 千米的彗星所受引力存在的差异，可能会大于航天飞机般大小的彗星的引力差，即便我们将这一因素考虑在内，实际情况也不会发生改变。如果我们根据彗星的直径将其分割成航天飞机大小的若干部分，它们所受引力之差依然不会超过上文所说的一片羽毛的引力大小。即便整颗彗星能分成 100 片这样的碎片，这颗 2 千米长的彗星的应力差总共也只相当于一把羽毛的引力大小，这与能够把彗星撕裂的作用力相比，差了如果不是数百万倍，也足有好几千倍。

因此，就算真的存在牛顿所说的引力，它也不可能是造成苏梅克-利维 9 号彗星碎裂的元凶，如此彗星的破裂便成了一个未解之谜。这种被广泛认可的观点表明了科学界内存在的偏见和谬误，此类观点把存在明显错误的证据当作现今引力理论的有力证明。

与此形成鲜明对比的是，根据膨胀理论，彗星根本没有受到任何作用力。然而，这并非全然是个难解的谜题，因为对此还有诸多其他的解释。我们知道木星存在一个巨大的磁场，它也许在彗星的碎裂中起到了某种作用。另外一种可能性就是彗星或许是与其他绕木星旋转的太空碎片发生了碰撞。再有一种观点认为，随着彗星在飞行过程中交替"接近-远离"太阳，它可能经历了巨大的冷热变化，也许还受到了太阳黑子活动造成的大规模等离子体爆发的影响。彗星甚至有可能早就已经发生了碎裂，但在其被正式发现之前，人类碰巧拍下的她的芳容也只是一团模糊，无法清晰地解析出这种碎裂迹象。无论真实情况如何，在这一长串彗星破裂原因的选项中，显然不包括因为"引力潮汐力"而撕裂它的这种解释。

以上关于潮汐效应的讨论显示，没有明显的证据证明轨道运动的天体之间存在"引力潮汐力"的作用。尤其是苏梅克-利维 9 号彗星的例子，向我们揭示了科学如何能轻易地接受一种可以证明是错误的天文现象的成因学说，居然将其奉为颠扑不破的真理。过去几个世纪以来，作为科学遗产中为我们所继承的许多观点，已经深深植根于我们的思维和思想体系之中，我们往往对其深信不疑，并顺理成章地将它们运用在其明显不适用的情形中。正因为如此，今天的人们已欣然接受了这种观点，认为永不枯竭的引力向太空深处延伸，将彗星撕裂成碎片，并引发了卫星和行星的潮汐现象和火山活动。然而，膨胀理论使我们得以对自身继承的传统观点重新进行一番思考，并从中发现事物真正的物理成因，而之前，它们一直被类似牛顿的万有引力学说或爱因斯坦的扭曲时空抽象概念这样根本不容他人置疑的理论所掩盖。

理终论极 弹弓效应

　　我们的太空计划所利用的最令人注目的现象之一，是被称为"引力辅助"（gravity-assist）机动的操纵，它通常也被称为"弹弓效应"。在这一过程中，宇宙飞船追赶上一个沿轨道运行中的行星，该行星使飞船局部偏离轨道，而后飞船以一个更快的速度沿新的轨迹飞离行星。目前人们普遍认为，行星的引力令飞船加速向其运动，当后者绕行星转动时，行星短暂地牵引飞船，随后又将其释放，让它以更快的速度飞入太空。这是一种客观存在的效应，许多太空飞行都借助于这一效应，在不损耗飞船燃料的情况下，赋予飞船更大的速度使之得以在太阳系中穿行。现在就让我们来深入分析一下这种效应。

　　与处于下落状态和轨道运动状态的物体相同的是，我们所观测到的"引力辅助"飞行动作无疑是一客观存在；然而，问题是我们的科学目前对它的解释在逻辑上是否能站得住脚——更进一步说，这种解释在科学上是否成立，它与其他天文观测结果是否存在矛盾。到目前为止已进行的讨论中，我们曾反复指出，认为许多观测现象都是由引力造成的这一观念违背了物理定律，而膨胀理论已经为我们提供了科学上完全说得通的替代性解释。这说明，基于"引力学说"对所谓"引力辅助"飞行作出的解释，即使是正确的，也缺乏合理的理论支撑，因为引力学说在科学上也无法解释（即便无法证明是错误的），从而这一现象也就成为了一个待解之谜。

　　因此，在进行深入分析之前，我们已经可以断言，目前基于引力学说对弹弓效应作出的解释在科学上并不成立，它甚至与目前其他的天文观测结果（如下落物体、轨道运动和潮汐力）也格格不入——引力学说对后者的解释也存在很大的问题。眼下仅剩的一个疑问是，撇开引入引力解释时会出现的其他种种问题不谈，我们能否认为目前对于"引力辅助"作出的解释至少在原理上是说得通的。随后进行的分析将向大家表明，目前的这种"科学"解释甚至在逻辑上都难以经得起推敲。

谬误
引力辅助的逻辑漏洞。

　　飞船被引力捕捉后随即又以更快的速度被抛甩入太空中，这种基本观点在本质上就存在漏洞，因为牛顿所谓的引力被认为是一种纯粹的吸引力。想要让飞船以更快的速度被抛掷入太空，行星的引力必须在将飞船拉近后，又以某种方式"释放"飞船。否则的话，情况就会变成行星与飞船之间好像有一根拉伸的橡皮筋一样。橡皮筋将飞船拉近，使它加速朝向行星运动，但随后当飞船试图高速飞离时又令飞船减速。与之相似的是，令飞船在飞向行星的过程中获得加速的引力，在飞船飞离时又转而不断令其减速，使其恢复到最初接近行星时的速度。

　　然而，由于我们明确地观测到在飞船实际执行这一飞行动作的过程中，其离开行星时的速度要大于它接近行星时的速度，因此，为了从目前仅有的实践理论视角——牛顿的万有引力理论——出发来解释这种效应，人们需要提供逻辑上站得住脚的说法。当今科学对此的一般性解释往往也承认，方才提到的"引力橡皮筋"（gravitational elastic band）推理的确存在问题，但它同时又声称，当情况涉及运动中的行星时，实际上还存在另一种效应——飞船从做轨道运动的行星那里"窃取了动能"。

　　首先这种观点认为，当飞船追赶一个绕日公转的行星并被后者的引力牵引向其运动时，飞船自身的引力同样会对行星产生些许向后牵拉的作用力。这会降低该行星在轨道中的运行速度，飞船则因其质量要小得多而获得了巨大的向前加速度，在此过程中，动能从沿轨道运动的行星传递给了途经行星的飞船。尽管我们承认当飞船离开时，行星的引力会对其产生向后的牵引力，使其速度下降至这一飞行动作之前它与行星的相对速度，然而飞船离开时的速度还是会出现一个净增加。之所以这么说，是因为行星在受到飞船向后的作用力之后，其在绕日轨道中的运行速度已经略有下降，这一过程中损失的动能传递给了飞船，质量小得多的飞船在速度上的增幅则大大超过了庞大的行星速度上的降幅。一言以蔽之，这种解释认为，飞船凭借行星引力作用向前飞行并从行星那里获得向前的加速度，同时其引力作用于行星反过来又略微降低了行星的速度，如此渺小的飞船便从如此巨大的行星那里窃取了动能，由此其速度也获得了稳定、大幅的提升。

尽管这种解释乍看之下似乎颇为合理，然而仔细一推敲，我们就会发现它同样存在上文提到的那一个致命漏洞，刚才我们曾说过，一个静止状态的行星会对飞离的飞船施加向后的作用力，飞船在靠近行星过程中可能获得的速度提升因此被抵消殆尽。而"窃取动能"的解释硬生生地制造了当行星在自身轨道中运行时情况就会有所不同的这样一种假象。那么现在再让我们来对这一假象进行一番深入的解剖。

首先，我们以飞船接近一颗静止状态的行星这一较为简单的情形为例，显然，令飞船朝向行星加速运动的"引力橡皮筋"同样会在飞船离开时令其损失同等的速度，因此飞船速度不会有任何的净增加。这便是依据牛顿引力理论可以得出的结论。较此更为复杂的情形则是飞船从后面接近一颗处于运动状态的行星。认为上述两种情形存在根本不同的原因，仅仅是后者中的行星处于运动状态。人们认为在这一情形中，运动中的行星受到了向后的作用力并因此永久性失去了原有的轨道运行速度，而其中"动能传递"赋予了飞船更高的速度，使之加速向前运动。这种假象背后的逻辑其实是站不住脚的。

实际上，即便行星处于运动状态，情况也不会有根本性的不同——飞船速度还是不会出现净变化。要想搞清楚这一点，我们不妨想象自己正随着这颗运动中的行星移动，如此一来，行星相对于我们处于静止状态，显然这一情形实际上与静止行星的情形完全相同。值得注意的是，现今人们广泛认可所有运动都是相对的——绝对的参照物是不存在的——因此，一颗静止的行星和一颗相对于我们是静止的行星可能从本质上并无区别。我们常常忽视当今对这一问题的解释所存在的逻辑上的漏洞，原因在于只有运动行星那种情形中提到了行星在其轨道中受到向后作用力的这一问题，这给人留下的印象是运动行星的情形与静止行星存在根本性的不同。而实际情况是，当飞船接近时，静止状态的行星同样会受到"引力橡皮筋"的向后作用力（图3-23）；在静止行星的情形中，由于关注点都集中在了飞船的运动状态上，因此这一事实更容易被人们忽视。

图3-23基于引力学说的图解向我们传递的信息是，飞船会在静止行星引力的作用下向前加速运动，但在这一过程中，它自身的引力同样会将行星稍稍向后拉回一定距离——这与我们通常认为运动行星会发生的情形一样。那么，当飞船飞过行星之后，情况整个会调个过儿。行星对将要离开的飞船施加作用力将其速度降至最初的接近速度的同时，它自己也会被向前拉回到最初的位

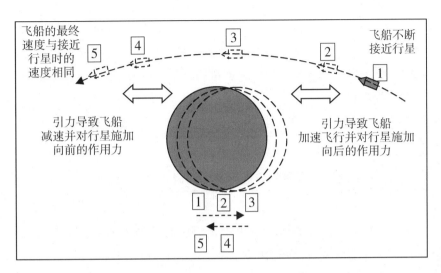

图 3-23　当今的引力辅助解释：飞船没有获得净加速度

置。因此，我们还是找不到任何理由认为运动行星的情形会有什么不同——根据牛顿的引力学说，行星和飞船都不会发生任何永久性的速度变化。

　　要想更形象地说明这一问题，一个简单办法是设想一下将图 3-23 整体向书页左侧移动时的情景。这完全等同于行星在轨道中运行，而飞船从后方追赶行星的情形。我们清楚地看到，仅仅因整幅图表在书页上移动并没有造成任何根本性的变化。行星和飞船最终均没有速度上的净变化。同样，关于"引力辅助"飞行存在"窃取动能"现象的说法中，行星沿轨道运动也并不会引发任何本质上的变化。根据牛顿引力学说的观点，无论行星运动与否，它都不会存在持续减速的现象，而飞船也不会因此获得任何净增速——简而言之，在整个过程中，飞船并没有"窃得"任何动能。

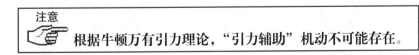

注意

根据牛顿万有引力理论，"引力辅助"机动不可能存在。

　　我们自认为了解了这一机动过程的物理真相，这种自欺欺人的想法由于"窃取动能"这一存在逻辑漏洞且数十年来始终未得到纠正、只被不断重复的理论而得以维系。我们之所以走到这一步，是因为我们已经习惯于不假思索地坚信牛顿所谓引力的存在，而且在这个科学和技术先进的时代，人们很难相信这个在太空计划中占核心位置的机动操作，可能是一个未解的和不可破解的谜团。事实上，我们所做的只不过是学会了对明显存在的一种神秘效应加以利用，同时试图为此编织一些看似符合逻辑的解释，而不去探讨等待我们发现的更深层的物理真相。

新观点

"引力辅助"或弹弓效应是一种纯几何效应。

方才我们已经谈到，当今的引力理论无法对"引力辅助"机动飞行作出合理的解释，下面从膨胀理论角度对这一现象加以解释时，我们将会采用"弹弓效应"这一常用术语，以方便大家区分这两种解释。以下的论述中使用"弹弓效应"这一术语也更为贴切，我们将证明，这种空间机动实际上是一种纯几何效应，其中飞船并非因受到某种引力而获得速度的提升。

我们首先要考虑的问题是，膨胀理论所谓的太阳系之旅有何特殊含义。所有原子、物体和行星都必须以相同的原子膨胀率进行膨胀，如此才能保持相对尺寸不变，行星绕日运动的轨道也同样如此。这并不是说真空的空间本身在膨胀，就好像这个真空的空间是由膨胀原子构成的实体物质一样，但做轨道运动的物体之速度和轨迹将持续地把它们推离所围绕的膨胀体，导致它们的轨道同步膨胀。

例如，月球掠过呈球形的地球时，地球的形状随着月球的经过而急剧发生曲形变化，但变形的力最终又被地球向月球膨胀的力抵消，在地-月间维持一个较固定的距离，并形成一个稳定的月球运行轨道。月球继续掠过，并离地球越来越远，而地球则持续膨胀，因而总体稳定的地-月轨道系统继续发生同步膨胀。围绕太阳转动的所有行星运行轨道也是一样的。假设情况不是这样的话，那么行星及其轨道就不会始终保持它们的相对尺寸，行星与太阳之间的轨道距离，要么会不断变大，要么会持续变小，这取决于行星或其轨道是否在更大的膨胀率上膨胀。因此，我们可以将太阳系视为一个非常巨大的膨胀"物体"，它由以太阳为中心的、同样处于膨胀状态的行星环构成，每个行星环在膨胀过程中均彼此保持恒定的相对距离。由此可见，穿越太阳系的运动实际上与行星膨胀轨道环周围的上升轨道的几何效应密切相关。让我们来看一看这究竟是怎么一回事。

在将宇宙飞船送入绕地轨道这一情形中，就可以窥见到这一法则的基本原理。宇宙飞船点火起飞后，它垂直离开地面迅速爬升，而后逐渐转向沿一条水平轨迹飞行并进入绕地轨道。当飞船转入水平飞行进入轨道时，如果它的速度超出了给定高度对应的轨道速度，那么它会继续沿着一条上升的轨道向上运动，最终进入一条距离地球更远的稳定轨道。此外，如果飞船运行的速度足够快，它甚至会上升进入一条足以使其彻底逃逸地球的轨道。在这一情形中，它不会径直遁入深空，而是会进入地球巨大的膨胀绕日轨道环周围的一条上升轨道（图 3-24）。

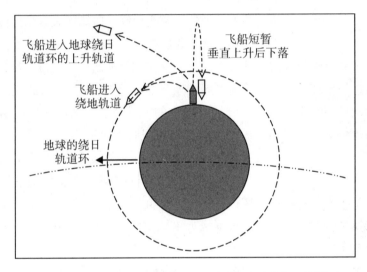

图 3-24 下落物体、做轨道运行的地球与地球的绕日轨道环

尽管克服像地球绕日轨道环这样一个大"家伙"的膨胀影响需要极大的速度，然而甚至是在飞船发射之前，它的速度已经足以抵消这种巨大的膨胀效应了。在地球绕日公转的过程中，地球快速"掠过"其庞大的膨胀轨道环的表面，其速度同于轨道环向外膨胀的速度。因此，地球上的所有物体便都已具备了平衡地球绕日轨道环膨胀效应所需的速度；而且旋转在地球赤道上空的轨道运行物体的速度甚至大于这个速度，这也就是为什么一般选择在赤道上发射火箭的原因。

因此，飞船的速度只需快到能够脱离地球的膨胀效应，远远超出地球巨大的绕日轨道环的膨胀效应，便可以围绕这个巨大的轨道环，继续朝远离太阳的方向做上升运动。这类似于当今人类太空计划中最常见的一种名为"霍曼转移轨道"（Hohmann Transfer Orbit）的轨道机动，只是今天的说法是，由于与质量相关的引力效应，宇宙飞船以在绕日轨道中不断上升的方式完成穿越太阳系之壮举。而膨胀理论指出，这条紧邻地球的最内层轨道环周围的上升轨道，实际上是由纯几何因素形成的。

图 3-24 中，飞船转向进入水平轨道之后其"命运"也随之发生了转变，原本很快会在垂直上升过程中减速并落回地球（实际上是地球因自身膨胀的缘故追上飞船）的它，此时却得以在一条上升轨道中继续滑行。在膨胀理论看来，正是由于这一原因，使得飞船在围绕一连串的行星轨道环的上升轨道中一路前行，开启穿越太阳系的伟大旅程。

我们以飞往木星为例，首先要做的便是飞船高速脱离膨胀着的地球，转而在绕地轨道中快速上升，很快摆脱地球膨胀的影响并继续运行，从而进入围绕地球的巨大绕日轨道环的上升轨道。之后，在飞船朝向火星飞行的过程中，它实际上会由于地球轨道环持续向飞船加速膨胀而逐步失去原有的速度。然而，就像此前飞船转入水平飞行进入地球周围的上升轨道，从而免于坠落地面那样，此时这艘踏上行星际之旅的飞船又与火星打了个照面，如图 3-23 所示，在这个当口，飞船沿围绕火星的一部分轨道飞行一段之后逐步加速，并再次做了一个漂亮的转向。但与图 3-23 不同的是，当行星际飞船离开时它并没有经历一条相对于火星的减速轨道；相反，在可能出现这种情况之前，飞船已经获得了必须的加速度，进入了一条围绕火星绕日轨道环的上升轨道，如图 3-24 所示。

飞船之所以能完成这个动作，是因为围绕火星运行的这部分轨道固有的几何效应，使得飞船飞向膨胀行星并绕其旋转时获得了速度上的提升，但这一有效的加速过程并没有任何作用力的参与。这与下落物体由于行星向其膨胀而加速下坠的情形颇为相似。而飞船速度的提升使得其超越了火星膨胀的影响，沿着围绕火星轨道环的上升轨道继续它的太阳系之旅，这与它最初脱离地球的过程如出一辙（图 3-24）。

大家应该还记得，无论是牛顿的第一运动定律还是牛顿的"万有引力"，实际上都不是真实的客观存在。天体的运动变化完全是膨胀物体间彼此的相对几何关系的结果。如果飞船与火星之间的几何关系决定了飞船加速朝向火星飞行，并最终脱离火星进入一条围绕火星轨道环的上升轨道，那么这一幕就真的会在我们眼前上演。这便是太阳系中各种天文事件推演发生的自然之道，这一切都是顺理成章、水到渠成的。而它之所以被演绎成为了一个令人费解的"引力辅助"机动，完全是鼓吹引力神话、宣扬物体具有绝对动量的牛顿学说作祟的结果。与此相反，膨胀理论指出，与前文曾讨论过的自然轨道效应一样，这种弹弓效应也是自然天成。我们根本无须为本不存在的"引力橡皮筋"和"窃取动能"现象苦苦寻找佐证。飞船在获得有效加速并进入一条新的上升轨道后，继续向着木星滑行前进（图3-25）。

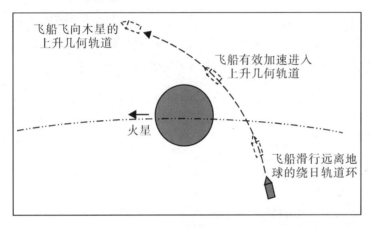

图3-25　动能的真相：膨胀理论中的弹弓效应

另一个有力的佐证是，"旅行者2号"航天器在穿越太阳系的旅程中，即便是通过"引力辅助"机动获得了两倍于之前的加速度，在其中也并没有感受到任何作用力、应力或张力。尽管在经典物理学看来，这种无应力的加速度提升是完全不可能的，但在膨胀理论看来，它却是自然天成、意料之中的结果，因为这实际上是由于弹弓效应产生的有效加速度，这是一种不涉及飞船强力加速度的纯几何效应。

从而这里再次证明了，牛顿第一运动定律并非像人们认为的那样是铁一般的事实——物体实际上并不具有绝对动能或速度，它的状态只取决于瞬间物体膨胀的几何效应。我们从前文探讨过的、物体从沿抛物线下落转变为沿圆形轨道环绕地球运动的例子中已经说明了这一点，从引力角度我们无法合理解释这一现象，之所以发生这种变化，完全在于一旦物体迈过了某一速度上的门槛，随之产生的几何效应就能使其不断克服地球膨胀的影响。同样地，弹弓效应使飞船的几何状态发生了改变，因地球轨道环加速膨胀而减速的飞船进入围绕火星的一部分加速轨道，随后立刻进入火星轨道环周围一条快速上升的轨道向木星疾驰而去。太阳系中的运动变化完全是万物膨胀过程中彼此间相对几何形态变化的结果，正是由于没有认识到这一点，今天我们才会认为当飞船经过行星时，其绝对速度由于引力的作用而获得极大的提升，而这种引力以科学眼光来看纯属子虚乌有，其实对于这种加速度的起因，此前我们一直不甚了解。

以上的论述，更加凸显了牛顿绝对速度和作用力意义上的宇宙，与膨胀理论关于物质膨胀导致相对几何形态变化的宇宙之间存在着明显不同。刚才我们引入的太阳系膨胀的概念，同样有助于解开一个困扰了美国国家航空航天局（NASA）科学家长达十多年的未解之谜。众多期刊和大众科普杂志对这一命名为"先锋号异常"的神秘现象进行了广泛的报道和讨论。

终极理论 先锋号异常

谜团
未解的"引力异常"之谜。

本章的讨论已经指出，目前科学从引力角度对天文事件作出的解释可以作为模型来使用，但它们绝不是对我们所观测到的天文现象的真实描述。由于这些模型并没有如实揭示事物根本的物理规律，那么我们遭遇与这些模型并不相符的难题和矛盾也就不足为奇了。科学无法对弹弓效应作出合理解释就是这样的一个例子，不过由于真相始终被存有漏洞的逻辑推理所掩盖，因此人们并没有意识到这一点；然而，一个发生在穿越太阳系的宇宙飞船身上的异常行为，倒的确是公认的难解之谜。

在由行星和卫星构成的空间里飞行的复杂性和所需要的航向修正，往往会使人们忽略飞船的运动与标准引力理论之间可能存在的细微异常。最近美国航空航天局（NASA）指出，经过地球的 5 艘宇宙飞船（卡西尼号、伽利略号、会合-舒梅克号、罗塞塔号和信使号）的轨道存在不明异常状况。十多年前，先锋 10 号和 11 号飞船快速飞越冥王星，离开了太阳系，我们也因此获得了一次千载难逢的机会来更好地了解这些效应。在飞行途中，它们不会再遇到任何卫星或行星，因此在这两艘飞船离开太阳系之后的运行过程中，可能出现的任何异常都会显得格外醒目，并会随着时间的推移一直持续下去。

而事实上，美国宇航局（NASA）的科学家已经注意到这两艘飞船均受到往后朝向太阳的拉力作用，这种神秘的作用力的大小超出了他们对这一距离上引力作用的预期，科学家们的这一发现已被广泛报道。自先锋号飞离太阳系至今，科学家们持续"捕捉到"这种使飞船不断减速的牵引效应，然而这种效应的真相仍晦暗不明。试图通过目前所有已知的理论，甚至是相关猜想来解释这种效应的努力都以失败而告终。

然而，当我们从膨胀理论的角度来审视这个谜团时，这两艘飞船深空之旅的性质就会发生明显的变化。这样刚才提到的飞船受到一个新的不明"吸引力"向后拉回作用的情况，变成了一种膨胀太阳系对飞船运动和信号发回地球产生影响的情形。

在许多距离固定的情况下，我们对速度和距离的判定已经将原子膨胀考虑在内，速度和距离也是在地球和太阳系的范围内做出的判定，在地球和太阳系范围内，膨胀理论构成了我们身边固定参照点的基础。好像地面上或恒星上的参照点都被固定距离隔开了，当参照点向彼此的方向膨胀时，却又显得毫无变化，因为所有物体同样在膨胀。因此，由冥王星上一个发射器发出的信号光点到达地球时，会被看作是指示着某个固定的轨道距离，即使整个太阳系包括冥王星在内的轨道环都在向外膨胀。

但不被固定动力牵引的宇宙飞船——它们在稳定的轨道内绕太阳运转，且可自由地在太阳系内缓慢飞行，甚至飞出太阳系，由于它们暴露在自身膨胀的几何效应下，常常会有"异常"表现出来。而这一点还没有被人们认识到。所以当宇宙飞船飞过冥王星时，其运动的几个效应变得越来越不像一个遥远恒星的轨道，因为通过目前已有的精密模型我们可以了解到，其运动几何效应更像一个远离膨胀太阳系的运动，而此前我们还没有认识到。同样，之前我们也讨论过，现今轨道力学模型并未采用牛顿或爱因斯坦的引力理论（尽管人们以为是这样的），因此我们通常不用以上理论指导太空飞行任务。

飞船在飞行过程中渐离一个行星附近或靠近另一个行星周围的行为，大致会按照预测的情况和计划继续进行，因为我们的精密模型和技术能应用于大多数轨道离开和接近的情况。其过程中发生偏差是十分正常的，人们对此也注意到了，但在不同卫星和恒星之间飞行的难度外加预料得到的微弱方向修正量，把这种"异常"的存在或者意义给遮蔽了。但一旦先锋号宇宙飞船飞离太阳系，并以缓慢的速度渐行渐远，我们的模型和膨胀理论所显示的常态化偏差就会变得一目了然。

因此，当宇宙飞船自由飞离冥王星时，太阳系便向其靠近，如此一来缩短了信号返回冥王星所用的时间。但是这种效应取决于太阳系的大小和膨胀力，而现今太空航行利用的是太阳的质量和其引力对飞船的牵引力，飞船飞越冥王星这片未知领域时差异就浮现出来了。

尽管眼下在地球和冥王星之间的信号传播符合我们常规模拟的情况和预测，我们所预测的飞船飞抵冥王星所需时间上的最初差异意味着飞船飞抵地球所需的时间与预计所需的时间存在差异（图3-26）。这或许可以用来解释为什么关于飞船飞越冥王星的情况会存在差异，而这些差异用现今的科学术语可以描述成"神秘的朝向太阳的异常外来牵引力"。这种基于内在膨胀的效应（不同于现今所说的引力叠加，引力叠加被错误地同观察到的现象结合在一起）或许能解释美国航空航天局所提出的尚无法解释的"先锋号异常"这个现象。

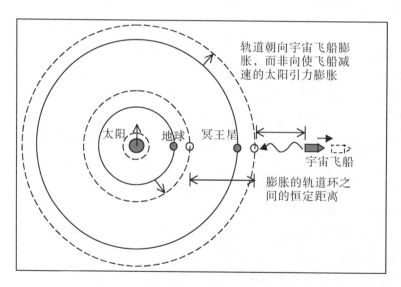

图3-26　膨胀的太阳系不同于牛顿的引力

理终论极 轨道摄动

我们知道，当行星受到相邻行星影响时，它们的轨道有时会发生显著变

172

化，这被称为轨道摄动。尽管行星位置可以通过一种被称作波得定律（Bode's Law）的纯几何关系来准确预测，但据说正是由于观测到了天王星轨道发生的摄动，人类才发现了太阳系的第八大行星——海王星。尽管这种摄动似乎是引力跨越空间作用的结果，但仔细考究之下，其实具有极大的巧合性。冥王星的发现恰巧是因为它的质量太小不足以导致行星间的相互摄动。此外，膨胀理论也对这种效应给出了清楚的解释。

新观点
轨道环的动态中心调整。

　　根据膨胀理论，我们的膨胀太阳系实质上是由无数个稍小的膨胀轨道环"物体"构成的一个巨大膨胀"物体"，太阳位于整个太阳系的中心。这种几何形态的特点之一就是假如一个轨道环稍微偏离其膨胀中心，它便会持续膨胀，持续膨胀最终会阻碍这种不对称状况的扩展，有效减缓它直至轨道环再次成为膨胀中心。如图 3-27 所示，左图中的小轨道环偏离中心四分之一个半径，但仅在原位置膨胀后便几乎回归了中心。一个有效尺寸不变的轨道环会随着时间的推移自然地寻找其中心，如右图所示。

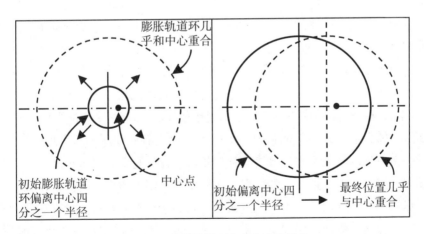

图 3-27　膨胀轨道环向中心自然移动

太阳系的轨道环并不是标准的圆形，它们呈现出一些明显不规则的特点，比如形状上略显椭圆形，随着时间的推移其形状不可避免地会发生些许变化，有时甚至会出现缓慢的自转或进动。行星轨道环的这些非理想状态和变化，会导致其稍稍偏离原本完全处于彼此内部中心的位置——这种偏离会随着膨胀物体持续向中心靠近的运动，而不断进行自我调整。对于每条不同的轨道环而言，这一过程发生的方式和速度都各不相同，而且每条轨道环在其相邻轨道环中的几何形态，会因这样的调整不断发生变化。

如此，我们的眼前便展现出这样一幅景象：太阳系由不规则的，甚至偶尔发生自转的轨道环构成，这些轨道环不断进行自我调整，让自己回到中心位置，因此，整个太阳系的几何形态就是由这些活跃的轨道环之间的动态反馈决定的。轨道环之间的这种"相互作用"，与图3-27中的例子一样，都不需要"引力"的作用。太阳系中的各种运动状态完全是活跃的物质膨胀几何效应的产物。此外，正如上文所提到的，这说明任何关于行星直线排列时突然增大的引力所产生的非正常潮汐效应的预测，永远不可能在现实中发生。太阳系的运动变化完全与所谓"引力"或穿越空间中的其他任何作用力无关。

新观点
轨道调整。

这种基于物质膨胀的轨道平衡论的一个有趣的推论，是绕地球旋转的月球存在调整或微调效应。实际上，由于处于绕日轨道平衡中的并不是我们膨胀的地球，而是整个膨胀中的地-月系，因此地-月系的变化会导致地球轨道随之发生变化。比方说，假设我们改变月球的速度使其向地球靠近，形成一个较小的地-月系，这个较小系统的总体膨胀幅度也较小，因而它受到的太阳（事实上是膨胀中的金星轨道环）的强大"吸引力"也会有效变小，从而地-月系将漂移到一条更远的轨道上去。最终这种调整可能证明是非常必要的，因为人们认为随着太阳步入老年期，它的体积会慢慢变大，温度也会上升。

尽管如今各种引力学说的观点认为，我们必须显著地改变地球质量才能确实改变其轨道，然而膨胀理论却指出，这实际上起不到任何改变轨道的作用。不过，我们可以按照上述方法，把月球当作地球的微调装置以达到上述目的。尽管改变月球绕地轨道可谓是相当宏伟的壮举，这也可以说是改变地球绕日轨道最可行的方法。事实上，地球也许已经得益于这种月球轨道的调整，因为观测数据显示，月球正年复一年地逐渐远离地球。我们的地-月系也因此持续变大，导致我们不断向太阳靠近——这一过程历经数百万年的沧桑，它或许是地球形成今天这种温和气候的一个重要因素。

　　在此提请大家注意，以上观点并不意味着任何可能在地球附近出现，并开始环绕地球旋转的太空岩石都会改变地球的轨道。如果情况果真如此的话，仅仅是一颗以两倍于地-月距离的高度环绕地球做轨道运动的岩石，都会令地-月系的尺度扩大一倍，并让我们飞蛾扑火般地投向太阳的怀抱；当然，无论是现在还是未来，都不会发生这种情形。经过数十亿年的演变，我们的地-月系成为了一个稳定的轨道系统，它的总体尺度（以及膨胀量）也使其与太阳保持一个稳定的轨道距离。一颗试图以大于地-月距离的高度环绕地球旋转的岩石，显然不会在这种稳定的轨道排列之中找到自己的位置。换句话说，这种仓促间形成的比目前地-月距离大得多的轨道系统，将踏上前往太阳的死亡之旅——首当其冲的就是始作俑者的岩石本身。这说明太空岩石绝不可能有机会成为我们地-月系统中一个稳定的组成部分，如果不是螺旋式地前行并很快与太阳发生亲密接触的话，它也只会像独立天体一样，沿着杂乱无章、动荡不定的轨迹在地球周边随机流窜。

　　同时，和这一话题相关的有拉格朗日点——在太空中位于行星引力和太阳引力之间的引力平衡点，对于太阳或者行星来说都没有净引力存在。通常太空中会有 5 个与太阳-地球轨道系统相关的这种位置，在这 5 个拉格朗日点上，地球和太阳的引力作用会相互抵消。然而，这种相对立的有效引力吸引间的平衡位置适用于任何切实可行的引力理论，而不用理会内因作用——膨胀理论中膨胀几何作用平衡所产生的一种效应。

星系之谜 <small>理终论极</small>

谜团
？　物质膨胀与星系形成。

　　如果膨胀原子导致了膨胀行星的产生，膨胀行星及其卫星形成了膨胀的行星系统，而膨胀的行星系统又形成了膨胀的行星轨道环，这些膨胀的行星轨道环又构成了膨胀的太阳系，那么这种膨胀运动的终极结果是什么呢？它的归宿又在何方呢？答案是更高一级的天体结构——星系。

我们是由数十亿颗恒星组成的一个名为银河系的巨大星系的一员。和众多星系一样，银河系也呈螺旋形外观，内部的数十亿颗恒星都在缓慢地向着银河系中心旋转运动。现在人们认为，其中原因在于这数十亿颗恒星的引力形成了朝向星系中心的牵引作用，也许星系中心附近还存在着一个或多个具有极大引力的黑洞。然而，这种观点存在许多问题，其中之一便是所谓"吸引的引力"在科学上根本不成立，之前我们已对此进行过论述，接下来我们还将就其他一些问题展开讨论。即便是今天的天文学家也承认，这种观点并不能自圆其说。

谬误

当今引力理论关于星系论述的失败。

根据目前的引力理论（无论是牛顿的万有引力理论还是爱因斯坦的广义相对论），对来自银河系所有恒星以及可能存在的黑洞的引力吸引，都远远无法解释星系中恒星的结构及其运动状态。事实上，天文学家们如今承认，银河系的质量至少要比当前已知数据大上 10 倍，我们才能按照牛顿或爱因斯坦的理论去进行计算，解释我们所观测到的现象。这也显露出当试图将原始引力理论实际应用于更广泛的宇宙中，而不仅仅是放在特制的下落物体模型和轨道运动的行星上时，现今以质量为基础的原始引力理论是一个彻头彻尾的败笔。

但大多数天文学家选择不将其看作是现今引力理论的败笔——包括爱因斯坦极度青睐的广义相对论——而是将其看作揭开何类神秘的看不见的物质必须无形地构成星系质量的90%以上的新挑战。关于这种"无形的物质"目前已有很多调查和猜想，并将其命名为"暗物质"，因为人们相信这种物质存在，但它神秘莫测，既不发光又不反射光，也不以任何形式发出辐射。因而有人指出，这种"暗物质"或许是一种不同于现今我们所了解的任何物质的"极不稳定物质"（exotic matter）。尽管在宇宙中某种极不稳定物质的新形态在质量上比其常态大 10 倍是可能出现的情形，但这种说法不过是在强大的确认性偏见驱动下的特设救援以试图挽救目前被广泛青睐的引力理论。

另一方面，膨胀理论指出，我们的银河系实际上不是由数十亿颗"产生引力"的恒星构成，而是由数十亿颗膨胀的恒星及太阳系构成的。随着这些恒星和太阳系的向外膨胀，它们彼此间的空间越来越小，实际上也就是在不断向彼此靠近。然而它们并不只是就这样在原地膨胀，直至在空间形成一个巨大的物质团块，事实上当它们绕星系中心旋转时，同时也在向内螺旋式旋转，彼此之间的距离不断缩短。

就像水自然地沿泄水口螺旋式下泄一样，随着水不断地流出，它所占据的空间也越来越小，由于恒星和太阳系的膨胀占据了银河系内部越来越多的空间，银河系自然地向中心螺旋式转动——并逐步向内聚拢。换句话说，内部空间持续减少的物体实际上是在有效收缩的物体（或者是像这个例子中那样在向内螺旋式旋转），宇宙中的情况就更是如此，其中万事万物都以相同的速率膨胀，我们从而难以察觉造成这一现象的恒星的膨胀。银河系向内旋转的原因，与地球上自由下落物体最终落回地面的原因如出一辙——这两种情形其实都是由物体自内而外的膨胀造成的。

我们将在第 6 章中对这种星系运动作更加深入的讨论，到时候我们会用膨胀理论的观点来检验黑洞以及宇宙大爆炸创世事件；不过现在我们倒是可以探讨一下这种物质膨胀的结局如何。银河系中数十亿颗恒星及太阳系的膨胀，缔造了银河系的螺旋结构，随着恒星的膨胀和彼此不断靠近，银河系也在向内螺旋转动。

这同时还说明，和当前的观点不同的是，这种内螺旋运动的本质与星系中恒星的总质量并无直接关系，而是与膨胀的恒星及太阳系的大小有关。尽管在我们引入膨胀理论观点的情况下，可见的恒星及其可能存在的太阳系是否足以解释星系的运动还有待观察，但这种观点很有可能会为我们揭开"暗物质"之谜提供极大的帮助。这种观点对确定银河系里完整的太阳系（相对于单个恒星而言）的数量、尺寸和分布情况都大有裨益。

膨胀理论在许多关于牛顿万有引力和爱因斯坦广义相对论的深度讨论的情景都有广泛运用和探索。人们越是深度关注牛顿的万有引力理论，就越能反映该理论在当今科学界的主导地位，因为高中和大学的物理课都在教授牛顿的理论。然而，尽管牛顿的理论在全球范围内都广泛教授，但许多物理学家都一致表示，只有爱因斯坦的广义相对论才能称之为权威的引力理论，因此我们有必要好好地重视广义相对论。

13　广义相对论——只是一个疏忽？

重点提示

- **诉诸权威谬误**
- **诉诸共识谬误**
- **确认性偏见谬误**
- **错置具体性谬误**
- **假因谬误**
- **排除证据谬误**
- **错误类比谬误**
- **稻草人谬误**
- **归纳谬误**
- **对冲谬误/特设救援谬误**
- **不具代表性样本谬误**

　　爱因斯坦的狭义相对论（发表于 1905 年）和广义相对论（发表于 1916 年），稍后第 5 章会谈到，均是几个世纪前由伽利略正式提出的更广义相对论的狭义版本。相对论的本质是物体不具有绝对独立运动这一事实的正式数学描述，而且物体只有彼此的相对运动。这一所有物体的纯粹相对运动在第 2 章曾提到过，它指明了牛顿第一运动定律错误地忽视并歪曲了自然界的这一重要事实。爱因斯坦提出广义相对论是为了提供一个能够处理加速度的相对论版本，这一点在他的狭义相对论里没有包含。他努力的最终落脚点是为了找到一种基于相对论的引力描述，因为引力是一种加速现象。爱因斯坦广义相对论的最终版本具备以下几个核心特征：

1. **加速度等于引力**：行星的表面引力效应（由引力产生加速度，即引力加速度［acceleration due to gravity］），完全等同于一个被持续向上推动并穿越空间的等效加速度。这也被称为等效原理（Principle of Equivalence）。

2. **时间是一种新的物理维度**：从一个流逝事件的测量到一个字面的物理维度，时间被完全重新定义，将原来的三维宇宙转为由长、宽、高和时间组成的四维"空间-时间"范围。这种宇宙的四维本质是爱因斯坦用"扭曲时空"来解释引力的秘诀。

3. **引起和遵循"时空扭曲"的物体**：物体以它们的质量比例扭曲爱因斯坦提出的"四维时空"，然后它们遵循这些"时空扭曲"，彼此向对方移动，并产生所观察到的所有物体的引力。

4. **引力使时间变慢**：天体（如卫星、行星、恒星）的引力被认为会使时间本身变得很慢。人们断言这一理论解释了为什么光从恒星发出后通常转移到较低频率——这种效应被称为引力红移（gravitational redshift）。

5. **符合牛顿的引力理论**：除了非常极端的和细微的情况外，所有的计算结果都与牛顿的引力理论相符合。

　　上述爱因斯坦广义相对论的核心特征明确了从其分支出去的许多学说的根源。然而，广义相对论所面临的多数情况并非如此。许多人都听说过广义相对论，知道它出自于一位人人敬仰的科学巨人，也领略过其数学逻辑之美，以及它的实验验证性和科学地位。这也给人一种印象：广义相对论为人们所了解，科学又合理；但不知由于什么原因，它只为科学杂志上的少数能称之为权威的人所接触。唯有许多科幻而非科学的言论声称自己符合广义相对论，这种情况进一步加深了广义相对论的神秘色彩和封闭性。

　　这种局面并非标志着广义相对论成为了一种高端科学，恰恰相反，这是一种十分危险的局面，因为大众对其知之甚少，少数专家垄断了对它的理解权和解释权。这使科学有了大面积出现种种谬误、弯路和既得利益集团的可能，有鉴于此，历史已经有力地说明，这会使科学发生可能持续数百年的歧途。从本书可以看出，逻辑谬误普遍存在于科学界中，并且十分具有误导性。关于对谬误的讨论早已提出对诉诸权威和诉诸共识谬误的讨伐，因为普罗大众完全依赖于专家的担保。爱因斯坦的名誉和错误推论（许多人也深入和客观地调查过）证实了这一理论。然而，当提供以下核心要素和学说时，评价广义相对论的有效性就不再是什么难事了，详情如下：

理终 论极 特征1——加速度等于引力

这一要素简单明了，也是理解引力的唯一要素。等效原理声称，加速度和引力从物理学上说都是一样的，实质上认可了下降或静止放在地球上的物体，无论从哪方面看都等同于一个飘浮于或静止放在太空中一个加速向上的平台上的物体。长期以来，人们通过实验将其确立为"引力质量"（地面物体因引力所产生的质量）和"惯性质量"（由于惯性，物体产生的对于其加速度的阻力）的等同。爱因斯坦通过其举世闻名的太空升降舱思想实验对其做了阐释（第2章讨论过），尽管牛顿早在几个世纪前用钟摆实验已建立了这一原理。

爱因斯坦的太空升降舱概念并非指示"扭曲时空理论"的某种推论，而是膨胀理论下的以太空中向上升起的升降舱当作我们向外膨胀的地球对引力的直接描述，爱因斯坦的太空升降舱实验首次解释了长期困扰科学界的关于"引力质量"和"惯性质量"的等效之谜，并说明这并非奇异之事，也非实验结论。事实上，这种等效关系不过是这样一个事实，物体只有一个奇异的质量，在物体加速穿过太空时其质量会增加，无论是将它置于飞船上或放在一个膨胀行星的地面上。

既然物体、卫星、行星和轨道的体积保持不变（因为它们都在膨胀），但爱因斯坦却忽略了这一简单的结论。这一疏忽意味着，爱因斯坦并未止步于这一指示了膨胀物质是引力的真正原因的奇异原理，而是认为有必要结合下面的四个特征继续研究，以创立并支持其广义相对论。爱因斯坦理论不断获得的支持使他封闭在自己对等效原理的主观幻想上，导致排除证据谬误在科学界的产生，近一个世纪来阻碍了更简单可行的理论的诞生，比如膨胀理论。

理终 论极 特征2和特征3——将时间和时空看作是物质实体

这两个特征不同于已确立的科学事实，相反它们激进地介绍新近提出的、关于宇宙本质和运行的观点。将时间看作一种新的物理维度的观点起源于这样一个十分简单的事实：太空中三维空间上的一个位置，包括长、宽、高（x，y，z），在时间概念中同样存在。到此，时间参数也应该被包含在内，给出4

个坐标 (x, y, z, t)，包含第四个时间参数本身并不是一个激进的步骤，当然，仅仅是一个指示某物在三维空间里某个特定的位置而已。事实上，广义相对论诞生的前十年，爱因斯坦的前数学教授赫尔曼·闵可夫斯基（Hermann Minkowski）就对爱因斯坦的狭义相对论进行过修改，采用时间为一个抽象的概念，从而产生了"闵可夫斯基时空"的理论版。然而，当后来爱因斯坦借鉴其导师的理念发展自己的广义相对论时，他将 4 个坐标都当作物质实体，把时间推进为一个与长、宽、高同样实在的物理维度，而非更为抽象的纯"时空"指标。但他并没有利用可靠的科学方法来证明，而使这一概念成为了错置具体性谬误。

爱因斯坦后来又进一步思考把时间当作一种不知何故显得极不稳定的、可操控所有事件进程，同时又被事件本身自相矛盾地改变了的奇异的新实体。这种遵循源自于爱因斯坦创立的理念，由于时间流逝过程中的局部变量作用，事件以不同的速度向前发展——一种推测出来的相对速度（狭义相对论）或引力和加速度（广义相对论）。爱因斯坦的时间是一种极不稳定的奇异新实体的理念，甚至提供了一种无限物理存储机制，在这种机制里，所有过去和未来事件的无限物理性存在于"时间"的某个地方，等待时间旅行技术的进步在将来得以访问。后来的平行宇宙学说和多远宇宙学说均源自这种理念。

从物理时间维度、扭曲时空、时间驱动事件、事件改变时间、平行宇宙、时间旅行到存储在"时间"某个角落的过去和未来之类的概念，在当今科学界和科幻小说里如此盛行，以至于大家很容易忘了它们只不过是爱因斯坦相对论问题丛生的分支而已。尤其值得注意的是，对于上述神秘而又复杂的概念我们只是轻描淡写地谈一谈，而用以佐证它们的科学依据同样显得单薄。

除了爱因斯坦用抽象坐标系统 (x, y, z, t) 牵强的做法外，别无其他科学证明可以助其推进时间是一种物质实体或维度的概念。同样地，除了爱因斯坦对闵可夫斯基抽象时空的牵强解读外，没有任何科学证明能够支持"四维时空宇宙"学说，爱因斯坦对物质扭曲时空的纯粹假设同样是无凭无据的。尽管来自粒子加速器、喷气式飞机或恒星引力的加速度力确实会明显影响某些物理进程，但将这一毫不新奇的事实当作相对论所主张的时间改变论简直就是多此一举，更是莫名其妙。若是没有强有力的证据，这种做法无疑是在介绍一种经典的假因谬误。

这种对引力的"扭曲时空"解释，尽管十分切合爱因斯坦建立起他早期的狭义相对论的愿望，但实际上却产生了一种十分严重的概念性问题。特征 1

认可物体受到的引力等于在太空中被加速推动，膨胀理论表示静置于行星表面的物体受到的引力等同于被加速推进。但广义相对论摒弃了关于行星表面的这一核心特征，相反，广义相对论声称行星的质量扭曲了行星周围的时空，并创造出静置于地面时能感受得到的引力效应。这使得在同一理论下产生了两种截然不同且物理学上互不兼容的引力解释。在使用"加速度等于引力"概念合适的地方却出现了"扭曲时空"论，这说明了这一理论内部存在互不兼容的逻辑谬误。

理终论极 特征4——引力使时间变慢

这又是一个严重偏离已确立的科学原理的特征，该特征依赖的是爱因斯坦将时间看作物质实体或物理维度的新定义，将"时空"看作宇宙的架构（fabric），将"扭曲时空"当作对引力的解释。这一特征进一步声称事件的存在不仅扭曲了时空，而且也局部性地减慢了时空的时间维度。

必须强调的是，尽管人们普遍推测，爱因斯坦和上述科学界对此番断言和概念或许掌握牢靠的科学解释，但事实上，除了此前的轻描淡写外，别无其他翔实的科学解释和论证。这一讨论全面审视了广义相对论的起源、本质和各种断言，并指出广义相对论是何等的在凭空假设，且缺乏科学依据。现今对广义相对论信念的科学确认主要来源于思想实验和遥远距离的宇宙观察，并将这些当作理论支撑。但如之前的讨论所述，许多被广泛认同的思想实验、解释性类推，甚至获得过诺贝尔奖的断言，都败在了不核实所存在的逻辑谬误上。

同样地，扭曲时空减慢时间的断言之起源同样存在错误和谬误。这一理论源自爱因斯坦摒弃了关于引力的扭曲时空论解释，转向"加速度等于引力"的思想实验（太空升降舱实验）。这次实验的内容是，把时钟静置于升降舱地板上，指针每移动一次都会转化为电磁辐射波，电磁辐射波又被传输到置于天花板的接收器上。由于升降舱持续向上做加速运动，接收器也会持续地做加速运动，由此，接收器会稍微离开信号，而信号是通过接收器传到天花板上的。因此，可有效延长每个信号波的波形，以在接收器上产生稍低的频率——即多普勒频移。因而接收器会探测到地板的速度比在天花板的速度要慢。或者反过来，放在天花板上的时钟能够将信号传到地板上的接收器，由于接收器向时钟所发出的信号的方向做加速运动，信号便受到挤压，导致时间在天花板上更快，这两者的结果是一样的。

这一推理为爱因斯坦所采用，他声称根据广义相对论，引力会减慢时间，因为"加速度等于引力"的特征意味着在地球上，时间会随着高度的变化而变化，正如太空升降舱实验上的情况一样。然而，这一推论存在巨大的逻辑缺陷和物理上的瑕疵。首先，这一推论并没有从广义相对论的角度提供一个"扭曲时空"与"空间加速度"相互转化的清晰解释。我们甚至可以这样大胆假设，这一思想实验只存在上述瑕疵，但从太空中加速运动的升降舱，到被扭曲时空包围的行星上的静止物体，存在的问题依旧是层出不穷。

然而，这一思想实验存在的问题远不止这些。也许有人不禁会有这样的困惑：在升降舱地板上摆放一只钟，天花板上安放另一只钟的做法更简单，为何舍近求远、舍易取难地大费周折操控那种规模庞大且牵强附会的实验。当然，由于地板和天花板被升降舱有形的内部结构紧紧联结在一起，因而二者都会同时做加速运动。毫无疑问，两只钟都会受到升降舱加速度运动产生的重力，不存在哪只钟比哪只钟慢，时间也不会因为某种逻辑原因或科学原因发生某些奇异改变。这种情况仅仅说明了这样一个事实：多普勒频移时有发生，它表明速度或加速度中存在变量，而与时间的速度被改变没有丝毫关系。运动所诱发的频率以电磁波的形式改变，而电磁波每天都会在许多类似的场合存在，如警用雷达，但并没有涉及科学尚不能解释的"时间膨胀"效应。

但是，这种思想实验的核心还存在另一种逻辑错误。假如地板上的时钟发出每秒钟走一圈，那么60圈后时钟便前进一分钟。同样地，这相同的60圈会经过置于天花板上的接收器，并且每一圈代表时钟上的一秒，60圈便表示天花板上的一分钟（和地板上是一样的），地板和天花板上的钟都是同步的。由于加速度的作用，每一圈的形状会发生轻微变形，但所传输的数量是不会改变的。理解这一概念的另一种方法是在脑海里想象一个矩形框，里面有一支铅笔的一端不停地上下运动。如果这个矩形框被一张纸拽着走，它上面的笔便会持续画波浪线，矩形框尾部会经过矩形框头部，在另一时刻画出相同数量的波浪线。就算矩形框持续加速经过这张纸，尾部也不可能多出或不足头部所画的波浪。由于矩形框不停地做加速运动，所画出来的圈会略有变形和延伸，这种运动代表一种频移，但尾部必然会经过头部在不同时间所画的波浪线数。时钟秒针会经过同样的波浪线数，这同爱因斯坦的加速太空升降舱思想实验是同一原理。

尽管"时间膨胀"理念在概念上、逻辑上、科学上均存在不小瑕疵，但广义相对论成为深受追捧的理论，以至于人们怀有强烈的确认性偏见，想方设法地去寻找可以支撑广义相对论的科学依据。这种结果会产生一种循环往复的周期，即某一观察在前期被用作是这一被广泛追捧的理论的牢固证据，从而抬升了该理论的信誉，当该理论遇到更多的质疑时，反而又促进其信誉的提高。数十年来，经常被援引的事例便是哈佛大学试图实践爱因斯坦升降舱时间膨胀思想实验的例子。这一实验是测量教学楼不同楼层之间垂直信号传输过程的频移。假设轻微的频移在实验过程中重复发生并且均独立成立，但我们所进行的讨论却证明速度或加速度变量所引起的信号效应是十分常见的物理现象，和神秘莫测的时间改变论毫无瓜葛。

根据膨胀理论，地球向外的膨胀力导致了引力的产生，高楼的顶部实际上是略超出地球半径的，因而顶部每秒钟所受到的膨胀力要略大于高楼的底部。根据膨胀理论，高楼顶部和底部的加速度仅仅略有不同，所以，假如由于加速度差异而产生某些物理效应，比如信号传输过程中可能出现的频移，就不是什么稀奇的事情了。然而，尽管如此，我们还是没有任何逻辑上或科学上的证据来说明这种加速度效应会导致时间速度自身的改变。尽管如此，广泛流行的强势权威诉诸、强烈的确认性偏见、未经核实的假因谬误，加之排除证据谬误，使得被高频率援引的庞德·雷布卡实验（Pound-Rebka experiment）成了佐证爱因斯坦广义相对论所表述的时间膨胀论的"证据"，相对来说，简单明了得多的膨胀理论却被视而不见。

理终 论极 特征5——符合牛顿万有引力理论

其实这一特征在之前的讨论中多次提到过。由于牛顿的引力理论已经牢牢地镶嵌入科学界，俨然成为我们思维的一部分，爱因斯坦很肯定地表示，他的引力的广义相对论捕捉到了牛顿理论的核心，其实爱因斯坦提供给世人的只不过是无比寻常的特征，而非什么稀奇极端的情况。

认清广义相对论的这一特征有助于梳理这个理论的脉络，更可以揭开它的神秘面纱。特征5明晰地表示，此前我们关于今天对下落物体、轨道运行物体、人造卫星和航天器的运行、重力势能、海洋潮汐等问题丛生的解释，都适用于牛顿和爱因斯坦的引力理论。理解这一点，有助于我们在此前讨论的基础上进一步评价广义相对论的科学性。

尽管广义相对论的数学细节十分繁复，但之前关于其核心特征的讨论说明，评价广义相对论的诸多断言绝非难事。另一则例子是对将其数学魅力和准确性当作广义相对论正确性的象征，这一十分常见的陈述颇有吸引力。然而，正如之前所讨论的，当实打实地检验广义相对论的准确性时，它便开始不像吹嘘的那么准确无误了，十个星系动力学的因子中有九个都是错误计算的结果，由此，恐怕只有援引目前科学尚未证明的"暗物质"理论才能拯救广义相对论了。

尽管广义相对论的数学魅力是一个十分主观的事物，但将狭义相对论的种种方程式同牛顿引力理论、四维扭曲时空思想糅合在一起所得到的广义相对论方程式也是花费了很多年心血的。在这一过程中，爱因斯坦大量吸收了众多数学家的新颖概念，如闵可夫斯基、黎曼（Riemann）、格罗斯曼（Grossmann）、施瓦西（Schwarzschild），并由此创造出了几个当今科学领域中高度复杂并且改动较大的方程式。

或许爱因斯坦创造出了最广为人知的修改，还创造出了"宇宙常数"（cosmological constant）这一概念，将其解释为抵消他的模型里不同星系之间引力的"反引力"，以此来对应宇宙是静态恒定的这一广泛认可的信念。但是这一做法纯粹是一种数学上的人造之作，因为它并非源自某种强有力的物理法则，而是牵强地用数学原理来匹配他的观察结果，导致这一说法成了一种错置具体性谬误，因为自然界根本不存在反引力这种现象。爱因斯坦在静态宇宙论瓦解后，声称拿掉宇宙常数和相信静态宇宙论是他犯下的"最大错误"（greatest blunder）时，或许他就是在表达他已经认识到了广义相对论存在严重错误。

尽管如此，今天有科学家尝试重提基于爱因斯坦常数的、实际上可能是排斥引力的"暗能量"，用以解释他们所观察到的某些星系现象（见第 6 章）。然而，爱因斯坦的宇宙常数并非一种物理力或能量，它和原来一样，只不过是捏造出来的数学概念，如今又被牵强地重提出来，"暗能量"只不过是一种与爱因斯坦提出的"反引力"同样缺乏科学解释的概念而已，换汤不换药。因而，在毫无科学理解的情况下牵强地赘述这种常数，以适应这一观点的做法就如同重复爱因斯坦一百多年前承认"最大错误"时的做法一样。

还有许多其他的人对爱因斯坦的方程式做了改动，实际上广义相对论的经典方程式都还存在，例如标量场、张量、标量-张量、矢量-张量、准线性、双度和分层等。大部分方程式都如此复杂，以至于从来没有就其实用性和可测性上进行过任何实质性的论证。如此复杂且被严重操纵的错误计算结果表明，我们科学界对于引力的解释竟然被这样一种号称独一无二又无比正确的对冲谬误/特设救援谬误所支撑着。

因此，我们要知道这个大受青睐的理论的真实状态，这对我们科学的健康至关重要。关于时间作为物质实体或物理维度的概念，在和谐安排事件的同时也被事件所操控，所以它仍然是一个在问世百余年来由极受质疑的证据支撑的、想象的和未经科学证实的提议。同样地，"空间-时间"概念在构成了我们宇宙结构的同时，又不知何故地被物质的存在扭曲而产生引力，它实际上是个借来的和混乱的抽象概念，仍在等待科学检测。广义相对论中常被人提起的数学之美和准确性已被当成一个完完全全的谜团。广为流传的、用于证明该理论的"橡皮床单"类比（已在第2章讨论过），实际上是一个歪曲该理论的错误类比。该类比似是而非让轨道运行天体通过时间奇怪地运动，并同时迎合一个预先存在的引力现象来解释引力。致命的错误以及逻辑上的荒谬在声称是该理论的实验支持材料上俯仰皆是。进一步的例子是水星轨道的进动问题。

谬误

✗ 水星的进动不能证明广义相对论。

爱因斯坦广义相对论的一个主要证据是他的理论被用来计算水星轨道中其他理论难以解释的行为——对于水星轨道的进动即便是牛顿的引力理论据称也无法解释。这就是反复出现的关于爱因斯坦成就的描述，往往通过教科书、纪录片和杂志呈现给大众，营造了一个广为流传和爱因斯坦理论正确性得到明显证明的、完全令人信服的观念。

然而，正当我们在检查那些与此相关的报告中特别减去的细节时，画面有了显著的改变。第一个需要强调的关键点是关于水星进动的中心问题——数世纪来水星沿着整体椭圆形轨道的公转进行得非常缓慢——在爱因斯坦之前，人们已经准确地用牛顿理论建模，其计算和观察结果之间的误差令人满意地低于百分之一。这个结果考虑到了多种因素，包括在太阳的形状中任何已知的明显不规则情况，其他行星被确认对水星产生的引力影响，地球本身的自转轴心进动（因为所有的观察都是在地球上完成的）。

　　由于计算精确度、仪器精密度及过程方法的局限性所导致的累积错误总是在任何观察或实验中出现，上述的每一个因素也会在这里被考虑到。它还需要考虑到，特别是在这么一个大规模的、雄心勃勃的行动中，其他重大的因素可能会不知不觉地被人忽略了，或者对于那些已知要素，人们在一个世纪前乃至今天，在理解和运用中可能会出现错误。比如，水星最近被发现有一个磁场，可能会引发与太阳风和太阳耀斑的互动，并作用于最靠近太阳的行星轨道。尤其是在真实环境下，即使遥远距离上行星最细微的理论上的引力影响也是十分显著的。

　　但是，再次提醒，即使考虑错误的所有可能来源，水星轨道进动的观察结果仅解释了百分之一的一小部分。如果能与这些信息一同展示的话，很多人可能将这个早于爱因斯坦的结果看成一个相当大的成就，形成鲜明对照的是，作为早于爱因斯坦的一个难以解释的谜，水星进动的错误特征描述是经常被重复的。确实，这种错误特征描述构成了稻草人谬误，指的是一个问题被人为捏造成一个平台，用于展示所希望的解决方法的，而实际上真正的问题起初并没有出现，常常让那个明显的"解决方案"没有相关性或毫无意义。

　　在关于水星轨道的严谨调查中，还要考虑许多其他因素。在太阳系中，水星是一个很特别的行星，因为它离太阳最近，所以也是在轨道运转中原原本本地受太阳的原几何形状和动力直接影响的唯一行星。根据膨胀理论，其他那些更为遥远的行星是绕着它们相邻的内行星大轨道环公转，而不是直接绕着太阳公转。因此当我们在考虑水星轨道时，太阳的形状和动力的任何不规则情况的重要性被大大提升——而不规则情况在一个世纪以前只是被部分地知道和了解，甚至今天也可能是这样。水星的表面也布满了坑洞，因为它正位于很多天体被牵拉去往太阳的路途中，而且鉴于它的小体积和小质量（大约相当于月亮的体积，不到地球质量的二十分之一），任何理论上的轨道均可能被过往的事件极大地改变。水星的轨道比其他行星的椭圆程度更大，相比之下，其他行星的轨道更接近圆形，因而我们要质疑那些从其他行星研究中照搬过来的假设、比较和分析技巧。

　　鉴于这些关于现实世界的附加考虑，尤其是考虑到现代天文学家用于密切观察水星轨道进动的时间相对而言是如此的微不足道，如果有了纯粹的理论计算却还不能完美地描绘水星轨道的情况，也就可能不那么令人意外了。确实，所有反常的轨道动力的方式可能因为一些物理或是历史的原因存在于某个太阳系中，而这些原因可能永远没人知道。这些源自理论的实际衍生品将毫无疑问充斥宇宙，而不对其中一个引力理论或其他理论的正确性产生关联。因此，我们需要提高警惕，避免再次让我们独特的太阳系中的理论与观察之间细微但是备受争议的差异来影响我们对于引力的理解。

最后，尽管在将水星现实世界中的轨道动力和理想的理论模型的准确匹配中存在很多问题和挑战，一些数学家和物理学家在一个世纪前发展了替代的引力理论，并确实符合了后来所知的水星轨道的进动。这些努力中包括莫里斯·利维（Maurice Levy）和保罗·格贝尔（Paul Gerber）在 1890 至 1900 年期间所做的，当然还有比他们晚几十年的阿尔伯特·爱因斯坦。一个被强调的问题是，尽管工作中有了足够的信息、独创性和变量，还是很有可能用上某些模型，而这些模型能够与某些已知的渴望被得出的结果有着武断的联系。单单这个事实在那时不能证明任何所给模型的完全物理准确性。而且确实，其中在爱因斯坦之前，没有哪个关于水星轨道已知进动的实际解决方案得到认知和接受。但是，爱因斯坦早期的狭义相对论积累的盛名为他运用广义相对论做出的解决方法获得了更高的曝光率和可信度。但是，鉴于已经存在的计算方法的无比准确性和实际情况中期待任意理论都能恰好成为每一个轨道观察的模型可能是不合理的情况，爱因斯坦是否确实解决了其中的某些难题也存在争议。这甚至可能让我们停滞下来，当一个理论问世，将现存的从不完美的现实世界观察中的准确结果转变成对于已知的、受期待结果的完美匹配，其周围都是众多固有的不确定性、不准确性和未知性——尤其是当一些不同的理论试着去这么解释的时候。

谬误

X 爱丁顿未能证明广义相对论。

任何关于广义相对论的讨论，如果没有涉及亚瑟·爱丁顿（Arthur Eddington）1919 年著名的日全食实验，都会是不完整的。这个实验在全世界范围内产生了轰动效应，并给爱丁顿和他后来的理论带来了举世闻名的声誉以及在科学界不容置疑的接受度。虽然关于这个事件在世上流行的描述是爱丁顿进行了艰苦的科学实验，并且结果确实符合了爱因斯坦理论的预测，但实际情景日益被人发现是非常不同的。

实验本身很简单，观测结果是恒星发出的星光在经过太阳的时候会发生弯曲的现象，而太阳是地球附近能对星光产生显著影响的最大天体。这就是前面讨论过的、著名的引力透镜现象。这个想法是去注意到恒星在近日的时候其位置上发生的变化。任何光的弯曲都会导致恒星在一个与通常情况下略微有些不同的位置出现。实验只能在月亮完全盖过太阳形成全食的那几分钟里完成，只有那时太阳的光芒没有盖过附近的恒星。

爱丁顿是爱因斯坦理论最忠实的拥护者，前往非洲去观测日全食，希望得到证实。根据爱丁顿的实验报告，这个单一的断言成为了爱因斯坦广义相对论最坚实的科学证明。但围绕着这个断言还存在很多的问题和谬误。首先，合适的科学方法需要彼此独立的各个团队能够通过反复的客观实验，得出一致的认证结果。然而今日的科学界仅是热情地接受这个前沿科学家的单一报告作为这个大受青睐的理论的证明。

同样，正如先前关于引力透镜现象的讨论中所提到的那样，引力能有效地将物体和光束拉向大的天体的事实并不存在争议。牛顿的万有引力理论、爱因斯坦的广义相对论和膨胀理论对此都赞同，其他能行得通的引力理论也是。确实，在 1930 年关于爱丁顿进行的那次实验独立公布出来的分析表明，爱因斯坦对弯曲光线的计算仅仅代表了著名的光学方程式应用于缓慢光线经过太阳的情况，显然没有任何爱因斯坦声称的扭曲时空物理理论。因而这是一个假因谬误和一个排除证据谬误，相信一次弯曲星光的成功预测"必要地"证明了爱因斯坦理论——"只有"那个理论，尤其是如果它包含了如此之多的概念瑕疵、科学谜团和逻辑谬误，正如我们在广义相对论中已经提到的那样。

此外，越来越多的人承认那个独立发布的报告也表明爱丁顿忽略了错误的重要来源，并通过实验取得了为数稀少的可用照片，减少了用于准确衡量和比较的样本空间。这些报告中表明爱丁顿将其中 85% 的照片剔去，因为它们不能帮助证明爱因斯坦的预测。减少样本空间和有选择地剔除潜在的大量矛盾证据的做法，让人质疑这个成功地让广义相对论及爱因斯坦和爱丁顿声名大噪的著名报告的内核，是不是兼有了不具代表性样本和确认性偏见的双重谬误。

在结束这个讨论之前，重要的是标注最后几点用来思考。试图验证支持广义相对论的问题，为越走越远的谬误提供了一个淋漓尽致的展示机会，如果我们不加小心的话，这些谬误可能已经在无人注意的情况下潜入到我们的科学中。正如上述例子中展示的那样，爱丁顿在证明爱因斯坦正确性的过程中可谓费尽周折，因为长久以来，证明爱因斯坦大受追捧的理论都意味着获得科学界的巨大奖赏。而且，正如广义相对论表明的那样，牛顿引力理论的重大变化只可能在一些极其细微的实验或是极端引力的情况下被发现，宇宙学家特别要在远离我们银河系以外的地方寻求支持的证据。对百万光年或是数十亿光年以外事物的观察的解读，本质上来说，要服从于一定程度的假设和判断——来自那些深入研究爱因斯坦理论并想要证明它们的专家。因此，尽可能地在参数和假设上做出调整来证明爱因斯坦的理论看上去很合理，尽管存在着其他有争议的但更具合理性的价值和推断，而它们可能意味着大量的"分歧"。

但是，尽管存在着大量的动机和努力来寻找出支持爱因斯坦理论的证据，在爱丁顿的实验过去40年来，并没有其他可信的能证明广义相对论的结果问世。而且，时至今日，在近一个世纪以后，依然只有寥寥的能为人所知的断言，而来源基础都是那些非常遥远的、经过选择的宇宙快照，渗透着当代理论和信念的观点。这些寥寥的能为人所知的断言不大可能代表过去一个世纪来取得这个奖赏的一切努力。更有可能的情况是，它们只是代表冰山的顶部，而有太多的科学家的失败尝试，因为他们的结果有的不能证明爱因斯坦的理论或是甚至强烈的反对，因而就不可能拿去发表，或者干脆被拒绝。因此，现有寥寥的对爱因斯坦的广义相对论的证明声称可能进一步构成"不具代表性样本谬误"而不是成为该理论的证明，这样的考虑不无道理。

接下来我们要检查一个桌面实验，叫作卡文迪什实验。尽管没有一次天体观测，它却蕴含自由空间的客观动力。我们从实验的综述开始，正如它被现在解读的那样——作为引力的展示，接着探索以膨胀为基础的解释。

卡文迪什实验——它究竟证明了什么？

实验

卡文迪什实验。

两个世纪之前，亨利·卡文迪什（Henry Cavendish，1731—1810）为了演示引力效应，在实验室进行了一次实验，自此以后，人们一直以各种形式反复进行着同一实验。其中最为经典的实验形式是，将一个小杠铃悬挂在两个较大的固定球体之间，但不与后两者成直线排列，然后对杠铃在球体极小的引力作用下缓慢旋转并与之构成一条直线的运动状态进行跟踪分析（图3-28）。

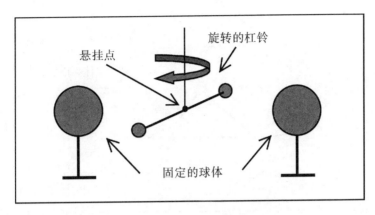

图 3-28　卡文迪什的经典实验

尽管这个实验似乎演示了牛顿引力的存在，但如果情况果真如此的话，那么我们现在手头上就又多了一个完全无法解释的谜题，因为我们已经清楚地认识到，牛顿提出的所谓引力从事实和理论角度看都不能成立。我们质疑的并不是我们所观测到的现象本身，而是今天科学对其作出的解释。此前我们已经认识到，迄今为止所有归因于牛顿所谓引力的现象均可以用物质膨胀的观点加以解释，那么我们不妨来看一看膨胀理论是如何看待这一实验的。

要想理解该实验，第一步需要设想一下，如果悬挂的杠铃不能自由转动，而是通过实心杆之类的物体牢牢地与固定球体相连，那样会发生怎样的情况。在这个情形中，实验用到的所有物件都会保持固定不变。根据膨胀理论的观点，由于实验中的所有器具都连接在了一起，形成了一个刚性结构，因此每件实验器具都在以相同的原子膨胀率进行着膨胀，整个系统的几何形态并没有发生变化。图 3-29 是实验系统的半幅顶视图，其中处于膨胀状态的杠铃和固定球体之间多了一根连杆。

正如我们预想的那样，由于所有物体都被刚性连接起来，随着膨胀，整个系统的几何形态没有发生任何变化。地面（以及整个房间结构）将杠铃悬挂点与固定球体相连，固定连杆现在被置于悬挂着的杠铃和固定球体之间。现在我们来看一下，拿掉这根连杆会发生什么（图 3-30）。

这时杠铃向固定球体转动。之所以会这样，是因为杠铃和固定球体之间没有了连杆，因而也就没有什么膨胀物质与实验中所有其他刚性连接的膨胀物件同步作用将它们分开。于是，当连杆与其他每个事物一道增长体积，杠铃和固

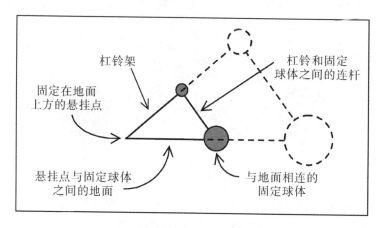

图 3-29　刚性连接装置的膨胀几何形态

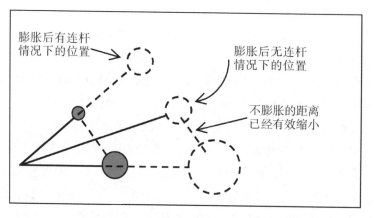

图 3-30　自由旋转杠铃的膨胀几何形态

定球体被分开并保持在相同角度的时候，连杆被拿掉了，给它们留出了空荡荡的空间，空间不会膨胀，因此其他事物在它周围膨胀时有效减少。在杠铃和固定球体间距离的有效减少意味着杠铃转向球体，并减少彼此之间的角度。

　　此外，正如第 2 章中讨论的那样，一旦有关移动出现，我们的宇宙不会也不能对移动的一个起因或是另一个做出区分——不管是出于一次剧烈摇荡还是纯几何学上的膨胀。这就意味着在膨胀几何（比如引力）推动下的杠铃的有效转动，必须遵循于因其他移动而转动的相同物理，并一直转下去除非外力作用减缓。正在进行中的膨胀接着助推了转动，使得杠铃继续靠向固定球体，尽管在它转动中还存在反作用力，比如杠铃的转动惯性和悬挂绳上日益增强的吊绳扭转力。

因此，尽管当前对该实验的解释认为某种作用力（或许是牛顿所谓的引力）将杠铃拉向球体，但膨胀理论却指出，杠铃发生旋转恰恰是因为其中没有牵扯到什么作用力。也就是说，在活跃膨胀的原子物质内部存在一种固有的膨胀力，拿走一条运动轴上的原子物质会导致该轴以不同于其他一切物质的步调运动。

为了说得更形象一些，我们不妨打个比方，比如我们将固定球体下方的底座拿走，由于没有了固定支撑，现在下方膨胀的地球就可以不受阻碍地向球体快速膨胀，于是球体就"落到了地面"。原则上，这与拿走自由旋转的杠铃和固定球体之间的连杆并无不同，只是在后一种情形中，球体是因物质膨胀的缘故在水平方向而不是垂直方向发生运动。

然而另一方面，假如杠铃自由运动的步调与周围的原子膨胀不相一致，那么就算把固定球体拿掉，杠铃为何也不以同样的方式旋转呢？其中缘由与物体飘浮在外层空间时不会下落的原因如出一辙。物体的运动状态完全取决于其与周围膨胀物体的几何关系。假设一开始就不存在与杠铃相隔一定距离的固定球体，那么自然也不会形成图 3-30 所示的、膨胀球体和杠铃间相隔相同距离的这一最终位置了。我们没有理由认为杠铃会旋转到相对于虚拟固定球体的位置，既然我们可以设想在房间的任何一个位置存在一个任意大小的球体，那我们就更没有理由认为杠铃会如此旋转。杠铃不可能知道我们的这种设想，它只是相对于其旋转平面中的实际物体膨胀运动而已。

假如我们把固定球体放到地板上，让它不处于杠铃的水平旋转平面的话，情况又会怎样呢？对此，牛顿学说可能会认为杠铃与球体之间仍然存在部分引力的作用，它会令杠铃水平转动直至位于球体上方，但这种作用力要弱得多。同样，根据膨胀理论的观点，如果我们假设球体与杠铃之间存在一条直线，那么两者之间的距离就代表沿该直线未被完全刚性连接的真空部分。事实上不存在原子物质的刚性结构（如固定连杆）来阻止这段距离由于四周物质的膨胀运动而逐渐变短——直至杠铃最终运动到下方球体的正上方。

当不同的科研团队为了测量牛顿的万有引力常数（见第 1 章牛顿万有引力理论）而进行这一实验时，其实验结果存在着较大的差异，以上的讨论或许有助于解释这种现象。虽然数十年前卡文迪什通过一次特别实验得出的数值被我们普遍采纳作为牛顿的万有引力常数来使用，然而致力于修正这一数据的其他实验室的科研团队得出的结果，往往与我们公认的数值存在很大出入。其原因很可能在于目前我们认为球体——两个参照球以及杠铃两端的小球——的质量以及由此产生的"引力"，是造成我们观测到的杠铃旋转现象的因素。因此，实验室之间以质量及假定存在的引力为基础的"万有引力常数"的计算得出千差万别的结果也就不足为奇了，因为这些观测到的现象，实际上是由球体的大小和膨胀而不是由质量和引力造成的。

由于我们依然有理由认为这其中质量起到了一定的作用，因此问题可能会变得更加扑朔迷离。举例来说，如果改变杠铃两端小球的质量的话，那么杠铃重量的变化可能会改变随杠铃旋转而捻转的吊绳的张力和运动状态。它也会改变曾经运动着的杠铃的转动惯性和动力，改变它对吊绳扭转力等其他影响的反应。然而，改变任一侧固定参照球体的质量却不会对它产生丝毫影响，因为实验系统的几何形态并未因此发生改变——也就是说，只要在这过程中球体的大小不发生任何变化，实验就不会受到任何影响。在拥有广泛基础的"引力"信念下，如此偶然的体积改变是不被注意的，忽略的或是没有被好好考虑的。

因此，当实验中任一球体发生变化时，研究人员很可能会注意到实验结果的变化，但是由于对实验中真正起作用的膨胀物质——而非"引力"——缺乏了解，他们很难对这些变化作出明确的定性和解释。在所有的自然常数中，人们之所以认为牛顿万有引力常数测量得最不准确，对其的争议也最大，恐怕这就是原因所在。严格来讲，这实际上不是一个纯粹的"自然常数"，它是通过将抽象的牛顿引力模型和真实的膨胀物质叠加而推演出来的。

14　揭示自然常数的起源

我们在第 1 章中便指出，本书介绍的新原理——即我们所说的原子膨胀——构成了一种全新的"万物理论"的理论基础，这种"万物理论"极有可能就是我们一直在苦苦寻求的、有史以来第一次对我们的宇宙作出正确解释的理论。一旦找到这种万物理论，科学家们对其所抱的期望之一，是它能让我们了解自然界中诸多自然常数的真实面貌，而不是像我们今天这样只是一味地接受、使用这些测量值。正如在围绕卡文迪什实验的讨论中提到的，牛顿的万有引力常数目前被认为是宇宙中的自然常数之一；它很自然地出现在我们的引力计算中并且具有一个测量值，但除此以外，我们对它的了解就少得可怜了。接下来的讨论会证明，膨胀理论倒是可以为这个"自然常数"的来源给出一个合理的解释，它将向我们指出，与其认为引力常数是一个自然常数，不如说它是牛顿学说的一个主观创造。

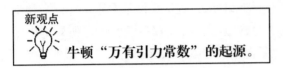

新观点

牛顿"万有引力常数"的起源。

既然膨胀理论认为牛顿所谓的万有引力其实是原子的连续膨胀效应，那么对于牛顿"万有引力常数"起源的探寻，自然就应该从元素周期表中最基本的原子——氢原子开始。如果牛顿的万有引力模型确实是原子膨胀这一物体运动真正原因的人为表述，那么这两种理论在原子层面上应该是等同的，也就可以通过第一运动定律首次计算出牛顿的万有引力常数。

也就是说，如果膨胀理论是引力现象背后真正的物理解释，那么我们可以将卡文迪什实验这样的实验系统取而代之为膨胀理论这样的纯理论运算，我们同样能够得出牛顿引力常数的物理测量值。这样，如图 3-31 所示，我们便可以在牛顿认为的单个氢原子造成的"引力加速度"与膨胀理论所认为的氢原子的加速膨胀之间画上等号。

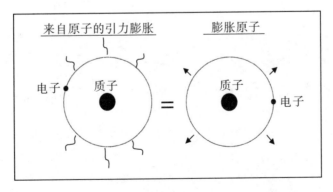

图 3-31　氢原子的等效"引力"与它的膨胀

　　氢原子是结构最为简单的一种原子，原子核中仅有一个质子，绕原子核旋转的电子也只有一个。运用牛顿的引力模型，我们可以计算得出原子边缘的"引力加速度"（acceleration due to gravity），方法是将原子半径以及质子和电子的质量代入牛顿的万有引力定律方程式。计算得出的结果便是原子边缘的引力大小。

　　然而，由于我们现在是要对牛顿方程中的引力常数 G 进行计算，因此我们必须把它看作是未知数，而不能用已知的 G 的测量值来进行计算。相反，我们会把膨胀理论所说的原子加速膨胀与牛顿的引力方程联系起来，将牛顿的引力常数作为唯一的未知数。求解未知参数 G，这是根据基本原理（以一种全新的引力理论为基础）计算牛顿引力常数的首次纯理论性尝试。如果得出的数值和从实际实验中得出的已知测量值相吻合，那么这说明牛顿方程式不仅仅是物理观测现象（比如下落的物体和做轨道运动的天体等）的模型，它实际上还反映了造成这些观测现象的原子膨胀事实。在执行图 3-31 所示等式的数学演算之后，我们将对此做进一步的分析。

> **选择阅读数学**
> (x, y)　**牛顿万有引力常数的演算**。

　　令给定质量 m_1 以恒定速度加速的作用力为：

$$F = ma \qquad ——牛顿第二运动定律$$

将该方程式重新排列以计算物体由于作用力获得的加速度，得出：

$$a = F/m$$

　　因此，为了得出一个质量对另一个质量产生的引力加速度，我们首先得出牛顿引力表达式：

$$F = \frac{G \cdot (m_1 m_2)}{r^2}$$

然后将引力除以第二个物体的质量，得出表达式：

$$a = \frac{F}{m_2} = \frac{G \cdot m_1}{r^2}$$

现在，假设质量 m_1 代表的是氢原子的质量，那么膨胀理论会给出一个加速度的替代计算公式：

$$a = X_A R \qquad \text{式中：} R \text{ 为原子半径；}$$

a 为原子表面的实际加速度（原子每秒的膨胀量）。

假如原子膨胀的观点如实反映了物理现实，只有在此条件下，才可以在两个加速度表达式之间画上等号并解出未知项 G，从而得出该自然常数的物理测量值：

$$X_A R = \frac{G \cdot m_p}{R^2} \qquad \text{式中：} R = 5.29 \times 10^{-11} \text{ m（原子半径）；}$$

$m_p = 1.67 \times 10^{-27}$ kg（氢原子核中质子的质量）。

前文提到 $X_A = 0.000\,000\,77$，于是我们得到 $G = 6.8 \times 10^{-11}$ m³/（s² · kg）。卡文迪什实验测得的 G 值为 $6.672\,6 \times 10^{-11}$ m³/（s² · kg）。

通过计算得出的 G 值与实验测得的数值大抵相等，这具有一些非常重大的意义。其中之一是它证实了膨胀观点的正确性，并且证明了由此得出的原子膨胀率 X_A 的普遍性。

注意

 现在回顾第 2 章的有关内容，当时我们通过对相对于整个地球膨胀而处于下落状态的一个物体进行测量，计算出了 X_A 的数值，此处我们借用这一 X_A 数值并将其代入了以上氢原子的方程式中进行相关演算。

如前文曾提到的，这一计算结果证明：牛顿的引力学说确实是对原子膨胀这一物质运动真正的物理解释的人为表述。之所以得出这一结论，是因为依据事实，我们第一次能够在牛顿创造出来的模型中得到一个武断的常数，或通过将它的模型与实际物理实验配平，或将它与仅包含膨胀理论的计算配平。这"只有"在"膨胀理论"与"实际物理现实"相一致的时候才会出现。以上计算想要根据膨胀理论做出一个"纯计算"，在根本上取代一个典型的适用于计算牛顿常数（卡文迪什实验）的"物理实验"并得出了"同样的结果"。换言之：

注意

膨胀理论为我们揭示了我们观测到的所谓"引力现象"背后真正的物理成因。

如果不是这样的话，那么我们就不可能用基于膨胀理论的纯理论性计算（例如以上演示的原子计算）来取代卡文迪什实验这样的物理实验，且依然能得出相同的牛顿引力常数测量值。

理终论极 结语

尽管我们对原子膨胀缺乏了解，虽然牛顿的引力学说为我们提供了一个令人信服的引力模型，说明引力对周围物质产生牵引作用，但它同时也使我们对宇宙的本质产生了极大的误解。事实上，牛顿所设想的宇宙根本不存在。在宇宙中，根本找不到大量的不活跃物质，物质之间也不会相互吸引；光也不是绝对沿直线传播。尽管乍看之下，膨胀理论描述的宇宙似乎与我们脑海中牛顿学说所描述的宇宙格格不入，然而实际情况并非如此，只是我们一直没有认识到我们居住的这个宇宙的真相。实际上，牛顿臆构的宇宙是完全陌生和不真实的。

至此，我们已经对由原子膨胀造成的"引力"效应进行了彻底的探究。现在让我们回到膨胀原子自身的结构和本质上来。在过去的一个世纪里，人类已经对原子进行了广泛研究，然而，无论是在当今的原子学说还是在过去有关原子的理论中，我们都难以找到有关原子膨胀的只言片语。原子在不断膨胀，而科学界却始终没有注意到这一现象，这又是为什么呢？原子膨胀对于构成原子的质子、中子以及电子又意味着什么呢？原子需要具备何种内部结构和状态，才能孕育并维系这种持续的膨胀运动呢？这种全新的自然法则要求我们重新审视今天有关原子的学说和模型、亚原子的实质，以及质子、中子和电子的运动行为和本质。这是下一章讨论的重点，其中我们将努力探寻膨胀原子的奥秘。

4

Rethinking the

Atom and its Forces

第4章

原子和原子力反思

"我们所观察到的不是自然本身，而是自然展现在我们质疑方法面前的样子。"

——沃纳·海森伯（Werner Heisenberg）

第 2 章提出了膨胀原子的概念，并阐述了三个世纪前，牛顿误以为膨胀原子是原子以某种方式不断发出的引力，而一个世纪前，爱因斯坦将其解释为原子周围"四维时空构造"的一种神秘扭曲。第 3 章进一步阐述了膨胀理论，着重讨论由膨胀原子构成的大物体的相对运动，揭示了很多天体现象背后的自然轨道效应，而目前我们试图用当今的万有引力理论来解释这些现象。

前面几章研究了很多膨胀原子的大尺度效应（large-scale effects），但是膨胀原子本身的现象和原因还没有讨论。膨胀原子的概念也许足以让人信服，但是原子本身的物理本质是什么呢？它对原子膨胀又意味着什么呢？膨胀理论对于我们所知道的原子结构及质子、中子和电子又会作出怎样的解释呢？所有的原子如何能够从内部沿着各个方向不断向外膨胀，而又能够被动地作为另一个实体的一部分彼此排列在一起呢？在进一步研究膨胀原子的外部效应之前，我们的讨论必须转向膨胀原子本身的内部性质，然后才能处理这些问题。

15　原子理论的缺陷

理终论极 当前原子理论的缺陷

尽管在过去的一个世纪中，我们不断对原子概念做出改进，但一般观点认为，原子是由质子、中子和电子构成的极其微小的球形物体，多少有些类似于我们的太阳系。质子和中子聚集在中心的原子核中，电子在原子核周围快速运动，其结构很像太阳系的行星轨道。如同行星轨道被引力控制在一定位置上一样，快速运动的电子被电荷力控制在原子内部，该电荷力将带负电荷的电子吸向原子核中带正电荷的质子。最简单的具有这些元素的原子模型，是众所周知的卢瑟福-玻尔原子模型，如图4-1所示。

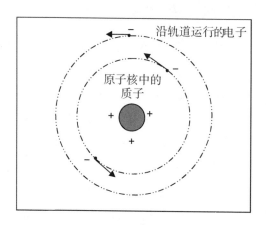

图4-1　卢瑟福-玻尔原子模型

尽管我们今天认为这些早期的原子模型过于简单，但是它的基本元素在本质上并没有改变。即使在今天更为复杂的量子力学模型中，原子包含带正电荷的质子，周围有带负电荷的电子这个一般性的概念仍然存在。在今天的模型中，我们只不过在很大程度上完善了电子如何在原子核周围快速运动这个细节。然而，我们所有的原子模型都忽略了诸多重大问题，即便是最基本的元素也如此。

违背物理法则

电荷模型违背了物理定律。

电荷被认为是电磁力的表现，正如在引论中提到的，电磁力被认为是自然界的四种基本作用力之一。然而，带正电荷的原子核里的质子牢牢地吸引带负电荷的快速运动的电子，将它们限制在原子之内的概念是一个物理上模糊的抽象概念，是违背能量守恒定律的。

尽管我们通常使用"电荷"这个术语，但我们实际上无法科学解释为什么粒子会产生电荷，为什么正负两种电荷彼此互相吸引，而同种电荷自身又是

204

互相排斥的，是何种类型的能量源为这种强大的力的行为提供动力呢？在当今的原子模型中，质子和电子之间的电荷力可以抵抗强大的外部应力，甚至会将原子聚拢，而不消耗任何已知的能量源，强度上也不会有丝毫的减弱，几十亿年都不会发生改变。

如果我们仅仅接受这种力只是"不知何故"地就存在于自然中，对于我们最基本的物理定律的明显违背并没有可靠的解释，以及它从哪里产生而来，我们就不能称之为科学。这样的哲学将会允许一切形式的武断，无法解释力如何存在下去，并很快将科学甩得很远并进入魔法的领域。这样一个原子的结构原理，可以为我们提供有用的原子过渡模型，但若被视为真正的原子解释，它将对我们最基本的科学可信性实验以及我们最基本、最珍视的物理定律造成影响。

违背物理法则

强核力违背了物理定律。

根据电荷理论，异性电荷相吸而同性电荷相斥。因此，在原子核中大量正电荷质子密集地聚集在一起应该是不可能的，在这样密集的状态下，这些正电荷的质子相互排斥，原子核应该猛烈地飞散裂解。

这明显违背了电荷理论，因此我们的科学又引入另一种叫作强核力的力来解决这个问题。这个力也被认为是四种基本自然力中的一种，人们认为它是质子之间的吸引力，仅当质子彼此非常靠近时才起作用，强大到足以克服在原子核内它们之间的相互排斥力。

然而和电荷一样，这个核力的本质缺乏清楚的解释，它没有明确的能量源，而且作用了数十亿年其强度也不会有丝毫的衰减。引入强核力概念并没有解决电荷模型的问题，而是令其越发的神秘，结果我们用两个科学上尚无解释的观点来支持当前的原子模型。

谜团

原子稳定的秘密。

尽管各种物质在分子层面上的强度可能存在差异，但构成分子的原子其强度和耐力却是难以置信的。物体在分子层面可以弯曲、熔融和压碎，但是构成它们的原子几乎可以经受一切人类已知的最强烈的过程，如原子弹爆炸。

这样令人吃惊的强度和持久性不可能来自图4-1所示的"太阳系"模型，在这个模型中，电子有远离原子核的倾向而又被原子核产生的电荷拉力牵扯住，因而保持着微妙平衡，这又很像牛顿的有关月球和行星轨道的万有引力主张。如果另一个太阳系飞快地向我们靠近，我们不会认为它们只是简单地彼此弹回，并依然保持它们的各自稳定的结构。相反地，它们的微妙的轨道平衡会被完全打乱，图4-1中的原子的"太阳系"结构估计也会是这样。这个模型不能解释原子怎么会设法彼此弹开，或者在一个固体物体内部彼此并排在一起，通常在受到巨大的外力作用的同时，却不会破坏它们微妙的内部轨道平衡。

今天，我们通常用更新的量子力学模型来取代这个模型。新模型来自一个叫作"海森伯测不准原理"的物理效应，由沃纳·海森伯（Werner Heisenberg，1901—1976）发明，其中电荷在原子核四周到处出现，位置和速度在根本上都是不定的，相当难以预测，仅有数字上的概率。这就产生了"电子概率云"或轨道，即电子以给定数学概率可能出现的区域，但电子如何出现、下一次在何处出现并没有任何清晰的物理阐述（图4-2）。图中的电子云或轨道越暗的地方，电子出现在这个位置的概率就越高。电子在原子内部是如何实际运动的，被人们认为是一个内在的物理谜团，它无助于解决原子如何在残酷的现实世界条件下所显示的惊人的强度和持久性这一疑问。

如果电荷将原子约束在一起的概念违背了物理规律，如果将原子核约束在一起的强核力也违背了物理规律，同时我们当前的模型不能解释原子的强度，那么原子的物理性质究竟是什么呢？

16　一个新的原子模型

膨胀理论认为，所有的原子每秒钟大约膨胀其尺寸的百万分之一，但是怎

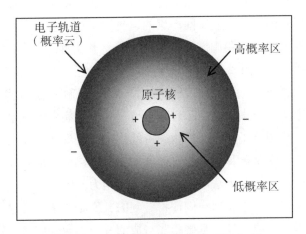

图 4-2　量子理论中的电子轨道"概率云"

样将它转换成科学上可行的原子模型呢？为了得到一个可行的新的原子模型，让我们来回顾一下迄今为止讨论中出现的信息：

- 带电荷的亚原子粒子概念不是原子结构的科学上可行的解释。
- "强核力"将原子核约束在一起的概念不是科学可行的解释。
- 图 4-1 的轨道模型不能解释原子强度和耐力，量子力学对此模型的改进（图 4-2）令其越发神秘，却依然未能解决这一问题。
- 根据膨胀理论，整个原子每秒钟膨胀其自身尺寸的百万分之一。

将这些信息放在一起，它们给出了一个新的原子描述，即原子是由不带电荷的亚原子粒子、没有强核力的原子核和更稳定的电子轨道组成的极为稳定的膨胀结构。什么类型的原子结构和运动形态能符合这个描述呢？让我们首先来看一下最重要的原子构件——亚原子粒子。

理终论极　对带电荷的亚原子粒子的反思

因为原子基本上是一个由质子、中子和电子组成的稳定结构，所以要想得到原子结构的恰当描述，我们有必要对这些亚原子粒子的本来面目作一番了解。正如前面提到的，我们不再认为这些粒子"带电荷"，因为这种概念缺乏合理的科学解释。同样地，质子间产生的、将原子核聚拢在一起的"强核力"也是同样谬误的。因此，我们需要一些其他解释来说明，为什么电子停留在围绕原子核的轨道中，为什么原子核自身会凝聚在一起。

在第 3 章用膨胀原子取代"万有引力"概念来解释轨道物体和行星时，我们发现了一个重大线索。这意味着整个行星并非是靠引力凝聚，而是靠无数的、彼此挤在一起的原子膨胀所产生的持续作用力凝聚在一起的，同时行星向着经过物体的整体膨胀解释了轨道。同样的概念也许可用来解释稳定的原子核和电子轨道，而无须臆造无法解释的能量和作用力。因此，我们认为亚原子粒子也同样在膨胀。确实，正如我们即将看到的，膨胀原子只是这个更深层次的膨胀原理——所有亚原子粒子基础膨胀造成的一个边缘效应（Side Effect）。

新观点

亚原子膨胀：亚原子粒子是不带电荷的实体，它们以同一的亚原子膨胀速率 X_S 膨胀。

根据膨胀理论，正如原子整个以同一原子膨胀率 X_A 膨胀，亚原子粒子以 X_S 表示的亚原子膨胀率膨胀。带电荷的亚原子粒子并不存在，这只是我们对这个亚原子膨胀原理的一个误解。这意味着质子、中子和电子不是带电荷粒子，而是膨胀的粒子，而电荷本身在自然界根本不存在。

如果情况是这样，原子核稳定性的迷雾就被拨开了，因为质子没有相互排斥的"正电荷"，也因此无须对这种无穷无尽的能量现象进行解释。相反，质子彼此靠在一起不断膨胀引起持续的压力将原子核聚拢在一起，就像原子膨胀将我们的地球聚拢在一起一样。这也进一步表明，今天的"强核力"只是对原子核中膨胀质子和中子聚集在一起的自然趋势的错误观点。

同时，这样一个亚原子膨胀概念也同样能够用来解释电子轨道，即快速运动的电子可以围绕膨胀原子核的轨道运行，理由就如同快速运行的卫星围绕我们的膨胀地球一样。然而，在原子内部的轨道电子和行星周围的轨道卫星之间有一个重要的差别。如前所述，我们不会认为两个碰撞的行星系统将只是彼此简单地弹开，在碰撞之后沿轨道运行的卫星不会毫发无损。轨道是一个向下盘旋和飞入太空之间的微妙平衡，它极易由于撞击而陷入混乱。然而，原子结构是极稳定的和坚固的，因此，即使是以膨胀为基础的轨道电子概念在这儿也行不通。但是这个不带电荷的膨胀亚原子粒子的新概念，却允许另一种极稳定的"轨道"存在，这将在下一节进行讨论。

但是首先，我们可以看到，就像膨胀原子代替第 2 章中科学无法解释的"引力能"概念一样，膨胀亚原子粒子概念同样代替了与"带电荷粒子"和"强核力"有关的无法解释的能量。这两种神秘的"能量"现在可以简单地看作是之前不为人所知的膨胀亚原子粒子现象的委婉说法。就像膨胀原子一样，亚原子本质上是膨胀物质。没有不膨胀的亚原子，也不存在什么"能量"来令其膨胀。"先出现"的膨胀物质的影响已经多次被误解并错误地代表多种天上"能量"的创造形式；正因为这样，我们不能诉诸错误的"能量"概念来解释膨胀。这个极为重要的新理解需要特别强调。

新观点

"能量"的概念纯粹是人类想象的创造——对膨胀物质的误解。

如果膨胀理论对大自然有正确的解释，那么今天的整个"能量范式"（energy paradigm）就是不正确的。它必须是一个或是另一个；同一个宇宙中不可能会有"膨胀"和"能量"两个术语的同时存在。我们或是生活在一个充斥着不同"能量"的宇宙（其中很多都是无法解释或是不可能得到科学证实的），或是一个充斥"膨胀物质"的宇宙。在膨胀物质的宇宙中，询问由何种"能量"推动膨胀是无意义的，因为膨胀才是第一存在，只有"膨胀"才被误解和误命名为"能量"。在这样的一个宇宙中，"纯能量"的概念在自然界是不存在的——我们不是生活在一个"物质"和"能量"的宇宙，而是一个"纯物质"的宇宙，虽然是"膨胀"的物质。

再回到原子和其组成成分亚原子粒子的话题上来，这些粒子膨胀是它们自身存在的一部分；如果停止膨胀，它们就不再是质子、中子和电子。对宇宙中的这些粒子而言，物质存在和膨胀是同一回事，"电荷"或"强核力"这样的能量概念不过是我们在缺乏理解时才使用的指示词。因此，膨胀的亚原子解答了第 2 章提出的是什么导致原子膨胀的问题，但是人们同样会问是什么令亚原子膨胀呢。目前我们可以说，再次提出"能量"导致亚原子膨胀的概念，对于亚原子和第 2 章的原子膨胀一样，都是毫无意义的。我们将在第 6 章中对膨胀的亚原子粒子进行更深入的讨论。

对电子轨道的反思

基于膨胀理论的新原子模型认为下述新电子"轨道"是以膨胀，而不是以带"电"的亚原子粒子为基础的：

> **新观点**
>
> 电子不绕原子核轨道运行，而是弹跳离开原子核。

我们不妨设想一个新的原子结构，在这个结构中，"轨道"电子实际上根本不是沿轨道运行，而是迅速地和不断地从原子核弹开。在当前的原子内部带电荷质子和电子模型中这是不可思议的，但在新的无电荷模型中就不是这样。电子从原子核弹开，其背后的机制就像地球上一个被弹回的球一样。

根据膨胀理论，当一个球落到地球上时，它实际上是飘浮在空中，同时膨胀的行星迅速向它靠近。当行星碰到此球时，将此球以一定速度弹向空中，一段时间之后，由于行星加速膨胀又碰到此球，再次将球弹开。如此反复循环，就是我们看到的弹回的球又反复地被"地心引力"拉回到地面。

同样，如果亚原子粒子膨胀，巨大的原子核（向来被认作比电子大几千倍）就好比我们膨胀的地球，电子就会以类似刚刚描述的弹回球的方式，不断地从膨胀的原子核弹开。

这就产生了极稳固的原子结构。如果这样一个原子受到挤压，弹跳的电子就会被限制在更小的空间，原子受挤压得越大，电子来回弹跳得就越猛烈。这就会产生更强的向外压力以抵消外力的作用，从而形成一个非常稳定的、不断自我调整的机制，让原子结构在真实世界的条件下完好无损。

这个简单、固有、稳定的原子模型，与卢瑟福-玻尔模型的微妙轨道或当前量子力学模型的神秘统计本质截然不同。亚原子膨胀这一单纯的概念，解决了电荷模型和强核力与物理规律之间的矛盾，同时也解开了原子的稳定性的谜团。

这个弹跳原子的概念，也有助于解释如图 4-2 所示的、当前的电子"概率云"的量子力学模型。通过研究在既定时刻电子的位置以及它们做轨道运动的方式，我们得到了这个模型，并发现这些电子似乎并没有清楚的轨道路径。相反的是，正如前面提到的，它们似乎只是以更高的概率出现在一定的位置，但没有清楚的机制说明这是怎样发生的。

然而，一旦我们认为电子不是在原子核周围飞快运动的带电荷的粒子，而是从原子核弹开的膨胀粒子，我们就会发现，对原子的不断探测就像在黑暗中用闪光对弹跳的球抓拍的快照一样。这样，我们就会发现球出现在接近弹跳顶点，也就是在球开始减速的地方，要远远多于球刚刚离开地面的时候。如果我们用球在给定高度出现的概率来画出这个结果，但未意识到这是球在弹跳，我们就会得出如图 4-3 所示的数学上的"概率云"，同时感到疑惑不解：球怎么会从一个地方跑到另一个地方呢。

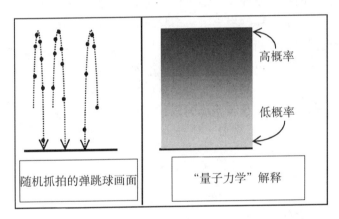

图 4-3　弹跳的电子与"量子概率云"

根据海森伯测不准原理，这个同样的误解很可能造成了原子内部电子轨道的"量子力学"显得神秘莫测，而目前电子和质子"电荷相反"的理论让我们无法想象电子从原子核弹回的可能性。

理终论极 内部维度和外部维度

因为我们并不知晓亚原子粒子的膨胀率，因此我们不妨任意设定一个膨胀率，甚至远远超过原子膨胀率 X_A 也无妨。随后的讨论将为证明存在这个大得多的亚原子膨胀率给出更多的证据。亚原子膨胀率用另一个符号 X_s 表示。

但乍看之下，亚原子膨胀率更高可能会带来一个大问题。这意味着原子核也会以巨大的速率膨胀。这也进一步意味着整个原子也必须以这个速率膨胀，才能保持一切平衡。然而，我们知道原子膨胀率 X_A 是一个极其细小的数字，每秒大约百万分之一。在内部膨胀和外部膨胀之间存在如此巨大的差异似乎是不可能的，这就如同膨胀的气球体积却保持不变的悖论。从逻辑上来看，原子内部以巨大的速率向外膨胀，而整个原子却以蜗牛的速度膨胀，这是不可能的。然而，这之所以成为问题，条件是原子内部空间与原子外部空间是一样的，但是如果两个空间并不相同，情况又会是怎样的呢？

我们当前的原子模型，如前面图 4-1 所示的，有一个小的原子核，周围一定距离的地方围绕有电子，原子核和电子之间有巨大的空间。因为如此，所以我们也许会试图将膨胀原子描绘成在空间不断变大，多少有点类似于我们吹气球。然而，新的原子模型提出了一个截然不同的原子内部空间概念。多年来有关原子的研究确实表明，电子与原子核相距甚远。然而，对原子内部这些相对距离的模拟让我们得出了这样的猜想：正如我们现在所了解的，这些距离之间是真空的。我们总是认为原子内部空间与我们日常体验中的运动空间是一样的。但是膨胀理论认为事实并非如此。要明白这一点，我们必须首先回过头来看一下空间的本质。

实验

原子和它在空间的位置。

一根米尺可以用它一侧的最小刻度来测量长度和距离。然而，我们用更复杂精密的仪器和技术可以测量更小的距离，我们所能设想的最小距离也是没有限制的。这种将单位无止境地细分的概念抽象是有用的，但是它也让我们产生了一些关于空间的错误印象。因为我们可以想象空间可以无限制地细分成更小的部分，所以我们所知道的空间一定遍及宇宙的各个角落，甚至原子的内部，正如我们当前的原子模型所假定的。然而，正如下面的解释所表明的，情况并不一定是这样。

出于简明扼要的目的，我们不妨假定我们已经确定一般原子直径为 10 个纳米，或 1 米的十亿分之一（实际尺寸要更小一些）。在确定这个 10 纳米的宽度时，实际上我们不能在原子的宽度上排列 10 个长度为 1 纳米的参照标记，来测量原子的 10 个纳米宽度，因为原子是已知的最小物体了。实际上，我们没有办法从原子的这一头到那一头逐个摆上 1 纳米的长度，然后总计 10 个纳米。相反地，我们不得不采用间接的方法，例如进行实验确定 1 米长度上大约有多少原子，然后通过数学方法计算得出每个原子的大小。在这个例子中，当原子大小为 10 纳米时，我们的实验结果会得出 1 米长的棍子上大约有 1 亿个原子，计算得出每个原子的尺寸为 10 纳米（1 米除以 1 亿个原子）。

然而，我们应当注意到，我们实际上并不是通过测量原子内部空间，得出了原子直径为 10 纳米长的结论，而仅仅是通过推导得出，假设 1 米长的棍子上排列有 1 亿个原子的话，那么每个原子的跨度应该是 10 个纳米。实际上我们根本没有真正测量原子内部的任何距离。今天所引用的原子内部的大小和距离，是通过间接推导的方式得出的，是通过将我们标准的长度单位抽象地细分到我们所需的任意小的长度来标识的。

举一个这种方法的简单例子：是假定原子宽度为我们推导得出的 10 个纳米，那么原子的半径一定是 5 个纳米。尽管这个结论完全合乎逻辑的，但实际上我们并没有测量从原子中心到它边缘的半径距离。这样做存在的风险是，我们随意地将我们所了解的原子外部空间应用于原子内部，却没有对其进行验证或提出质疑。我们只是逻辑上推导原子的内径应该为 5 个纳米的空间长度，因为它的半径应该是它直径的一半。而此直径也是我们逻辑推导得出的。然而，我们根本没有实际体验过或测量过这些空间。尽管这些空间从逻辑推论看上去也许是合理的，然而它们仍然是缺乏科学支持的假定。

实际上，我们的经验和空间定义始终是完全按照原子之间的距离和原子构成的物体之间的距离确定的，而绝不是按照原子内部的情况确定的。这种对原子直径看似简单的逻辑推导，导致我们往往不假思索地将我们所熟悉的原子之外的空间运用于原子内部。这就导致了一种概念化，将我们已知的空间当作早已存在的空间，在其中的电子、质子和中子聚集形成原子，从而导致原子内部形成与原子外部一样的真空区域。然而，我们所知道的空间仅仅是我们真实感受到的原子外部空间。因此，从实际意义上来说，原子不是存在于预先存在的空间中，而是我们知道的空间存在于预先存在的原子之间。图 4-4 诠释了这两个完全不同的概念。

图 4-4 左图表示今天的空间概念。真空的空间在各个方向的体积是连续的，原子存在于这个空间中，且其内部也充斥着这种空间，就像一些内部包含

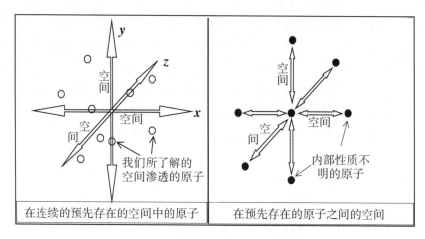

图4-4　无处不在的空间与仅存在于原子外部的空间

的空间与外部一样的空心球体。原子内部的质子、中子和电子存在于我们已知的常规空间，并在其中运动，形成了具有原子核和轨道运动电子，以及具有常规空间的原子。

　　然而，图4-4右图表示完全不同的空间概念。原子用模糊的球表示，它内部性质尚不为人知，我们所已知的空间仅存在于这些原子之间。由于我们是由原子构成的，因此我们并不了解原子存在之前的时期，因为宇宙基本上可以被描述成是被真空分隔开的原子物质，我们今天已知的空间只能被准确地描述为已存在于原子之间的空间。

　　我们所创造的原子模型在它的内部呈现常规的和我们熟悉的空间，如图4-1所示，但这只是我们根据经验或从经验推导出来的。尽管我们会很自然地假定原子内部无异于其外部世界，然而这一假设尚没有确切的证据证明。因此，倘若原子内部实际上与我们所熟知的空间截然不同，情况会是什么样呢？为何会这样呢？这是如何形成的呢？为什么我们会思索这种可能性呢？这一连串问题引领我们去第一次思考一个重要的新概念。

新观点

我们的存在和我们的物理学必须由一个对我们必要陌生的一个根本现实与物理学所支持。

虽然上面的论述"可能性"看上去似乎很合理，我们可能争论它并不一定得是一个已知现象；毕竟，今天我们所有的科学是完全合乎逻辑、合理并且独立自主的，没有一块陌生的基本物理学领域——难道不是吗？但在现实中，并不完全这样。这恰好是为什么现在的科学会充斥着前面提到的那些奥秘、悖论和致命错误的原因。我们目前所掌握的科学是一种想让某一位勇士将所有自然现象和观察结果都容纳在一个相容的物理学领域，但最终却未能如愿完成的科学。

我们将一个活跃的"电荷"力量赋予各个粒子，通过创造专门术语和模型来让科学"现身"，但我们实际上并不知道它的力量和性质是如何产生的。我们相信一个有吸引力的力量确实神奇地从物质中发散出来，同时持续不断地尝试修补和增强其正当性，使得它一直能在科学上受到尊重。我们迄今为止最先进的和深奥微妙的理论，比如量子力学和狭义相对论，公开地告诉我们不要试图理解自然，只需要接受它，把它当成是异乎寻常的和无法理解的事物就行了。

这种事物存在的状态并不只是因为我们今天对自然的错误物理理解，还是因为这个误解没有直接承认一个"陌生的基本物理学"一定存在，并作为我们观察、实验和科学能够安放的基础。"原因和结果"必须总是存在。但是，今天的科学完全忽视或忽略了"原因"（当下陌生的基本物理学），并努力尝试只从"结果"的角度来解释万物（基于我们的观察和相关的误解）。

在我们今天追寻一个简化的"万物理论"的过程中，需要有一个对原因和结果的物理理解的间接直觉力，但即使这个直觉力是正确的，由于我们今天偏离路径很远之后已严重缺乏清晰度和焦点。实际上，这个直觉力告诉我们，所有的已知物理学都是"二级结果"，其下面是一个简单统一的但是目前还很"陌生的基本物理学"，我们还没有发现和理解它。这就是我们追寻"万物理论"的真正意义和目的。

于是，一个用来思考这个内部原子领域可能与其外部空间很不一样的可能性的很好理由，准确地说就是因为这"是"一个可能性。当这个内部领域比如从一枚原子弹内小量的物质中释放出来时，我们已经都看到了极端的结果。此外，正如刚才提到的，没有确实的理由证明原子内部一定和外部世界一样。人们普遍认为，做出这一假设的、目前的原子理论是非常神秘莫测又异乎寻常的。这些奇特的模型也许与实验结果完全一致，然而为了确保其准确性，近一个世纪以来，人们尝试了所有能设想出的实验场景，进行了种种改进，因此这些模型几乎不可能与实验结果不一致。人们为符合实验结果而做出的不断改进，通常被理解为我们的模型抓住了我们宇宙的神秘性质，但是实际上它们却是为了符合实验特意设计的，同时这些模型变得越来越神秘，越来越妨碍清晰地理解物理本质。因此，我们不妨探索原子内部完全不同的可能性。

新观点

原子内部空间有它自己的特性，它不完全是一个我们所知道的原子外部空间的延伸。

让我们回到图 4-4，回顾一下右图，它表示的是我们感受到的空间实际上只存在于原子之间，与原子内部空间无关。这种情况实际上是我们空间体验的现实，这时原子内部世界理论上可以具有任何我们能想象的性质，甚至是无法想象的性质。也许其内部具有绚丽的涡旋的外貌，或者全新的奇特的能量，或者超出我们理解的其他维度，或者膨胀的亚原子粒子在内部空间中以巨大的速率向外膨胀。所有这些可能性，仅描述了奠定原子存在的可能的内部机制，而原子的外部则是我们常规经验的空间，与原子内部无关。

尽管我们可以想象一个完全真空的没有原子的宇宙，但这仅是一个我们想象中虚构的事情，因为宇宙中充满原子物质是我们能够存在的先决条件，先有了我们的存在，我们才能思考这些事情。此外，我们想象的这些真空宇宙的性质，只能基于我们之前的原子间的真空经验，这又要求存在原子。用我们熟悉的外部空间经验来构成我们研究原子内部领域的框架是很自然的，但是我们也必须有所准备，这些尝试不足以认识原子的本来面目。这种借鉴我们外部空间经验的简单原子模型是合乎逻辑的第一步，然而到目前为止，他们给出的是站不住脚的（卢瑟福-玻尔模型），无法解释而又高深莫测的（量子力学），和违背物理规律的原子（电荷）描述。

我们现在提出的膨胀理论将原子内部看成完全不同的空间，在这个空间中，不带电荷的亚原子粒子不断地以巨大的速度向外膨胀，从而产生我们从外部知道的稳定的原子结构。这个观点产生了一个相当矛盾的结果，似乎构成所有已知物体的不活跃的原子，实际上其内核不断地剧烈向外膨胀。但是只有我们武断地去想象原子的内部区域和原子间的相似空间是完全相同时，这个明显的自相矛盾的结果才会存在——我们看到的这个假设可能并没有很恰当地描述自然。

　　需要注意的是，原子内部和外部在形态上的差异进一步表明：尽管膨胀理论声称原子是由内部剧烈地向外膨胀支持的，但它不会造成整个原子本身向外膨胀。正如前面提到的，导致原子作为空间内简单球体存在的内部运动，可能是我们能想象到（或无法想象）的任何现象，包括刚刚描述的向外膨胀，但它不会赋予原子任何特殊的外部性质。在我们已知的空间内不发生原子的内部膨胀，因此也不消耗空间；相反地，它仅仅形成原子的总体结构，这一结构又继而确定我们已知的原子外部的空间（图 4-5）。原子虽然有巨大的内部膨胀领域，但从外在视角来看，这个熟悉的外部原子仍然仅仅是一个在空间中的、简单的、不膨胀的球，如果不是有其他的机制的话。我们会很快讨论这一点。

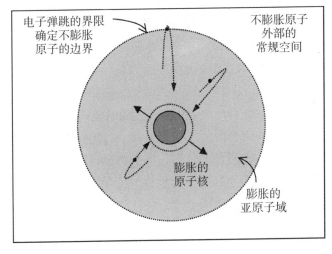

图 4-5　悖论：内部膨胀而外部不膨胀

　　通过讨论原子内部和外部空间，我们现在可以完整设想出一个新原子模型。回想一下，我们已经有了重新定义的亚原子粒子，它是一个不带电荷的膨胀实体，电子轨道是电子从膨胀的原子核快速弹开，形成了巨大的亚原子膨胀率和整个原子的微小膨胀率之间的不一致。最后这一点现在有了解决方法，因为原子内部空间与我们知道的原子外部空间是完全分开的。这就允许存在这样一个矛盾，即快速膨胀的内核形成的原子结构只出现极其细微的外部膨胀（我们接下来会对这一运动形态再作解释）。

我们也许会发现，原子内部的不断膨胀意味着它没有固定大小；然而，我们已经知道原子是有固定的微观尺寸的。理由实际上是非常简单的。尽管自然界没有赋予原子任何特殊的、绝对的或固定的尺寸，但似乎原子之所以具有固定的微观大小，仅仅是因为要有大量的原子来构成人类的身体。因为需要几万亿个原子来构成我们的身体，由此单个原子比我们的身体总是要小几万亿倍，因此，原子似乎具有一个固定的相对小尺寸。

因此，从真正跨越常规空间测量内部直径而言，原子不具有绝对大小，这个大小是外部推导的结果，是通过间接比较的方法或理论计算的方法得出的。我们的错误在于，我们自认为我们熟悉的原子物体和它们之间的常规空间，就是原子本身和原子内部的空间，但是因为原子的真正性质被大大地误解了，所以实际上今天原子的真正性质对我们来说也还是完全陌生的。然而，膨胀理论现在可以让我们开始理解原子和它的亚原子粒子。新原子模型唯一待解决的问题，是怎样解释微小的外部原子膨胀率，这一现象我们目前称之为引力。

17   引力的诞生

尽管原子的内部膨胀不是造成细微的原子外部膨胀率的直接原因，但它确实与从原子边界"泄露"出来的边缘效应有间接关系。这是一个出现在原子内部与外部、两个非常不同的物理领域边界上的结果。这个边界结果可能被认为是从一个陌生的内部领域变成熟悉的外部领域的转折点，而且膨胀中的亚原子粒子的动力为这个转化效果是如何引向引力外部现象的清晰图景。

要想知道这是如何发生的，我们先来回顾一下：第2章得出原子膨胀方程时，两个膨胀物体的几何尺寸是由它们从中心向外的半径膨胀定义的。因此，在新的弹跳电子的原子模型中，原子半径是由膨胀原子核的中心和向外弹出的电子中心之间的膨胀动态定义的。然而，原子核和电子之间的中心至中心的膨胀动态，使在外侧的弹出电子有一半落在了所定义的原子的外面。也就是说，就所涉及的原子结构而言，一旦考虑了原子核中心和电子中心之间的膨胀动态，原子的几何尺寸就完全确定了。正是因为如此，这些电子外侧一半的向外膨胀，不影响原子内部的几何大小，而是将半个电子的向外膨胀赋予了不活跃的原子，将它变成了实际膨胀的原子（图4-6）。

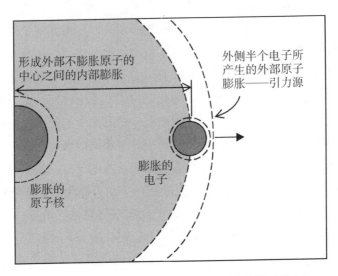

形成外部不膨胀原子的中心之间的内部膨胀

外侧半个电子所产生的外部原子膨胀——引力源

膨胀的电子

膨胀的原子核

图4-6 由于外侧半个电子所产生的原子膨胀（引力）

原子的外侧半个电子向外围空间的膨胀，是造成第2章介绍的外部极小的原子膨胀率 X_A 的唯一原因。这种细微的外部原子膨胀率，经过组成我们行星的无数原子的累积，最终导致了地球的膨胀，它反过来又产生了我们称之为引力的效应。让我们回顾一下，第2章中这个极小的原子膨胀率是通过所有物体在1秒钟内下落的距离除以行星的总尺寸得出的，因为行星的膨胀比例必须与构成它的原子的膨胀率相同。

然而，物体膨胀与其大小之间的这个简单关系在进入单个原子层面时，其有效性就受到了限制。元素周期表中每个原子的质子、中子和电子数量不同，因此它们的大小可以相差很大。一些元素的原子的总大小可以是其他原子的很多倍，然而它们的电子的膨胀率不变。所有电子是相同的，就像所有亚原子粒子有同一亚原子膨胀率 X_S 一样。因此，将最外层的电子膨胀简单地除以原子的总大小得出的结果，似乎是周期表上每种元素具有不同的膨胀速率。这显然是不可能的，因为所有原子必须以同样的百分率（X_A）膨胀，否则一段时间之后，有些原子会变得非常大，而另一些会缩小到看不见。

这个问题的答案依然暗含在这样一个事实中，即原子内部不是原子外部常规空间的简单延伸。我们记得，宽度为 10 纳米的原子的半径为 5 个纳米，这个合乎逻辑的假定并不意味着我们实际进入了原子并测量了它的直径。在原子中心与它的边缘之间的常规空间不一定是 5 个纳米。相反地，我们不能将有关外部空间、大小和距离的概念运用于原子内部。

这就产生了一个非常矛盾的结果，我们可以从外部根据原子外边缘的位置计算原子的实际大小，但我们却不能实际地测量原子内部的距离。从外部视角看，原子确实占据了一定的空间，然而它的直径却没有像一般物体那样的实际大小。因此，我们不能简单地用电子膨胀除以周期表上任何给定原子的表观尺寸来得出统一原子膨胀率。我们可以说的是，所有原子的外表面具有相同的外侧半个电子的膨胀效应，从而导致所有原子具有相同的膨胀率。

这个讨论表明，引力并不是像今天我们所认为的那样，来源于原子和亚原子粒子的神秘能量或"万有引力"，而只是一个原子作为整体其膨胀结构的机械二级效应。这就是为什么引力就是原子膨胀这种说法是完全正确的原因所在，引力不是源自原子和亚原子物质发出的神秘作用力。

18　化学键合

原子之间的化学键，是将我们的宇宙和它里面的万物黏在一起的"黏胶"。所有固体、液体和气体的存在都依赖于化学键。尽管有若干形式的化学键，但基本的思想是，如果一个原子失去一个或多个负电荷电子，就不再有相同数量的电子和质子，通常的中性电荷平衡的丧失，使原子总体带上核质子的正电。这样一个缺少电子的原子叫作正离子。这个原子上的净正电荷吸引其他原子的负电荷电子，产生原子之间的结合。

这个化学键的电荷模型是一个很好的模型，但是当我们把它视为对原子键所作的如实描述时，我们发现它存在诸多谜团和违背定律。显而易见的几个问题可以从原子内部正负电荷平衡这个核心概念看出，因为前面已经指出，带电荷亚原子粒子概念是一个未能解释的抽象概念，它源源不断地消耗能量却找不到任何已知能量源。要看到这个核心问题有多么普遍，我们只需要看一下我们周围世界的普通物体就足矣了。

理终论极 神秘的内部力

固体也许是人们最熟悉和最容易理解的物体了。与液体和气体的复杂性不同，固体只是一块没有生命的物质。在我们用力推一个固体时，我们感到了物质的存在，因为我们会受到反向的压力或作用力。牛顿第三运动定律这样总结道："对每一个作用力而言，都存在一个相同的反作用力。"也就是说，在非常现实的感觉来看，当我们对一个固体施加作用力时，它从内部对我们施加同样的反向作用力。我们对这种效应是太熟悉不过了，因为我们与固体物体的这种相互作用已经不计其数，以至于我们对这种现象实际提出了一个深奥的、违背物理定律的谜团这一事实熟视无睹。

要明白这一点，我们只需要把世界看成一个所有原子都是简单的、不带电荷的球体的世界。由这样的原子构成的固体没有化学键，非常脆弱，轻轻一碰就会碎裂成细小的原子粉末。然而，在这个假想的世界中，可识别的内部能量源会使原子带电荷，并通过消耗能量将原子聚拢在一起。符合本定律的常见例子就是电磁铁，电磁铁在吸引和排斥其他物体时会汲取并消耗某个明确能量源的能量。原子键合需要能量，我们可以这样理解，当受到外力作用时，物体内部提供阻力，根据需要通过消耗它们的内部能量源来增强其原子键，从而保持固体形状。这就是对外力的"同等的反向作用"，是可以用物理定律解释说明的。

违背物理法则

固体违背物理定律。

然而，每个原子内部的这些细微的能量源在它们与外力不断抗衡的过程中，根据能量守恒定律，一定会不断消弱，最终导致物体变形或完全粉碎。然而，由不带电荷的球体组成的脆弱物体或有内部原子能量源的固体，都不能描述现实世界中的一般固体。

我们熟悉的世界中的固体有无穷无尽的能量以满足原子键的需要，没有一种已知的能量源能解释这种无穷能量的来源。例如，我们知道组成桌子的原子键没有能量源为其提供能量，但我们知道这些键会始终起作用，保持桌子的形状，即便是我们在桌面上放一个重物体也是如此。我们可以手握住一块木头，使尽全力去挤捏它，我们的肌肉会疲劳，但是木头内部的反作用力却丝毫没有减小。我们用相应的观测技术就能观测到木头内部的压力线，看到木头内部进行的"斗争"，看到木头内部反复被前后挤捏。同理，如果我们用电动机或以燃料为动力的汽车作用于某一结实而且被固定的物体上——我们施加的这一作用力必须消耗已知的能量源，但是当作用力受到反作用力时，这一固定物体并没有消耗能量源。

以上都是"免费能量"的例子，这类情形违背了物理规律，是不可能存在的。但是，这并非真的违背了自然法则，它只是看上去违背了而已，因为不可能存在的"电荷"概念奠定了今天的原子理论的化学键基础。我们又一次看到，作为抽象的模型，这个概念是很有用的，但是如果我们想真正理解原子和化学键的物理，我们必须寻找更深层次的原因。正如在下一节讨论的，液体存在同样的谜团。

理终论极 水结冰的谜团

能量守恒定律本质上是一个能量平衡理论，输入的能量必须等于输出的能量。因此，要符合物理定律，任何做功或消耗能量的系统，必须有能量输入支持才能完成这个过程。例如，太阳照射下的气球内部将会变热并且膨胀。气球膨胀是一个系统做功的例子，根据功函数，功等于力和距离之积。也就是说，气球内部的热气体压力推动气球表面向外膨胀、伸展，将周围大气和可能与气球接触的任何物体向外推。这个功和能量的输出被来自太阳的能量输入所平衡。

另一方面，当夜晚降临、周围空气冷却时，气球内部气体的能量消失了，气球内部压力和能量降低，周围大气现在对气球做功，使它收缩变小。如果太阳落山后，气球还是向外膨胀、变得更大甚至做更多的功，同时内部的热能却在不断消耗，就完全不可解释了。这就完全与能量平衡背道而驰了，（正）能量输出不断增加而（负）能量输入不断减少，这就完全违背了能量守恒定律。

当然，这种情形并不会出现，但其他同样违背规律的情形会发生：

众所周知，水结冰时体积变大，但是由于这是再寻常不过的经验，因而当我们运用物理规律时往往忽略了这一现象形成的深奥的谜团。当水结冰时，它的原子运动得越来越慢，能量不断散失进入周围环境中。在水温降到 0 ℃之前，内部能量的损失与流入到周围环境的能量始终保持平衡。在水温降到 0 ℃的瞬间，水分子突然重新组合成晶状结构。这一结晶过程涉及水分子强力的重新排列，并被锁定在更大空间的结构中，释放出巨大的能量，其产生的作用力足以使钢管破裂。事实上，现在没有发现任何材料可以承受这种作用力。

不断冷却的水内部做了巨量的功，花费了巨大的能量，然而既没有能量输入来为此作出解释，同时水中的能量却的的确确不断流失。与膨胀气球不同的是，它可以从太阳吸收能量以此提供源源不断的动力，而冷却的水却不断向外部释放能量，同时用更强的反作用力向外作用。

这一问题偶然作为谜团提出时，遭到各种质疑或试图推翻它的解释。这些说法的合理之处在于，他们认为水的自然状态就是冰冻状态，只有以液体形式，水周围的热量才能持续移动，并拓展分子间的键。

所以，当大量的热量流失后，分子键就能缩成晶状物，就像最终伸展的小橡皮筋（实际上是分子间同样无解且无尽的"电荷"吸引力）。然而，无论这一解释如何合理，只要深入了解便会发现谜团未解。现在的科学根本没有解释橡皮筋如何在没有任何能量源支持的条件下不断拉长和收缩，不管是橡皮或是极具弹性的分子键。因而，用极具弹性的分子键理论来解释这一违背能量守恒定律的现象，就是用一个谜团替代另一个谜团。实际上现在没有任何科学解释能经受住逻辑考验。

另一个违背能量守恒定律的例子是把一个窄口玻璃杯的热水倒空，并将杯口朝下部分浸入冷水中。随着杯子底部的空气冷却，水进入杯子，甚至一直停滞不动。再一次在没有明确和必要的能量源的前提下，把水往上托，并让它停留在那儿，明显不符合物理法则的要求。唯一能被称为存在能量平衡的就是热量从杯子里的空气转移到杯子外面。但是其中的能量平衡到此结束，与另外缺乏科学解释的克服重力上升的水毫无关联——包括之后持续的停滞不动。如果仅仅作为"气压差"解释，就现代科学及其能量守恒定律而言，这一谜团的解答并不能为完成水托举的能量源提供科学解释。

再有一个类似的实验是灌满一杯水，用一张厚实的纸覆盖住杯口，然后托住纸，把杯子翻转过来杯口朝下，如果条件合适，纸依然覆盖在杯口，而杯内的水克服重力被纸托住。我们可能需要用手花费一定力气才能托住水，但这一切完全通过一张纸就能完成，而且没有目能所及的能量源。

我们还可以描述另一个违背物理法则的例子。打开水龙头，放置一个充满电的物体在水流附近，在没有能量源驱使的情况下，水流会流向充满电的物体，改变了水自然向下的流向，并一直持续。

有一个类似的简单实验，不要求有充电物体，不需要科学解释，就能展示不同的水流如何使其他水流转向。拿出一听水，在一端钻几个相邻的孔，水流就能并排从孔中流出。如果水流挨得足够近，只需用手指轻轻划过，水流就能合流，然后持续以这种方式流动。这个外力改变了它们各自向外流出的自然路径。依照能量守恒定律，完成这一举动，必须从可知能量源获取能量，但是在水流中并未发现任何已知能量源。

如果玻璃杯底部非常光滑平坦，且沾有少量水，从桌面端起空玻璃杯也能解释一个巨大谜团。把玻璃杯从桌面端起来所花费的力气远比它本身重量要大，而且再一次没有其他能量源提供向下的动力，只是杯子底部附着了少量的水。

然而，另一个被同样误解的效应是浮力。一个密度大的重物在水池中会马上下沉，同一个物体在泡沫上会浮起来，能轻易克服重力向上漂浮。目所能及的范围内并没有任何能量源，仅有的是加进来的一块泡沫。

诸如此类的明显谜团并不止这些。即使是滴在桌面上的一滴水，也蕴藏着深层奥秘。这滴水会一直维持圆屋顶形，凝聚起成千上万的水分子，克服重力，避免水滴在桌面上流散。尽管这个极其简单的水滴实验规模很小，从现今的能量理论及其相关的能量定律来说，这个强有力的、正在进行着的抵消重力的壮举，仍然是一个相当大的未予解释的事件。

借助一张伸进水池里的纸巾，水就能克服重力向上走。现在对于水怎样沿着纸巾向上而行提出的解释是"渗透"这一描述性标签，但是仅仅给观测结果简单地冠上一个正式名称远非科学解释。但即使如此，我们顶级的科学家也无法给克服重力向上行走的水流给出一个合理的能量平衡解释。

实际上，上面的例子在生活中随处可见，现在我们并不认为它们是深奥的科学谜团，但是形形色色的错误解释依然随处可见。固态物体仅仅是因为有"紧紧结合"的原子，冰冻水膨胀是因为分子"自我调整"，而其他的水实验展示了"真空效应"、"表面张力"、"大气压强"或"电荷吸引"。

然而这些基本解释并不符合能量守恒定律，而仅仅是标签或描述性词语，并没有实际解释或解决基本物理学或我们的能量定律。这些错误解释陷入了转移论题谬误或过度简单化谬误的泥潭，通过用浅显的术语代替解释来转移我们对违背能量守恒定律现象的关注。当我们遭遇诸如此类的物理谜团时，这就是现在科学能给出的解答，因为进一步的分析将暴露出日常生活事件中的漏洞，而这将动摇我们最基本和最珍视的物理法则。

鉴于现在有缺陷的化学理论——化学键的电荷模型，同样描述了自然界中存在并拥有科学解释的"电荷"属性，所有这些常见的涉及固体、冰冻水、液态水的日常情景呈现出层层迷雾。"电荷"这一概念是本质上无解的创造物，因为它是一种积极的能量，它的特质和能量源完全无从得知。这一谜底在膨胀理论发现的新理解中得以揭晓。

理终论极 解开谜团——对化学键合的反思

新的基于膨胀理论的原子模型，不是以带"电荷"的电子和质子为基础，而是基于电子不断从原子核弹回所产生的持续膨胀。当两个"中性"原子带着它们所有的电子相遇时，它们的弹跳电子在两个原子之间没有区分。任何一个处于弹跳顶端的特定电子可能发现它暂时处于两个原子之间，有可能落向任何一个原子核。

这表明，原子间存在一定程度的重叠和模糊，这就可以解释"中性"原子之间的弱键，称为范德瓦尔斯力（van der Waals forces）。也就是说，随机弹跳的电子几乎不可能同时在原子间互换位置，因此在任何给定时刻，以及在最短的时间间隔内，可能一个原子的电子多了，而另一个原子的电子却少了。这就会产生微弱的"离子"效应，使两个原子的亚原子域向着对方快速膨胀——彼此微弱地相互"吸引"，比通常的原子键合过程要微弱得多，我们随后将依据膨胀理论对这一点进行描述。

此外，随着原子彼此逐渐靠近，它们间相互交换的电子在两个原子核之间更短的距离内更猛烈地弹跳。这个更加猛烈的弹跳作用，就好像排斥力一样避免原子的亚原子域完全重合，使原子一方面彼此分离，一方面又相互吸引或结合在一起。

这样就解释了固体的浮力和稳定性问题，揭晓了从固体内部及底部源源不断产生的向外作用力的疑团。无数电子在原子核之间猛烈弹跳而产生相互排斥的膨胀力，这个过程不是受到当今的"能量"观点的驱动，而是源于物质自身膨胀的性质。由于膨胀被错误解读为"能量"，像能量守恒定律这样的法则根本不是真正的自然法则，只是人为的经验法则，其目的是试图把人为抽象概念变成普遍真理，而这样的尝试往往归于失败。

一旦我们认识了这一点，我们就可以发现，看似违背了物理定律的水结冰，实际上并不违反自然规律，它只不过是我们人为经验法则的诸多例外之一。水结冰的权威力学解释是，水分子成晶体状的排列占据了更多的空间，这一点并没有改变，但这个过程是物质固有的、永不停息的亚原子膨胀的结果，不是其内部某种神秘的"能量"作用的结果。水分子极性化的几何结构意味着，一端的电子会向外膨胀，探寻附近其他水分子的亚原子域，产生吸引作用并将它们固定于特殊的几何排列中，形成固体冰。在室温下，水的内部原子振动太猛烈，这种自然结晶无法发生，不能形成冰。

需要注意的是，水结冰的解释并不是把现在被揭露的理论旧调重弹，而丝毫没有揭晓谜团。膨胀理论揭示了持续膨胀的真正物理现实，而且这一膨胀维持着整个宇宙的运转，同样地，膨胀理论并没有用漏洞百出的"能量法则"来创造各种抽象"能量"。基于温度下降的亚原子膨胀完成水结冰这一强力结晶过程，与静电使物体相互吸引（或抵抗）颇为相似——这一效应如果用交叉效应（Crossover Effect）来理解，还能有更深入的解释。

这一效应展示了原子本身能凝聚起来，在上面提到的水实验中，用一张纸承受住杯口朝下时杯子里的水，发生了违背物理法则的现象。纸本身并没有克服重力而保持水在杯中，它只是阻止空气进入杯中产生气泡，而气泡会慢慢占据水的空间把水排出杯外。水分子通过电子这座桥梁相互连接，作为活跃的亚原子物质，它们不断试图回到原子中的亚原子状态，这一点将在下面的章节阐述。当水分子试图下落、分开的时候，这些桥梁紧缩，保持水在上面。很明显不是空气压强维持水在上面，因为如果用一个固体代替水放在杯子里，这一实验不会成功。

同理，水在变凉的杯子里上升，部分原因是它们要花更长的时间才能彼此碰到，变慢的空气分子更快地分开，促使它们之间的电子桥梁紧缩，维持着紧密状态，空气体积因此变小。这些引导水向上走，同时外面增大的气压驱使水向上——尽管气压是一种在今天没有科学解释的重力驱动效应，只有通过用原子膨胀理论代替"重力势能"理论才能解决。

充满电的物体改变从水龙头出来的水流流向这一实验，也展示了电子桥梁的积极紧缩使充电物体和水流之间的距离变短，把水流拉向充电物体。另外一个例子，也能展示汇合在一起的水流的水分子通过微弱的电子桥梁紧缩，说明了分子间类似的效应。同样，分子间的电子桥梁的紧缩也能凝聚桌面上的水滴。它也能解释渗透，因为水分子和纸巾之间的紧缩力超过重力，同时由于纸巾分子是刚性的，实际是水在移动，向上流动，从而带动水分子。

玻璃杯通过水而停在桌面这一例子，也展示了一摊水中原子的亚原子域之间的有效吸引力。当杯子被向上举起时，杯子平坦光滑的底部通过周围的空气密封了这一小摊水，彰显了黏着挨玻璃杯和桌面之间水分子间强有力的吸引力。当我们用膨胀理论代替"能量"和"电荷"时，所有的谜题迎刃而解。

当一个原子丢失一个电子成为带"正电"的离子时，原子之间就会形成化学键。然而，膨胀理论指出：不是暴露在外的"带正电荷"的原子核吸引另一个原子"带负电荷"的电子，而是排斥其他原子的弹跳电子减少了。结果，另一原子可以靠得更近，同样使它的电子能够跳到之前的原子（离子）中。这时，原子不只是彼此交换一个电子，像两个"中性"原子那样相互微弱吸引，而是彼此共享一个电子，形成两个原子的结构。结果，当两个电子在原子核之间弹来弹去时，原子不再受到交换位置的两个电子的双重弹跳力，而只是受到一个共享弹跳电子的单个排斥力。这样，两个具有各自内部领域的独立的球形原子现在就靠得更近，部分地融合成为一个扩大了的原子结构，这个结构具有一个共同的内部领域，共享同一个弹跳电子（图4-7）。

图中的两个原子不只是彼此靠在一起，而是形成了一个单一的稳定原子结构——一个强大的化学键。该化学键的大小的关键在于原子核迅速向外膨胀，并彼此相互靠拢，要不是在它们之间猛烈跳动的电子将它们分开，一个原子就

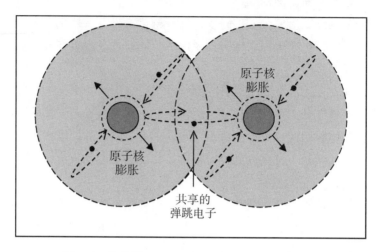

图4-7 化学键：电子将公共的原子内部区域分开

会膨胀到另一个原子中了。我们记得，在内部的亚原子域内发生了持续剧烈膨胀，与原子膨胀（引力）是毫不相干的。因此，由于失去电子使得原子核得以在原子共同的内部区域内彼此迅速相向膨胀，同时它们共享的弹跳电子又令它们各自分开，从而在这些原子之间产生巨大的实际"引力"。这种效应有些像两个拳击手彼此靠得太近，成胶着状态，裁判员不得不使劲将他们分开。

19　电

尽管电被认为是一种能量形式，称为电能，但我们知道电路实际上没有纯"电能"从中流过，而是电子本身在电路中流过。人们设想电子是负电荷，电子流带着电荷流和它一起流过电路，为各种电路元件提供能量。

然而，仔细推敲发现，这仅仅是表面上的抽象，根本没有解释其中的物理。例如，所有的电子被认为是带同样的负电荷，从不改变，这被认为是定义或识别一个电子的重要性质之一。这样，如果这个电子流只是流过电路，既不

228

减慢，电子也不失去任何电荷，那么能量怎么能够输入电路元件呢？当电荷只是和电子一起流过电路，再从另一端流出去，不改变，和电子一起完整无损，这些只是移动的电荷怎么能够给电路元件供电呢？由于没有答案，我们从未讨论过这个问题，这个巨大的谜团由于一套称为电路理论的抽象数学模型的缘故而被我们忽视了。这个自圆其说的抽象系统被用于帮助我们模拟电路，以制造有用的装置，但我们不应该误将它当作相关的物理解释。

因为即使在今天，我们认为电流涉及实际电子的流动，我们能够看到电流实际上表现的是处于自然状态的亚原子粒子的行为，即原子外部的自由流动电子。前面已经指出，根据膨胀理论，原子内部的亚原子粒子是不带"电荷"的，而是膨胀的。因此我们可以合理地假定：这些粒子不会突然失去它们的核心膨胀本质，也不会在离开原子后成为不膨胀的"带电荷"粒子。这意味着质子和电子始终是不带电荷的膨胀粒子，不管它们是在原子内部还是在原子外部，这进一步意味着电荷粒子概念和电荷本身确实不存在。这一点非常重要，值得我们予以特别关注：

注意

事实上带电荷粒子和电荷在自然界的任何地方都不存在。

上面的这个叙述意味着我们今天对电路实际上没有作出解释，虽然电路理论的诞生让我们获得了更高层次的抽象理解。正如在前一章有关引力的描述所指出的，只要我们仅仅停留在抽象水平上，不深究问题，就有可能忽视了我们对物理理解的匮乏。然而，膨胀理论使我们的洞察能够超出抽象概念，并真正理解自然世界。我们将开始探讨对电和电路的更深层次的理解。然而，首先我们要回到电荷概念的诞生之初，看看它是怎样产生的，看看膨胀理论对这个问题是怎么解释的。

理终论极　电荷（静电）

正如上文提到的，人们认为电荷是一种从原子至亚原子粒子发出的作用力，并且有正负两种类型。人们认为，电荷通过化学键将原子以及分子和物体结合在一起。人们还认为，在某些情况下电荷会聚集在物体表面，在这些电荷周围形成静电场，这个现象叫作静电。然而，我们当前无法提供科学解释说明电荷究竟是什么，是什么使得"正电荷"带正电，而"负电荷"带负电。电荷为何能够持续做功却没有丝毫的衰减，甚至不需要凭借任何能量源。对目前有关这个神秘的且违背物理规律的现象的观点形成作一番探究，或许我们能发现一些蛛丝马迹。我们不妨来看一下本杰明·富兰克林所做的研究。

谬误

✗ 富兰克林忽视了对物理定律的违背。

人类早就发现某些物体会具备一些特性，从而彼此吸引或排斥。这是在自然界观察到的极为普遍的现象，然而在本杰明·富兰克林（Benjamin Franklin，1706—1790）进行一系列实验研究这个问题之前，没有人能作出清楚的解释。

实验

本杰明·富兰克林的"电荷"实验。

几个世纪以前，富兰克林发现，用丝绸摩擦两根悬挂的玻璃棒会导致它们彼此排斥。他得出结论，认为每根玻璃棒现在产生了一些富余的电，从而相互排斥。接着，富兰克林用毛皮摩擦一根蜡（今天一般用塑料）制的棒，发现蜡棒和玻璃棒之间相互吸引，这说明蜡棒缺电。富兰克林用正号表示玻璃棒的富电现象，用负号表示蜡棒的贫电现象（图4-8）。

现在我们把存在于自然界的这两种电荷称为正负电荷，它们会造成物体相互吸引或排斥。用一句耳熟能详的话归纳就是："同性电荷相斥，异性电荷相吸。"然而，我们稍后将看到，富兰克林的富电和贫电概念与膨胀理论对此类现象的描述非常接近。但在富兰克林的时代，膨胀亚原子粒子的概念尚不为人所知，因此人们没有广泛地意识到带电粒子概念存在的种种疑云和它与物理定律间的矛盾，也未引起高度关注。当时为富兰克林的观察结果作出一个合理解释是更为重要的，这样才能推动技术的进步。结果，"正负电荷"术语毫无疑问构成了今天所有有关原子和亚原子粒子实验与理论的框架。

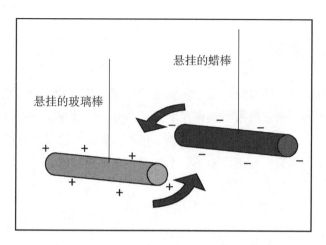

图 4-8　富兰克林的电场吸引实验

然而，虽然富兰克林的结论很简单很有用，但是"正负电荷"的概念只能视为一个假定的抽象或模型，除非它符合物理定律，并且我们最好对它的性质也能作出一个清楚的物理解释。但是富兰克林的带电荷的棒本应该能够持续彼此吸引或排斥，持续时间可以长达数小时、数天、数周，而力绝不会有一丝半点的减弱（假定没有其他因素影响这些棒）。

此外，这种能量消耗无法找到确认的能量源。事实上，富兰克林从未解释过为什么带有同性电荷的棒会彼此相斥，他只是给出甚至我们今天也采用的绕圈子的解释，即带电荷的棒之所以互相排斥是因为它们是带电荷的。然而，这就好像是说，下落物体之所以下落是因为下落物体在下落一样。尽管我们可以理解富兰克林的突破性的观点被人们广泛接受，并且是这个现象的极有用的模型，但我们仍然没有"正负电荷"性质的物理解释，它仍然是明显地违背了能量守恒定律。

对电荷的反思

在此前对新原子模型的讨论中，膨胀理论揭示出亚原子粒子并不含电荷，而是膨胀的实体。这一现象不仅存在于原子内部，而且也存在于原子外部。上述理论表明，当前归因于电荷的所有观察现象，实际上仅仅是亚原子膨胀的表现。有鉴于此，我们一起来回顾一下本杰明·富兰克林的实验。

实验
膨胀与富兰克林实验。

电荷理论对蜡棒相斥的解释是：其中一根蜡棒表面带有来自于负电场的富余负电子，以某种方式排斥另一根蜡棒的负电场。正如我们此前提到的，时至今日，这种现象依然是一个完全无法解释的假设。

另一方面，膨胀理论的解释是：蜡棒是一个表面带有富余膨胀电子的物体，其亚原子巨大的膨胀率致使它们以不断变大的电子云形式迅速向外膨胀。也就是说，不存在"带电荷"粒子形成的神秘的"负电场"，相反地，是膨胀粒子本身向外膨胀。上述物体间的相斥力，应当是这两个膨胀的电子云之间相互排斥的产物（图4-9）。

图4-9给出了物体间排斥力最直观的物理解释和一个全新的概念，我们只有在回顾前文有关原子内部与外部不同空间的讨论之后，才能正确理解这个概念。下面我们将对"交叉效应"这一新概念进行讨论。图4-9采用最直观的方式表明：两个膨胀电子形成的电子云在中间会合，彼此相互作用，产生排斥力，致使两个物体彼此分开。

我们在之前的讨论中也提到，电子发生膨胀是其存在的本质，而与"能量"这一臆造的抽象概念无关。因而可以认为，目前我们普遍认为与物理定律相违背的"电场能量"令物体分开，这种观点不过是对于电子膨胀特性的误解；致使物体间发生排斥的原因，实为原子外层自由膨胀的电子云作用。

电子在外部原子域的膨胀能够产生一道壁垒的效应，使电子无法返回到两个物体的微观原子结构中，因为电子在原子内部不受限制地膨胀，导致其不再

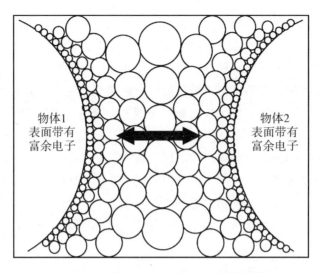

图 4-9　自由膨胀的富余电子引起物体间排斥

具有亚原子定义。两个电子云相接触时随之产生排斥力，意味着电子在原子层面的自由膨胀宣告结束，并重新获得亚原子定义，成为同样的经受相互亚原子膨胀的粒子。这种再定义的发生，其原因在于，现在两个电子云形成了由亚原子粒子组成的"物质桥"，连接起彼此的亚原子域。这就使得两个电子云实质上成为一个连续的电子桥，所有的电子全都彼此相互膨胀，使两个物体相互排斥。这就是我们当前认为由于物体表面富余电子形成的"带负电荷"电场产生的排斥力。

新观点
交叉效应。

　　上述讨论的核心以及图 4-9 所表现的，就是原子内的亚原子域以及原子外部的原子域之间的"交叉效应"。前面对于原子域内部和外部的讨论解答了它们不同特性的问题，即亚原子域具有极大的内部膨胀性，然而矛盾的是，原子球的外部几乎是不膨胀的。上文对相互排斥的物体所作的解释已经进一步证明这一概念，即电子的膨胀率远远高于原子的膨胀率。倘若情况并非如此，如果电子的亚原子膨胀率 X_S 实际上与整个原子的膨胀率 X_A 一样小，那么外围电子就犹如一堆岩石静静地位于地球表面一样，只是位于原子顶端而已。岩石堆与地球有同等的膨胀率，所以岩石堆只会静静地位于地球表面，而不会向周围空间膨胀。因此，电子所拥有的巨大亚原子膨胀率，显然是它们在原子空间迅速膨胀的基础，从而导致了两个物体的排斥作用。

上文同样表明，分离的原子域与亚原子域并不总是井水不犯河水，当亚原子粒子挣脱亚原子域时，原子域与亚原子域就会通过"交叉效应"相互作用。如图4-9所示的两个物体表面富余的膨胀电子正是上述效应的实例。物体表面的电子首先迅速向外膨胀，之后立即在物体间发生接触，在膨胀力和将物体推开的力之间形成平衡。这时，电子似乎停止了其自然膨胀，并作为已改变了固定大小的粒子停留在两物体间重叠的电子云中。然而，倘若事实的确如此，那么全部电子就不可能完全一样，奠定我们宇宙的深层法则（亚原子膨胀理论）这时似乎也无能为力了。

当然，电子都是完全一样的，我们也无法如此轻易地修改宇宙万物的核心机制。电子并不能真正地改变其大小以及膨胀率，而是必须保持完全一样，从而维持我们宇宙的正常秩序与稳定状态。相反，答案就在原子内外域不同的参照系中。这就是说，电子仅仅在本身亚原子域里才有作为同等大小、同样膨胀实体的性质。当移至外部原子域时，这一特质将创造出自由增长的电子云团。回想一下，我们无法合理地测量或决定原子的内部直径，因此我们认为电子拥有尺寸这一说法更不可思议。这一概念根本不适用，但是我们可以说，膨胀电子在外化到原子域时——对电子来说完全是外部域，会呈现出与原子相关的可变增长特点。所以，正如我们考虑原子不同的内部域和外部域以明确性质上看似矛盾的差别，正是在这一明显的矛盾下全部电子都在进行相似的持续亚原子膨胀，并在原子域表现为可变增长。

鉴于此，外域化的电子云内部呈现静态的电子，实际上仍然以与原子内部电子相同的亚原子膨胀率进行膨胀，且大小与原子内部的电子相同。这些明显的矛盾就是"交叉效应"这一新概念的表现，即当这些粒子离开原来的亚原子域后，所有的亚原子粒子具有相同的持续膨胀率和相对不变的尺寸，它们在原子世界的表现可能会大不同。

为了区分亚原子和原子的行为，我们延用"膨胀"这一术语，对亚原子域中全部亚原子粒子的单一整体膨胀率加以描述，用"变大"与"变小"描述它们在原子域中所表现出的"交叉效应"。鉴于此，我们可以认为，图4-9表示的是物体表面尺寸很小的自由电子，这些自由电子在原子表面与亚原子域紧密结合，体积进一步变大直至延伸进入原子空间。也可以认为，这些电子实际停止了变大的过程，并向外膨胀，从而形成了物体间的排斥力。就电子云内的电子而言，这些电子仍处于亚原子域内，和其他尺寸相同、持续膨胀的电子排列在一起。这些电子相对于仍然位于原子内部的电子极度变大，以及由此产生的物体间的排斥力，仅是这些膨胀的亚原子粒子的固有性质在原子层面的副作用。此外还值得注意的是：

注意

对"带电荷"物体间产生相互排斥力的这个解释，是目前科学关于此效应的唯一说明。当今科学尚未对"带电荷"物体怎样或者为何彼此排斥给出清晰的物理机制或者科学的恰当解释。

毫无疑问，"带电荷"物体之间除了相互排斥之外，也可能相互吸引。本杰明·富兰克林认为，当其中一个物体表面有富余的"带负电荷"电子，而另一个物体缺少电子时，我们可以假设其"带正电荷"，两个物体间即相互吸引。这一说法仅仅意味着，组成物体的原子周围其电子的一般额定数目减少了，因此原子成了离子，并使得原子核的"正电荷"得以作用到原子之外，吸引远处的物体。然而，一个原子失去一个或多个其核心结构的电子，却还能继续消耗它的"正核能"以吸引远处的物体，这样的原子似乎处于相当危险的、难以维持的境地——这种情形只有在用丝绸摩擦物体时才会产生。显然，当今的科学范例完全无法解释"带正电荷"的核质子产生的永无止境的吸引力，而这正是为什么"带正电荷"物体吸引"带负电荷"物体的原因所在。这再次证明，本杰明·富兰克林的电荷理论给予我们的只是一个抽象模型，而非真正的物理学解释。

膨胀理论给出了物体相互吸引的理论机制，它与物体之所以相互排斥的解释都以膨胀理论为基础。在上述两种情况下，我们都是通过摩擦物体"充电"使其表面带有富余电子，从而出现吸引或排斥作用。然而，不同材质的物体，其表面富余电子的分布密度也不同，致使电子云以不同形式向物体的表面空间扩张，密度或大或小。此外，因为在亚原子域中，所有电子实际上都是相同的亚原子粒子，电子在亚原子域中自由变大进入原子域，必定仍然保持同一性。这将在电子自由变大中起决定作用，因为在原子域中，相邻电子只会在尺寸上有一些细微的差异，与其在亚原子域中的大小一致的尺寸相差不会太多。这实际上在自由变大的电子之间产生了张力，却不具备原子域中的定义，也不具备作为完全一致的亚原子粒子的本质，这就是"交叉效应"的另一种表现。

因此，当电子从各自物体表面以电子云形式向外散布时，其变大的变化是一个极为缓慢的过程。这意味着不同密度的两个电子云向外扩散也是不同的。密度较大的电子云更容易向外部空间自由膨胀，由于在任何给定长度上的电子数目较多，因此相邻电子之间没有太大的变大变化，其电子的受控距离也越长。并且，密度较大的电子云单位体积内电子数目更多，因此会以更大的力向外变大，总是抑制密度较小的电子云向外膨胀。因此，两个不同密度的电子云并不会在物体间的中线位置处接触，密度较大的电子云的膨胀会远远超过中点。这意味着密度较大的电子云外缘的电子能够膨胀到一个更远的距离，因此在原子域内也比密度较小的电子云中的电子多（图 4-10）。

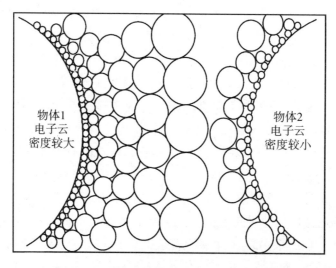

图 4-10　带电荷物体拥有的不同密度的电子云

然而，之前关于物体相斥原理所作讨论中，我们谈到当两个物体的电子云相互接触时，两个物体间形成坚固的、连续的亚原子粒子"物质桥"，这是一个持续的亚原子域。毫无疑问，此前所作讨论以及图 4-9 都表明，"带正电荷"的两个物体，若其电子云密度近似相等，当它们接触时将会发生相互排斥作用。尽管如此，图 4-10 也揭示了原子域大小差异的重要性，两个电子云前端的电子应当立即调整，使其自身与相邻电子处于相同状态下，并重新获得亚原子共性。

　　这意味着密度较大的电子云其密度必须变小，而电子云整体也须变小。此外，由于密度较小的电子云无法通过变大其数目有限的电子、最终填满两物体间的空隙，于是缩短的亚原子物质桥将两物体拉近到一起（图 4-11）。

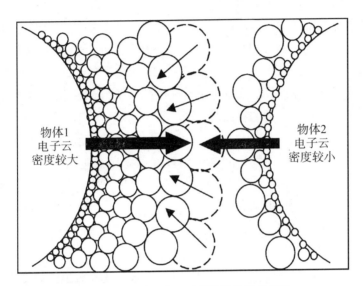

图 4-11　电子云变小吸引其物体彼此靠拢

　　此外，随着两物体不断靠近，密度较小的电子云开始变小，以适应物体间逐渐变小的空隙，这就要求密度较大的电子云相应缩小其体积以获得同等的电子大小，这就形成了物体间的吸引力。同样，两物体在吸引力作用下愈加靠近，两个物体每一侧的亚原子域彼此离得更近，连续的"物质桥"中的亚原子域作用更加显著，使得上述所有效应不断增强。

　　如果两物体可以进一步靠近，则两物体间的电子云体积立即变小成为亚原子粒子组成的微电子云。而只要两物体保持一定距离且不发生接触，那么彼此间就可以不断往复地排斥吸引，电子云的作用就像一个能重复伸缩的由亚原子粒子组成的弹性构造。

　　如果两物体靠得太近，那么密度较小的电子云会进一步变小到几乎完全位于物体的亚原子域内部，从而吸引密度较大的电子云，极度接近其所属物体表面。这时，情况迅速发生了变化，从两个物体间两个单独的电子云互相作用，变成单一密度的电子云横跨在间隙中，并且将电子云吸引到第二个物体的亚原子域中。一旦上述现象发生，那么将无法阻止密度较大的电子云进入第二个物体的亚原子域内，这就形成了物体间的高速电子流。从宏观角度而言，就是我们看到的电火花现象。电火花为火星状，并伴有噼啪声，表明电子流在此状态下可能有较高能量，以多种形式向周围发射成群的电子。对于这一现象，我们在后面还将加以讨论。

富余电子通过上述过程离开两个物体表面，于是物体"不带电荷"。当两个拥有同种电子云的物体相互接触时，由于大小相仿的电子不会相互作用越过间隙进入对方亚电子域中，因此不会发生上述现象。然而，物体却可能相互排斥，发生变形或向外伸展。在这些电子云中的电子，会更多地保持它们的自由变大的倾向，只是被接近的物体会推向一边，而不是吸引到间隙中。

由于"带电荷"物体周围的膨胀电子云只可能有两种类型，即"相似密度"与"非相似密度"，物体间会不同程度地排斥或吸引，于是富兰克林的"正电荷理论"或"负电荷理论"似乎得到了支持。然而，在没有理解亚原子膨胀的情况下，物体带电荷只是一个抽象概念。实际上并没有所谓的"带正电荷"或"带负电荷"的物体，而仅仅是物体周围膨胀电子云的密度不同而已。

所以，我们能够明白，是亚原子域和原子域之间膨胀电子的交叉效应解释了日常生活中的谜团，如前面提到的结构强度、水结冰和其他常见的水实验。这些并不是现今科学定义描述的无解的"能量"实例。

理终论极 电路

我们在重新探讨电荷概念之前，曾经通过简要地介绍电在电路中的流动，讨论了电的问题。现在，让我们以更加详尽的方式探讨电路问题。在前文已经提到，目前科学界对电荷原理仍旧没有给出恰当的物理解释，总体而言，"电路理论"也未能解释：当"带负电荷"电子流过电路给电路元件供电时，为何不会失去任何电荷这一现象。当电子被看作亚原子膨胀，而不是"电荷"时，这种表面的"免费能量"的疑问就迎刃而解了。

一个基本的电路需要有电源，如电池，电池经导线与电路元件相连，如电阻，如图 4-12 所示。"电路理论"指出，带负电荷的电子自电池负极流出，在带正电荷电池正极的拉动下通过电路。

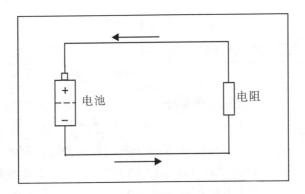

图 4-12　基本电路回路：电池与电阻

从另一方面而言，膨胀理论认为，电池"负极"的富余电子基本上存在于亚原子域与原子域之间。也就是说，电子很容易自由变大进入原子域，正如之前的静电理论所探讨的。然而，由于与电池内部电解质原子的自由连接，以及电池外壳的存在，电子的运动还是受到了限制。

上述情形表明，电池内部存在着巨大的膨胀压力，因而需要有适当途径加以释放。于是，连接电池正负极的导线成为电子流动以及压力释放的路径，电路由此形成。电路另一端的电池"正极"实际上并非是"带正电荷"的，而是所含的材料缺乏电子，从根本上产生一个膨胀压力很低的区域，很容易接受来自电路的富余（膨胀）电子。

因而，一旦电路形成回路，来自电池高压力电极（即"负极"）的富余电子，则通过回路源源不断地流入低压力电极（即"正极"）。同样，正如我们在前文提到静电理论对火花的讨论，一旦有持续不断的电子流进入电池较远一极，那么整个电子流将迅速拉回到该极的亚原子域中，这就好像一段较长的、受约束的电火花通过电路回路一样。随着上述过程的进行，电池两极的膨胀压力得到平衡，电子流的强度逐渐降低，于是电池最后油尽灯灭。电池告罄实际并非因为"电量"或"电能"耗尽，而是由于电池两极的膨胀压力最终达到平衡，无法驱使电子流在两极间继续流动形成电流。

违背物理法则

🚔 **电路元件违背物理定律。**

对电流的上述解释解开了诸多疑问，例如，为什么电阻仅仅因为"带电荷"电子流过，电阻就能持续发热，而在这个过程中，电子既不损失电荷也不损失动能（速度）。也就是说，尽管今天我们尚未普遍意识到从流动电子个体到电路元件之间不存在任何可确认形式的能量交换，我们由此得出这样的逻辑结论：电池仅为电子在电路中的流动提供能量，而不为电路元件供电。然而，电路元件在工作中确实消耗能量，这是一个"免费能量"的谜团。唯一的解决办法是要认识到，这样一个过程根本不是由"能量"驱动的，而是由全部电子的亚原子膨胀所引发的。

需要再次指出的是，"能量"仅仅是一个抽象的名词，在我们还不了解膨胀物质时，"能量"可以用于解释我们观察的种种现象。然而现在，在充分了解膨胀理论之后，我们发现，并非因为电池给电路供电，而是由于亚原子膨胀驱动整个过程（如它驱动所有事情一样）。在这种情况下，电池产生原子域的临时"交叉效应"，于是形成电流。随着讨论的深入，我们将对亚原子膨胀如何为电路元件提供能量进行详细说明，并对电灯泡这一典型的电阻器进行分析。

正如人们认为的那样，电子在导线中膨胀和相互推动的过程中，沿导线外层流动所遇到的阻力，远远小于沿导线密度中心流动遇到的阻力，因而，电子更倾向于沿导线外层流动。事实上，这就是我们知其然而不知其所以然的"趋肤效应"（Skin Effect，即表面效应），"趋肤效应"精确描述了电流沿导线外层传递这一特性。我们之所以称为"趋肤效应"，原因在于人们发现电流在传递过程中，往往更倾向于沿导线外覆层或"皮肤层"流动，而不是在导线中平均分布（图4-13）。

电子沿导线外层膨胀流动的特性，造就了一种非常重要的"边缘效应"（Side Effect），图4-13形象地描绘了这一现象。随着膨胀电子沿导线外层相互推进，电子可以向外部空间自由膨胀，从而在导线外周形成电子云并伴随着它沿电路的运动向外辐射。这其实是一个众所周知的、可测量的效应，即"磁场"。

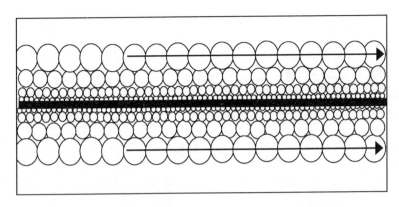

图 4-13　电子膨胀沿导线流动——产生重要的边缘效应

当今，尽管人们认为电路的"趋肤效应"多数在往返振荡的情况下产生，持续单向电流的情况下较少发生；"膨胀理论"表明，这只是一个由于人们未能意识到所有带电导线周围存在的磁场、实际由这样的外部电子组成而导致的疏漏。于是，对于磁场我们有了一个全新的概念：

所有带电导线周围存在的磁场，实际上是电子借助膨胀效应沿导线运动时向外部空间膨胀形成的。

磁的奥秘。

在人们尚未了解膨胀物质的理论之前，磁场的真实面目一直是个谜。从前，人们普遍认为，带电导线周围的磁场是另一种形式的"能量"，也就是所谓的"磁场能"，是以某种方式由移动的"带电荷"粒子，比如沿导线移动的电子产生的。然而，这种观点带来了诸多悬而未决的问题。

其中一个谜团就是：移动电子如何产生磁场？当今的科学已经公认这是一个事实，但是没有可靠的物理解释来说明磁场如何产生和为何产生。另一个紧密相关的问题就是，"磁场能"如何守恒——"磁场能"是由粒子产生的，而这些粒子本身为什么不失去任何能量呢？流动的电子为什么既不减速也不失去"电荷"呢？如果磁场需要耗费能量才能持续排斥另一个磁体，能量又从何而来？倘若磁场由流动电子产生，需要消耗能量却不从电流中获取任何能量，那么这就成了一个最大的谜团。

膨胀理论再一次解开了这个谜团。膨胀理论指出："带电荷"电子产生的并非"磁场能"，而是电子本身向外的膨胀，这与前面讨论的静电问题颇为类似。电流与电流产生的磁场不过是暂时的"交叉效应"，是自由膨胀电子从电池高压负极沿导线流出释放压力，再返回至电池低压正极的亚原子域。这一说法也解释了为何一旦电源供应中止，那么磁场也随之消失，这是因为一旦膨胀压力消失，一些电子将沿导线回到电池中，而其余电子沿导线继续运动，进入电池较远一极。

对周围磁场的这种描述也解释了一个众所周知的事实：在电流沿导线传导的同时，磁场环绕导线传播。因为磁场并不是"纯能量"，而是迅速流动的物质粒子，正如水流以螺旋状流动一样，磁场作螺旋状运动也是最有效的运动方式。在后面的章节中，我们还将对磁学进行更深层次的讨论。

20　无线电波

从前面对电流流入由磁场围绕着的导线的探讨，自然而然会提到无线电波，当今的标准理论认为，无线电波是当电流来回振荡时，导线产生的电磁能量波。导线被连接到一个提供交流电的电源（交流电源）上，使导线变成发射无线电波的发射天线时，会产生这种振荡。当今的理论特别指出，当磁场围绕着在某一方向上具有稳定电流即直流电的导线时，无线电波从不断改变速度而来回振荡加速的电子上发射出来。

谜团

？　无线电波的谜团。

这种解释听起来似乎颇为合理，但是在我们试图准确地解释这种发射是如何在真实的物理条件下发生的，问题就产生了。实际上，仅通过从稳定的电子流到连续的加速或振荡，是如何实现从磁场到无线电波的转变的，目前我们对此知之甚少。

此外，我们认为无线电波是从电路释放出来并发射到空间中的能量，而且它是由加速的"带电荷"电子发射出来的。然而，能量是如何从电子发射出来的，这些电子的单个电荷为什么从不发生变化呢？其主要机制尚不清楚。离开导线的无线电波能量只可能从一个能量源获得能量——沿导线运动并构成电流的电子。这就需要电子以某种方式从电路的电源传递能量，并在它们沿导线振荡时将其释放到空间中。然而，电子似乎无法像微小的可再充电电池一样做到这一点。所有的电子都被认为带有完全相等且从不变化的负电荷，因此，它们不能在电源处携带额外的电荷，并随后将其以无线电波的形式释放到空间中。

即使电荷本身转化成无线电波这一概念在现在并没有任何物理解释，尤其是今天的科学认为无线电波本身同时有波包和光子包的神秘特性。这遵循量子力学中的波粒二象性原理，在后面的章节中会进行讨论，也适用于所有的电磁辐射，包括无线电波。唯一的可能是，电子的动能以某种方式转变成辐射电磁能，但这同样缺乏清楚的物理解释。

新观点

无线电波不是"电磁能"，而是向空间膨胀的电子波或电子带。

解开这些谜团的真正答案是，如同到目前为止所论述的其他形式的"能"一样，无线电波并非真正发射的"电磁能"，而是膨胀电子的表现。

当电流沿着导线振荡时，它从静止状态迅速猛增至峰值电流，然后又回到静止状态，之后又在相反方向再次发生。这些不断发生的往返电子涌，会使周围的磁场与电流同步涌入导线之外的外部空间，因为磁场只是向外膨胀的流动电子的延伸。在每个电子涌平息后，这种进入导线外部空间的电子涌的向外动量会抵消其沿导线方向缩回的趋势，因此每个连续的电子涌会形成一个各自独立的电子带。根据膨胀理论，这就是我们现在所称的无线电波（图4-14）。

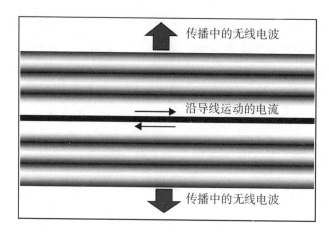

图 4-14 无线电波：向外膨胀的电子带

正如前文所讨论的，由于周围的电子云（磁场）环绕导线，但同样会随着电流方向的变化而改变方向，这些电子带独立、互不干扰的特性因此变得更加突出。这种每个电子带之间的交替循环方向使得电子带之间越发不相干，从而导致独立的电子涌彼此叠加在一起并自由地膨胀到空间中。

这是对无线电波的首次清晰的物理描述，它说明了为什么我们把这种现象称为"电磁辐射"。它在本质上是与电有关的，因为它全部由膨胀电子构成。如之前图 4-13 所示，从每个膨胀电子带实质上是一个独立的磁场（与环绕导线的磁场相似）的意义来看，它也是与磁有关的。

我们还可以清楚地看到，为什么无线电波的频率与发射天线内部的振荡频率步调一致，因为每个振荡都产生一个独立的膨胀进入外部空间的电子带。同时，无线电波以"光速"传播，只是空间中的自由电子继续其来自内部的自然膨胀时的膨胀率的表现。同样，当我们认识到沿导线振荡的电子并非以科学上无法解释的方式，而是以电子自身进入外部空间的方式"发射能量"时，能量之谜也就随即解开了。

虽然这个对无线电波的探讨表明，它也可作为对电磁辐射的一般性描述，但下一章的内容将说明情况并非如此。这一点很重要，它意味着虽然我们当今把无线电波、微波、可见光、X 射线等描述成相同现象，即频率不同的电磁辐射，但这是错误的。如同我们将要看到的，电磁波谱实际上并不是一个连续的电磁波频率范围，而是两种截然不同的现象，这两种现象与我们今天错误采用条带绘制频谱内的特性及行为大不相同。

21　电场

　　前面探讨了静态电场的现象：物体表面上富余的自由电子以不断变大的电子云形式向外膨胀。动态电场也同样存在，通常位于两个平行的金属板之间。这两个金属板之间留下的间隙截断了导线上的电流。这种装置被称为电容。

　　根据膨胀理论，这个动态电场与前面介绍的"带电荷"物体上的静态电场相似，但是电子通过电路流到第一块金属板上，而不是富余电子聚集在物体的表面。形成的电子云进入金属板间的间隙，并进入到对面的金属板。因为对面的金属板通过导线连接到"正极"或低压电池组的接线端，它很快地接受了越过间隙的高压电子云。金属板间没有传导路径使电流连续通过，因此电子云只是在间隙对面密集，形成我们所说的电场（图 4-15）。

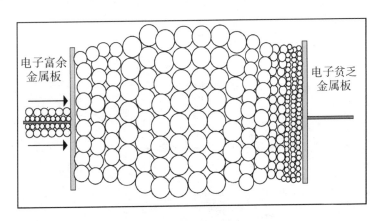

图 4-15　电容平行板间的电场

　　富余的电子很快以静态的方式通过间隙向外膨胀进入空间，但这通常需要一种密度大的传导性材料才能使电流通过电路。然而，如果电流不仅仅试图在一个方向上流动（直流），而是连续地来回流动（交流），情况就会发生变化。

在交流情况下也没有可供实际电流越过间隙的传导路径，但有"穿过"电容器的实际交流电流，因为电路中有往返电流。

出现这种情况是因为金属板间的电场（电子云）是一个密集的电子储存器，当电流方向改变时，这个储存器将电子送回到它原来的那一半电路，同时另一个电场开始从另一个金属板越过间隙向外伸展。这是一个连续的过程，在此过程中，每块金属板处于电子富余和电子贫乏的交替变化中；电场在每块金属板中交替出现和消失，使电路中的电流来回振荡。虽然从理论上而言，金属板之间没有真实电流存在，然而这种效应看上去好像是确实有电流存在。根据膨胀理论，这就是为什么我们说电容器能够阻挡直流电，却让交流电信号通过电路的原因所在。

理终 论极 粒子束偏转

一束"带电荷"的粒子在电场或磁场作用下会发生偏转，这个众所周知的现象，为正电荷粒子和负电荷粒子的概念提供了依据。在实验室的实验中及电视机的阴极射线管等设备中，这是一个常见过程，一般与一束在通过一对平行的通电金属板之间时发生偏转的"带负电荷"的电子有关（图 4-16）。

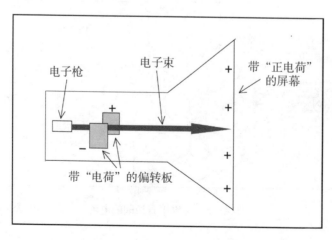

图 4-16　阴极射线管产生电子束并令其发生偏转

电路理论表明，带负电荷的偏转板排斥带负电荷的电子束。同时带正电荷的金属板吸引它，使该电子束在它们之间经过时发生偏转。尽管电荷的概念是一个描述电子束偏转的有用的抽象，但它不能真正解释阴极射线管的操作。也就是说，虽然电源被用于从电子枪发射"带负电荷"的电子，并改变偏转板上"电荷"的数量，但为偏转提供能量的不是这个电源本身，而是金属板上的"电荷"与通过的"带负电荷"电子互相作用所产生的吸引力和排斥力，使它们集中到电子束中，并使它们向一方或另一方偏转。

为了更好地说明这一点，我们不妨假设：如果我们关注的不是如何改变电子束的偏转，我们也可以用未连接到任何电源上的静态"带电荷"板代替充电的偏转板。在这种情况下，即使没有电源，我们可以预计这些带电荷板仍将不断地使电子束偏转。这种没有能量源却能源源不断地形成并偏转电子束违反了能量守恒定律，该定律同样适用于电子偏转板，它的能量源只改变其"电荷"，但本身并不引起偏转。

根据膨胀理论，电子枪发射的电子将以巨大的电子云的形式向外膨胀。而且，由于在阴极射线管另一端的整个屏幕有传导网眼或涂层连接到电源"正极"的接线端子，它的电子会贫乏。所以，更像电容金属板间不断加强的电子云，这个巨大的膨胀电子云不久就会与屏幕相遇，并拉紧从电子枪延伸到远端屏幕。接着这个电场将被局限在一条狭窄的电子束内，并在经过屏幕时以受控方式被电子枪前面的一系列"带电荷"偏转板偏转。然而，当电子束从偏转板之间通过时，形成并控制电子的并不是"电荷"，而是以单独电场的形式在偏转板间伸展开的、紧密的电子云所产生的膨胀效应。

膨胀理论指出，对于电子束中的电子而言，偏转板之间紧密的电子云（电场）实际上起到了亚原子参照系的作用。回顾一下前文：从电子富余的偏转板放射出的电子云遇到了间隙对面的偏转板，并向它收缩，密集地越过间隙形成电场。因此，当某个膨胀电子束经过这个电场时，它同样会向电子贫乏板的方向偏转，同整个电场形成一致的身份（图 4-17）。这使变窄的偏离中心电子束撞击远端的屏幕，因而在屏幕上产生了一个连续的偏心小圆点。

这个过程会给人造成一种印象，以为"带负电荷"的金属板以某种方式排斥"带负电荷"的电子束，同时对面的"带正电荷"金属板越过间隙吸引电子束。但是如前文所述，显然电荷违背了物理定律，而且电荷的吸引及排斥特性从未得到真正的解释；当今的科学只是说"异性电荷相互吸引，因为它们所带的电性是相反的"。这一点值得我们特别关注：

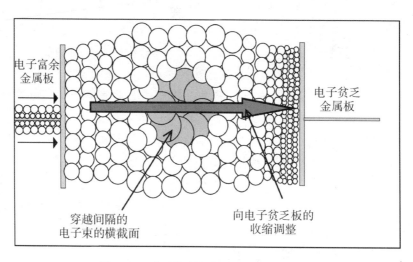

图4-17 电子束引起向电子贫乏端的收缩

>
> **注意**
>
> 前面对电子束偏转的解释，是我们所知的关于这种效应的唯一解释；对于电场如何或为何会使电子束偏转，当今的科学既没有提供清楚的物理机制，也没有提供科学上可行的解释。

对电子束偏转作出的以膨胀为理论基础的解释表明，偏转板上电压越大，产生的电场中的电子就越密集，使这些更多的电子变得更小，并在密集电场内与亚原子域的缔和更为紧密。这将使上述偏转过程的各个方面得到增强，从而导致更大的偏转。这样的话，电子束随着金属板上电压的改变而来回运动。

这是膨胀理论对如何控制电视屏幕电子束作出的解释。我们还应当注意，虽然电子无法轻易地穿越没有传导介质的空间传播，但是经过的电子经一系列成对的偏转板作用，集中到穿过阴极射线管的密集的电子束中，而非散射的电子云。只要电子的电压和密度足够，这种密集的波束可作为它自己的传导"物质桥"，好像它就是一根贯穿空间的导线，使电子可以穿过电子管继续前进一样。

实验也表明，某些种类的粒子束经过偏转板中间时，按照电子束相反的方向偏转。电路理论认为，这是一束带正电荷的电子被带正电荷的金属板排斥，而被带负电荷的金属板吸引。然而，由于这种用电荷来解释的方法已被证明是没有科学根据的，因此我们不妨探讨一下膨胀理论的解释。

　　一般"带正电荷"的粒子束由 α 粒子构成，该 α 粒子是受到某些放射性物质作用的自然过程中失去其轨道电子的氦核（是由 2 个质子和 2 个中子组成的电子簇）。这些裸露的原子核代表的不是"正电荷"，相反地，它们是相邻的任何自由膨胀电子的有效亚原子参照物，使这些电子发生迅速转变，回复到它们的亚原子粒子状态。

　　所以，当这些巨大的膨胀 α 粒子经过偏转板之间的电场中心时，实际上它们从两边把电场分成了两个更小的电子区间，并使 α 粒子夹在中间。α 粒子（主要是裸露的原子核）所表示的亚原子参照物使得两边板内的电子云更进一步地收缩和聚集。由于富余（或"负极"）板上的电子云内的电子数量更多、密度更大，因此与 α 粒子束之间的联系更紧密，α 粒子更容易被拉向电子富余（或"负极"）板（图 4-18），并造成"带正电荷"的 α 粒子被以某种方式吸引到"带负电荷"的金属板上的现象。

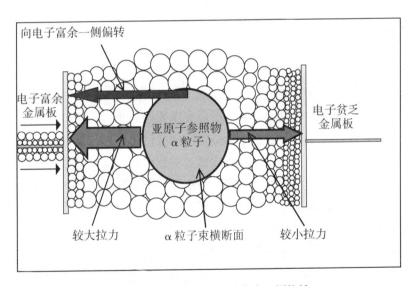

图 4-18　α 粒子束向电子富余一侧偏转

22 磁

我们之前在讨论电流流过导线时，提到了周围磁场的问题，这个磁场被认为是磁性的基本形式。通常，磁场与周围有自己独立磁场的铁棒有关，一端是北极，另一端是南极，即一个永久磁铁。磁铁是一个极为平常而且熟悉的物体，全世界的电冰箱门上都可以发现它的踪迹。然而，我们没有发现这一现象违背了物理定律。

违背物理法则

永久磁铁违背物理定律。

我们当然知道，要花费不少气力才能在悬崖峭壁上不往下掉，紧握住悬崖边不撒手，以抵抗重力的有效拉动并尽力支撑我们的身体重量。同样地，如果一个磁体要悬挂在电冰箱门上，它也必须消耗大量的能量，支撑其重量以抵抗重力。事实上，冰箱门磁铁的支撑力往往大于其自身的重量，因为它们经常被用来把其他物体挂在冰箱门上。一块强力磁铁甚至可以支撑大于其自身重量数倍的重量，并且可以永远保持这样，其强度却不会有丝毫的减弱，甚至不需要任何能量源。

对比之下，我们可以用一块电磁铁进行这一实验，但是电磁铁以可辨认的能量源为动力，在进行过程中消耗预估的能量，与物理法则一致。当然我们并不会把一块木头贴在冰箱门上。显而易见，存在一种从永久磁铁发出的未知、无尽的能量。现有的教科书没有一本能向我们展示永久磁铁做抵消地心引力这个壮举时的能量消耗曲线。这个观察现象非常普通，因此我们总是忽视了它与能量守恒定律之间的显而易见的矛盾。

如今，我们借助第 1 章中曾经探讨过的、同样存在致命漏洞的功函数逻辑，来对上述现象为何不违背物理定律作出科学解释，该逻辑用于证明为什么重力所消耗的能量同样没有违背物理定律。也就是说，如今我们的观点是冰箱上的磁铁没有位移，由于功等于力乘以距离，所以没有做功，因此，冰箱磁铁没有消耗能量。这一逻辑的漏洞在这个观点中完全被揭露，如同应用在地心引力理论中一样应用于从永久磁铁中而来的磁力。

另外需要指出的一点是，由于膨胀理论指出，引（重）力不是一个把物体往下拉的作用力，而是行星的一种向上膨胀，实际上冰箱磁铁确实是在运动中。磁铁正在紧紧地悬挂着，同时由于其下面的行星膨胀的缘故，以每秒 4.9 米的加速度向上加速运动。无论我们怎样看待它，冰箱磁铁确实紧贴在冰箱上，然而它没有明确的能量源。而且，如果没有来自外部的不利影响（如被敲击或过度受热）的话，它一直紧贴电冰箱，其强度不会有丝毫的减弱。

如果我们试图将两块磁铁的两个北极或两个南极放到一起的话，我们会直接感受到这种神秘的、无法解释的磁能。正如我们所了解的，就像互相排斥的磁极一样，我们会感觉到一股很强的作用力将两块磁铁推开。在磁体之间的空隙里只有纯"磁能"，积极不断地在内部对抗我们施加的作用力，以此强力分开磁体，所用能量至今没有从物理学解释的能量源获得。未知能量源的存在在科幻小说里是司空见惯的，但是却能应用于日常生活中的永久磁铁。

事实上，即使是当今最好的磁铁理论也经不起任何的推敲。为了证明这一点，我们只需要问一下永久磁铁的磁性来自何处？当前最简单的回答就是，整体磁性从铁棒内数千个子区域的排列中产生，每个子区域所起的作用如同一个微小的带南北极的磁铁。那么，我们必须寻根究底，问一下这些微小磁铁是从哪里获得它们的磁性的？这一系列探寻的最终结论是，铁原子本身就是微小的磁体，铁棒的整体磁性是建立在它们的基础之上的。该理论阐明，当这些微小铁原子的磁极排列起来后，它们组合的磁性为我们提供了我们所熟悉的带南北极的永久磁铁。但这仅仅将焦点从磁铁如何在没有能量源的情况下源源不断消耗能量的疑问，转移到构成磁铁的原子如何也能在没有能量源的条件下源源不断地消耗能量。同样，这并不能解释磁场自身的现象，即它们究竟为何物？为什么相同的磁极互相排斥，而异性的磁极互相吸引？磁场及其行为仅仅是对我们当今科学中所做观测的抽象描述，缺乏清晰的科学解释。

研究表明，"磁能"也是一个有漏洞的概念，因为当今的科学充其量只能提供抽象的模型及方程。尽管这些抽象概念很有用，但当我们在模型之外寻求其根本的物理成因时，它们给我们留下了一个待解的大谜团。那么，如果磁铁不是一个神秘地放射"磁能"的物体，磁铁的本来面目是什么呢？

磁性反思

重点提示

永久磁铁。

通常，将已有的磁铁按同一方向地穿过一个铁棒，直到这个铁棒也被磁化，可以产生一个永久磁铁。如上所述，标准理论认为，微小磁区贯穿整个铁棒，但所有磁区最初的方向都是任意的。这些微小的磁偶极子区域，顾名思义，当外部磁铁反复地在铁棒上经过时，我们认为它们会重新排列并将整个铁棒变成一个整体磁铁。由此产生的磁铁现在本质上拥有从一端发射出来的"北极磁能"和另一端发射出来的"南极磁能"。这种现象的本质和行为，刚才已证明是完全无法解释的。

然而，从膨胀理论的角度来看，反复地使磁铁从铁棒上方经过的这一过程，使得铁棒内的电子向一端迁移，然后又进入铁棒的外部空间。这些进入外界的电子自然向外膨胀，如同一块向四面八方辐射的电子云。这与之前有关静电的探讨中的物体相似，唯一不同的是静电物体通常都是非导体，并且它的表面都蒙上了一层来自外部源的电子。然而，就铁棒而言，在磁铁产生的过程中，铁棒的金属传导性允许电子在铁棒内被拉向它的一端。这一端充满了从另一端拉过来的电子，而另一端的电子现在已耗尽了。现在铁棒上充满电子的一端就是北极，由于有富余电子，这一端向外辐射电子云。

这个过程将使南极端的电子减少，产生一个低压区，与上文"正极"电池组接线端论述中的情况非常相似，也像静电讨论中密度较低的外部电子云。当北极密集的电子云向空间散布后，它要么遇到密度较低的南极电子云，要么直接遇到南极的低压区，这取决于这两种效应中哪一种占优势。不论哪一种情况，由于铁棒的传导特性，密集的电子云将被迅速地拉入南极内的亚原子域。

电子云回到南极微亚原子域，将导致电子对自身大小进行调整，这种调整立即向后波及整个密集的电子云，并使环绕整个磁棒的电子云聚集得更紧密（图4-19）。因为相当多的电子仍然以磁场的形式分布在这块新磁铁外部，处于两极之间，南极的电子仍然相当贫乏。这个描述表明：一旦引入膨胀物质的概念，磁性可被视为许多电子的自然出现的群体行为，而不是我们今天所认为的磁铁内单个电子及原子无法解释的磁特性的产物。

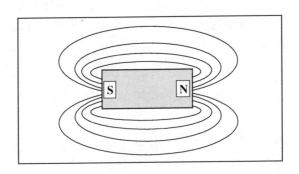

图 4-19　永久磁铁棒周围的磁场线

无论两个独立磁铁的两个北极相遇还是两个南极相遇，它们都会遇到这些密集的膨胀电子云，这些电子云互相推动并使相同的磁极间产生排斥力。

然而，当一个北极与一个南极相遇时，北极到另一个磁铁南极的距离比其到自身南极的距离更近，电子云开始从它的磁铁周围散开并延伸到另一个磁铁的南极。当电子云以它通常聚集在自身磁铁周围的相同方式越过间隙，聚集得更紧密时，这两个磁铁彼此向对方靠近（图 4-20）。这就是南北极之间的吸引力。当两个磁铁互相接触时，电子云变小成微观亚原子粒子云，夹在两个磁铁中间。当两个磁铁被拉开时，它可以像一个亚原子粒子制成的弹性织物一样伸展开来。

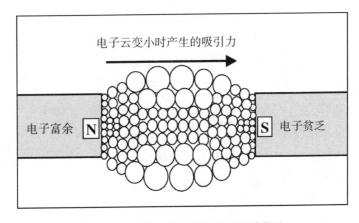

图 4-20　向另一块磁铁的亚原子域收缩

和"带电荷"物体不同，北极电子云不会流入另一个磁铁并进行中和，否则的话，当两个磁铁接触时，它们的磁性都会消失。之前我们讨论的"带电荷"物体发生这种情况，因为表面一层富余电子被隔离在绝缘材料之外；如果距离足够近，这些被隔离的富余电子极易进入另一个能够接受这些电子的物体。然而，磁铁北极的富余电子是富余电子连续体的一部分，遍布整个导电铁棒的北极部分。因此，北极的电子云实际上是磁铁内密集的电子云的延伸，不会轻易离开磁铁，以和"带电荷"物体电子云同样的方式从磁铁表面释放出去。

同样可以看出，"带电荷"物体并没有受到磁铁南极的强烈吸引力的作用，因为在"带电荷"物体的自由膨胀电子云中，迅速变大的电子与磁铁的南极被磁场紧紧约束的电子隔开了。在某种意义上，闭合磁场起到了"力场"的作用，使得较大的、自由膨胀的电子云发生偏转。由于同样原因，"带电荷"物体与磁铁的任何磁极之间没有很强的排斥力。也就是说，磁铁的闭合磁场并不向外自由膨胀从而产生排斥力，而是更像一个"力场"，当物体的电场靠近时，使物体的电场发生偏转或将它推向一边。同样值得注意的是：

> **注意**
>
> 前面对磁铁间排斥力和吸引力的解释，是我们所知道的对于这种效应的唯一解释；对于磁铁如何或为何互相排斥或吸引，当今的科学既没有为之提供一个清晰的物理机制，也没有作出一个科学上可行的解释。

电磁铁

另一种类型的磁体就是电磁铁。虽然通电导线周围的膨胀电子通常被视为磁场，但它缺少作为磁铁特征的南北极。一个真正的电磁铁通常由电流流过多匝缠绕在圆柱线芯周围的导线产生的。如前所述，沿导线移动的膨胀电子同样环绕在导线周围的空间，现在它们被缠绕在沿线芯的并排线圈中。这意味着，每个线圈中的电子在圆柱线芯的外围沿同一个方向并排地结束环绕，在圆柱线芯的内部沿相反方向结束环绕（图4-21）。这形成了一层电子覆盖层，在线芯的外部都向上聚集，在线芯内部向下聚集，有点儿像一个巨大的传送带沿着线芯的外表面将电子从线芯的一端运送到另一端，然后沿着内表面返回。

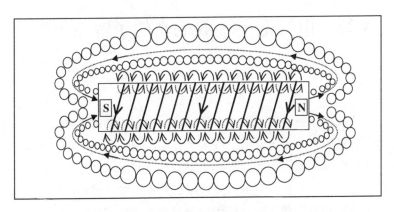

图 4-21　流经导线线圈的电子产生磁场

由于电流方向及线芯的内外表面曲率相反，从而导致电磁铁中南北极存在差别。在线芯外移动的电子从线芯向外弯曲（凸）的外表面自由地向外界膨胀，而线芯的内表面是向内弯曲（凹）的，这使得膨胀电子经过线芯时集中成一股紧密的中心电子流。因此，具有磁场特征的膨胀电子主要存在于线芯的外部，并朝一个特定的方向从线芯的一端向另一端移动；移动的方向取决于线圈环绕的方向及通过线圈的电流方向。电子沿线芯外部朝其移动的一端相当于永久磁铁的南极，因为电子被限制在这一端，并且在这一端进入线芯。集中的中心电流从线芯流出并进入空间的另一端相当于永久磁铁的北极，富余电子从这一端溢出并向南极形成环绕。实际上，这是一种表现类似于永久磁铁的动态磁铁，但它要依赖电源，使电流连续流过缠绕的线圈。

从电力和磁力的讨论中我们可以得出：我们找到一个由某种电路引起的重要现象——我们称之为电灯光。

23　电灯泡——我们真的了解它吗？

最后，让我们来看一看只有一个电池和一个电阻器的基本电路，并探讨一种极为特殊的电阻器——电灯泡。在人类经验和我们的科学中，最重要的现象之一就是光，广义上来说，光是电磁辐射。各个时代的科学家都研究过光，他们在光折射成的各种颜色、光的传播速度、光作为粒子或波的特性，甚至它在神秘的量子力学理论及狭义相对论中的地位方面建立了完善的知识体系。任何包罗万象的物理理论都必须对光进行描述，清楚地阐述所有与光的本质及行为有关的重大观测、猜想、实验背后的物理现实。如将在第 5 章所示，膨胀理论确实作出了这种解释，我们将首先从有关普通电灯泡被忽视的谜团入手。

谜团

热和光是如何产生的至今无法解释。

产生光的最简单的电路之一，就是之前图 4-12 所示的"电池加电阻器"的基本电路，但这里电阻器被替换成了电灯泡。电灯泡就是特别设计的电阻器，它能很快地变热，并在电流流过它时持续发出炽热的光。似乎我们今天已经对这一极为简单的过程了解得很透彻了，并可以用简单电路方程式来进行描述，用电池功率消耗说明电灯泡的功率输出。当我们从这个抽象层面来看待这个问题时，似乎并没有什么不同寻常或无法解释的事情。然而，当我们透过这个抽象概念，探索其根本的物理成因时，我们会得到一些截然不同的发现。

虽然我们有方程式来表示电池内储存的能量转变成电灯泡发出的热能和光能，然而实际情况是，当电子流流经灯泡时，它们实际上一定会失去这些辐射能。也就是说，电灯泡并没有像我们的抽象模型所指出的那样，以某种方式从远处的电池中获取能量，而是毫无疑问地从流经电灯泡灯丝的电子流中获得能量。这里，第一个概念上的疑问就是，我们的科学没有对电子流经像电灯泡这样的电阻物质时是如何产生辐射热和光作出解释。我们可以看到电灯泡灯丝中的原子如何在电流经过被推挤向两边时振动得越来越快（变热），但这种热我们称之为传导热，这时物体摸上去会很热。这并不能解释我们在一定距离内感觉到的电灯泡产生的热量——被称为辐射热的一种不寻常的热形态，如今被认为是电磁波。

灯丝发出光也同样是一个谜团。从流经灯丝内快速振动原子的"带电荷"电子一跃变为灯泡发出的辐射热能和光能，这种变化是我们当今的科学无法作出物理解释的巨大谜团；目前的解释仅仅是含糊地声称，构成热和光的波或光子在某种程度上是受激活原子"释放出"的。对这个解释的仔细推敲显示，由于我们对于波或光子产生的方式及原因缺乏定论，关于波或光子的本质也缺乏一个清楚的解释，因而引发了光究竟是波还是粒子现象这一长达一个多世纪的争论。

另一个更深奥的谜团是明显地违背了物理定律——确切地说，是又一次违背了能量守恒定律。这个结论所依据的事实是：电子流进入电灯泡，释放出辐射热和光，随后又毫无变化地流出了电灯泡（图 4-22）。

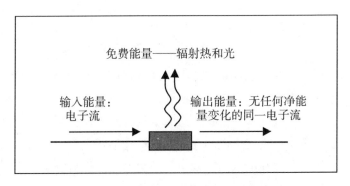

图 4-22　电灯泡——神秘的免费能量装置

从逻辑和科学的观点来看，进入电灯泡的电子流和离开电灯泡的电子流之间必须存在一个明显的能量差异，才能说明从电灯泡发出的辐射热能及光能。

让我们看看是否可以用当今的科学知识解开这个谜团。

我们知道，由于恒定电流在电路中流动，电子流经过时电流大小不会变化（即每秒经过的电子数量保持相同）。此外，如果电子在流经电灯泡时失去了动能，从而在电路的后半部分放慢了速度，而它们没有别的地方可去，于是会像交通阻塞一样地堆积起来。因此，流经灯泡的电子不会放慢速度来以某种方式将动能转变成光能。将安培计（电流表）连接到电灯泡的任何一边来测量电流大小，结果证实：电路内部存在电路理论所声称的恒定电流。

我们还知道电子经过电灯泡时，不会以失去一些"电荷"的方式来产生热和光。我们通常认为电子带有相同的"负电荷"，这个特性是今天将它们定义为电子的主要特性之一。它们不会被视为微型的可充电的电池，可以在电池中充电并在电灯泡中放电；至今尚无断言会发生这一过程。

流经灯泡的电子同样也不会落入灯泡灯丝原子核的轨道内，以极其神秘的方式释放出构成热或光的波或光子。不仅这种说法本身是一个没有明确物理解释的完全的谜团，而且通过灯丝的电子流中也没有电子落入灯丝的原子轨道之中。即使真的发生这种情况，这些电子必须重新获得它们失去的能量，才能上升脱离灯丝原子轨道并继续前进，这意味着产生波或光子时，电子仍然没有能量上的净变化。

即使经过的电子有可能以某种方式激发了灯丝原子内的电子，然后在它们恢复到常态时产生了光子，但这还是留下了相同的谜团。如果在经过的电子流中，有电子激发了这些原子中的电子，那么为了赋予其他电子能量，这些经过的电子必定会失去能量，然而，我们现在的科学尚未发现，离开灯泡的电子流有任何的这种能量损失。

最后，我们已经知道当电阻器和灯泡的灯丝连接到电路上时，在它们的周围有电场，我们可以在它们的两端连接伏特计测量电压以测定该电场；实际上，所有电路元件都能显示出这种伏特计读数。但在实际情况中，这些读数本质上只是电池的电场或电压的反映，当测量的电路中含有更多元件时，电源电压读数变得越来越小。也就是说，在电池连接到电路之前，电路的总电压就可以通过将电压表直接连在电池两端来测量，而电路元件自身没有电压，在连接电池之前，电压读数自然为零。这样，一旦与电池相连，我们测量得到的应当只是电池的电压，正如我们在电路的不同位置上看到的那样；实际上，当伏特表测量一个电路元件两端的电压时，所有的伏特计都是这样。

因此，虽然电灯泡两端的电压会在电灯泡产生光时不断减小，但这反映的只不过是电池的电场或电压正在减小，因为电子通过电路由电池一端流向另一端时，使得电池两端之间的膨胀压力差趋于平衡。所以，要注意的是，电压减小并不意味着如我们常说的从灯泡的电场获得能量，以此产生光。如果情况属实，这一能量应该通过从电路中通过的电子获取能量来进行补给，以此防止灯丝电场立马消耗殆尽，陷入崩溃。与恒功率电网相连的电灯泡在散发光和热的时候，与电池相连时相比，没有任何电压或电场的降低。这同样提出一个问题——当电子在电路中流通，当它们在补充电灯泡的电场时，将会丧失哪种能量？这种物理性的能量转移如何发生？正如前面提到的电池，从电灯泡的位置可以得知，这种情况下电丝持续的电压减小只是与电路连接的能量源中电压差异的测量工具，别无他解。

事实上，当今的科学依然不能解释灯泡的物理性质。在今天的标准理论中，流入和流出灯泡的电子流没有明显的物理乃至理论上的能量差，但在它们之间，发出了辐射热和光——这显然是免费的。根据我们当前的理论观点，这是一个不可能存在的免费能量装置，并且明显地违背了能量守恒定律。下一章将继续探讨，阐述膨胀理论如何化解这一谜团。

结语

回顾我们至此进行的讨论，标准理论阐述了原子因如下某种原因被消耗：（1）强核力能，（2）电荷能，（3）引力能，（4）磁能。所有这些都没有清晰明了的物理学解释，而通常长达几十亿年之久的能量源也无从知晓。这说明原子对我们理解整个世界和科学发挥着举足轻重的作用，这也是前四章对其外在形式和内在本质进行探索的原因。

现在，我们明白了就连电灯泡产生的灯光也是一大谜题。这不是我们当今科学理论和信念遭受的一次小挫败，其严重性几乎是人类无法设想的。电的发现和电灯泡的发明，是我们人类最关键的两项科学成就，但是在一个多世纪之后，我们还是不能解释其物理成因。下一章中，我们将看到膨胀理论为之作出的回答；下一章将讨论一般意义的能量，特别是光及其产生的影响——包括量子力学理论及狭义相对论。

5

Rethinking

Energy

第 5 章

能量的反思

"谜团应该引起怀疑，而不是赞美。"

——尼克劳斯·维尔特（Niklaus Wirth）

24　光与电磁辐射

揭开电灯泡的奥秘

正如前一章所述，标准理论并不能解释普通电灯泡背后的物理学原理。通过检查和对比进出电灯泡的电子流，并不能解释电灯泡所散发出的热能和光能。这两种电子流在各个方面——理论和实际测量中——都含有同样的能量，但是我们的物理定律和直觉也告诉我们，不可能无中生有。从今天的科学角度来看，电灯泡不可能是一个免费能量设备。电灯泡被认为是一种简单易懂的设备，并没有向我们先进的科学提出什么挑战。目前，甚至当今科学都没有认识到这个问题，在这种日常设备中怎么会存在这样深奥的秘密呢？

答案就是我们目前对于电灯泡的解释采用了电路原理，创造出了一个从电池获得能量同时又由电灯泡输出能量加以平衡的抽象模型。这就完全绕过了从电子流中抽取能量供给电灯泡散发热能和光能的物理现象，取而代之的是创造了能量平衡的模型，从电池流出的"电荷"在某种程度上转化成了"光能"。如果我们仅建立将电池能量和电灯泡输出能量的数学方程式，而不对潜在的物理学原理进行近距离的研究，那么就不可能使其在这个抽象逻辑的、自相一致的系统里面完全发挥效用，而只会造成已经解释了电灯泡工作原理的假象。

在指引我们设计实用的电路和设备方面，电路原理无疑是一个非常重要的抽象概念，但是它并没有为我们详细阐述我们的创造产物背后的物理学和科学原理。在当今世界，我们更多地采取工程方法而不是科学方法来忽略这些奥秘和矛盾之处；即如果科学解释使我们困惑，我们就在科学里面建立一个抽象的工程模型来取而代之。但是，当然能量并不是简单地从电池中消失，转化为光后又重新出现在某个地方；这是一个现代科学无法解释的过程，即能量以电子流的方式通过导线传输，随后电灯泡又对电子流中的能量进行提取和转化并流出。现在让我们用膨胀理论来审视电灯泡的工作原理。

在之前的篇章所阐述的膨胀理论中，电就是膨胀电子在膨胀压力的驱动下沿着导线传输，同时被收回电路另一端的亚原子域所产生的流动。当电子进入电灯泡的灯丝时，它们弥漫渗入灯丝中，并且在通过的过程中使它们的原子振动。到目前为止，这跟灯丝内部如何加热（原子振动）的标准理论解释是类似的，但是还没有涉及辐射热和光这个现象。

下一个阶段，两个理论就有很大差别了。标准理论认为，能量从电子流中提取出来，通过一个转换过程产生辐射热和光，而这个过程的物理原理并不明了，甚至不能被流出电灯泡的电子流的相应能量损耗所证实。然而，膨胀理论认为，从电子流中提取出来产生光的并不是"能量"，而是被喷射到空间中的电子本身。

理终论极 揭示光的本质

新观点

光不是由"能量"波或光子构成，而是由膨胀电子簇构成。

膨胀理论认为，灯丝内的振动分子在阻止电子流通过的同时，对电子进行激化使其脱离原子，并且汇集在一起，由迅速产生的膨胀压力将其推入空间中。这描述了一种景象，即海量的各种尺寸的膨胀电子簇通过灯丝的整个表面并且不断将彼此向外推，从而产生我们所称的辐射热和光现象（图5-1）。

膨胀理论认为，热和光不是因为电子流动通过电阻器（电灯泡的灯丝）而神秘地产生的"纯能量"光子或波，而是膨胀电子簇彼此推向空间中的物理产物。

在灯丝白炽化之前辐射出的热，其实是由更多的、受到激化较少的电子汇聚而成的、更大尺寸的电子簇，这些电子簇是在喷射电子簇之前，原子相对缓慢地振动和膨胀压力相对缓慢聚集的过程中聚在一起的。随着原子振动的速度越来越快，更大程度地激化产生了更小尺寸的膨胀电子，它们迅速扩充并且更加频繁地喷射出小规模的电子簇，也就是我们所称的光现象。这也是为什么辐射热的波长比光的波长更长的原因；因为热是由更大的电子簇构成的。

首先，说热和光是由膨胀的物质簇构成的看起来似乎不太可能，因为我们

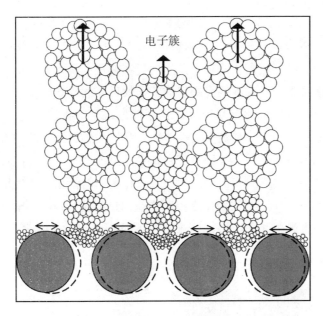

图 5-1 振动原子喷射出电子簇（热和光）

所实际感受到的并不是微小的物质粒子打在我们身上，而是"纯能量"的热度、亮度和颜色。然而，我们还知道，我们所感受到的热度、亮度和颜色，都是我们的热和光的感觉器官对大脑进行相应的刺激而产生的；神经外科医生可以通过直接对大脑相应部位进行刺激，使我们产生同样的感觉。当我们皮肤和眼睛中的感觉细胞感受到外界刺激时，就会发出神经脉冲，然后我们的大脑就会感觉到这些脉冲，从而产生热度、亮度和颜色等感觉。所以，尽管光确实在外部世界中来回反射，但是并没有必要认为光本身就是"纯能量"形成的明亮鲜艳的现象。我们的身体和大脑进化到了能够对刺激神经末梢的光做出反应——不管其真实的物理本质如何——进而产生对温度的主观感觉和对客观世界的视觉展现。

更精确地说，"亮度"一词是我们用来形容所感觉到的、进入我们眼睛的可视射线的强度。而且，"强度"仅仅是一个客观的术语，用来表示每秒钟到达的辐射能的数量，不管指的是每秒"能量波"的数量（经典光学理论），还是每秒"能量光子"的数量（量子理论），或是每秒电子簇的数量（膨胀理论）。而且不论光的真实物理本质，我们对亮度的主观感受，就是大脑对我们每秒钟所感受的它的强度或者数量的反映。

同样，"颜色"这个术语，指的是对光的客观色度的主观反映。而且，"色度"这个术语指的是进入我们眼睛的光的组成元素的物理尺寸，不管指的是"能量波"的长度（波长），还是"光子"中的"能量"数量，或者组成光的电子簇中的电子数量。而且不论光的真实物理本质，我们对颜色的主观感受，就是大脑对我们感受到的光的组成元素的尺寸的反映。

正如之前对电灯泡的解释所述，膨胀理论认为，我们称为"光"的外部刺激，实际上是不同尺寸和数量的电子簇对我们的感觉细胞的冲击。从某种意义上说，就算是艳阳高照，我们其实也是身处黑夜之中——我们身边来回反射着电子簇，其中一些进入我们的眼睛，并且在我们的大脑中产生艳阳高照的景象。图5-2展现了微小物质粒子在黑暗中来回反射这样一个概念（左图），以及我们产生的主观感受和构想，仿佛本身明亮而鲜艳的"光能"之波就在我们身边一样（右图）。

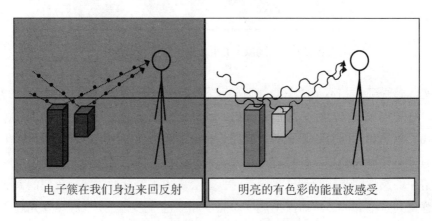

| 电子簇在我们身边来回反射 | 明亮的有色彩的能量波感受 |

图5-2　物理电子簇与能量波感受

这种关于光的本质的新概念，揭开了目前的理论和看法中的许多奥秘，其出发点就是电灯泡本身存在的奥秘。这种新概念最先解决的奥秘，就是通过电灯泡灯丝的"电能"是怎样转化为辐射"热与光能"的波或光子的。我们现在可以看到没有这种神秘的能量转换发生，可以说电与光只是膨胀电子行为不同的表现形式。现在可以看到一个清晰的物理机制能够解释电是怎样转化为热和光的。需要注意的是：

注意

这种关于光的本质和光是怎样从电转化而来的描述，仅仅是对已知现象的解释；当今科学并没有对光进行明确的物理描述，也没有从科学的角度阐述光是怎样以及为何是由通过电阻的电转化而来的。

　　这种新概念解决的第二个奥秘，就是违背能量守恒定律的"免费能量"。当今的理论认为，无论如何，从电灯泡辐射出的"能量"离开电子流时是不变的；而膨胀理论认为，电子流发生了非常巨大的改变——电子在不断流失。这种说法初看起来似乎不大可能，因为只需在电灯泡的任意一侧对电流进行测量，都会发现并无变化。既然电流测量能够显示每秒钟流过的电子数量，那么在电灯泡的任意一侧电流测量得出相同的结果似乎就可以证明，电子并非在不断脱离电路。但是，让我们对这个问题作进一步观察。

　　实际上，我们用来测量电流的电流表，并不能测量和显示每秒钟通过的电子数量。电流表的一个普遍用途是显示电流的读数，但实际上电流表所做的并不是这样。电流表是一个转换设备，它通过其内部线圈对流过电路的电流进行转换，然后让电流流出电路。当电流通过电流表的内部线圈时，其产生的磁场推动一个能够自由转动的小巧的经过磁化的指针转动；这个指针就是我们看到的指示通过电流数量的指针。所以，尽管电流表显示的电流读数通常被认为是每秒钟通过的电子的数量，但实际上，这个读数所表示的仅仅是电流产生的磁场的强度。

　　电流表作为电流测试仪的原理的基础，是磁场强度能够直接表示每秒钟通过线圈的电子数量这一设想，而这一设想又是基于通过的电子能够发出"磁能"这一看法之上的。这种看法的逻辑结论是，在一对一的关系中，通过的电子越多，产生的磁能也越多，所以我们看到的"电流"读数实际上是磁场强度读数，但这一点却从未引起过关注。但是，如果用膨胀理论来对磁场做一个准确的物理解释，那么电流计上的读数就会不同，如以下类比所示。

实验

花园橡胶软管类比。

膨胀理论对于电、磁和光的解释，可以通过对花园中有破洞的橡胶软管和装有一个电灯泡的电路进行简单的类比来说明。通过橡胶软管流动的水在各处的压力都是一样的，即便是水从胶管某处的破洞喷出也是如此。这描述的是一根有破洞的胶管在各处具有相同压力的情况，由破洞之前快速流动的水（更大的流量）与破洞之后缓慢流动的水（更小的流量）来维持相同的压力。用另一种方式来说，水在胶管前半部较大的流量通常会有较大的压力，随着水从破洞流出管外，这个压力部分释放了，从而使得破洞前后两部分的压力相等。

当然，从总体上说，如果我们希望更多的水流流过同一条胶管，我们需要更大的水压，所以，在压力和流量中往往存在着一种直接的一对一关系。但是，如果我们仅仅因为在有破洞的胶管的任意一段测到相同的水压，就认为水压和水流总是具备直接的一对一关系，我们就会错误地认为破洞前后部分的水流都是相同的。但是，当然，如果破洞前后部分的水流确实没有改变，那么就不可能解释从破洞流出的水量了。

这完全就是我们所面对的电灯泡的奥秘；我们测量到输入和输出电灯泡的电子流的电流没有变化，能量也相同，但是中间过程产生了热和光。只要我们认识到热和光都是从电路"喷射"到空间中的电子簇，以及"恒定电流"读数并非表示电流没有变化，而仅仅表示输入和输出电灯泡的磁场压力不变，这个奥秘就迎刃而解了。

如前所述，一旦我们认识到光是由膨胀电子簇组成的，也就能认识到各种频率（颜色）的光相应于不同尺寸的电子簇。更高频率的光通常被认为具有更短的"纯能量"波长，但是现在可以被认为是含有更小尺寸的电子簇。同样，如果频率降低，向可见光谱的红端迁移，最终达到红外线辐射或者热，这说明电子簇的尺寸在不断变大，热能也达到了最大。同样如前所述，如同当今世界所认为的那样，对"热"的感觉并不表示"热能"的存在，仅仅只是我们的大脑对于照射在我们皮肤上的大尺寸并存在潜在有害性的电子簇的感知的内在表现形式。

重要的一点是，"电子簇尺寸"并不是指膨胀电子簇的物理尺寸，而是指电子簇中的电子数量。与之前所提到的电子云类似，电子簇并不是原子物体，在原子域中也没有确切的尺寸定义。组成光线的膨胀电子簇有可能在前行一段距离之后体积变大，但是这并不代表光的频率发生了变化，因为电子簇中的电子数量是不变的。含有特定数量电子的电子簇，可以刺激视网膜细胞在大脑中产生特定的颜色感受，而不管其在原子域变大了多少。视网膜细胞可以被视为专门对特定的电子簇产生反应的工具，甚至可以将到来的电子簇分开，并且指挥产生的电子沿着神经纤维向大脑适当的视觉区域前进。这意味着到来的光本身，就可能包含能够刺激我们的视觉神经的电子流——同样的刺激过程也存在于植物的光合作用中。大脑所发出的大量热能，现在也可以被视为过量的以大尺寸电子簇的方式正在逃逸的电子。

谜团
太阳能电池——将光转化为电的神秘转换。

太阳能电池是几乎用纯硅制成的晶片，当有光照在晶片上就能发电。太阳能电池是今天我们非常熟悉的一种设备，但是应该怎样用科学来解释这个将纯"光能"转化为流动电子的过程呢？答案就是这个转化过程并没有发生。当今关于太阳能电池工作原理的理论认为，外来的光将能量施加到硅晶片中的电子上，使得这些电子流出硅晶片，绕着电路流动。这是一个电子的封闭系统，在这个系统中，太阳能电池、电线和电路元件中自然生成的电子都是由外来光驱动的，而且这些电子在通过电路的同时向电路元件提供了动力。有很多方法都可以证明这种观点存在致命的缺陷，其中一个如下所示：

考虑一下附着在一个球体之上的、由电池提供动力的电路，其目的是使富余的电子堆积在球体上，用静电为球体充电——在这个例子中用了今天的电荷术语。很明显，当把充满电的球体从电路上移开时，球体就带走了来自电池的堆积在球体上的富余电子，而电池则耗尽了电荷与电压。现在，如果我们用一个太阳能电池来取代这个电池，那么今天的理论就会认为，该球体包含了许多曾经位于由外来光驱动的闭合的流动电子电路之中的电子。从这种逻辑出发，该电路应该耗尽了电子，应该不那么容易为另一个球体充电，而且在为数个球体充电之后，应该完全不能为随后的用电需要再继续充电——即使外来光持续地照在太阳能电池上。这意味着，太阳能电池这时应该不能再对外来光进行反应而产生任何电压，直到失去的电子从电路以外被补足。然而，以太阳能电池为动力的电路并不会以这种方式消耗，只要有入射光，它就会继续运转，这也表明太阳能电池的确发挥了作用，但是现在我们对于它们的解释并不以为然。

但是，膨胀理论表明，对这种将"电能"转化为其他形式（"无线电波能"、"热能"、"光能"、"磁能"等）的过程的唯一可行的解释，就是电子本身是在离开电路并重组为一种新的形态。因此，膨胀理论也认为，太阳能之所以能够持续为发射天线、加热器以及电灯泡供电，就是因为太阳能电池能够将外来光（电子簇）转化为电子流，并且将其注入电路来补足失去的电子。但是，今天我们无法解释一个简单的硅晶片能将纯能量转化为物质（将光转化为电子）的神秘过程。

这种将光视为电子簇的描述，也符合我们所观察到的光的许多其他性质。首先，即使目前光被认为是"纯能量"，它具有动量这一点也为人所知——它以微小的冲击力射在物体之上。确实，科学家们经常讨论的未来宇宙飞船推动力的一个方法就是太阳帆，即一张非常大而薄的帆，仅在来自太阳的光的压力下就能在宇宙空间中被推动。动量这个术语来自经典物理学，指的是运动中的质量，只要光本身被视为一种质量的现象（即电子簇）而不是"纯能量"，那么光具有动量这个事实就更好理解了。

谜团

？　发电机的原理至今无科学解释。

1831 年，迈克尔·法拉第发现了电磁感应现象，用一根电线圈通过磁场，线圈里则会产生电流。利用这一实证发现，能制成许多有用设备，如原理与电动机相反的发电机。这也就是说，电动机是通过电流的驱动来运转，完成机械工作，发电机在设计上与之相似，但是却是通过完成机械工作产生电流。但是，电动机的运转非常简单明了，发电机中相反的操作却不能用通常的假设来进行解释。

试想这些产生过程中最简单的一种——手摇式手电筒，完全以人工劳力为动力。人工劳力直接摇动发动机内核，转而使手电筒线路里的自由电子流动。但是，同样数量的电子在线路中的循环往复如何持续让电灯泡发光呢？没有任何理论揭示这些电子减速，将动能转化为光能（都违背了逻辑分析，也缺乏科学解释）。同样它们也不能利用自己的电荷，尽管这是一个定义了所有电子且本身明确稳定的自然物理常数。

所以，人工劳力直接摇动发电机内核，转而使手电筒线路里的自由电子流动，但是没有解释说明循环电子如何通过电灯泡灯丝产生光，也没有说明如何引起电路中光能的持续发射。同样的谜团在更大的发电机里也存在，它们为整个城市提供动力，受瀑布或蒸汽驱动。因此电子才得以在电路中运动，然后为各式设备提供动力，所用方式如同手电筒发电机例子中一样让人费解。这是个巨大的发现性胜利，具有独创性和巧妙性，但是同时它也显而易见地是个巨大的科学谜团。

新观点

膨胀理论解开了发电机原理之谜。

要想解开发电机的谜团，设想一个最简单的发电机生成过程——走过地毯，以此产生放电火花，然后接触导电物体。我们可以清楚看到人工劳力的作用会从四周获取电子，然后以另一种形式重组并释放——在这个例子里就是以电火花的闪光和发出噼啪声的形式。

膨胀理论指出，这一基本产生过程，可以理解为把人工劳力转化为声能、热能和光能，展示了所有发电机运转的过程。也就是说，它们都从四周获取电子，通过附着在电路上的设备进行重组，然后离开电路，例如电灯泡就是把它们重组为光的电子簇。

我们的宇宙是一个海洋，它充满着无穷无尽的电子，在一个巨大、活跃且紧密相连的网络中不断流动、循环并重组。在指南针指针的转动、北极光的闪现、电视和广播频道之间的静电，或者从太阳与广袤宇宙中而来的电磁辐射广谱中都可以感受到。尽管现在的科学通常把这些现象解释为各种形式的能量，但膨胀理论提出它们都是膨胀电子各异的组态。

所以，发电机仅仅只是一个简单装置，一个可以从四周获取电子，然后驱使它们通过电路，为了有益用处对其进行重组和提取。被提取出来的电子通过被称为磁场的电子云（围绕并远远从带电流的电线中延伸），源源不断地在四周紧密相连的电子海洋中更替。实际上，这一过程可以通过下面这个事实得到强有力的阐述，天线之所以能从远处接收到最弱的信号，也仅仅是因为电线的缘故。

因此，当电子流过不同的设备时，各种不同的"能量"表现形式是如何"被创造"这一问题不再是物理谜题。同样，发电机仅仅驱使数量不变的电子通过电路，并反复经过电路时，能量是如何从附着在电路的设备中提取出来这一问题也不再是能量谜题。膨胀理论提出，没有纷繁多样的"能量现象"，只有膨胀电子转化成多种形式的重组过程。同时，它还说明了"能量"并不是以某种方式从电路里通过的电子中"创造"或"提取"出来的，而是由活跃的膨胀电子本身发出，以此能马上从有效、无限的周围供应地点到它们紧密相连的地方进行更替。发电机并非如现在令人费解的解释所说那样，把机械能量转化为电能，相反它们只是对通过设备四周环境中的电子的流动进行调整，这些设备为了某些目的对它们再进行重组。

谜团

超导之谜。

与这种关于热和光的新观点相关的另一种现象就是超导。尽管电线是一种导体，但是并不是完美的导体，它对电流具有一定的电阻，从而产生了废热。超导现象指极度冷却（接近绝对零度）的电线不存在任何电阻，不会产生废热的现象。今天我们对这种现象还知之甚少，而且当我们发现有些物质在温度很低，但是依然比绝对零度高很多的时候也不存在任何电阻，这种现象就更加神秘了。超导研究的最终目的，就是找出能够在常规室温条件下不存在电阻的物质，从而杜绝在电子设备使用中的废热现象，但是目前，我们还不清楚如何实现这一点。而且，对超导现象进行进一步观察之后就会发现，存在一种比现在的谜团更加深奥的谜团。

将电线浸在极度寒冷的液体，如液态氦中，可以使其极度冷却。不过当然，这个过程并不能使电线从液体中"吸冷"（absorb coldness）；而且，液体还必须不断地消除电流在电线中产生的热。电流产生的热的最初形式是电线中的原子振动，如果不经抑制的话，就会开始将热辐射到空间中。极度寒冷液体中的电线周围的冷却作用能够抑制辐射性的热损失，它用几乎静固和稠密的液体分子将电线包围起来，将电线中的原子振动吸收掉和传导开。液体将电线的内热振动传导的过程是持续的，但只是通过热传导的方式传导废热，而不是辐射方式。

因此，即使是在极度冷却的情况下，废热还是能够持续地从电线逃逸，但是也有人认为废热并没有损失——这种观点的依据是通过测量发现，有几个百分点的能量能够得以保存。这种废热的持续排出怎样能在保持极度冷却的同时消除废热呢？这是当今科学中一个深层次的未解之谜，突出了一项事实，即超导是一种我们已经发现以及在一定程度上了解的现象，但是并没有完全了解。

膨胀理论对超导现象进行了清晰的描述。在关于电灯泡的讨论中，辐射热其实是当众多的自由膨胀电子在振动原子之间形成时，膨胀进入空间中的大尺寸电子簇。不管是电线中原子的热振动，还是随之辐射到空间中的电子簇，都是由于富余的膨胀电子从当前电流中的亚原子域穿越至原子域导致的（图5-1）。

所以，电线周围与极度寒冷液体里的稠密原子将发生惊人的吸收作用，使电线中的原子振动受抑制（使电线冷却），这意味着更少的电子簇（低辐射废热）将离开电线。这说明极度寒冷液体能够引导热振动远离电线，而极大程度上是由于沿着电线移动的电子的自由膨胀引起的，从而使电子本身持续在电路中流动而不是像热簇（heat clusters）一般辐射出去。

这就解释了当同一冷却过程明显从电路中带走热量时，因为极度寒冷而废热损失减少后效率提升之间的显而易见的矛盾。膨胀电子通过电线时发生额外的交叉效应，引起原子振动，正是它受到极度寒冷液体的抑制作用，使更多由电力传送的电子留在电路中，使效率提升。

对于超导的认识具有很多重要的意义。例如，我们现在可以看到，严格地说，超导并不是一个冷却的过程，而是阻止电子在振动的原子之间聚集的过程。将原子振动引导开（例如冷却）对其加以抑制，或者发明本身具有更强的原子抑制力的物质，或者其原子振动能够破坏电子聚集的过程从而阻止电子簇形成的物质，都可以达到这样的效果。这种认识可以被用于指导，为了达成常规室温下的超导这样一个最终目标的进一步研究。

让我们用宇宙空间中的超导体来作为进一步的例子，说明这种新的认识带来的好处。宇宙深空通常被认为是非常寒冷的空间，跟阴暗处的绝对零度差不多。这种观点之所以盛行，是因为宇宙深空是接近完美的真空，从而意味着周围很难有分子振动和热能产生。所以，看起来似乎所有的电线在宇宙空间中都能具有超导性——至少差不多。但是，近距离的观察显示出，这种结论并不正确。

确实，宇宙空间中的电线周围没有分子可以产生热（温暖），但是周围也没有分子将热引导，用来冷却电线。没有了极度冷却液体中几乎固定和浓密的周围分子，物体的原子会在没有抑制的情况下继续振动，保持其热量。因此，比起寒冷却充满空气的房间，实际上在太空中更容易维持电线中的电流、外来的阳光或宇航服中的温度调节系统所产生的热量。此外，从太空行走的录像中我们可以看到，系绳能够自由弯曲，宇航服的材料也保持着弹性和灵活性。如果宇宙空间到处都接近绝对零度，那么当宇航员试图移动的时候，系绳将立刻变脆并且断裂，而宇航服的外部材料也将被冻硬和破碎。一个位于阴暗处的物体在宇宙空间中能够辐射出热，甚至有可能冷却至接近绝对零度，因为周围没有振动的空气分子来对其加热，但是该物体同样也可以用很少的努力来保持相对的热度，因为周围没有物质能够将其热量引导开。

因此，宇宙空间中带电的电线不会经历好像浸泡在液态氦中的极度冷却的结果，而是会经历地球上常规室温状态下带电的电线内部发热的过程。这意味着，电子聚集和辐射热（电子簇）也会在宇宙空间中发生——即使是在背阴处——也会出现与地球上常规室温状态下废热损失类似的现象。因此，如果我们希望设计出来的卫星电路能够在宇宙空间中具有超导性——这种希望看起来非常符合我们目前关于热、超导体和宇宙深空的"寒冷真空"的观点——我们会得到令人不愉快的惊奇。

谜团
? 闪电的谜团。

尽管闪电是一种与电有关的现象，但是因为它能够发出光，所以也是一种可见的现象。虽然闪电仅比大型的火花大一点，但是在今天，它依然处于谜团包围当中。由于我们知道电就是电子的流动，所以关于闪电的描述也提到了地面与云之间的正电荷的流动。这就引出了一个谜团，因为这意味着原子的质子或者整个离子化的原子（今天的电荷理论认为的唯一的正电荷常见载体），在闪电过程中在地面和云层之间快速运动。尽管这种说法可以被认为是对闪电中"正电荷"运动的解释，但是如果这是事实，那么这种现象就变得非常奇怪而且不可解释。最近人们发现，在闪电过程中有多种类型的闪光出现在云层上方。这些现象今天正在被分类、命名和研究，但是同时也被认为是未解之谜。

膨胀理论认为，闪电反映的是当电子云紧缩并越过一个缝隙时，膨胀电子的流动现象，而不是"正电荷"的流动，从而解决了第一个谜团。这同时也解释了为何"电能"在云层与地面之间有放电，就会在云层上方出现闪光。我们现在可以看到的并不是A点到B点之间的"能量"电火花，而是闪电时物质粒子的爆炸可能具有后坐力，在抵达目标之后也不会立即停止。所有的物质要前进都必须先后退，而且所有的物质要停止都需要时间和作用。因此，云层之上各种级别的闪光，就是电子从云层中被快速向上推出的结果，或者表现为云层至地面的闪电中的后坐力，或者表现为云层至地面的闪电中的冲击力。这种电子与离子在云层上方的剧烈搅动，将自然地组成各种电子云和电子簇，从而产生电场、无线电波和闪光。

新观点

棱镜就是一个超微型质谱仪。

同样，当光被视为微小的物质簇时，光进入彩虹或者棱镜的颜色光谱的折射也就更好理解了。这个过程是光谱学的一种形式，我们今天将光谱学定义为，将一束能量或者粒子分离为各个组成部分，即光谱的过程。虽然最为人所熟知的光谱学的例子，可能就是将白光分离为各个组成颜色，但是物理实验室也会进行常规的质谱分析。

质谱分析就是对高速运动的粒子束按照一个角度进行折射，通常使用电场或者磁场，其结果是更重的粒子因为质量和动量更大而折射得更少，而更轻的粒子折射得更多。质谱分析将粒子束分离成了从最重到最轻的粒子等各种成分，其方式与使用棱镜将"光能"分离为彩虹颜色一样。

但是，我们现在可以看到这两者之间并不仅仅是类似的关系。将光分离为各种组成颜色并不是对"能量"进行分离，而是一个超微型的质谱仪，更大和更重的电子簇（红光）的弯曲角度最小，而更轻的电子簇（紫光）的弯曲角度则更大（图 5-3）。

当前观点是红光的波长比紫光更长，这表明红光的电子簇更大，电子数量更多。因此，红光由于其电子簇质量更大所以弯曲角度最小就不令人意外了。

光的一个广为人知的性质，就是所有频率的光（以及事实上所有电磁辐射）在真空中的运行速度都是相同的——也就是我们所知的光速。膨胀理论在之前关于电灯泡的讨论中，清楚地解释了这种现象。

电子簇被持续不断地辐射到空间中，完全是热灯丝表面活跃的聚集在一起的电子的本质的结果。电子簇的尺寸是由电路中的电流和灯丝材质等因素决定的，但是持续的光束却只取决于灯丝表面富余且活跃的电子的持续供应。只要这种电子持续存在，这些电子就会以其自然的亚原子膨胀所决定的速率被持续

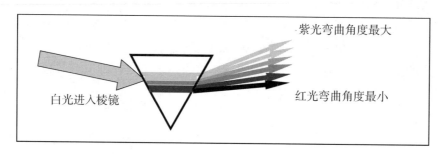

图 5-3　超微型质谱仪：白光被棱镜分离

辐射到空间中。因此，这些发散到空间中的自由膨胀的电子——即我们所知的光——的生成与发展具有相同的速度或许就不足为奇了，不管这些电子所组成的电子簇的尺寸或者数量如何（图 5-4）。

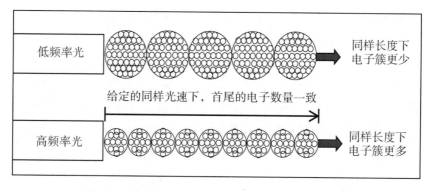

图 5-4　两种光束：速度相同，但电子簇的数量不同

标准理论认为，不同频率的光含有不同的内能。膨胀理论今天给出了一系列原因，说明为什么更高频率的光含有更多的"内能"。首先，我们回想电灯泡发出的光。灯丝的原子振动得越快，光的频率就越高（电子簇就越小）。而且，将灯丝加热到这种高温需要大量的电流从电路通过，这意味着更高频率的光通常都会耗费更多的能量。因此，要产生更高频率的光，就需要投入更多的"能量"。

其次，由于更高频率的光中的电子簇尺寸更小，所以其穿透力也就更强，而且这种更小的电子簇保持完整的时间越长，遇到的原子对撞就越少，其能够达到的深度就越大。更小的电子簇也意味着一束更高频率的光在同样的长度中，比更低频率的光能够容纳更多的电子簇，如之前的图 5-4 所示。因此，由于光速相同，两束光束会以同样的时间射入同一物质，而更高频率的光会在相同时间内往该物质注入更多的电子簇。

尽管这并不一定说明打击物质的电子数量会有显著不同，因为每个数量更多、尺寸更小的电子簇数量所含的电子数量也更少，但是这意味着物质对总体电子簇的反应现在可以以更大的速率发生。例如，正如之前所提到的，我们所感觉到的更亮的光束来自每秒钟进入我们眼睛的、更多的电子簇（更大的光强度）对视觉神经造成的更快的闪光。所以，一束在单位长度（以及每秒）中含有更多电子簇的紫光，可以对视觉神经造成更快的闪光，从而使我们感到更亮的光。这将很自然地导致在更高频率的光中，包含更多"内能"的进一步描述。

理论终极 光传播理论中的谜团

在光学领域广为人知的是，尽管在真空中光速是恒定的，但是在通过不同的物质时光速会变化。光速在完全的真空中达到最大，因为没有物质阻挡光在空间中的传播，但是在通过玻璃等物质的时候，光速会变慢。更正式地说，光速会根据光通过的介质的折射率而变化。这就是光线通过水或者玻璃会发生弯曲的原因，而这种弯曲度反映了该物质的折射率——也就是斯内尔定律（Snell's Law）。

然而，今天的量子力学认为，光是"能量光子"，也就是与手枪射出的子弹有些类似的、在空间中传播的单独的粒子或者"能量包"。今天的量子理论表达了这种像子弹一样的在空间中的传播，因为光的光子理论中并没有包括任何形式的光子自我推进或者持续的外部推力，而光子理论甚至认为可以产生单个的光子，并且该光子可以以光速持续传播。

 谜团
光子通过物质时不可解释的现象。

当今将光比喻为与子弹类似的理论存在很大的问题。设想单独一个光子，或者持续不断的光子流，在宇宙空间做光年运动。它将会遇到各种场和粒子，发生不计其数的阻碍作用，在这个运动如此延伸的距离中会减慢光子的速度，但是所有的光子以同样的光速在真空中穿梭。当碰撞发生时，能够传递动力，从而转移和反射光子，但是这些光子从未因此减速。

在观察光通过透明物质，如穿过玻璃时的行为就能发现这个问题。当一颗真正的子弹穿过一个物质时会减速，而且会以减慢后的速度从该物质中出来；一旦离开该物质，子弹就不可能自身加速到之前的速度。但是，光在从空气中进入玻璃时会大幅度减速，然后在离开玻璃时又恢复到之前的速度。

今天的科学只能部分解释这种现象，认为这是因为光子在玻璃内从原子中弹跳出来时走的是"Z"字形，走了更长更弯曲的路径，有效地降低了光子向前运动的速度。这无疑只是部分解释，因为在通过玻璃时，光线或者变粗，或者消散，但是这也意味着光子在每次对撞中都会减速。否则，如果光在对撞中将部分能量或动量赋予另一个物体之后，还以对撞前的速度运行，这种在每次对撞中产生能量的现象就不可解释了——违背了能量守恒定律。有时候在光的频率中会出现必要的能量损失的减少，促使它转向更低的能含量。但是做一个实验，使无数粒子的光反弹或者在镜子之间光无数次反弹，这极其容易实现，然而并没有对这一理论清晰一致的验证。

实际上，当强烈的光束持续通过玻璃时，玻璃的温度会升高，这个现象很轻松地证明了这种从光子到玻璃分子的能量转移。因为光本身并不"带热"，今天的科学也只能将玻璃的升温解释为光子的能量在对撞中转移到了原子上；这也是激光在激光手术中切开物质或者使组织蒸发的方式。但是，如果这种"能量"并非来自光子的动量——以及速度，那么这种升温现象就不可解释了。然而，标准理论认为，光在进入和离开玻璃时，尽管它在玻璃内产生了热，但是其光子的速度或者能量都没有发生净变化（图 5-5）。

最新一个理论宣称，让光穿过极度寒冷的气体时会压缩，速度减慢为一百万分之一，在此之后恢复以前的状态和速度，这也是一个类似的谜团。光波如此极端的压缩会改变它们的频率——这一改变不会因为光重新回到空气中而恢复，如同在频移的塑料或其他材料展示的诸多例子一样。所以，在得到光发生压缩这一经验性结论后，这仍是现在科学上无解的结论，尽管有明显的解释——作为"速度锐减的光"的描述。

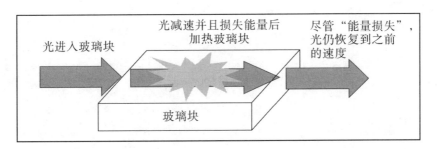

图 5-5　光损失了能量，但是速度或者能量并未减少

揭开光传播的谜团

另一方面，膨胀理论并不认为光是"能量波"，或是从光源中被发射出来的、在空间中运动的单独的"能量光子"，而是总在彼此推进的持续膨胀电子簇的连续波束，其"能量"来自所有电子持续的内部膨胀。

因此，当光穿过玻璃块时，确实会与原子发生碰撞，并且使其振动加速，继而变热烫手，但是光束仍然处于其电子簇持续的内部膨胀的驱动之下。在这个过程中，光并没有"损失能量"，一旦离开玻璃，当其电子簇不再被玻璃原子阻碍，就会恢复到之前的速度。依据当今理论，光减速，在玻璃中失去"能量"，然后回复到之前的速度时没有明显的能量差别，这种现象不再是一个谜。极度寒冷气体中并不存在频移谜团，因为光压缩是因为气体与亚原子域的密切联系，一旦退出就断开了联系。

还应注意到的是，如果被加热的玻璃开始向空间散热，就说明电子离开光线，组成了辐射热电子簇。这种电子的重新分配和损失也可以造成光线减速，而光线内部会再次产生膨胀压力来进行补偿。这也能够解释当通过一些物质时偶尔会产生的频移，因为在这种过程中，光线中剩余的电子簇的尺寸有可能被改变。

25 对电磁波谱的一个新观点

前面的章节曾经提到，今天关于"辐射能"的电磁波谱理论认为，从低频的无线电波和可见光，到高频的 X 射线和伽马射线等各种形式的辐射，都只是同样的电磁辐射不同频率的形式。但是，之前的章节对无线电波的解释显示出，不管是无线电波的产生还是其导致的结果，都与刚才对光的描述相差甚远。根据膨胀理论，无线电波是电线或者天线中的振荡电流生成的自由膨胀电子（分离的磁场）的交替波段，而光则是电流通过电阻加热至高温所生成的大片膨胀电子簇。因此，无线电波更像是由膨胀电子组成的压力波，有些类似空气中声音的压力波，光则完全不是波，而是大片的膨胀电子簇。

这意味着，我们目前关于"能量波"为连续的电磁波谱的概念是错误的；因为，实际上在这个波谱中存在两种完全不同的辐射，而且都不是真实的"纯能量"波，其中一个甚至根本不是波。低频类似于无线电波的电子波段，高频则是可见光中的电子簇的表现形式。为了取代今天我们所知的平滑、连续的电磁辐射波谱（图 5-6 上），我们应该将电磁波谱分为电子压力波段的低频区和电子簇的高频区（图 5-6 下）。

有趣的是，产生电子波段区的频率的方法与产生电子簇区的频率的方法是非常不同的。从无线电波到微波都是由振荡器产生的——或者是使电流来回振荡的天线，或者是产生共振或者振荡的电磁波的中空管。但是，从红外线到伽马射线都是由加热物质到"散发能量"的程度而产生的。

显然没有一种设备可以让我们简单地调整旋钮就能在电磁波谱上移动，先

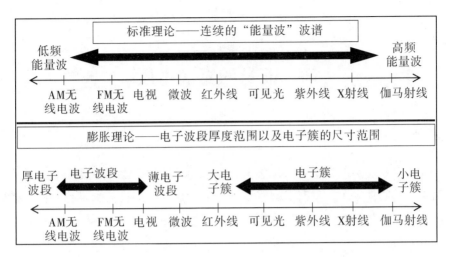

图 5-6　标准理论的电磁波谱与膨胀理论的电磁波谱

产生无线电波，然后产生微波和光波等等。事实上，专门研究电磁辐射的科学家将电磁波谱中的一段称为"禁区"，因为很难产生和了解这一波段。膨胀理论认为，这段以兆赫为单位的"禁区"或者"T-波"辐射就位于图 5-6 所示的从电子波段向电子簇转变的部位，并且具有一些非常独特的性质，目前科学家正在对之进行探索和研究。所以，即使是我们今天的电磁辐射的实际生产，也证明了膨胀理论所阐述的两种光谱。下一章我们会通过讨论航天任务和天文观测，来进一步证明这两种辐射的存在。

　　迄今为止的讨论已经表明，"纯能量"的概念存在很大的问题，要用亚原子膨胀和原子膨胀不停地替代它。因此，在对我们周围世界的描述中，"能量"的概念所扮演的角色越来越次要。但是，"能量"是今天在描述日常经验和科学实验中广泛使用的一个术语。所以，我们现在来讨论"能量"的话题，对于这个术语在生活与科学中的运用进行深入研究。

26 能量的真实本质

我们对于能量的概念非常熟悉。在今天的术语中，太阳能温暖我们，促使植物生长；物体向下滚动时，会将重力势能转化为动能；电能驱动了我们日常使用的设备，化学能为我们的汽车、火箭飞船，甚至我们自己的思想和身体提供动力。

能量能够被发出或者被吸收——科学告诉我们，这是能量从一种形式向另一种形式的转化过程。实际上，这是我们的能量守恒定律的基础——能量不会被创造，也不会被消灭，而只会从一种形式转化为另一种形式。

但是，更深入的研究中，今天关于能量的概念与中世纪的魔法概念有哪些显著的不同呢？各种神秘作用力的特点就是能够通过特殊设备产生和控制，但是科学并不能真正对其进行解释，这些作用力在同样无法解释的过程中出现，并进行转化。正规机构将传授已知的模型和方法，从而利用这些现象，同时特殊设备将利用并引导它完成惊人的行为——建设性与毁灭性并存。但是，并没有合理有力的科学解释对我们周围惊人、活跃物体的存在和物理性质进行阐述。

我们可以原谅别人怀疑上述描述是指代社会中的能量还是幻想社会中的魔法。除了术语从"魔法"改为"能量"以及为观察到的现象建立了正式的数字模型以外，我们是否真的深入了解了能量的真实物理本质及其原理呢？我们是否知道为什么"引力能"的吸引力大于排斥力，或者为什么具有磁性或者"带电荷"的物体能够吸引或者排斥其他的物体？"光能"真的是光波和粒子？我们了解光怎样在不进行持续减速的前提下，穿越空间和各种材料进行远距离运动吗？能够支持原子、化学结构和可视行为的各种能量都被证实并被彻底理解了吗？能量是目前最熟悉、最直观的观念之一，然而也是我们理解中最陌生、最神秘的现象之一。

以上讨论显示出，我们今天关于能量的观点，充满了不可解释的抽象概念和谜团，甚至产生明显违反我们最珍贵的物理定律的矛盾——这种状态让人回想起以前关于魔法的观点。膨胀理论认为，所有已知"能量"形态实际上都是物理的膨胀物质的表现形式，这意味着今天关于能量的术语，都只是对被误解的膨胀原理的委婉说法，如表 5-1 所示。这个表概括了所有章节中讨论的精髓，说明膨胀理论——以及包含、替换它的万物理论——本质上是关于能量真实本质的理论。尽管下表中被列为委婉语的能量术语已经是对膨胀物质各式阐述的很有用模型，但它们作为"能量"现象的字面解释阻碍我们揭开万物理论的神秘面纱。借助这些能量概念，我们慢慢把亚原子膨胀和原子膨胀组织成观念性和数学性理论的功能系统，并熟练使用——以后将继续如此，但是我们也应该理解它们指代的物理现实：

表 5-1　膨胀理论中的能量术语

委婉说法	膨胀理论中的物理描述
引力能	所有物体间的有效引力，由物体的持续膨胀产生，而物体都由持续膨胀的原子构成。
强核力能	原子核中质子与中子的自然凝聚力，由彼此间强大而持续的亚原子膨胀产生。
电荷能	引力或者斥力是由亚原子域与原子域内相互作用且不断膨胀的亚原子粒子之间的"交叉效应"产生的。
化学键能	亚原子域与原子域之间的"交叉效应"的表现，发生于单个的原子之间，而不是全部物体之间。
磁能	导体周围的膨胀电子云，通过亚原子域或原子域之间的"交叉效应"产生引力或者斥力。
电磁能	自由膨胀电子带或者自由膨胀电子簇，因为持续的内部亚原子膨胀而彼此持续推向空间。
动能	物体明显"具有"的绝对运动能量，实际上纯粹是物体之间的相对运动效应。

今天的标准理论告诉我们的各种缥缈的能量现象只是字面上存在于自然界中，实际上它们并不存在；没有真正的科学能建立在对自然的根本性误解和歪曲之上。相反，自然只是在不断进行物质膨胀——就在我们眼前和脚下。膨胀

理论向我们展示了现有的能量抽象概念背后所包含的真实的物理认知，这表明我们在探索万物理论的过程中，真正追求的其实是表 5-1 总结的认识。

表 5-1 所列出的项目中，探索最少的可能就是"动能"了。这一项在该表的项目中非常独特，因为它是唯一可能的真正形式的能量——运动能量而非膨胀能量。但是，将动能称为能量的一种形式，在技术层面上是不恰当而且具有误导性的，因为迄今为止的讨论已经证明，自然界中不存在其他形态的无形"能量"，这种观点是对膨胀物质的误解。从自然界中无形的能量现象来看，"动能"可以被合理地认为是能量存在的唯一形式。

也就是说，尽管"动能"指的是运动中的物理物体，但是其实质指的只有物体本身——而不是其运动。单独的运动并不是一个物质概念，而且实际上，由于我们认为物体是否在运动完全是人为确定的，运动就完全是非物质的了。如第 3 章对牛顿第一运动定律的反思所示，一个特定的物体可以对一个物体来说处于运动状态，同时对另一个物体来说处于完全静止状态；但是，相对运动的物体在撞击另一个物体时，却可以产生非常真实的冲击力。

因此，因为一个相对运动物体的动能是真正具有无形能量元素现象的唯一例子（相对于表 5-1 对"能量"进行的完全的物理描述而言），那么它也就是唯一符合如今所构思的能量定义的现象。

这种自然界中奇异的能量形式，意味着"动能"这个词与"圆形的圆圈"的描述一样累赘。因为只有一种类型的圆圈，自然界中只有一种非物质能量现象——物体的相对运动。但是，由于对膨胀物质各种表现形式的误解，"能量"这个用来形容神秘的形态改变现象的术语在今天已经根深蒂固，所以用"能量"来指代"运动能量"也会令人困惑。或许可以发明一个新的术语来取代"动能"，强调自然界中并不存在其他形态的非物质"能量"。

还应该注意的是，自然界中所有的活跃现象——亚原子膨胀、原子膨胀以及相对运动——本质上都是驱动和确定我们整个宇宙的亚原子膨胀这一唯一现象的表现。膨胀原子只是由膨胀亚原子粒子组成的一种结构，而所有的相对物体运动实际上也来自亚原子膨胀。

例如，火药爆炸使得高速运动的子弹与将其射出的枪呈相对运动状态，而火药爆炸的"化学键能"由原子之间的亚原子粒子的"交叉效应"而产生。同样是由"化学能量"驱动的肌肉力造成的、任何物体的相对运动也是如此。风造成的任何运动，本质上也都是由来自太阳的"电磁能"（亚原子膨胀的一种表现），通过使地球升温以及在大气中造成压力差而驱动的。在之后的章节中，我们会对这种隐藏在我们整个宇宙之中的、基本和普遍的亚原子膨胀的本质与含义进行进一步的探索。

如果不是膨胀理论对今天的能量术语进行了物理解释，我们就无法对我们使用的很多能量源和技术作出正确的物理解释。实际上，我们就是现代的巫师，对自己的魔法设备进行更加精确的控制，制造出我们已经真正了解了自然界的错觉。随着科学技术、抽象方程式以及工程技术的进步，这种错觉不断加深，而这些进步通常来自反复实验或者偶然的发现，从而增加了留给后世的科学遗产。

但是，迄今为止，甚至在我们最基本的科学中出现的众多的谜团和违背物理定律的现象都说明，我们对于自己制造和使用的许多日常设备的基本工作原理并未真正了解——不管是作为个人，还是作为一个社会整体。我们今天的许多科学家都意识到，我们缺乏在这些方面的了解，因此正在继续认真地寻找深层次的答案；但是，目前寻找万物理论的努力，还是很大程度局限在我们当前存在缺陷的范例之内。即使是在我们最基本的理论的发展中也存在这种现象，如量子力学和狭义相对论，这也是我们将要讨论的内容。

27　量子力学——只是一个误解？

重点提示

- 诉诸权威谬误
- 诉诸共识谬误
- 验证性偏差谬误
- 说服性定义谬误
- 排除证据谬误
- 假因谬误
- 不当结论谬误

19 世纪与 20 世纪之交时，曾经有一次协同行动，意图摆脱当时的范式，以便真正了解我们宇宙的物理学以及我们周围世界的现象。当时的科学观点和技术手段都发展到了足够的程度，使得人们能够对原子和亚原子域，甚至能量本身的本质进行研究。在当时的研究人员之间进行了许多讨论、争论和辩论，因为他们关于这些问题的发现通常都是令人惊奇的和困惑的，通常都会导致有争议的以及与直觉相反的解释。许多科学家最初拒绝接受这些奇特的新理论，直到这些理论被实验证明之后他们才勉强同意。量子力学作为一种对世界所持的激进新观点，就是其中一个最显著例子。

即使是这些新理论的创造者和践行者，也经常承认他们并没有完全了解这些理论，但是他们确信自己捕捉到了我们宇宙的明显古怪之处和神秘的本质。量子力学的奠基人之一尼尔斯·玻尔对这种感觉进行了非常著名的总结："如果量子力学没有让你感到震惊，那就说明你对量子力学还不了解。"即使是今天，这些理论的许多拥护者和追随者，也不时发出同样的声音。这意味着真正掌握提出如此奇怪说法的理论的人对于把自然看成充满无解且无法解决的物理逻辑矛盾感到非常震惊。在被证实成为严谨的科学理论之前，它们将导致知识的停滞，然而早在一个世纪前，历史的细节和科学的进步早已使它们成为现代物理学的基石。在先前讨论过的广义相对论，就是这样一个理论；在这里讨论的是另外一种——狭义相对论，如同量子力学一样将很快被解决。

一旦这样一个理论被接受，各种各样的人将跳出来维护它并将它传承下去——大学教授会向学生教授，教材将它囊括其中，学者将对其进行专业研究，科学刊物会发表文章，政府会出资扶持，主流媒体也将大肆宣传。所以公众接受这个理论，认同并支持这些行为。这将成为自我强化的循环，将排除异议，降低更多可变观点出现的可能性，从而这一有漏洞，极可能不正确地将对自然的理解融入科学界和社会之中。正如之前提出的，当一个备受支持的观点经过检验，发现存在严重的逻辑和科学漏洞时，上述支持这个观点的循环圈就变成验证性偏差谬误、诉诸权威谬误、诉诸共识谬误和排除证据谬误的盲目支持者。

这些令人困惑的理论在今天稳固的地位和广泛的接受程度，使得这几个理论几乎达到了神谕的地步，似乎对宇宙的了解比人脑能够理解的程度还要多。这种状态使得我们别无选择，只能接受这些"神谕"告诉我们的东西，并且对自然界明显的奇妙和神秘之处表现出惊讶。但是，膨胀理论使我们最终摆脱了当今一些最神秘、最普及的科学理论。

量子力学的理论是关于物理世界中微观层面的物质，即亚原子粒子和能量的大量知识。它与经典力学恰恰相反。经典力学研究的是常规物体，而且大部分包含在牛顿的三大运动定律中。由于经典力学是通过实验发现的，所以其定律并不适用于亚原子域和能量，而量子力学的出现弥补了这项空白。经典力学和量子力学分别描述了我们宇宙宏观和微观的方面。

尽管人们普遍承认，由量子理论得出的结论是奇异的和神秘的，但是许多支持者认为，量子力学是我们的科学已知的最重要、最简练、最准确的理论之一。对同一个理论有如此截然相反的两种看法，至少部分要归因于未经检验的设想和逻辑上的疏忽。亦如经常所声明的，虽然亚原子域和能量都确实是我们宇宙和周围世界中非常重要的元素，但是说它们是量子力学的重要现象就是一个逻辑错误。实际上，它们可能是构成我们宇宙基础的表现，不管这种基础是什么，而量子力学只是一个问题重重的抽象概念，试图对其产生的行为进行描述和建立模型。实际上，因为我们普遍认为量子力学是"奇异的和矛盾的"，一旦某个实验或者结论被认为在性质上具有"量子力学特性"，则证明它只是还未被理解的纯经验性的观察结果。

当然，膨胀理论认为，这种基础实际上是膨胀亚原子粒子的现象，也就是说，真正起作用的是亚原子膨胀的物理本质，而不是量子力学的理论中所提出的关于这种物理本质的抽象模型。科学家们热衷于任意地把这类事件打上"量子力学事件"的标签，这就是说服性定义谬误，为量子理论增加了毫无根据的可信度。

同样地，如之前章节所述，为这些理论正名的精准实验结果都是经过对理论和实验结果进行反复校正和提炼而得出，确保结果的正确性。无法与主流观点达成一致的实验则被认为考虑不周或者设计不合理，相反则会备受推崇，广为传播。最终，在这个过程中将涌现出特定的"经典"实验，与这个理论的精炼版本契合，变成为标准理论，然后这个理论将被认为最与自然规律一致。这些理论重复性地借鉴同样的"经典"实验装置——通常是同样特定的历史性实验——广为流传的验证性结论应运而生。

经典的科学方式需要发挥独立团队正常的怀疑精神，辩证地分析这些理论和实验，然而这些作用在一起，经常以类似食谱的方式产生科学热门实验，以此达到与主流理论相符合的目的。如果不加以检验，这不过就是一个毫无意义的验证性偏差谬误的例子，忽略了从更宽泛且辩证的实验探究的矛盾结果而得出的暗示，创造出又一个排除证据谬误。这给少数的实验或单独的实验，增加了毫无理由的含义和可信度，以此努力地与当前热门理论达成高度一致，构成不当结论谬误，其中更为广泛的结论，如广泛的实验结论，并不是真正地由这些证据推断而来。

所以，虽然量子力学中常说的精准性是对在计算和某些"经典"实验之间进行一致性探究的认可，这还是经常被误解为广泛的证据，证明这一理论必须是对物理世界的文字描述。这一动态将在接下来的章节中进行更深入的讨论。

理终论极 关于"量子化能量"的误解

膨胀理论对于目前许多被认为是"量子力学之谜"的现象，已经作出了更加清楚与合理的解释。回想之前的章节对原子结构的讨论，其中膨胀理论提到绕轨道盘旋的电子形成"概率云"的神秘量子力学效应，其实就是在反弹过程中的任意点对反弹电子取样的结果。同样，回想本章之前的内容，在我们目前对光的描述中，"能量光子"是另一个神秘的量子力学概念，但是膨胀理论提出的电子簇概念，对光进行了解释。

这些例子都说明，量子理论的奇异性质，只不过是因为量子理论在试图描述亚原子膨胀的同时却并不了解其存在。在付出了足够的努力和智慧之后，我们一定能够找到一种抽象的概念，能够对任何我们想要解释的现象建立模型，不管达成这个目标之路有多长。在许多理论中，我们在数学和概念上的认知掩盖了真正的物理本质，量子力学就是这样一个例子，如"能量量子化"的概念所示。

新观点

"能量量子化"概念表明能量由单个电子构成。

量子理论的一个核心特色就是对能量的解释。尤其是光能，通常被用于探究和展示能量的明显的量子力学性质，主要体现在"能量光子"概念中。这些光子被认为是微小的像粒子一样的能量包，其包含的能量不一。这种关于光的光子理论得到了实验的支持，科学家使用经典力学无法解释这些实验中出现的一些现象，如我们即将简要讨论的光电效应。

这些光子会进一步表现出被量子化，这意味着一个光子与另一个光子的任何能量差别不是一个任意的量，而必须是以离散的量子化跃迁或阶梯式方式发生变化的。这些阶梯的尺寸非常微小，对其加以描述的值被称为普朗克常数，以马克斯韦尔·普朗克（Maxwell Planck，1858—1947）的名字命名。对于这种存在于容许的能量级别之间的、微小的量子跃迁的发现，是一项革命性的发现，因为这意味着，自然界在最基本的层面上并不是平滑的和连续的，即使是纯能量，也来自某种类型的、细小的甚至比光子还小的"微粒"。量子理论已经注意到了这项发现，并且对其进行了数学描述，但是未能以清楚的物理术语对其加以解释。

但是，膨胀理论对这种未能解释的量子抽象概念进行了清楚的物理解释。膨胀理论认为，组成光的这些"能量光子"实际上是电子簇，那么很明显，光子间离散的"量子力学的能量跃迁"就是电子簇只能以整个电子的倍数形式发生改变这种现象的自然结果。电子簇中的单个电子非常小，电子簇间的单个电子变化可能就是实验中所发现的，以及普朗克常数在关于"光子能量"的量子力学方程式中所描述的微小"能量量子化"的解释。这是另一个能够证明在我们的求知过程中，量子力学在研究和描述我们的世界之前、不为人知的现象方面能够起到一定的作用，但是量子力学本身并没有真正理解其物理本质。

理终论极 关于光的本质的误解

目前量子力学对光的特征描述，即光是微小的量子化的能量包，也能解释一个著名的悖论，即光的波粒二象性。几个世纪以来，人们一直在争论光到底是一种波，还是一种粒子。今天，我们有实验结果证明，光既是一种波，又是一种粒子。量子理论认为，一束光在被探测到之前，处于一种奇异的状态之下，自然界也没有"决定"光究竟是一种波还是一种粒子。而探测光的方法本身，打破了自然界的这种不确定性，迫使光以波或者粒子的形式出现。

这种概念并不是说，探测到光就能看出其最初状态是波还是粒子，因为如果探测光的方法不同，即使是两束同样的光线，也可能得出一束是波而另一束是粒子的结果。因此，量子理论认为，只有当光作为粒子或者波被探测到之后，宇宙才能"决定"其最初的传播性质。也就是说，量子理论认为，自然界中有一种奇异的现象，能够同时在空间和时间上倒流——甚至穿越数十亿光年到达遥远的恒星——仅仅根据发生之后探测到的光的性质，来决定光最初是以波还是以粒子的形式传播。

这种神秘的且完全不可解释的、关于瞬时倒流的时间旅行的说法，就是目前广为接受的、对实验结果的科学解释——人们普遍认为这是量子力学，甚至可能是宇宙本身的奇异之处，以及概率性质的重要例证。但是，正如我们将要简要说明的，膨胀理论并不认同对我们的实验结果进行的这种充满想象性质的解释；但是首先，很重要的一点是，我们要明白我们所说的光波指的其实就是普通的波。

理终论极 波与"光的波动性"

我们周围的世界充满了波状现象，而基本的波动理论通常将这些现象描述为空间中纯粹概念上的无形振动。这种波动理论认为，当两个同步的波排在一起时，它们的峰值和谷值会分别重合，而这些峰值互相叠加和低谷互相叠加，就形成了一个更大的波，也就是我们所知的相长干涉。同样，当两个波不同步时，一个波的峰值与另一个波的谷值重合，这种峰值与谷值的抵消被称为相消干涉（图 5-7）。

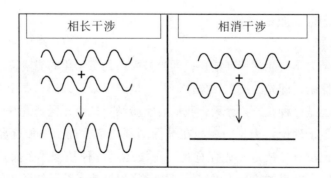

图 5-7　理想化的相长干涉与相消干涉

虽然这是对波相互作用的一种概念化的表达，但是经过进一步研究之后发现，这是一种理想化的抽象概念，并不能完全适用于真实世界。实际上，这种模型描述的是理想化的、无形的波在空间与时间上冻结，然后进行数学上的叠加的过程。虽然这对于讨论波的行为来说是一种很方便的模型，但是这种理想化的冻结的波，并不能代表自然界中真实的波。我们周围真实的波是实际物质的波状现象的动态表现，而不是冻结"能量"理想化简单叠加的波。我们关于波的图解和数学描述，都倾向于以这种有些误导性质的方式来表现。就算理想化的静态波看起来像是在真实世界中出现了，如迅速振动的吉他弦，也是由实际物质持续的动态波状振动所产生的。

例如，声波并不是纯"声能"的波，而是物质的一种波状现象，以"多米诺效应"的方式在大气中传播的、被交替压缩和减压的空气分子组成的波带。水波也是物质的一种波状现象，即由水分子组成的物质波，水分子由于引力作用下落、压缩而又重新回弹上升，循环往复。

事实上，毫无例外地，自然界中的每一种能量波形都是大量物质粒子在物理约束力下一致碰撞而形成的动态波状现象。虽然物质的这种波状现象，可以用理想化的波以数学的方式叠加的静态图解来表示，但是认为这种纯"能量波"在真实世界中真正存在，并且会以这种方式互相作用，就是一个概念上的疏忽。图 5-7 所示的理想化的静态波，可能就是纯能量波，在自然界中是完全不存在的。

可能很多人会以光的例子来质疑这项结论，因为当今的科学认为，光是由纯能量波组成的——也就是说，至少在有些时候如此。但是，几个世纪以来，光的本质一直都没有定论，认为光是纯"能量波"，也仅仅是根据我们周围世界中物质的波状现象所虚构出来的理想化的概念。确实，关于电磁辐射是纯"能量波"的描述是未经证实的人为产物，缺乏支撑依据，找不到形成并约束波动的实际物质和力量，因而纯"能量波"在自然界中完全不存在，甚至违背物理定律：

违背物理法则

经典波动理论违背了物理定律。

这是一项很重要的认识，因为它显示出不仅纯"能量波"，甚至图 5-7 所示的理想化的波的现象，在自然界中都是不存在的。我们可以人为地在纸上画出波动，并且以数学的方式将它们重叠，从而使它们相加或者相消，但是，这只是我们人类概念上的产物，在真实世界中这种现象完全不会发生。确实，如果这种现象发生了，反而会违背物理定律。

为了认识到这一点，让我们看看图5-8中所示的相消干涉。该图中并没有两段理想的平行波，而是如图5-7右图所示，两段频率相同、平行且处于不同相位的激光束。

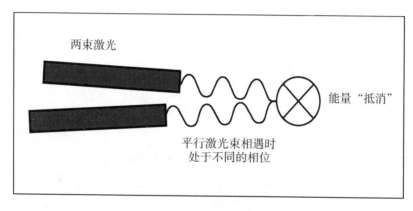

图5-8 相消干涉违背物理定律

如果将这两束激光叠加到一起，它们就会重叠，然后根据相消干涉的理论，它们会相互"抵消"。也就是说，两束激光所产生的光能立即就消失在空气中了——没有热，也没有任何形式的辐射，就是完全消失了。不管这些激光束包含的能量有多少，即使是数千瓦特的能量，根据波动理论也会得出这个结果。这并不是根据我们的物理定律发生的、能量从一种形式向另一种形式的转化，而是能量的绝对消失，这又是一个违背能量守恒定律的现象。

当然，这种因为处于不同相位就导致不管多少能量都完全消失的现象，在现实中并不会发生，这说明纯数学式的关于"能量波"的抽象概念及其理想的干涉图案，产生了一个假因谬误，并不是对光的正确描述。更重要的是，这说明光并不是纯能量波，即使是在可能进行的最简单的实验中——即图5-7所示的两束具有相同的纯频率的波叠加的实验——也是如此。如果光确实是一种理想化的波，那么在我们的激光束实验中，光中所包含的能量就会消失在空气中，而很明显这是不可能发生的。

但是，关于光的相加干涉与相消干涉的理想概念，长期以来都被当作纯

"光能"更加传统的波状现象的证据。这种存在缺陷的观点之所以能够继续存在，是因为我们的科学在支持光的纯波动概念时选择性地使用了证据，尽管存在清晰的反面逻辑、理论与实物证据。尽管这项简单的激光实验严重地挑战了光能的纯波动概念，但是为了其他表面上能够证明纯能量波假设的实验需要，这些证据被忽视了——又一个例子说明人们为了证实自己的核心科学信仰而不惜导致排斥证据谬误。这些经典实验的其中一个，就是我们将简要讨论的"双狭缝实验"。

这种将光误视为纯能量波的描述，很大程度上来自我们科学中光的"波粒二象性"这样一个明显的矛盾，而之前的例子也对这种矛盾提出了质疑。当我们证明光是纯能量波的时候，光又怎么会具有波粒二象性呢？进一步说，膨胀理论认为，光并非有时处于粒子形式，有时处于纯能量形式，而是由活动的膨胀电子簇组成的，即光完全是实际物质的现象。

迄今为止的所有证据都证明，理想化的波以及纯"能量"波在自然界中并不存在，而仅仅是人类概念化的产物。因此，与其说波粒二象性是自然界中的一个矛盾，不如说它是一个概念上的疏忽。在以下关于支持我们目前量子力学中光与能量观点的经典实验的讨论里，我们会进一步检验这种可能性。

实验

对经典双狭缝实验的反思。

双狭缝实验最早由托马斯·杨（Thomas Young）于 1801 年进行，已经成为我们科学中的经典实验，因为它同时展现了光的波动性质和波粒二象性性质的矛盾。这项实验使用了一个简单的、具有两条垂直狭缝的障碍物，使光能够通过。通过之后的光将在另一侧出现，辐射出两个独立的光锥，而且以相长干涉和相消干涉的形式互相干涉。而且，当狭缝宽度和间隔距离适当的时候，出现的光确实会互相干涉，并且在远处的屏幕上产生明暗条纹（图 5-9）。这个实验被认为与池塘中两个相近的水波互相干涉的形式类似。

由于光被认为是纯能量——而且，从理论上说，处于不同相位的理想的波重叠时会互相抵消——明暗条纹就被解释为相长干涉/相消干涉的条纹，表面上似乎证明了光的波动理论。然而，我们之前讨论的关于重叠的激光的简单实验说明，光不可能以抽象的波动理论所阐述的理想方式消失。指望能量会以这

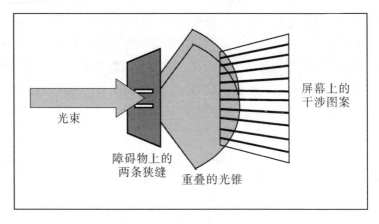

图 5-9　双狭缝实验中的干涉图案

种方式在物理世界中消失，不仅是一个假因谬误，而且也是违背物理定律的。

　　所以，虽然明暗干涉条纹确实在重叠的光锥中出现了，但是在暗条纹中，互相抵消的无形的"光能"并不比池塘中互相抵消的无形的"水能"多。类似的水波干涉图案来自物质粒子（水分子）波状振动的相互作用，所以对于光的干涉图案的合理解释，就是物质粒子相互作用的类似现象。如果真如膨胀理论所认为的，光其实是由大量释放到空中的电子簇组成的，那么这种解释就是正确的。

注意

 虽然双狭缝实验被误用为光的"波动理论"的证据，但是确实证明了粒子群之间的相互作用。

　　双狭缝实验被称为经典实验的另一个原因，就是它表现出了一种非常神秘的波粒二象性的矛盾。人们认为，当把光束的强度减小到一次只有一个光子从光源发出时，这个矛盾就会出现。这意味着不再有两个光锥互相干涉，因为一次只有一个光子从一条狭缝或者另一条狭缝通过。当这些光子继续前进并且打到一个感光板上时，随着时间积累起来的累积效应，就会在感光板上形成两块亮斑——光子能够通过的狭缝各自对应一块。

　　但是，实际结果是，还是会出现与最初进行的光束充足时的实验中相同的干涉图案。这说明，即使当光束作为单个粒子一次一个地通过狭缝时，依然可以产生波状干涉。这些单个粒子似乎"知道"怎样落在感光板的波状干涉图案上，即便在情况不再是两个波之间的干涉也这样，这究竟是为什么呢？完全不能解释。这就是双狭缝实验所表现出来的关于波粒二象性的矛盾，说明光的单个粒子的活动与同时穿过两条狭缝的光波的活动相同。

再回过头来看这种明显的矛盾，我们现在可以发现其实它并不是真正的"波粒二象性悖论"（wave-particle paradox）。它只说明，即使是图 5-9 中所示的最初的干涉，也并不是真正的"能量波"现象，而仅仅是与人们所知的粒子群之间的干涉相似而已。所以，双狭缝实验真正的神秘之处，并不在于光的这些粒子能够单独形成"纯波动"的干涉图案，而是在于单个粒子依然能够产生最初的粒子群组干涉图案。

这一点得到澄清之后，这个实验留给我们的问题就只剩这种情况是否真的是由一次一个地通过狭缝的单个粒子造成的。如之前关于通过一个玻璃块的光的讨论所示，目前量子力学中认为，光是由发射到空中的单个光子组成的"能量光子"理论得不到实验的支持。然而，尽管有证据证明这种观点是错误的，但是这恰恰就是双狭缝实验所得出的结论；因此，我们有理由在这方面对这项实验提出质疑。越来越多的证据显示，整个经典的双狭缝实验，很可能就是一系列有关光的本质与行为在逻辑上和实验上的错误。那么，我们应该怎么理解一次一个地通过狭缝的单个光子组成干涉图案这种现象呢？

膨胀理论认为，光在空间中传播，是一大群膨胀电子簇相互推动，离开光源向空间行进。正是这种膨胀粒子束通过了双狭缝，在另一侧产生了最初的干涉图案——就好像大量水分子通过两个这种开口之后的现象一样。当光的强度被减小到标准理论所称的单个光子的时候，膨胀理论认为这种持续的电子簇束仍然在生成，但是存在时间很短，而且呈零星分布状态，因为光源已经接近熄灭的边缘。我们可以想象之前关于电灯泡灯丝表面大量活跃的电子产生光的描述，实际上并非电子持续汇聚并组成大量的电子簇，而是电子的供应仅够产生零星的电子簇爆发。每一次爆发只能在空间中延续很短的距离，然后为了产生另一次如此短暂的爆发，光源所供应的电子簇就被突然切断了。

由于常规强度的光线能够在光源到探测器的整段距离中不断膨胀，所以我们将探测器设计为能够被这种在聚合的膨胀压力下持续前来的电子簇流所激发。如果这样一束光线在抵达探测器之前其光源就被切断，那么这束光线就成了空间中一段孤立的电子簇流，在到达探测器之前就会损失许多膨胀压力。这就好像一根抵着墙的弹簧，一旦放松就会反弹并且击中附近的物体。如果在弹簧释放的过程中，墙退后一段距离，那么弹簧就不能以本来的力量反弹，击中物体的力量也小得多。

同样，在双狭缝实验中，光源与探测器之间的空间可能充满了看不见的成段的光束，它们不能激发探测器，但仍会穿过狭缝并且像之前一样互相干涉。光源偶尔发出的足够长的、能够被探测到的光束（目前考虑的是一次只发出一个光子的情况），可能会被这些看不见的光束干涉所影响；从而需要更长的时间在探测器上形成干涉图案。

理终论极 重新解释双狭缝实验的意义

这种对双狭缝实验的重新解释具有非常深刻的意义，不仅是对光和能量的本质而言，对量子理论本身而言也是如此。首先，它解释了我们科学中长期存在的一个实验谜团，认为没有必要将光想象成在被探测到之前具有不能确定的波粒二象性质。

其次，这种重新解释撼动了量子力学的核心，因为光的波粒二象性的矛盾，被认为能够解释和证明量子理论中根深蒂固的、自然界中量子的不确定性和概率性。

实际上，这种波粒二象性的概念，在我们今天的科学中流传之广，甚至已经从对能量的描述延伸到了对物质的描述。1924 年，路易斯·德布罗意（Louis de Broglie，1892—1987）假设电子、原子，甚至常规物体都具有神秘的波状性质。通过一个简单的数学方程式，可以计算出任何物体在理论上的波长，如果该物体真的具有波状性质的话。甚至一辆卡车的波长都可以计算，尽管计算结果并没有实际用处，但是今天的科学还是认为，这些计算是对量子理论中的波粒二象性原理的有效应用——而这种原理核心的实验支柱，刚才已被证明是错误的。

但是，作为物质看似神秘的波状现象的明显证据，电子组成的光束以与双狭缝实验中同样的方式互相干涉，产生了同样的"波状"干涉图案。虽然这被用作证据来证明路易斯·德布罗意提出的概念，即物质具有量子的"概率波"这样一种矛盾的双重性质，但是之前刚刚证明，这种干涉图案并不能真正说明波粒双重性质，而只是粒子间的干涉而已。因此，我们不能得出单个电子具有神秘的"量子波"的结论，实际情况是，电子群会以与许多其他大型粒子群之间的干涉相同的方式互相干涉——正如我们可以期待的那样。

进一步来看，这种能量和物质的波粒二象性质，甚至包含在量子力学最核心的方程式之一中——以量子理论的奠基人之一埃尔温·薛定谔（Erwin Schroedinger，1887—1961）命名的薛定谔方程中。薛定谔方程被视为量子理论的基础方程式之一，据说它掌握了被认为是奠定了所有物质和能量基础的神秘的概率"量子波"性质。因此，这个实验表面上支持这个核心方程式所描述的"量子波"性质，现在得出它只是对粒子相互作用的一种误解，对于量子理论来说是一个相当大的问题。

因此，现在看来，不管是双狭缝实验、路易斯·德布罗意的"物质波"概念，还是普朗克的"量子能跃迁"概念，甚至核心的薛定谔方程，都不是对我们宇宙的准确描述。第 4 章已经深入地阐述了现在建立在海森伯测不准原理之上的关于原子结构的纯概率性数学模型，只是对亚原子膨胀的误解，因为电子实际上从原子核中弹跳出来。

但是，这些概念都代表了量子力学的重要支柱，而量子力学则越来越表现出，只是部分建立在实验中未经检验的逻辑错误之上，以及部分建立在对膨胀物质的误解之上的抽象模型。这可能就是人们总是认为量子力学神秘、奇异而又矛盾重重，而不认为我们的宇宙才是奇异的和不可理解的原因。一旦我们认识到了膨胀物质的原理，目前的所有量子谜团都将不复存在。这一点在另一个支持量子力学的经典实验中也可以看到——这就是光电效应。

实验

爱因斯坦的光电效应反思。

光电效应是在 20 世纪早期惊动科学家们的另一项实验，阿尔伯特·爱因斯坦认为，它表现了另一种支持量子理论的量子力学现象。

简单地说，实验装置就是两块连着电池的平行金属板，两块板之间存在电场。这项实验将一束光线射在一块板上，撞击板上的电子离开通过电场，自由越过两块板之间的间隙，并且在电路中流动（图 5-10）。只要光束持续射在板上，电子就会通过两块板，绕着电路流动。

这项实验惊动科学家们的地方就在于，当科学家改变了光的强度之后，用

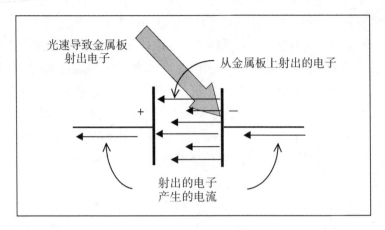

图 5-10　光电效应

光的经典波动理论并不能令人满意地解释其对电流产生的效应。以下是三个主要的惊奇之处，每一个后面都附上了量子力学的解释以及膨胀理论的解释：

1　**截止电位之谜**：如果维持板与板之间电场的电池电压持续减小并且最终反向，越过间隙射出的电子数目也会减少并且最终停止。停止所有电流所需的最少的逆转电压，就被称为截止电位（stopping potential）。目前为止，这些结果都不令人吃惊，因为减弱的电场将射出的电子推过间隙的能力也更弱，而且当电场反向之后，这些电子会受到另一块板的排斥。但是，科学家们惊讶地发现，一旦达到截止电位，不管怎样增加光的强度也不会对结果产生影响——在任何光的强度之下，停止所有电流的反向电压都是相同的。经典波动理论认为，光能越多（波的振幅越大），施加给被射出的电子的能量就越多，从而使得一些电子能够克服截止电位，电流能够重新流动。

● **量子力学的解释**：有一个观点可以解释这个谜团，即在这个实验中，光的形式可能不是波，而是粒子。如果能量是包含在微小粒子状的能量包（即光子）中，那么增加光的强度所增加的就是光子数量，而不是光波振幅。因此，如果截止电位很强，使单个光子不能射出电子，那么不管每秒钟的光子数量有多少，结果都是一样。每个光子都不再能射出电子，而且在任何强度下都不会有电流流动。这种能够明显证明光的"能量光子"量子化的观点，被认为是量子理论的重要支柱。

- **膨胀理论的解释**：量子力学对"能量光子"作出的解释，现在可以被电子簇束的解释取代了。单个电子簇造成的冲击力并不足以克服截止电位的中和效应。不管有多少电子簇（即不管光的强度多大）对板进行冲击，结果也不会变化；如果单个电子簇的力量都不能超过截止电位，那么电流就会停止。这种解释还提到了一种可能，即光电效应中，电子流动可能是因为光束中的电子簇释放出电子并受到冲击，并在电场作用下通过间隙。实际上，这种可能存在的、从光（即电子簇）到电子流动的传输类型，能够加深我们对植物光合作用以及太阳能电池发电过程的了解。

2 **光频之谜**：另一个惊人的发现就是，改变射到板上的光的频率（即颜色），会切断电子的流动。一旦光频低于特定的值，那么不管光束的强度增加多少，电子都不会再从板上射出。标准的波动理论认为，如果光是由能量随着频率降低而减少的波组成的，那么增加光的强度（振幅）就能增加波的能量，并且使电子再次被射出。

- **量子力学的解释**：如果降低光频意味着每个光子所含的能量都减少，那么这个问题就解决了。然后，原因就和截止电位的答案一样了：如果每个光子都不能射出电子，那么不管光子有多少，结果都是一样。在特定的频率下，不管光的强度有多大，都不会产生电流。

- **膨胀理论的解释**：膨胀理论再一次在没有付诸量子力学的情况下解释了这种现象。光的频率越低，电子簇就越大，每秒钟抵达的电子簇数量就更少，如之前的图 5-4 所示。如果抵达频率是一个影响因素，那么频率越低，电子簇冲击越小，最终频率会降低到无法射出电子的水平。还有，更大的电子簇在射到板上时可能具有不同的动力，可能具有更小的穿透力，可能更好地吸收冲击力，也可能更少地散开和将电子射入间隙中。这种低频光的强度越大，这些电子簇的数量就越多，而这些电子簇射出电子的能力都很差。

3 **时滞之谜**：最后，标准波动理论认为，光能波被板上的原子完全吸收，需要一定的时间，从而造成一个电子被最终射出。即使这种时滞非常小，仍然被认为是可测的。虽然标准理论这样认为，但是我们并没探测到任何时滞。

- **量子力学的解释：** 如果光是由单个的光子组成的，那么为了使电流流动，每个光子都应该能够发射出一个电子，而且降低光强度也不会影响这种单个发射的结构。降低光强度能够影响每秒钟抵达的光子数量，但是并不会增加一个特定的光子及其射出的一个电子之间的时滞。即使是在光强度最弱的时候，任何可能存在的时滞也会小得不可测量。

- **膨胀理论的解释：** 光由电子簇组成这个概念也提出了一种答案，即不管光强度（即每秒钟电子簇的数量）如何，电子簇为何或者击出板上的电子或者散开的机制。所以，膨胀理论再一次在没有付诸量子力学的情况下，解释了为什么即使是在光强度最弱的时候会有可能小到无法测量的时滞。

这些关于光电效应的讨论显示出，这种量子力学实验支持的基石，在膨胀理论中得到了更好的解释，因而我们更加没有必要接受关于"量子力学"宇宙的种种奇异而又神秘的结论。

谜团 ? 我们真的了解偏振光吗？

光的一项广为人知的性质，就是偏振。当前的理论代表性地使用光波概念来解释偏振现象，认为光是理想化的二维（平面）能量波，可能如之前图5-7所示的上下振动（垂直偏振），或者左右振动（水平偏振），或者在这两种方向之间变换。非偏振光被认为是由向各个方向振动的波组成的。

可以根据光所具有的任何固有的偏振性，对其进行选择和过滤，这也是偏振化的太阳镜能够阻挡不同的物质反射或者发射出的光所产生的水平或者垂直偏振的原理。当光经过地球上层大气或者地面水体反射时，往往会产生偏振化的自然阳光。偏振化的透镜对光的过滤，能够在降低所有颜色的光强度的同时，通过阻挡特定的偏振平面，造成最少的彩色失真，而非偏振化的透镜的彩色失真效应，则能够完全阻挡整个色带的颜色。

但是，进一步研究就可以看出，或许我们需要对整个偏振的概念进行重新思考。首先，之前的讨论已经从总体上对"能量波"的概念提出了质疑，尤其是光的"能量波"概念，从而对"偏振能量波"的概念提出了质疑。实际上，虽然在任何物理教科书中都可以找到具有各种偏振方向的、理想化的二维能量波的清晰图解，但是我们从来没有正确解释或毋庸置疑地证明了这些波的存在。这只是人们在观察和实验基础上对会发生的现象进行假设的模型，正如前文所述，即使有实验证据证明其情况恰恰相反。

其次，即使是膨胀理论，也没有解释今天关于光本身具有偏振性质的概念，而是认为光只是由大量膨胀电子簇组成的，自身并不具有"偏振性"。所以，如果标准理论和膨胀理论都没有清楚地解释光自身具有的偏振性质，我们应该怎样理解周围世界中明显的偏振效应呢？

新观点

偏振性真相大白。

我们之前已经看到了引力和磁力的例子，说明在没有完全了解特定现象的物理本质的情况下，为其建立一套非常有用的知识是可能的。偏振化也是这样。我们已经知晓如何产生、识别和过滤各种形式的偏振光，但是我们真的了解其本质吗？

膨胀理论认为，偏振并不是单独的"光波"或者"能量光子"所具有的性质，而只是全部的光束的反射或者发射特点所造成的光学现象。为了验证这一点，让我们考虑自然界中最常见的一种形式的偏振——当阳光被一片湖水反射时产生的水平偏振。当一束光射到湖面上时会一分为二，一部分被反射，另一部分被弯曲或者折射并且到达水底。被反射和被折射的光的比例由原始光线射到湖面上的角度决定。如果光线以几乎与湖面平行的低角度射到湖面上，则大部分会被反射，入水角度越大，则被折射的比例越大。

因此，当我们从高处扫视湖面的时候，我们一眼就看到了整个湖面上多处产生的反射角。结果就是，整个湖面的亮度并不是一致的，而是离湖面从远到近强度不一，这是由于之前提到的、不同光线角度造成的反射和折射的变化。实际上，这就是为什么湖面的颜色不一致，其亮度和颜色深度从近到远发生变化的原因。

但是，这种变化在从左至右的水平方向中却不存在。也就是说，虽然以较高角度和较低角度射到湖面上的光，会造成反射强度的垂直变化，但是从左边或者右边反射的光不变化。每束以特定的仰角射到湖面上的光，都会伴随着许多在其左边或者右边的、以同样的仰角射到湖面上的光。所有在场景中沿着一条特定的水平线的这些光的反射强度都是一致的，因为它们射到湖面上的仰角是一致的（图5-11）。从湖外任何给定距离看，从左至右，水的亮度或者颜色深度是一致的。

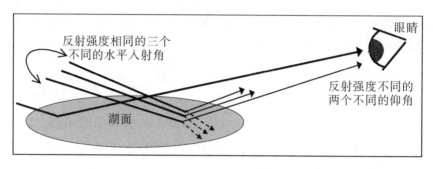

图5-11 从湖面反射的光中仅垂直方向的强度有变化

所以，湖面的景色从上到下有固有的强度变化，但是从左到右的强度是一致的。这说明，整个场景中大部分的强度来自从左至右的水平反射的一致的强度，只有很少一部分来自从上到下的垂直反射的变化力量。

现在，让我们来想象一副像威尼斯式遮光帘一样的、能够隔行阻挡"光子"（即电子簇）的偏振化的太阳镜。如果不是隔行的垂直线，而是隔行的水平线被阻碍，则整个场景强度的降低就更大。这是因为，水平线中不变的强度占据了整个场景中的强度的大部分，所以减少这些强度会对整体亮度产生最大的影响。这就解释了，为什么正常佩戴的偏振化的太阳镜能够极大地阻挡强光，但是当转动太阳镜对准阳光后，光线就会增强。这其实就是阻碍水平线中不变的强度与阻碍垂直线中变化的强度的区别。

因此，膨胀理论对所有光线中的偏振效应作出了直接的光学解释，而我们目前的理论只能提出一种抽象且很大程度不可解释的说法，即单个"能量光子"或者"光波"某种程度上自身具有"偏振"性质。

 对"量子纠缠"的误解

我们科学中最新增加的一个量子力学谜团，就是"量子纠缠"。这是一种在实验中观察到的现象，即来自同一个光源的两个光子在空间中同时运动，然后分开沿着不同的路线运动之后，还会明显地保持彼此之间的神秘联系。因此，如果一个光子在分开之后以某种方式被改变了（如偏振的变化），那么不管另一个光子当时距离这个光子有多么遥远，都会以同样的方式瞬时被改变。这被认为是两个"纠缠"光子之间神秘的超光速"交流"，并且被认为是量子力学所定义的、两个能量粒子之间神秘的"量子效应"。爱因斯坦称这种效应为"幽灵现象"（spooky），并且将这种效应用作明确的证据，来证明对于这种观察现象的量子力学的解释注定是错误的。

前面的讨论中对此现象的"量子力学"说明，偏振并不是单个"能量光子"所持有的性质，而且这种光子在空间分开运动的概念还存在疑问，今天对此量子力学解释提出了进一步的疑问。让我们回想，膨胀理论认为，光并不是单独的"发射出的光子"，而是由持续的膨胀电子簇所产生的。因此，对这种观点进行进一步研究就能发现，在实验中，表现出神秘的"量子纠缠"的并不是两个光子，而是两束在从同一束膨胀电子簇分离的地方连接在一起的膨胀电子簇。

一旦我们考虑到了这种解释，那么对于"纠缠"效应的解释，就应该变成任何改变一束膨胀电子簇的影响，都能够沿着这种持续的电子簇（或者通过两束膨胀电子簇之间看不见的电子簇）影响另一束膨胀电子簇。由于在固体中，密度越大，振动的传播速度就越快，所以通过光线中密度非常大的亚原子粒子（电子簇）的传导速度会非常快——甚至会超过光速。虽然这种解释还有待证实，但是这是最可能的解释，否则"量子纠缠"这种现象就是一个谜团，并且完全不可解释。

新观点
超光速通讯?

正如上文所示，有初步的实验室证据证明，传导信号有可能以极快的速度沿着光束运动，从而可能进行超光速的通讯。今天的科学并不能解释这种可能存在的超光速通讯，因为这违反了爱因斯坦在狭义相对论中提出的光速极限，而我们也将在下文中简要地对狭义相对论进行重新思索。

如果这种超光速通讯的方法是存在的，那么高级人类就能够在现有的星光上使用这种通讯方法，而不必制造光或者无线电波，并且等待它们以相对更慢的光速在空间中运动。

关于这两种信号传输方法的不同之处，可以通过一个常见的桌面玩具来做一个类比。这个玩具是一串并列悬挂的金属球体，通常被称为牛顿的摇篮。当一个球体被向后拉出，然后撞击其他的球体，另一端的球体会立即被弹出。一长串这种球体可以让这种信号以这种方式迅速传到另一端，而单个球体独自摆动这么长的距离则需要花费更多的时间。

无独有偶，我们今天的通讯方法，是等待新产生的光或者无线电波实际通过一段距离，而不是沿着已有的光束来传导信号。虽然在这一点上，这种可能性还只是一种推测，一种似乎实验可以推导的结果。在当今关于光的理论中，这种推测是不成立的，因为当今的理论认为光是不连续的"量子力学的能量光子"包，而不是连续的膨胀物质（电子簇）。

我们科学中的另一个基于能量、与量子理论同样神秘和流行的理论，就是爱因斯坦的狭义相对论。这个理论源自涉及光能的思维实验，并延伸到涉及时间、物质和空间，并在物理学上非常神秘的说法，一旦相对速度达到光速具标志性的一部分，时间、物质和空间出现的原因仅仅只是运动速度。膨胀理论再一次表明，这种神秘而又似是而非的理论，它的出现以及被当今科学所接受，其实都是因为重大的误解和明显的错误所导致的。

28　狭义相对论——全都是错误？

重点提示

- **诉诸权威谬误**
- **诉诸共识谬误**
- **验证性偏差谬误**
- **说服性定义谬误**
- **错误类比谬误**
- **稻草人谬误**
- **假因谬误**

　　狭义相对论或许是阿尔伯特·爱因斯坦最著名的理论，但它其实是伽利略先前提出的相对论的一个特别版本。亨利·庞加莱（Henri Poincar，1854—1912）和亨德里克·洛仑兹（Hendrik Lorentz，1853—1928）改良了伽利略的相对论，爱因斯坦随后进行了进一步修改，加入了自己的提法，即光速是宇宙中最快的速度，对任何观察者来说都是一个常数。因而形成了狭义相对论，并在 1905 年发表。让我们进一步检验爱因斯坦的狭义相对论——其本身也被广泛视为神秘而又矛盾的理论——是怎样被接受并成为我们当今科学的一部分的。首先来看一个著名实验：

终极理论 迈克耳孙-莫雷实验的反思

　　在爱因斯坦生活的时代，光在很大程度上被认为是一种波。由于我们目前

305

所知的所有形式的波，都需要一个物理媒介（如水、空气等）来进行传播，所以人们认为，光一定是通过一种看不见也探测不到的、充满整个宇宙的、被称为以太的媒介在空间中传播。但是，以太的存在从来没有被科学所证实过，在当时的科学家中也引起了越来越多的争论。最后，1887 年，阿尔伯特·亚伯拉罕·迈克耳孙（A. A. Michelson）和爱德华·威廉斯·莫雷（E. W. Morley）设计了一项实验，希望解决这些争论。这项实验的结果，不仅解决了关于以太的争论，而且还被爱因斯坦称为彻底改变了我们关于光、时间、空间以及物质的观点——这些都体现在爱因斯坦的狭义相对论中了。让我们回到科学遗产中这个重要的转折点上来，并且以我们一个世纪之后已经有了膨胀知识的角度来看待这个问题。

重点提示

迈克耳孙-莫雷实验。

迈克耳孙-莫雷实验，是试图确定以太是否真实存在的一次尝试。前提是，如果宇宙中充满了稳定且看不见的、可以被光用来（如同声音利用空气）在空间中传播的以太，那么光在这种媒介中向各个方向传播的速度应该是相同的。所以，不管是南北方向还是东西方向，一束光线在地球上任意两点之间的以太中传播所需的时间应该是相同的。

但是，由于地球绕着太阳公转，同时其自身也沿着轴线在同一个平面上高速自转，地球在太空中运动的速度很快（穿过假定的以太速度也很快），所以地球穿过以太的运动会影响测量到的光速。在地球上，任何试图测量光速的实验都会随着地球的公转和自转高速运动，从而得出相对于静止的以太和其内传播的光而言巨大的相对速度。所以，如果以太真的存在，那么沿地球东西运动方向传播的光线速度应该不同于沿南北方向传播的光线速度。

迈克耳孙和莫雷认为，如果以太确实存在，那么就可以通过对首先沿着地球在太空中运动的方向传播，然后沿着与该方向垂直的方向传播的光计时，且对其进行测量。由于光在静止的以太中传播的速度是恒定的，那么当光沿着地球运动的方向在以太中传播时，光必须稍作运动以此追赶上来，因为地球也在以太中渐渐远离。因此，光在地球上并不是直接从 A 点传播到 B 点，而是先通过 A 点的以太传播到 B 点本来的位置，然后再向前一点，因为 B 点（以及

A 点）此时已经随着地球在以太中的运动而向前移动了一些（图 5-12 左图）。

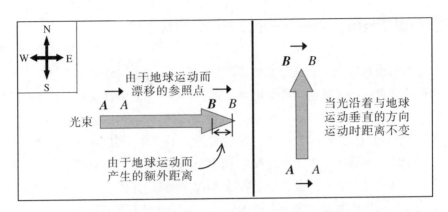

图 5-12　地球运动时增加的距离和不变的距离

　　但是，如果 A 点和 B 点的方向与地球在以太中运动的方向垂直，那么 A 点和 B 点就是侧向在以太中运动，光线需要传播的距离就是恒定的（图 5-12 右图）。所以，如果在第一种情况中测量到的时间更长，那么就可以证明光确实是以恒定的速度，在充满整个宇宙的看不见的以太中传播，而以太对穿行而过的光而言是个绝对且静止的参照物。

　　迈克耳孙和莫雷发现，不管光沿着什么方向传播，测量到的时间都没有差别，也就是说，光并非是在整个宇宙中作为静止的参照点的媒介中传播，从而终结了关于以太的争论，显示出以太是不存在的。光并不是在一种媒介中传播，而是独立地在空间中传播。

　　但是，这个问题虽然解决了，另一个问题又出现了。如果水波是以水中涟漪的速度来传播，而声波是以振动在空气中的速度来传播，那么在没有以太这样的媒介作为参照物的情况下，光的相对速度应该是多少呢？毕竟，由于经典物理学中的相对论认为，所有的运动都是相对的，所以光的速度被认为是对所认为的、充满整个宇宙的静止的以太的相对速度。但是既然以太并不存在，那么光速又意味着什么呢？如果指的是绝对速度，不存在公认的参照点，那么就违反了相对论以及根据相对论建立的相对运动方程式。所有观察者，无论他们是静止的还是在空间运动的，对给定的光线都会得到同样的测量速度，很明显这违反了我们的常识。

爱因斯坦的假设——一个没有问题的解答

爱因斯坦对这个显著难题提出了一种解答，虽然他的解答并非旨在消除违反常识的现象，而是将这种现象视为我们宇宙中一种新的神秘特性。爱因斯坦假设：光非常特殊，独立于所有已知的物理定律和运动定律之外，认为真空（空虚的空间）中的光速是一种普遍的常量，不管观察者自身的相对运动如何，对于所有观察者而言其速度都是相同的。这意味着，一个接近光源的观察者和一个远离光源的观察者，会矛盾地测量到同样的光速。

当爱因斯坦将其新的恒定光速的假设，应用到已有的相对论方程式中后，得出的运动方程式除了一项以外并没有大的变化，而这一项只有在接近光速的时候才会变得有意义。修改之后的方程式非常神秘和奇异，但是在常规速度之下，爱因斯坦新引入的这一项完全消失了，留下的还是原先的相对论方程式。这说明我们平时所熟悉的世界，其实只是宇宙中的一个特例，而真正的宇宙实际上更加神秘和奇异，但是这种奇异之处只有在接近光速的情况下才能展现出来。

对相对论进行修改，认为光速恒定不变，这巧妙地从数学上解决了迈克耳孙-莫雷实验所提出的问题，最终形成了著名的狭义相对论。然而，这个假设又引入了很大的违反我们常识的谜团。如果我们盲目遵循爱因斯坦提出的相对论方程式，那么很明显的是，我们的科学就不得不接受在接近光速的情况下，时间、空间和物质就会以奇异的新方式运动，呈现出与我们平时的经验和理解截然相反这样一项事实。而且实际上，在爱因斯坦提出原始假设后的一个世纪中，这些观点都被牢固地嵌入了我们的科学当中，被认为是自然界极其神秘的事实。但是这确实必要且正确吗？如果不是这样，为什么会有这种情况出现呢？

接下来关于狭义相对论的讨论显示出，爱因斯坦提出的奇怪的结论并不是必要的，甚至根本不正确，但是由于一系列的逻辑漏洞、实验巧合与未经检验的数学错误，它还是被我们的科学所接受。如我们将要看到的，引出狭义相对论的原始逻辑（见上文）在推论中只考虑到了一部分情况，而忽略了更加简单的对迈克耳孙-莫雷实验的常识性的解释。

在将近一个世纪的时间里，这种漏洞一直没有被人发现，因为在过去数十年中，有许多思想实验都为其提供了明显的支持；但是，甚至这些思想实验本身就存在明显的逻辑错误，而这些逻辑错误被忽略或者被忽视。而且，这些思想实验中的错误不断被忽略的一个主要原因，就是一些真正的物理实验看起来都是支持狭义相对论的；但是，同样的问题是，甚至这些物理实验本身也都被误解了。

最后，甚至将相对论方程式转化为爱因斯坦的狭义相对论的核心数学，都存在许多同样被忽视的数学错误，更严重的错误也被推导中的错误路径掩盖了。膨胀理论将清楚地解决这些问题。

爱因斯坦关于光速对所有观察者而言——不管是运动或是静止——其相同的原始假设与我们所经历的不同。如果将一块石头投向一个观察者，那么观察者在接近石头或者远离石头这两种情况下，测得的石头的相对速度是不一样的。接近石头会增加观察者与石头之间的相对速度，远离石头则会减少观察者与石头之间的相对速度。但是，爱因斯坦的假设认为，在一束光线面前，不管观察者是静止、接近或者远离光源，测得的光速都是相同的。这种观点与我们的常识和我们对物理世界的了解完全相悖。所以我们要问，爱因斯坦为什么要提出这种观点？

正如上文所提到的，迈克耳孙-莫雷实验的结果排除了以太存在的可能性，看起来似乎光就没有了静止的参照点。我们可以测量光的速度，但是没有了以太，也就失去了可作为通用参照物的介质，好比我们用静止的大气对声音的速度进行参照，或用池塘对涟漪的速度进行参照。

然而，这个问题并没有严重到需要我们对宇宙进行重新认识。一颗子弹在真空中穿过，没有可用于参照的媒介，却也不会引出新的谜团，那么为什么同样的情况不能适用于光呢？对于一个世纪之前的科学家来说，认为光是在没有参照介质的真空中进行传播并不违反已有的相对论，就和被掷入池塘的石头或者被射出的子弹一样。子弹的速度是完全相对于发射子弹的枪的——这是一个明显的事实，不需要借助狭义相对论来描述。同样，没有什么根本的理由说明，为什么光的速度不能是完全相对于发出它的光源的，也没有必要引入狭义相对论。正如对于以与枪之间不同的相对速度运动的观察者而言，子弹的速度是不同的，对于以与光源之间不同的相对速度运动的观察者而言，光的速度也会是不同的。接受迈克耳孙-莫雷实验的建议，就展现了一个深刻的物理问题，这个建议就是创造出稻草人谬误，创造出一个从未存在过的问题。

但是，爱因斯坦在没有参照媒介的前提下，反而专注于光波这一想法，又回到他还是一个少年时就思考过的思想实验。在这一思想实验中，年少的爱因斯坦怀疑如果光沿着加速的光波运动将会出现怎样的结果，然后发现他附近的光波在空间中冻结，让人百思不得其解。这样的光波从未被观测到。这一思想实验和后来迈克耳孙-莫雷实验结论的融合，使爱因斯坦提出对于所有观察者来说，光波必须是以某种方式用同样的速度运动。

然而，这些年来，因为爱因斯坦的狭义相对论，光越来越被认为具有粒子性——光子，我们也慢慢地对爱因斯坦早期"冻结的光波"这一思想实验产生怀疑。但是更关键的是，其他简单实验为所有观测者阐述了爱因斯坦的光速恒定假设中的致命漏洞。

这样一个简单的实验涉及光源，并从中发射一束光穿过房间，到达检测器。尽管光速很快，光束中的所有光子仍然需要花费时间穿过房间，才能抵达检测器。如果检测器在几分之一秒的时间内被射出，并穿过房间与光源相遇的话，会发生什么呢？连同整个光束中的光子，检测器和光源之间的距离瞬间被横跨，很可能这些光子需要花费更多的时间来穿过房间到达远处墙上的检测器。所以毋庸置疑，检测器在穿越房间（连同整个光束）的几分之一秒时间内经过的光子数目，比固定在墙上在同样的时间内到达探测器的光子数目多。根据爱因斯坦的理论，通过加速向光子靠近能加快穿过光束的速度是不可能的，然而这就是在给定的时间内穿过更多光子的含义，如加速的检测器这个例子所述。

爱因斯坦最初痴缠于光的波动理论，包括他少年时期的光波思想实验和怎样与迈克耳孙-莫雷实验结果相关联，才产生了狭义相对论中阐述的大自然的奇异特点。但是，光的光子理论以及上述加速的检测器例子，证明爱因斯坦犯了假因谬误的错误，他认为光来自于"光波"，而光波需要新的物理学来解释它们是怎样在没有媒介的前提下穿越空间。接下来的讨论将继续阐述，越来越多的验证性偏差促使作为这一日益主流理论的证据而被歪曲解读的选择性证据的出现，构成了另外的假因谬误，同时支持诉诸权威谬误的发展壮大，因为爱因斯坦的名声越来越大。这个循环不断反复，直到现在强有力的诉诸共识谬误的存在，我们开始毫不犹豫地相信相对速度以某种方式增加了物体的质量，缩短了长度和距离，甚至减缓了时间的流逝——都是来自于爱因斯坦的"光速恒定"结论。

实际上，穿过空间的子弹的简单运动，与光的粒子性的逐渐认识相结合，以一种比创造出狭义相对论更直截了当的方式提供了所有必要的答案。实际上，并没有可控制的地面实验，通过运动的观察者（或者光源）来推翻这个简单的结论——这项结论也符合迈克耳孙-莫雷实验的结果。也就是说，不管子弹被射出的方向如何，因为枪（以及子弹）的动量与地球的动量一致，所以子弹的速度就都是相同的——在迈克耳孙-莫雷实验中，光也表现出了同样的结果。膨胀理论认为，这说明所有的膨胀电子簇（即光），都以同样的与光源之间的相对速度离开光源。所以，正如我们可以预料到，甚至在子弹发射之前，由于在枪内的动量与地球的动量相一致，所以不管子弹被射出之后沿着东西方向还是南北方向运动，其速度都是相同的，我们也可以预料到光也会表现出同样的结果。电池亚原子域中的电子，在作为光的膨胀电子簇被发射到空间之前，都在与地球同时运动，发射到空间后，它们远离其源头并以光速传播。

只有今天的纯"光能"概念，才使得我们认为光似乎是一种神秘的、来自另一个世界的现象，好像是凭空产生的，而且具有其独立的物理规律。迈克耳孙-莫雷实验的结果并不神秘，也并不需要爱因斯坦关于光对于所有的观察者而言都具有相同的速度的假设——这种假设组成了狭义相对论的基础。但是，如果狭义相对论不仅是一个不必要的谜团，还是一个错误的理论，那么为什么狭义相对论还是我们当今科学的一部分呢？下面的讨论将回答这个问题：首先将详述这个理论的形成误区，以及为何在狭义相对论出现后的一个世纪里，有很多人支持这个理论。

谬误

✗ 狭义相对论的错误创立。

不难证明，整个爱因斯坦狭义相对论的核心，它的物理结论及其数学运算，都可以追溯到爱因斯坦一个主要的思想实验中的一项关键性逻辑错误。这个错误本质上是对不同参照系的混淆和不恰当的组合。

设想一个封闭的小车缓慢滚动穿过一个房间里。车内有一个弹跳球，在车内的地板和天花板之间弹跳。无论小车是在房间中静止不动或是缓慢滚动，球仍然只是弹跳于小车的地板和天花板之间。为了强调这一点，小车甚至可以在一架高速行驶的喷气式飞机的走廊中滚动。这些因素对弹跳球没有任何影响，只要有平稳的惯性运动并且没有加速度——这架飞机将保持一个恒速，并且小车也能在过道中平滑地滚动。这就称之为"非加速参照系"，据说是狭义相对论应用的唯一场景。

从小车中看，球只是在同一位置弹跳于车的地板和天花板之间。然而，对于一个看见飞机从高层建筑物旁飞速而过的观察者而言，这个场景可以被描述为球以极快的速度在极其细长延伸的飞跃中弹跳而过。但是弹跳球不能在同一个参照系中表现出两种不同的物理行为（图5-13所示）。这两种描述中只有一种是正确的，而另一描述包含着逻辑错误。然而，哪一种是有缺陷的描述？其逻辑错误是什么呢？

无疑，上述场景的核心是初始的弹跳球在小车内的地板和天花板之间弹跳。此事件可以从无数其他参照系中去观察。并且只要这些参照系都是无外力非加速的参照系，它们就完全是任意性观点，对核心场景无影响无压力。所以，有缺陷的描述即是以高层建筑为参照系的观察者的描述。其逻辑错误在于观察者完全忽略了高速行驶的喷气式飞机的存在。球以接近声音的速度沿着建筑物的走廊弹跳，这是可以解释的。这就需要一个特别的说明，并且这种高速也会严重损毁弹跳球和建筑物。因而，聚焦于已经发射过球的发射器是没有意义的；在这个显而易见的物理失真描述中，小球、地板、天花板具有出奇的材料强度令人印象至深，但是关注这一点也是毫无意义的。相反，小球只是在车内同一位置轻轻地来回跳动。这个情景可以偶然地从其他任意一种非加速参照系的相对视角中观察到，例如高层建筑物这个参照系。

然而，这恰恰是思想实验步入错误的那种类型，这个实验是整个爱因斯坦狭义相对论的逻辑和数学的根基，通常涉及在高速行驶的宇宙飞船上的反射光束。伴随着这个反射光束最初以超过光速的速度从静止不动的观察者旁呼啸而过，使用这个完全相同的物理失真描述和逻辑错误，是为了使其延伸的弹跳时间与在飞船上的反射光束一样。但是，不像在弹跳球中的场景，爱因斯坦不只是考虑到了光束已经在延长的反射中跃过观察者。他坚持于遵循他从迈克耳孙-莫雷实验中得出的结论。这个使他作出了错误决定的实验，仅能表明光在所有的参照系中总能以某种方式，以相同的速度运行。因此，这个思想实验给爱因斯坦提出了一个重大问题，因为他不能允许在他发展的新理论中，光的速度超过一个集合光速值。

爱因斯坦确定，若要使光束能经过旁边的观察者传播更长的反射弹跳路线，而由于自相矛盾的是光束总是保持相同的速度，那么唯一"合乎逻辑的"方式是时间本身是否在高速飞行的飞船上慢下来。于是，他就能在这两种场景中任意使用相同的光速，因为飞船上的时间变慢意味着飞船上的光束在地板和天花板之间穿行更短的反射路径会花费更长的时间。这样一来，在两种场景中，反射光束都能在同一时刻抵达地板和天花板，以同样的假定恒定光速穿行。然而自相矛盾的是穿行不同的距离。

当然，就像在大多数的物理"悖论"中一样，在此并无真正的自相矛盾的论点，只有带有建议和解释的逻辑缺陷和物理缺陷。对这个清晰明了的指示并不能马上确认，即使在弹起的小球的例子中也是如此。在飞机上的观察者会看见，当小车只是缓慢地行驶时，球会沿着一条非常明显的、顺着过道延长的弹跳路径运动。然而，在这样的慢速下，不可能有任何相对论效应。所以这不可能是一个深奥的相对论谜团或者悖论——球随着车的滚动而沿着一条不同的延伸的弹跳路径运动的同时也在车中上下反弹。因此，应当十分明确的是，任何诸如此类的见解只是在说明逻辑缺陷是如何解释或表现以上场景的。尤其是当所提议的"解决方案"是要考虑时间在滚动的小车中行走得慢一些时。

确实，在爱因斯坦的思想实验中，包括那个高速行驶的宇宙飞船的实验，从一开始便有一系列逻辑和物理错误。第一个错误与在弹跳球情形中的一样。在这个场景中，高速行驶的宇宙飞船被完全忽略了；运行的光束被错误地看作是从一个显然比光速还要快的固定光源中发射出来的。实际上，这只是一个基本的参照系的错误。在一架高速飞行的宇宙飞船中上下反弹的光束被误认为是一个单独的光束。这个单独的光束在一个完全不同的参照系中以更快更长的反射弹跳迅速通过，仿佛高速行驶的宇宙飞船不存在。

接下来，爱因斯坦并未纠正这个最初的错误，而是通过坚持光速恒定的原理来继续创立狭义相对论本身进一步的错误。这更加需要神秘的"放慢时间"来保持这两种概念上的光束同步协调。尽管有由于忽略高速运行飞船的存在而有效结合两种参照系的这个初始的错误，在同步这两种不同的参照系的努力过程中，对参照系的混淆也是显而易见的。因此，狭义相对论本身就是一个错误，它基于三种未修正的、复合的错误，即：

- 最初忽略飞船，将参照系合二为一的错误。

313

- 迈克耳孙-莫雷实验的"光速恒定"的错误。
- 为保持光束同步，时间变慢（"时间膨胀"）原理的错误。

    在没有认识到这些复合错误的情况下，爱因斯坦便继续完成他的理论，该理论最终被称为狭义相对论。这个理论解决了由极为疑惑的观点中产生的数学问题，这本质上是一个绘制直角三角形的问题。这个直角三角形是从最初的组合参照系的错误中推断出来的，用其错误的"光速恒定"和"时间变慢"的参数来标记三角形的各边，并且应用了毕达哥拉斯的三角形定理。这使得这个核心的数学术语 $1/\left(1-v^2/c^2\right)$，成为了所有爱因斯坦狭义相对论方程的核心。这在图 5-13 中可以表明。在此图中，左侧表明了在地板与天花板之间（A 与 B 之间）的弹跳；右侧表明了飞船飞驰而过时显而易见的延伸的弹跳路径。这个图解清楚地表明了爱因斯坦将两种不同的参照系合二为一的错误之所在。

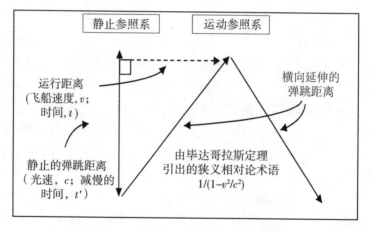

图 5-13　爱因斯坦狭义相对论的开端错误

    这个现今完整的爱因斯坦的新理论，于 1905 年发表在一家名为《物理年鉴》的德国期刊上。这个理论当时被命名为"论运动物体的电动力学"，现在被称之为狭义相对论。然而，以上讨论表明了爱因斯坦理论关键的逻辑缺陷和概念缺陷；也表明了由此产生的形成它的"时间膨胀"（time dilation）核心的错误数学术语；以及后续的概念和方程的要点，例如相对论的"质量增加"和"长度缩减"观点。在如今也能清晰地证明这些概念的错误及明显的支撑论点。

支持证据中的错误与误解

通常有许多物理实验和思想实验，都被视为爱因斯坦的狭义相对论的证据，但是，对这些明显的证据进行进一步检验就会发现，其中存在着致命的逻辑缺陷或者误解。

谜团
？　被误解的"质量增加"实验。

狭义相对论的方程式所产生的谜团之一，是当物体速度相对于观察者增加时，它获得"相对质量"。一个物体相对于一个观察者的速度越快，据称获得的"相对质量"就越多，因此，使其继续加速所需的能量就越多。狭义相对论的方程式认为，当物体的速度最终接近光速时，其质量会趋于无限，而且即使是无限的能量也难以再使其加速。这就是著名的、关于我们宇宙中光速极限的推导，即没有任何物体的速度可以超过光速。

谜团
？　被误解的粒子加速器实验。

如果没有得到实验的证明，这种主张就只不过是一种想象出来的抽象概念。物理学家们经常使用粒子加速器的实验结果来证明，粒子的速度越接近光速，就越难继续加速；而且，无论消耗多少能量，粒子的速度都不会超过光速。尽管人们普遍认为，这证明了这些微小粒子的"相对质量"得以大幅度增加，但是膨胀理论能够作出更加直接的解释。

用于使这些粒子加速的"能量"来自电磁铁。当粒子通过时，电磁铁定时脉动，为粒子提供推力。但是，如之前的章节所示，磁场实际上是膨胀电子云。如果每次脉动都以光速向通过的粒子发出一片膨胀电子云，为其提供推力，那么随着粒子的速度越来越快，其加速的幅度越来越小也就理所当然了。

当粒子速度接近光速时，它们通过的速度几乎与其后的电子云的膨胀速度一致。随着粒子速度更加接近光速，膨胀电子云几乎不能追上通过的粒子，所以为通过的粒子提供更小的推力也就理所当然了。

加大能量输入，其实就意味着增加脉动磁铁发出的电子云的密度，这能够提高每次助推的效率（使每次助推更加有力），但是并不能增加电子云膨胀的速度。因此，随着更多的能量进入系统，通过的粒子能够得到朝向光速的更加有力的助推，但是助推还是不能超过光速，因为这是速度推进的极限。这并不能证明狭义相对论中神秘的"相对质量增加"概念，而仅仅是在了解了磁场的本质之后的预料中的结果。

理终论极 错误的"时间膨胀"证据

狭义相对论引出的另一个谜团，是由于相对速度，时间会变慢的结论——所谓"时间膨胀"。这意味着一名高速运动的宇航员，比起静止的观察者来说变老的速度更慢。这种观点可以通过被称为双生子佯谬（又称"双生子悖论"）的实验来验证。

实验
双生子佯谬。

双生子佯谬的思想实验认为，如果一对双胞胎中的一个，根据我们地球上的时间表，在外太空执行多年的接近于光速的飞行任务，那么整个任务过程对于这名宇航员来说可能只过了几个小时。这是因为狭义相对论认为，相对于静止的观察者，对于以接近光速运动的人而言，时间会变慢，但是对于静止的观察者而言，时间速度没有任何改变；所以，当回到地球之后，双胞胎中的宇航员会比在家中的那一个年轻得多。

谬误
X 双生子"佯谬"中的逻辑错误。

这个思想实验被认为展现了根据狭义相对论的方程式所得出的"时间膨胀"现象的实例。但是，经过进一步验证发现，狭义相对论所引出的情形，即使是用狭义相对论也不能解决。由于狭义相对论认为"万物都是相对的"，所以当宇航员被视为静止状态，而地球以接近光速的速度离开也是正当的。这两种观点在初始时有差别，因为宇宙飞船发动火箭增加速度时，宇航员会感受到一个绝对的初始加速度，但是之后，这种关于谁在运动和谁在静止的相对观点，就不仅是狭义相对论所支持的，还是狭义相对论所需要的。

因此，当地球以几乎接近光速的速度离开时，变老的是坐在静止的宇宙飞船中的宇航员，地球却只过去了几小时。但是怎么会仅仅因为我们的思考方式不同，同样的太空任务就会产生这两种完全不同的实际结果呢？很明显这并不是真正的物理佯谬，而仅仅是在企图证明"时间膨胀"这个幻想的观点过程中的逻辑错误。

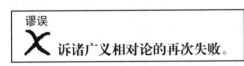

谬误

✗ 诉诸广义相对论的再次失败。

人们经常声称双生子佯谬中的问题将得到解决。因为他们认识到只有宇航员才能感受到实际有力的加速度，进而创造一个绝对的物理参照系，而不是一个相对完全任意的参照系。照此，人们于是乎认为是广义相对论而非狭义相对论适用于这个问题中。因为只有广义相对论才能适用于绝对加速度的场景中。但是，关于解释这个问题的尝试只是引发更多质疑和问题。

首先，双生子佯谬传统上一直是在狭义相对论的背景下引出的，以展示其神秘的意义。然而，一旦出现了难题，人们就立刻把焦点转换到广义相对论中。这种方法创造出了本质上匪夷所思的真理例证的假象。然而，实际上，它清晰地揭露并承认了狭义相对论最核心处的致命缺陷。这是作为狭义相对论支撑的一个明显的错误类比谬误，然而却被广泛地表达出来，至少在起初是这样。

其次，向广义相对论的转换仅仅适用于思想实验中非常小的一部分，即最初的加速和后面退回的加速周转。对于接近光速的任意长度，绝大多数的航行包括简单的非加速的运行，与狭义相对论完全一致。因此，不管是否考虑在航行的任意一头的任何额外的广义相对论，之前所提到的未解决的狭义相对论

"双生子佯谬"仍然存在。

再次，广义相对论的核心特征之一就是，通过空间的加速度与仅仅是在等效引力强度的作用下站在地球上的情况，在任何一方面都是难以区分的。这是在第2章所提到的等效原理。所以，即使是根据广义相对论考虑到绝对加速度，宇航员在引力的作用下加速到接近光速，航行任意的时间长度，然后再返回，但仍然没有理论能够解释宇航员与生活在地球的那个双生子的年龄差异。狭义相对论和广义相对论都不能解释这样一个神奇的效应，然而"相对论的时间膨胀"的说法仍然充斥在当今的科学之中。

谬误
X "时间膨胀"实验中的逻辑疏忽。

号称在几十年前就通过对比一个静止的原子钟和一个位于喷气式飞机上的原子钟来决定性地展示过的这种"时间膨胀"悖论，也一定是错误的，因为从这种实验中得出的任何积极的"时间膨胀"结论，都会证明这种结果不会出现。也就是说，因为"万物都是相对的"，所以地面上的观察者应该看到喷气式飞机上的原子钟走得更慢，喷气式飞机上的原子钟可以被认为是静止的，而喷气式飞机上的观察者，应该看到地面上的原子钟走得更慢。这个实验表明，如果像爱因斯坦及其狭义相对论所认为的那样，"万物都是相对的"，那么就不会出现绝对的时间差。

很明显，对这些观点一定有其他的解释，如实验错误或者报告错误，或原子钟的精细运作所受到的震荡或者加速影响（这项实验是在许多常规的非直线的商务航班上进行的），或者仅仅是随机巧合。最重要的是，在这个精细的一次性实验中，任何原因都可能导致最细微的差别，同时它也可能以同样的概率向时间损失所预期的方向发展。需要独立研究小组进行适量的重复且细致的实验，特别是要考虑此实验中，测量的极微小的时间差别和实际结果的巨大与神秘意义，在此之前，这些错误的来源是不可能被合理地排除的。

同样，虽然技术层面上软件的确可以对卫星的速度进行相对修正，但是这些软件不可能起到我们普遍认为它应该起到的作用——仅基于上述讨论的狭义相对论自身存在的疑点。由于相对于地面，卫星上的时钟是运动的。因为时间膨胀效应，我们应该如何调整这个时钟呢？此时，由于相对于卫星来说，地面上的时钟是运动的，人们认为地面上的时钟同样需要调整。根据狭义相对论本身，以上两种同样有效的相对论观点就意味着没有单一绝对的时间膨胀需要调整。的确，应当完全取消对于任何修正的需要，不要求任何行动。此外，在这个声称的修正的努力下的最中心处，人们可以看到一个重大漏洞：

GPS 卫星以每小时数千公里的速度在空中运行。尽管这样的速度相对于光速（约 300 000 公里／秒）来说的确相当慢，但如果爱因斯坦声称的"时间膨胀"效应确实在自然中存在的话，这样的速度也足够引起时钟误差了。因此，狭义相对论的理论家们确保基于这些卫星速度的时间膨胀的调整，与其他各种实际的校正因子一起，包含在卫星系统的软件之中。但是更进一步的调查表明，这种理论上的相对论修正有很大的误导性，甚至会产生时钟误差。这些误差在卫星软件中必须被其他实际修正因子抵消。

为了明白这点，设想你站在地面上，拿着一个伸展的卷尺，连接着经过的卫星。随着卫星接近头顶，卷尺会慢慢地向内卷；随着卫星直接经过头顶，卷尺就放慢速度直至停止。这表明了卫星的轨道高度；继而随着卫星继续行进，再慢慢地将卷尺向外卷。所以，尽管卫星在绕其轨道高速运行，但卷尺要慢得多的卷进或卷出的速度（约慢 100 倍），表明了卫星和地面之间的实际相对速度。这是对可能的相对论的时钟误差担忧的来源。人们可以设想许多其他的参照点和相对速度，但是在近旁的唯一问题是卫星上的时钟和地面的时钟之间的直接相对速度，即卷尺的速度。

因此，即使与速度相关的时间膨胀效应确实发生在自然界，但问题中的实际相对速度比狭义相对论的理论家们在相对论的卫星"修正"中使用的速度慢 100 倍。此外，由于爱因斯坦狭义相对论方程是非线性的，任何输入速度误差都会产生极度扩大的时间膨胀运算输出误差。在这种情况下，就会在理论上的"时间膨胀"效应中产生约 10 000 倍的偏高估计。所以，即使爱因斯坦的时间膨胀确实存在，它对 GPS 卫星的影响也会比在前文中狭义相对论的理论家们刚刚断言的已经很微弱的影响还要小，只有其万分之一。因此这种影响是可以忽略不计的。

　　这意味着，在我们的卫星系统中，理论上的"相对论修正"确实产生了本来什么都不会产生的误差。这些误差必须被也包括在其中的各种实际修正因子抵消。这也表明，一个经常被人们引用的狭义相对论的证据——GPS 系统的正确操作，实际上并没有那样的事情。如果有的话，在正确应用爱因斯坦理论中产生的巨大错误使得我们对 GPS 系统的操作变得更加糟糕，而且肯定不能提供任何证据证明自然界中"时间膨胀"效应的存在。可能的情况是，这些错误的相对计算巧合地模拟了一种非常不同的现象的一些方面，如之前的相对计算算出了粒子加速器中明显的"相对质量增加"。

　　而且，可能最重要的是，这个符合逻辑、兼具概念性和实用性的狭义相对论的核心观点，不仅推翻了双生子佯谬的思想实验以及声称的原子钟及卫星证据，甚至还推翻了狭义相对论自身。狭义相对论使得其支持者认为，自然界中一定存在绝对的"时间膨胀"现象，但是该理论也同样清楚地阐明，如果"万物都是相对的"，那么这种绝对效应就不可能发生。正如我们将要简要讨论的，这种逻辑谜团存在的原因之一，就是只有当我们在演算中忽略一些不恰当的数学方法，甚至一些明显的数学错误时，狭义相对论的方程式才能成立。因此，出现逻辑矛盾甚至推翻其产生的理论本身，就并不让人感到奇怪了。

实验
对半衰期实验的误解。

　　尽管狭义相对论声称的"时间膨胀"存在上述这些问题，但是这些现象也具有进一步的实验证据。科学家们观察到，不稳定的亚原子粒子在粒子加速器中被加速到接近光速时，比在静止时衰变所需的时间长得多。这个结果被认为证明了对于高速运动的粒子来说，时间会难以捉摸地变慢，因为现在我们毫不犹疑地接受了这些理论，如狭义相对论，这些说法具有重大的科学可信度。

　　但是，膨胀理论认为，这些不稳定的亚原子粒子的结构和性质，在遇到外力挤压时能够维持更长的时间。下一章我们将详细解释这种粒子的结构；但是，我们可以认为，当亚原子粒子在粒子加速器中高速运动时，周围充满了极度压缩的膨胀电子云（磁场或电场）。进一步说，巨大的加速会对这些粒子产生压缩的"重力"（G-forces）。

　　因此，如果外部压力能够使这些粒子维持更长的时间，那么巨大的外部压力导致粒子的寿命延长也就理所当然了。不能将这种实验解释为把神秘的"时间膨胀"效应传递到粒子身上，它仅仅是通过机械压缩使不稳定的粒子维持更长时间。

实验　对宇宙射线证据的重新评价。

另外一个关于"时间膨胀"效应的例子，被认为是高速运动的宇宙射线。地球上探测到的粒子，都不应该足以存活到从其起源的上层大气层抵达地面。目前对于这种不寻常的粒子寿命延长的解释，是这些粒子相对于地面上静止的探测器而言，巨大的相对速度意味着时间对于高速运动的粒子来说变慢了，从而使得它们能够存活到被地面上的探测器所发现。

但是，我们不可能单个地得知这些不稳定粒子的正常寿命，只能用半衰期的术语来表达。半衰期指的是，特定数量的粒子中的一半开始衰变所需的时间——而不是单个粒子衰变的时间。所以，在一个半衰期之后，原先的粒子量就只剩下一半了；在两个半衰期之后，原先的粒子量就只剩下四分之一了（一半的一半）；在三个半衰期之后，原先的粒子量就只剩下八分之一了，以此类推。

这意味着，即使经过一段比特定类型的粒子的半衰期长 10 倍的时间，仍然会有千分之一的粒子存活。也就是说，在正常条件下，千分之一的粒子的寿命比这种粒子的 10 个半衰期还长。因此，一些来自上层大气层的宇宙射线粒子能够比其半衰期存活的时间更长——长到足以被地面所探测到的程度就不足为奇了。将这种结果视为"时间膨胀"效应，可能是人们所希望的。如果一个人在寻找证明狭义相对论的谜团正确的证据，那么这些宇宙射线的结果就可能会被误解为这种证据，而忽略了最初存在更多的粒子这样一种可能性。

事实上，又一次出现了产生观点的理论将观点本身推翻的情况。因为狭义相对论认为，"万物都是相对的"，所以相对于上层大气层静止的粒子，将地球视为高速运动的物体是合理的。在这种情况下，时间对于地面上的观察者来说变慢了，这意味着粒子在其静态的参照系中，以它们的通常的半衰期步伐进行衰变，只有很少一部分能够被地球上高速运动的观察者所观察到。所以，正如双生子佯谬中的宇航员回来以后会发现另一个双生子变得更老，高速运动的地面观察者也会遇到极老的宇宙射线粒子，也就是早已衰变而不应该被探测到的粒子。

由于狭义相对论的方程式还认为，长度对于高速运动的观察者而言会缩短（狭义相对论方程式的另一个谜团一般的结果），所以在这个讨论中还可以加入更加具有循环性的逻辑。因此，我们可以认为距离对于宇宙射线粒子来说缩短了，从而使得观察者在粒子衰变之前就探测到了它们。但是，如果这种推论推翻了粒子早已老化和衰变的结论，那么同时也推翻了在双生子佯谬的思想实验中另一个双生子会变得更老的结论。

这种无止境的、无法解释的循环逻辑，充斥在我们今天的狭义相对论中。狭义相对论会同时预测出两种对立和矛盾的物理结果，但是往往因为实验结果看起来证明了这些预测中更加神秘的地方，这项事实就被忽略了。正是因为这种逻辑疏忽和对选择性证据的考虑，使得狭义相对论被我们当今的科学所接受。

虽然这两个思想实验以及经常被用来支持狭义相对论的物理实验，在深入检验中都被证明有问题或者存在明显缺陷，但是至少这种理论看起来还是具有坚实的数学基础的。毕竟，我们大家都可以看到，狭义相对论的方程式是从数学逻辑中得到和提出的。实际上，我们可以对这些数学支柱进行检验，正如我们将要对爱因斯坦在其《相对论：狭义与广义理论》（1961年出版）一书的附录中做出的推导进行的检验一样。

谬误

爱因斯坦狭义相对论推导的致命缺陷。

为了支撑狭义相对论，爱因斯坦针对其观点和主张，提出了可行的数学支持。但是，在检验爱因斯坦对该逻辑的解释之后，我们能够发现许多致命的缺陷，其中最关键的可能就是错误的数学运算，下面就是一个推算逻辑错误的简化例子：

第一行：$x = a + b$ ——原始表述，无光速

第二行：$x = a + b \times (c^2/c^2)$ —— "无害"乘子1（c^2/c^2）

现在，设 y 等于 $(b \times c^2)$：

第三行：$x = a + y/c^2$

我们从与光速无关的第一行开始，或许是因为光速项并不存在，或许是因为光速项在此推导时放弃了——两种原因在功能上都是相同的。其次，我们将第一行中的任意一项乘以 c^2/c^2。这种运算的理由是，这是一种乘以 1 的无害相乘，因为任何表达式除以自身都等于 1。然后，为了保留 c^2 这项表述，而不是立即将其消去——分母和分子部分——我们将分子合并为一个新的变量 y。这样就消去了分子中的 c^2，只在分母中保留了 c^2，从而将第一行中的原始表述转化成了一个看起来与光速相关的表述，因为有了一个被 c^2 相除的项。

当然，这只是一个很容易暴露的虚假花招。例如，为什么乘以 1 的运算要以 c^2/c^2 的形式来进行？既然这种有些奇怪的表示 1 的方式完全是任意的，为什么不使用 e^3/e^3 或者 $\sqrt{f}/\sqrt{f}$ 呢？而且，为什么要进行这种奇怪且任意的运算？尤其是它引进了很大的危险，使这个任意符号 c 与之前表示光速的 c 相混淆，而该项不在推导中出现。

这提出了非常重要的一点，即不管我们选择 e 还是 f，都和我们选择 c 一样，不具有任何意义。c 通常用来表示光速（在之前的推导中确实如此）这样一个事实，并不能说明 c 在任何时候以任何方式出现都表示光速。例如，毕达哥拉斯（Pythagoras）提出的关于直角三角形斜边的著名定理 $a^2 + b^2 = c^2$ 与光速没有任何关系，只与三角形的边有关系。只有当与爱因斯坦推导的逻辑结构和运算无缝对接的时候，c 才表示光速；否则，它就是一个任意符号——只是一个从字母表中随机挑选出的字母。但是，这正是爱因斯坦在真正的光速项完全不在其推导中出现以后，用来确保"光速"重新进入其推导的逻辑。

这种致命的错误之所以一直没有被科学家们注意，其中一个原因就是爱因斯坦在推导中忽略了表示光速的两个关键行，随后又进行了不适当的运算，人为地把它们放回去了。因此，从表面上看，好像同一个光速项在整个推导过程中一直存在，但这与事实相去甚远。实际上，爱因斯坦被广为接受的狭义相对论的最终方程式中的"光速"项，仅仅是从字母表中随意选出的一个毫无意义的字母——仅此而已。对于对数学细节感兴趣的人来说，爱因斯坦推导的第一个关键部分以一种简化过的方式列在下文之中，并且还伴有与之相关的分析，显示出：除了上述的致命错误以外，还具有许多其他的关键错误和不恰当

323

的运算。

选择阅读数学

(x, y) 　对爱因斯坦推导中的缺陷的详细分析。

以下是对爱因斯坦的整个推导中的要点的简要概括。推导由经典运动方程式开始，即距离等于时间乘以速度：

$$d = tv$$

这个方程式被提出了两次，一次是静止参照系（下标注为 s），一次是运动参照系（下标注为 m）；而且，在两种情况中，光速 c 都被代入了速度参数：

$$d_s = t_s c$$
$$d_m = t_m c$$

这两个方程式被用来代表两种情况，一种是静止的，另一种是运动的，正如之前关于光束和运行中的宇宙飞船的思想实验。由于爱因斯坦的狭义相对论允许距离变短和时间变慢，所以时间和距离也被注明可以从静止参照系变为运动参照系。但是，由于爱因斯坦进一步假设光速在任何参照系中都不会变化，所以常量 c 没有下标。

虽然这个开端很有道理，但是由于任意分配了一系列变量的值，并非所有的值都正确，因此接下来的逻辑很快偏离了事实。相应地，一些新的表达式产生，与一些应该更新却未更新的旧表达式相混淆，产生错误，造成最终结果毫无意义。

这些错误导致随后的论误运算被进一步歪曲，由于一些相同的变量被任意分配了新的值，却没有坚持正确的计算结果。往往在进一步使用之前，本该更新的整个表述实际上并未更新。在整个推导过程中，可以找到的这种例子有：

- 设 $d_m = 0$，但是忽略了，根据之前的方程式 $d_m = t_m c$，这就意味着 $t_m = 0$。

- 设 $t_s = 0$，但是忽略了，根据之前的方程式 $d_s = t_s c$，这就意味着 $d_s = 0$。
- 设 $d_m = 1$，但是忽略了之前已经设 $d_m = 0$，以及如果再次任意改变 d_m 的值，在此之前的设置就会导致其他表述变得无效这样一项事实。

这些错误导致一些变量被混淆，只有部分变量被更新，同时，由于整个表述式只有部分被更新，造成了进一步的歪曲。

尽管推导过程中有这些重大问题的存在，最严重的错误还没出现。这个错误在爱因斯坦发表的推导中不容易看出，因为清晰地显示出不恰当运算的两个关键的运算行被删除了。然而，再现这两行运算很简单。我们首先来看其中一行，它出自之前的运算行中一项难以接受的奇怪的逻辑改变。这个关键的运算行（简化形式）就是：

关键运算行：

$$d_m = \left(\frac{v^2}{c^2} \right) d_s \qquad \text{——代表大幅逻辑改变的关键运算行}$$

这是来自前一行的相当大的不可解释的逻辑改变。这也是一个非常关键的运算行，因为 v^2/c^2 是最终的方程式中表示之前的相对论和爱因斯坦新的狭义相对论的唯一有区别的项。虽然爱因斯坦声称，他通过替代之前的推导中的一个表述造成了这种逻辑改变，但是他并没有道出实情。以下是同样的改变，但是包括了之前被删除的两个运算行（也是简化形式）：

被删除的运算行： $d_m = x d_s$ 　　——光速 c 不参与推导

被删除的运算行： $d_m = \left(\frac{xc^2}{c^2} \right) d_s$ 　　——不恰当地试图通过 c^2/c^2 再次引入光速

而且，因为 $xc^2 = v^2$（之前的推导所得），所以：

$$d_m = \left(\frac{v^2}{c^2} \right) d_s \qquad \text{——（之前所示的）关键运算行，但是有了上述两行}$$

被删除的运算行

　　为什么上述两行被删除的运算行没有被列出？这一点非常重要，因为这两个运算项显示出光速项 c 完全不参与推导，接着又出现了完全任意的与 c^2/c^2 相乘的运算。虽然可以说这仅仅是乘以 1 的无害相乘，但重点是，这是一种试图重新引入光速项的任意行为。在此之前，在推导之初代入速度项中的光速常量 c 完全没有参与推导。这意味着该推导不准备以任何形式涉及光速。而且，被删除的运算行中的步骤是一种有意的（也是错误的）试图将光速重新引入推导的行为。此外，由于 c 实际上是被人为代入，而不是在推导中产生的，所以它只是一个未定义的符号——仅仅只是字母表中的"c"字母——仅此而已。所以，这实际上就是爱因斯坦最终的狭义相对论公式中出现的，使它们变得毫无意义。

新观点

光速并非速度极限——"曲速"已经达成。

　　如之前的分析所示，爱因斯坦在其狭义相对论的推导中，存在着许多不恰当的数学运算，以及基本的致命错误。我们已经习惯于听到思想实验、佯谬（悖论）和神秘的实验证据支持狭义相对论，而狭义相对论也得到了充分的认可，并且成为了一种普遍现象——几乎成了一种常识。因此，很难想象物体上并不存在普遍的光速极限，而忽略了实际上没有清晰的理由能够证明光速极限。在一个世纪以前，并没有明确的必要一开始就介绍这种概念，而且我们一直都在努力维持对光速极限——以及由此衍生出的各种谜团的支持——从那时至今天一直是这样。

　　实际上，没有任何东西限制物体以超过光速的速度——达到任意速度来运动。在当前的粒子加速器中，我们不可能得到这样的速度，因为当前的粒子加速器用来推动粒子的方法本身就具有光速的限制，而地球上目前并没有其他的方式可以获得这样的相对速度。迄今为止，我们的宇宙飞船都携带着一定数量的化学火箭燃料，并且使用"加速-滑行"的方法来航行更长的距离——甚至根本就没有试图达到这么大的速度。但是，如果宇宙中没有光速限制，为什么我们在太空中看不到有超光速运动的物体呢？

　　事实上，这种超光速运动的物体不存在并没有特定的原因，虽然期望发现这种以极高的与我们之间的相对速度运动的物体也没有特定的原因。由于我们的太阳系是由一个旋涡状的气体和粒子圆盘形成的，所以我们太阳系中所有的早期物质，都应该以和谐的方式进行旋转。随着时间的推移，这种物质凝聚为具有不同轨道周期的行星，而且随机的撞击会将大块的物质和其他物体送到碰撞的路径上，但是这种过程不可能产生超过甚至接近光速的相对速度。任何以这种相对于我们非常快的速度运动的物体，很可能必须是来自我们的太阳系之外，甚至我们的银河系之外，因为我们的银河系也是由一个和谐旋转的巨大的气体和粒子圆盘所形成的。

所以，虽然并没有物理法则限制小行星以 10 倍于光速的速度在没有预警的情况下撞击地球，但是这种情况是不可能发生的。同样，即使是这样一个物体进入了我们的太阳系，也不可能撞击一颗行星。这是因为在这种高速的情况下，这颗小行星将以直线的方式穿过我们的太阳系，或许会有一些偏斜，但是实质上不会受到行星引力（即膨胀）的影响。而且，相对于整个太阳系来说，其中的行星都非常小，而且分得很开，对于这样一个以极高的速度直线通过太阳系的物体来说，太阳系就相当于一个真空的空间。只有我们太阳系中熟悉的运动缓慢的小行星才会被行星所吸引。

这也意味着，关于"曲速"（warp-speed）空间旅行的梦想——以数倍于光速的速度——并不是科幻，也不需要外来的或者未来的新物理学或技术。早在太空计划刚开始时，超光速旅行就在我们的掌握之中了。我们之所以还没有实现，是因为我们还没有尝试过，我们之所以还没有尝试过，是因为狭义相对论认为我们不可能成功——而我们对此深信不疑。所需要的就是延续的燃料燃烧带来的持续加速；随着燃料燃烧，一艘宇宙飞船的速度会越来越快，正如常识告诉我们的那样。宇宙飞船在速度增加的同时，并不会经历神秘的"相对质量增加"，不需要燃烧越来越多的燃料来补充这种"质量增加"，在达到或者超过"光速屏障"（light-speed barrier）上也不会遇到特别的困难。我们在达到或者超过光速——例如相对于我们的太阳系而言——方面的唯一问题，就是宇宙飞船是否能够携带足够多的燃料，从而在燃料耗尽之前达到这种速度。

结语

现在我们可以看到，对膨胀物质了解的缺乏，产生了一系列出自于美好愿望但是却含有致命错误的理论，其中大部分都要求我们停止质疑并在逻辑和科学上接受这些理论，有的甚至还将数学上不可能的证据用来当作坚定的支柱。由于我们已经发明了能够提供有用结果的模型和理论，所以我们倾向于忽略这些明显的缺点，并且认为它们可能是对我们宇宙的物理现实描述——那样的话，我们的宇宙看起来会非常奇异和神秘。

到目前为止，我们对终极万物理论探求的失败，往往表现为仅仅是巧妙地合并量子力学（一个微观尺度的理论）和广义相对论（一个宏观尺度宇宙的理论）的失败。此处的意义就在于，仅仅是耦合这两种理论就会在某种程度上引起人们对宇宙的深刻认识。然而，量子理论和爱因斯坦相对论本身现已被证明是有疑点和问题的，就更不用说形成我们所期望的巧妙合并成的终极万物理论了。也许用这句常识性的话"二错相加仍为错"来形容这个情况再合适不过了。

但是，正如膨胀理论所示，这种状态并不再是必需。宇宙实际上是一个简单且容易认知的所在，可以相信常识，我们对于观察到的现象背后原理的直觉也是真实的。我们依然可以选择使用现有的模型，但是仅仅将它们视为模型而已，而不是对我们物理世界的真实描述。

最后，如果膨胀理论确实是我们在寻求的新的万物理论，那么就应该会涉及到被认为可能是最有前途的科学前沿——粒子物理学。在过去一个世纪里，对万物理论的探索，启发了许多对于亚原子域的研究和投入，造就了专门对亚原子域进行研究和认知的全新的科学分支。这里再一次出现了许多支持我们现在关于亚原子域的观点的理论和科学实验——成为被称为标准理论的核心主体。下一章将从膨胀理论的角度，来分析粒子物理学的标准理论，其背后的实验和观点以及其他重大争议和问题。

6

The Big Issues and

Questions

第6章

重大争议和问题

"科学家是自由的。而且应当自由地去提出问题、怀疑论断、探寻论据和修正错误。"

——J. 罗伯特·奥本海默（J. Robert Oppenheimer）

在这个对我们的科学遗产深刻反思之旅中，第 1 章到第 3 章中关于引力的讨论，显示出膨胀原子的概念，解决了许多关于"重力势能"这个概念的重要问题。第 4 章从这个新观点出发，探讨了原子可能的性质，显示出原子是依次由膨胀质子、中子和电子组成的。该讨论着手于首次牢靠地解释电和磁这样的现象——即膨胀电子从亚原子域到原子域所产生的现象。最后在第 5 章展示了对现今科学界某些无解但是极具说服性理论的重大反思（量子力学、狭义相对论和广义相对论）。第 5 章还首次对光进行了清晰的物理描述，显示出光也是外表化的膨胀电子的现象，进一步表明在我们的宇宙中不存在无中生有的"纯能量"。

如今，我们整个宇宙的本质和运行可以被视为来自于一个单一的基本粒子——膨胀的电子。它在原子内的行为解释了亚原子域和原子结构；它在原子外缘的行为解释了引力和原子键；它在原子外的行为解释了磁力、电荷和电磁能。考虑到当今科学中亚原子粒子的多样性，这个说法似乎有些不成熟。但是接下来的讨论表明，电子确实是宇宙中唯一真正的基本粒子。

本章将膨胀理论应用到了一些重大的科学争议和问题中，同时也深入探讨和研究了膨胀亚原子粒子本身的性质和起源。第 4 章显示出，电子和质子并不具备被称为"电荷"的神秘能量现象，但是这种观点的出现是因为膨胀被忽略、误解和误传了。但是，关于膨胀电子、质子和中子的性质还可能出现什么新的观点吗？

例如，这三种特定的基本粒子是怎样形成的？而且，如果我们的宇宙中所有的能量和物质，都是由膨胀质子、中子和电子的动力而来，那么我们应该怎样认识更小的、组成上述三种粒子的夸克呢？目前的膨胀理论认为，组成亚原子粒子的"夸克"并不能被看作物质或者能量，因为所有的物质和能量，目前都已经完全被完整的质子、中子和电子所定义。被称为夸克的更下一级的粒子，被排除在原子物质、亚原子物质甚至能量的定义之外，代表了自然界中一种真实的神秘的新现象。

　　进一步讲，如果解释我们宇宙中所有的物质和能量只需要使用到三种基本的亚原子粒子，正如目前我们所做的那样，那么为什么目前的粒子物理学的标准模型还包括了所有额外的亚原子粒子呢？我们经常能够听说在粒子加速器的高速对撞中产生了许多粒子——这些粒子通常是从"纯能量"或"真空空间"中神奇地产生，会再次消失，可以进行明显的对撞和湮灭并回归"纯能量"。据称，"纯能量"粒子的产生和湮灭牵涉到成对的物质和反物质粒子之间的相互作用。经常有实验甚至会涉及被称为虚粒子的东西——即并没有被实际探测到，但是其存在可以协助解释一些实验结果的粒子。膨胀理论对于外来实体，如夸克、反物质和虚粒子，以及据说是在粒子加速器实验中产生的所有额外的常规亚原子粒子又有何解释呢？

29　什么是亚原子粒子？

　　为了解答这些问题，有必要对膨胀理论中的三种基本粒子——膨胀质子、中子、电子进行近距离的观察。我们可以通过将这三种粒子想象成池塘中扩展的涟漪这样一个思想实验，来认识这些粒子的性质。

实验
将亚原子粒子比作池塘中的涟漪。

　　假设池塘中呈圆形的、扩展的涟漪代表膨胀亚原子粒子。质子和中子比电子大数百倍，但是池塘中扩展的涟漪不可能持续保持这么大的尺寸差别。如图6-1所示，尽管两个涟漪最初的尺寸差别在 5 倍左右（左图），但是随着涟漪不断扩大（右图），相对的尺寸差别减少到了 2 倍以内。

　　尺寸差别的减少，是对所有的涟漪以同样的速度在池塘内扩展的结果进行的缩影。每个圆形涟漪边缘的扩展量相同，涟漪越小，其扩展比例就越高，而涟漪尺寸之间最初的绝对差别则保持不变。这意味着更小的涟漪能够在相对尺

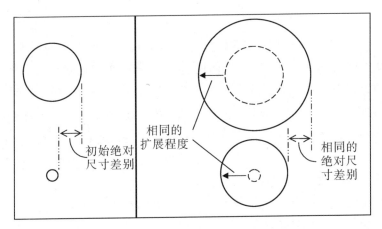

图 6-1　所有的涟漪很快达到同样的尺寸和扩展率

寸上迅速赶上更大的涟漪，而两者之间固定的绝对尺寸差别，则随着时间推移显得无足轻重。当所有的涟漪以同样的速度在水面扩展时，最后都能达到同样的相对尺寸和总体扩展率。这项结论在思想实验和真实的池塘中都是成立的，这项结论也适用于所有的膨胀亚原子粒子，只需要一个潜在的定律给予所有此类膨胀"涟漪"相同的速度。

　　然而，如果池塘中的涟漪与我们宇宙中的膨胀亚原子粒子类似，那么这同时也意味着宇宙中不可能存在数种不同尺寸的基本亚原子粒子，而仅存在一种单一的粒子类型。这应该是属实的，因为所有扩展的圆形涟漪很快就会变得彼此难以辨认。在这种情况下，要使数种不同尺寸的粒子存在的唯一方法，就是让这种单一的基本粒子类型作为"原子"在亚原子域内活动。也就是说，正如膨胀原子能够聚集成具有相同的相对尺寸和膨胀率的不同尺寸的物体，这些基本的膨胀亚原子粒子也能够以同样的方式，聚集成更大的膨胀亚原子物体。这也暗示着质子和中子就是这样的、由一种基本粒子——膨胀电子组成的亚原子物体。

新观点

膨胀理论认为，宇宙中只存在一种基本亚原子粒子——膨胀电子。质子和中子都是由数以百计的膨胀电子组成的亚原子物体。

这其实意味着我们的整个宇宙，从根本上就是一个膨胀电子的宇宙——别无其他。其他两种组成原子的亚原子粒子（质子和中子），现在可以简单地被视为膨胀电子群，而所有形式的"能量"也被视为膨胀电子的现象。上述关于池塘中涟漪的类比，解释了为何所有的电子都具有相同的尺寸和膨胀率（目前被诠释为相同的"电荷"），以及更大的质子和中子是怎样维持与电子之间恒定的相对尺寸差别，以及与其相同的亚原子膨胀率。正如所有的原子物体都以与单个原子相同的通用原子膨胀率在保持恒定的相对尺寸下进行膨胀，所有由电子组成的亚原子"粒子"（实际是亚原子物体），也会以与单个电子相同的通用亚原子膨胀率进行膨胀。

这种观点，提出了一种对亚原子粒子的新的重要认识；但是此外，还有可以支持这种观点的证据吗？其中一个线索来自粒子加速器对撞实验。在足够的对撞力之下——即使只维持一秒钟的最小一部分时间，质子和中子也可以分裂为其他粒子。然而，不管对撞力如何巨大，电子也不会分裂。粒子物理学家通常一致认为，电子是自然界中一种稳定的基本粒子。

另一个线索来自中子的衰变。一个自由的中子是一个不稳定的粒子，在原子之外就会自发衰变，在衰变过程中，中子放射出一个电子，然后变成一个质子。仅仅这项事实，就可以说明中子（以及质子）都是由电子组成的。目前，这种中子转变为质子，或者从某种程度上说生成了一个电子的神秘过程，在粒子物理学上是完全不能解释的。此外，为人所知的是中子只比质子大一点点——大概就是一两个电子大小的差别。这些事实表明，质子和中子只是简单的电子集合群，而中子比质子多出一两个电子。

进一步讲，鉴于目前人们认为，自由质子并不会自发衰变，而自由中子会自发衰变，这表明：质子可能是膨胀电子更有效率且更为平衡的组合，而中子中多出的电子（们）可能会破坏这种平衡，使其变得不稳定。鉴于电子是膨胀速度非常快的实体，因此聚集在一起的电子会非常活跃、震荡和不稳定，除非它们处于一种能够减轻这些效果的最佳配置之中。假设衰变实验并未被曲解，则其结果显示出质子就是一种最佳的配置方式，而中子中多出的电子（们）产生了足够的震荡，从而使中子最终放射出一个电子，衰变为质子（图6-2）。

这种解释还提及了"自然界四种基本作用力"之一，即第1章中所提到的弱核力。尽管这种"弱力"可以用来解释粒子的自发放射性衰变，但可以看出若将膨胀理论应用到亚原子粒子之后，这种神秘的违背物理定律的力的概

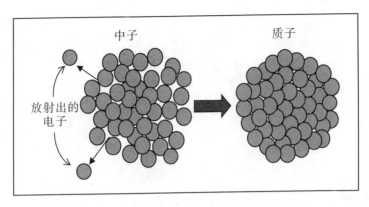

图 6-2 震荡的不稳定中子衰变为稳定的质子

念，就变得不必要了。

从这种关于亚原子粒子的观点出发，我们可以解决一些更加深奥的问题。首先，如果质子和中子确实是由电子组成的，那么它们在强力的冲撞下会分裂为各种更小的亚群（sub-groups）就不足为奇了。由于质子和中子中的电子彼此之间进行的快速膨胀，能够产生强大的内部压力或者"内聚力"将其聚集在一起，因此这些亚群很难被破裂分开，即使被分开也会迅速重新聚集在一起。

实际上，质子和中子由被称为"夸克"的基本粒子组成，这个现行的观念就是基于这种发现基础之上的。强力冲撞实验确实暂时将质子和中子分成了更小的被称为"夸克"的粒子，而这些粒子又迅速重新聚集成原本的质子和中子。然而，膨胀理论认为，"夸克"并不是新出现的基本粒子，而仅仅是自然界中唯一确定的基本粒子——膨胀电子组成的比质子、中子更小的亚群。

此外，同样不足为奇的是，粒子加速器能将质子和中子分裂成一系列具有变化特性的短暂的更小亚群（图 6-3），这些更小的亚群几乎会立即重组成原先的组合，或者其他的电子配置形式。实际上，随着粒子物理学家使用更强大的粒子加速器进行更大力量的对撞，他们发现了许多新的奇异的粒子，而这些粒子只持续一秒钟的最小一部分时间就消失。膨胀理论对于近几十年来，随着粒子加速器越来越强大，而被发现和添加到粒子物理学标准模型中的越来越多的亚原子粒子提供了可能的解释。

我们还可以看到，关于"纯能量"产生粒子的概念是怎样出自粒子加速

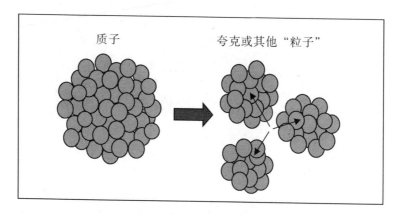

图6-3　质子分裂为更小的亚群（或"粒子"）

器实验中的。物理学家声称，在这些加速器对撞中看到了产生于纯能量的亚原子物质粒子，但是今天这种说法并没有真正了解亚原子粒子或者能量。然而，既然膨胀理论表明这些实验中的能量只不过是电子云（电场或者磁场）或者电子簇（光或者其他电磁辐射的质子），那么对"能量"向物质的转化进行想象也并不困难。

这种"能量-物质转化"过程所需的"高能量"环境，实际上包括了非常密集且被高度施压的电子云（如磁场或者电场"能量"）。这种周围的电子云也可能会非常不安和动荡，尤其是当粒子以高速彼此冲撞并且进入其中时。由电子组成的像粒子一样的亚群，在这种环境中会偶尔形成或者重组它们，尤其是只维持一秒钟的最小一部分时间。确实，这种实验都会进行数百万次的此类冲撞，完全有可能生成各种奇异的新"粒子"或者具备各种辐射频率的"光子"。

这些实验不可能像爱因斯坦的能量-物质转化方程式 $E = mc^2$ 那样展示能量到物质的神秘转化，而仅仅是在适当条件下，对电子亚群进行的简单甚至是预料之中的重新排列。爱因斯坦的方程式对于这个过程是一个有用的抽象或者概念模型，但是它只不过如此，而不是对神秘的能量-物质转化过程进行的真实描述。爱因斯坦的 $E = mc^2$ 方程式本身在之后会被深入研究，将证明其真正的起源和含义经常被忽略和误解。

关于亚原子粒子是各种电子亚群的呈现而存在的进一步证据，来自艾萨克·牛顿在几个世纪前——甚至在亚原子粒子和放射性衰变为人所知之前的一项贡献。假设，全部不稳定的放射性衰变的亚原子粒子确实是由许多膨胀电子发散的微小群，那么我们就可以预计这些"粒子"的"放射性衰变"与普通原子云在冷却和发散中的标准行为相类似。牛顿将这个冷却过程写成了被称为牛顿冷却定律（Newton's Law of Cooling）的方程式。该方程式如下所示：

$$T\,(t)\ =T\,(0)\ \cdot e^{-kt}\text{——牛顿冷却定律}$$

这个方程式简单地表述了气体的温度 T 是怎样随时间 t 变化的，从最初 t =0 时的温度为 $T\,(0)$ 开始。尽管牛顿冷却定律的细节在这里并不是十分重要，但是值得注意的是，几个世纪之后，亚原子粒子及其放射性衰变被发现符合下列方程式：

$$N\,(t)\ =N\,(0)\ \cdot e^{-Kt}\qquad\text{——放射性衰变}$$

这个方程式表述了尚未衰变的粒子数量 N 是怎样随时间 t 变化的，从最初 t =0 时的数量为 $N\,(0)$ 开始。这两个方程式是相同的，前一个是 17 世纪的经典物理学对气体中冷却原子的发散进行的描述，后一个是 20 世纪的粒子物理学对亚原子粒子的放射性衰变进行的描述。

存在这样惊人的相似性并不特别奇怪，因为膨胀理论在宣称衰变亚原子"粒子"并不是真正的粒子，而是膨胀电子群时就暗示了这种相似性应该存在。活跃、动荡的电子群（亚原子"粒子"）以与动荡的气体分子云冷却和发散的同样方式发散（"衰变"），这种猜测是合理的。

30　什么是反物质？

今天关于反物质的概念，实际上是 80 多年前作为一个数学错误出现的。1928 年，保罗·狄拉克（Paul Dirac，1902—1984）试图创造一个能够更好地描述电子性质的方程式，尽管他的基本设想和得出的方程式存在许多问题，但是他的工作在当时引起了物理学界的广泛关注和兴趣。狄拉克的最终方程式，即我们今天所知的狄拉克方程，表现了一种奇异的现象——原子会神秘地和自发地在能量爆发中消失，而且电子带有负动能。尽管当时的物理学家对狄拉克的工作不屑一顾，但是这些问题最终成为了一个重要的科学概念，即反物质的存在。

反物质的概念，最初只是狄拉克用来协助解释其方程式中疑点的一种假设，并且在实验结果证明其存在之后，成为了一个重要的科学概念。今天，反物质的概念已经成为了科学与科幻中的一个主流，通常被认为是物质的神秘"对立"形式，能够通过接触使常规物质湮灭，并且能够为未来的曲速-驱动引擎（warp-drive engines）等设备提供最强大的动力。但是，膨胀理论表明，实际上这些观点是错误的。

首先，膨胀理论里并不存在纯能量的概念。取而代之的是，膨胀理论认为，我们的宇宙完全由膨胀的亚原子与原子物质构成，排除了物质通过与"反物质"接触而化为"纯能量"的可能性。根据膨胀理论的原理，上述观点纯粹是幻想，或者至少是误解。实际上，我们之前对亚原子粒子和粒子加速器的讨论，消除了当前对反物质存在的认识。

尽管人们试图将反物质想象成一个和常规物体类似的整体原子物体，只不过是由一些奇异的、能够使原子湮灭的"反物质原子"组成的，但是这种想法与今天的科学对于反物质的定义相去甚远。实际上，反物质仅仅被定义为，由与亚原子粒子质量相同的常规物质组成的亚原子粒子，只不过具有相反的电荷。反物质电子——即所谓的"正电子"，其质量与一个电子相同，但是其电荷为正。那么在理论上，一个完整的反物质原子的原子核，应该由带负电荷的质子和不带电荷的常规中子组成，其周围是带正电荷的沿轨道运行的电子。但是，这种实体从来没有得到过见证。

相反，据说在粒子加速器中生成的反物质，只不过是由实验留下的痕迹推理而来的，后据操作解释，属于已知粒子的轨迹，但电荷相反。特别是，周围的电场或磁场使加速的粒子走弧线，且这一轨迹可以表明粒子的质量与电荷。虽然这没有什么不寻常的，这一偶然、罕见且短暂的轨迹会间接表明已知粒子的质量，而其弧度的方向会间接地表明与此已知粒子相对的相反电荷。然后可以得出结论——罕见、独特形式的物质必定会通过某种方式短暂地表现出已知粒子的"反粒子"或"反物质"变体。

物理学家最近声称已经制成完整的反原子——反氢原子。此外，由于"反物质"的痕迹非常罕见，通常在数百万次的粒子痕迹中才出现一次，因此，反物质被认为非常稀有。这种可认为是反物质痕迹的稀缺程度与粒子加速器所消耗的巨大能量形成强烈对比，使得生成反物质的成本极其昂贵。现在让我们对这种情况进行更近距离的观察。

或许关于反物质最奇异的一种观点，就是反物质能够使其常规物质的相反粒子湮灭，并且产生一次纯能量爆发。这种观点非常奇异，因为从严格意义上说，反物质只是常规物质粒子而已，其电荷与同等质量的已知粒子电荷相反。如我们所知，我们在日常生活中经常都会遇到具有相反电荷的物体——例如两个物体因为静电而紧贴在一起——但是这并没有发生相互湮灭的现象。而且，即使两个具有相反电荷的亚原子粒子，例如一个质子和一个电子互相接触，不管是理论还是实验，都显示出不可能发生这种现象。假设发生了这种现象，那么我们可以使一束特定放射性物体发出的带正电荷的阿尔法粒子和一束电子穿过其中，从而从相互湮灭中产生巨大的能量。

但是，如果这两种具有相反电荷的常规物质粒子正好具有相同的质量，据说它们会在物质–反物质相互湮灭所产生的能量一闪中突然神秘地消失。具体怎样以及为什么只有在相同的质量和相反的电荷这种特殊情况下才会发生这种现象，以今天的科学完全不可解释，但是据说这是有实验证据支持的。具体地说，极偶然的情况下，粒子加速器对撞实验的痕迹能够解释为何常规亚原子粒子会突然消失并生成电磁辐射的光子——纯能量。从这类证据人们推测出，这些常规亚原子粒子一定与一种看不见的奇异粒子——很可能就是常规粒子的"反物质对立物"（antimatter opposite）——进行了对撞，并且在接触的同时相互湮灭，产生了纯能量（图 6-4）。

然而，上述论断疑点重重。通常，并不存在"反物质"粒子的痕迹，但是，常规粒子的痕迹不明原因地消失被视为与一个看不见的反物质粒子之间的相互作用。现在粒子物理学中常出现的"虚粒子"（virtual particles）概念，便由上述论断虚构出（上述论断中并未看见或检测出任何实际粒子，但是却假定存在这些粒子）。其他情况中，如果发现两个短暂出现的粒子痕迹距离很近，可被视作可能出现的"反粒子"相互作用，则仅会假定已生成一个高能光子。同时，在这些实验中数以百万计的粒子在转瞬间非常混乱地爆发，因此几乎不可能确定痕迹是否真正进行了相互作用，以及是否相隔一段时间发生——相对于这些事件的时间范围而言——因此十分不受约束。找到有说服力

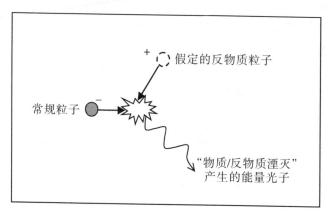

图 6-4 标准理论中宣称的物质/反物质湮灭

的"物质-反物质"反应实在是大海捞针，对不支持此假设的无数痕迹进行排除直至找到支持此假设的极其稀有事件。这些立场明确的实验报告结果中常常存在结论与确认性偏见错误。

确实，正如之前所言，现在经常听到论断称根据上述实验后的痕迹已经创造了完整的反物质原子。然而，事实是在极其罕见的情况下，在一个实验中所发现的两个痕迹可能会被用于解释理论上的"反电子"与"反质子"。并且，由于原子核与其轨道电子之间的相对距离极大，这两个痕迹之间相当大的空隙在技术上都会被视为在一个原子半径中通过。更深一层的事实是，通常不可能确定上述两者是否在同一时间内交错而过，这一点也经常被忽略。因此，由于氢是最简单的原子，包含一个质子和一个在遥远轨道运行的电子，我们可以通过一个非常罕见的"反氢"的"原子"，对所假定的"反质子"与"反电子"这两个更为罕见且极其短暂存在的遥远痕迹进行说明。这是对上述资料的解释，毫无疑问地这一解释被刊登在科学期刊中，而后被作为在粒子加速器中创造的反物质原子重载于大众科学杂志和纪录片里。

新观点

反物质并不是物质神秘的"对立"形式，而是与常规的、稳定的亚原子粒子类似的电子不稳定的、短暂的组合。

膨胀理论的解释就不具有多少神秘感，认为亚原子粒子和"能量光子"实际上是电子在原子域或亚原子域的类似组合。所以，当一个亚原子粒子，例如质子在碰撞中被释放，并且在原子域内被完全隔离，就很容易转变为"能量光子"；阻止这种情况自发发生甚至需要很大的阻力。粒子加速器中强大的磁场或者电场所形成的巨大压力，能够短暂延缓一个自由的亚原子粒子向一个"能量光子"（即自由膨胀电子簇）进行不可避免的转变的过程。这些磁场或者电场还可以加快这种转变过程，通过向一个自由的亚原子粒子加入（或者从该粒子中消除）一定数量的电子，最终形成一个新的粒子或者促使转变为一个"能量光子"。

这些机制的一个例子见图 6-5，周围的磁场或者电场可能会延缓自由光子向电子簇（能量光子）的转变，或者会通过向这种反应加入不可见的电子簇（所谓的"反物质"或者"虚粒子"）来促使转变为光子或粒子。

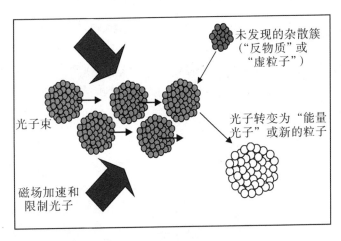

图 6-5 膨胀理论中可能的"反物质湮灭"

关键是，如图 6-4 中所示，今天我们对于被隔离的物质和反物质粒子的有规则的相遇和消失并且成为纯能量的设想，是对粒子加速器中实际发生情况的一种极其理想化的推测。实际上，实验结论常常是一张合成图片：一部分来自所提出的理论，一部分来自假设，一部分来自许多其他同时发生碰撞、合成在一起的组合元素。

而且，当然，这种理想化的对撞图，并未包括或者忽略了整个实验最重要的部分之一——周围浓厚的电子云。因为目前周围的场都被视为能量，所以这种单独的无形的现象，仅被认为能够加速和引导粒子，而并不能对粒子反应本身进行物质上的影响。因此，所有反应的一个关键元素——周围电子云的压力甚至可能是物质影响——在今天的对撞图、计算和理论中都被完全忽略了。

这个关键性的忽略很可能也是造成物理学家认为巨大的能量都是来自"物质-反物质反应"的原因。实际上，将"反物质粒子"和这些反应生成的"能量光子"，视为由物理学家和城市电力网生成的周围电子环境中的电子簇结构更为合适。物理学家之所以得出这些"物质-反物质反应"有望成为未来能源的巨大潜力的结论，是因为完全忽略了来自外部来源的巨大（而且几乎完全被浪费的）能量而人为地臆造出这些反应。实际上，膨胀理论认为，这些反应并非预示着新的巨大的"反物质能量源"，而仅仅是实验室内的实验对电子进行的人为重新组合，其能量仅来自于我们现有的能量源。

膨胀理论对亚原子粒子的描述，还解释了之前章节的狭义相对论所阐述的一种现象。在粒子加速器中，全速运行的粒子的半衰期被大量延长，被认为并不是神秘的"时间膨胀"效应，而仅仅是被外界强行约束在一起的结果。我们现在可以看到这是怎样实现的，如果这些"粒子"实际上是电子群，它们就会自然膨胀，迅速分离开，产生自发的"粒子衰变"。而且，由于使这些"粒子"加速的磁场实际上是高密度和加压的膨胀电子云，那么这股强大的力量使这些"粒子"聚在一起的时间，比图 6-5 所示的通常的时间要长一些也不足为奇了。

更进一步讲，巨大加速生成的超重力（tremendous G-forces）所造成的压力，也可以延长粒子加速器所记录的粒子存活期。今天的科学对于磁场或者亚原子粒子真实的物理性质并没有清晰的了解，所以，对于狭义相对论所提出的时间膨胀（时间变慢）之类的神秘观点别无选择，只得接受。这是一个事实，因为不仅实验证明了这种观点的正确性，而且如果没有膨胀理论的解释，许多实验结果本身就是一个谜团。

在这一点上，当证明了所有已知形式的物质和能量，都可以完全解释为膨胀电子的各种组合之后，两种差别很大的形式——亚原子粒子和"能量光子"——却起源于同样的电子组合这一点就显得很奇怪。也就是说，膨胀理论认为，辐射"能量"的光子（例如光）是膨胀电子簇，但是亚原子物质粒子也是膨胀电子群。那么为什么两种差别很大的形式却具有同样的描述呢？而且为什么在原子弹爆炸中，亚原子物质粒子所释放出的能量具有强大的爆炸性和辐射性，但是组成光的同样的电子簇就相对弱小和无害呢？关于这些问题的答案，可以通过研究原子弹的性质得出。

31　什么是原子弹？

今天的科学认为，原子弹就是原子核进行裂变和根据爱因斯坦的能量-物质转化方程式 $E = mc^2$，将部分或者全部原子的质量转化为纯能量所产生的连锁反应。尽管这种观点普遍存在，而且还作为概念化和这种装置的工程的重要指导原则，但是这种观点并未能真正了解原子弹的物理原理。物质是怎样转化为能量的？为什么原子核裂变能够造成这种转化？还有，这种装置所释放出的放射性能量到底是什么？

科学掌握了模型、工艺和工程等形式的"专门知识"，但是对于其背后的物理原理却几乎没有认知和了解。核放射不是从先前对自然界和物理的深刻了解中预计、理解或者制造出来的，而是偶然被发现的，并且进一步被亨利·贝克勒尔（Henri Becquerel，1852—1908）和玛丽·居里（Marie Curie，1867—1934）等科学家进行的实验得出的。导致第一枚原子弹出现的"专门知识"与其说来自对其物理原理的清晰了解，不如说也是出自意外的发现、有根据的猜测、抽象的模型，以及实验和失败等。但是，膨胀理论对原子弹中可能发生的核裂变的物理原理进行了清晰的描述。组成大型亚原子物质"粒子"的电子群与放射"能量"中的电子簇的相似性，提供了第一条线索。为什么这两者在组合成分上如此类似，而没有物质与能量的区别？

答案并不在这两者主要的物理区别中，而是在两者存在并被定义的领域区别中。"能量光子"的电子簇在外部原子域自由膨胀，而亚原子"粒子"的电子群在亚原子域的膨胀则受到限制。只要一个电子群拥有适量的、可以转化为一个质子或者中子的电子，那它就有可能成为组成原子核的核心亚原子粒子之一。如果这样一个电子群作为原子核的一部分而存在，则它就可以作为一个亚原子粒子（质子或者中子），支撑我们的存在所依赖的稳定的原子结构。回顾第 4 章的内容，这些粒子在原子中的亚原子域的巨大膨胀，是完全约束在我们所熟悉的稳定的原子结构中的。

> **新观点**
>
> "原子裂变"实际上是打破原子平衡，导致原子有力地从"里面翻到外面"，将其亚原子粒子作为"能量"释放到原子域的过程。

但是，当一个原子的结构因为外部力量而变得不稳定时，原子实际上会彻底地从"里面翻到外面"。也就是说，当一个原子的结构或者组织被打破平衡，原子核中的膨胀质子和中子会突然被重新定义，或者成为外部原子域的自由膨胀电子簇。这从本质上将它们从亚原子域内的膨胀物质粒子，转化成了原子域内的膨胀电子簇或者"能量光子"（图 6-6）。尽管，事实上原子弹的核心材料由只会部分分裂的较大原子（比如铀）构成，内部区域爆发的这一概念可由此图进行有力的证明。

无数失去稳定的原子造成的快速连锁反应，能够释放出大量的此类自由膨胀电子簇，并且根据辐射的频率，将它们粉碎成各种尺寸的电子簇。这就是我们在核爆炸中所观察到的情形——原子弹的核心物质迅速转化成了各种形式的向外喷发的辐射能量。

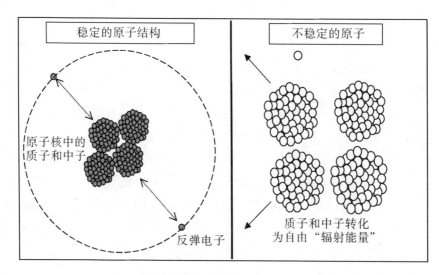

图 6-6　膨胀理论阐述的原子弹内的核裂变

实际上，这种来自裂变原子内部的、新获得的、自由的电子簇（即亚原子粒子），与之前章节所阐述的组成常规光的电子簇并无区别。两者能量差距悬殊的原因，也仅在于原子弹是在一个非常狭小的空间内瞬间释放出无数之前已经存在的电子簇；而标准光源则是当电沿着一条导线流动的时候，缓慢地将原子域中已经被外表化的电子组成的电子簇。

例如之前的章节中关于电灯泡的讨论就表明，一束已经外表化的电子在电线外彼此冲撞，最后以持续的"装配线"的形式聚成了电子簇，形成了光。这种电子簇的形成很慢、很不集中，是一种辐射形式。然而，我们能够设计出可以造成巨大放射危害的激光，这就说明，光里的电子簇并不一定是微弱的或者无害的——这取决于电子簇形成和释放的速度和集中程度。在原子弹中，有无数预先形成的、等待以一个非常紧凑和集中的形式同时释放的电子簇，许多大型的、不稳定的原子核就是如此。

32　$E = mc^2$：什么是能量−物质转化？

之前的讨论，解释了在原子弹爆炸中物质向"能量"的物理转化。本节将从数学的角度来讨论同样的问题。爱因斯坦著名的方程式 $E = mc^2$（即能量等于质量与光速平方的乘积），通常被认为是独一无二的能量-物质转化方程式，描述当物质被神秘地转化为纯能量时所释放出的能量。实际上，尽管这个方程式对该过程是一个合理的准确描述，但是其展示的现象，并不像我们通常认为的那么独特和神秘，如上文关于原子弹的讨论所示。

让我们来看看关于运动物体的动能的经典方程式 $E_k = \frac{1}{2} mv^2$，这意味着物体的动能 E_k 等于其质量与其速度的平方的乘积的一半。尽管这个方程式也类似关于质量和能量的方程式，从形式上看，与爱因斯坦的方程式比较相似，但是这并没有被认为是关于神秘的"能量-物质转化"的方程式，而仅仅被认为是经典物理学对于运动物体的能量的简洁表达。实际上，如下所示，这个方程式与爱因斯坦的方程式如此相似，并不是一个巧合。

关于爱因斯坦的方程式 $E = mc^2$ 存在着许多推导，而且其中更加深奥的推导非常难懂，但是实际上，只要将简单的经典动能方程式稍加变化，就能轻易得出爱因斯坦的方程式，如以下四行推导所示：

第一行：$p = E/c$　　——光的动量 p 等于其内能 E 除以其速度 c
第二行：$p = mc$　　——光的动量 p 等于其质量 m 乘以其速度 c
第三行：$E/c = mc$　　——第一行与第二行相等
第四行：$E = mc^2$　　——将第三行重组就得出了爱因斯坦的著名方程式

前两行，只是经典物理学关于光的动量的两个简单的方程式（传统上，物理学家都用字母 p 来表示动量）。第一行表述的是光赋予其碰到的物体的动量，以内能除以速度来表示。这在光照射到不反射光的物体上的实验中得到了证明。值得注意的是，我们将很快明白，因为随着物体反射性的加强，第一行中所表述的动量将变大，最后当入射光被镜面完全反射的时候，该动量的方程式将变成 $p = 2E/c$。

第二行表现的是，根据经典的运动物体的动量方程式——即动量等于质量乘以速度，或者 $p = mv$ 所推算出来的光应该具有的动量，当然，在这里速度的值就是光速 c。

很有趣的是，今天我们注意到第一行是对光的动量进行的恰当的物理描述，而第二行则是对光的动量进行的更为抽象的表述，因为当今的科学认为，光是一种运动的能量，而不是质量。相反地，膨胀理论认为，第一行才是抽象，而第二行才是事实，因为光实际上是一束实际的物质粒子（电子簇），而不是"纯能量"。不管怎样，既然这两行都描述了同样的性质，它们就可以等同起来（第三行）并且进行重新排列（第四行）得出爱因斯坦的著名方程式 $E = mc^2$。

新观点

爱因斯坦的著名方程式 $E = mc^2$ 描述的并不是神秘的"能量-物质转化"过程，而仅仅是经典的自由电子簇的动能。

第一个需要注意的重点就是，上文在没有参考原子裂变或者任何其他神秘的"能量-物质转化"过程的情况下，仅仅参考了经典的运动光的动能（即运动的电子簇），就得出了爱因斯坦的方程式。因此，爱因斯坦的方程式仅应被视为关于以光速运动的物质的动能方程式，而且表达为 $E_k = mc^2$ 要更加准确。

其次，之前曾经提到过，第一行中关于光的动能的方程式 $p = E/c$ 仅仅在零反射的情况下成立，随着反射从零增加到完全反射，该方程式会逐渐变化为 $p = 2E/c$。也就是说，当入射光的动量被物体完全吸收时，物体感受到的冲击力是入射光以同样的速度被完全反射时的 2 倍。这是证明了以下事实：光是一束膨胀了的电子簇，有其本身的从内部一如既往地推进其持续向前（即便是在撞击反射表面之后）的膨胀力。因此，反射的两倍动量效应好似是动能 E_k，被加倍了。因此，爱因斯坦关于神秘的"能量-物质转化"的方程式可以转换为完整而恰当的动能表达式：

$$\text{无反射} \quad \rightarrow \quad mc^2 \leq E_k \leq 2mc^2 \quad \leftarrow \quad \text{完全反射}$$

这意味着，一颗原子弹中所释放的有效能量至少是爱因斯坦的方程式 $E = mc^2$ 所表述的那样，并且如果所释放的各个电子簇与其周围的物质进行了充分的反射作用，这一能量可能增加一倍。上述的完整表达式清晰地表明了，爱因斯坦著名的方程式的本质、起源以及含义——它仅仅是对经典的动能在无反射的特殊情况下的表述。但是，问题又来了，为什么爱因斯坦将这个光的动能的简单表述，用于从本质上描述在原子弹爆炸中质量向能量的明显转化呢？

答案就在我们之前所讨论的一个事实中，即原子弹的核连锁反应，实际上是被称为质子和中子的电子簇，从亚原子域被释放到原子域的过程。这个过程在瞬间生成了各种尺寸的自由膨胀电子簇，包括我们所知的辐射的各种形式。而且，由于这些电子簇是以光速向外膨胀的，因此它们都会带有一定的动能，如上文所述，它们的动能会保持在 $E_k = mc^2$ 与 $E_k = 2mc^2$ 之间。此外，由于原子弹的所有原子都立即被分解为此类自由电子簇，所以这些电子簇所持动能造成的冲击力，就好像与原子弹同等质量的常规的无爆炸性的物体以光速撞击一颗行星一样。这相当于在仅仅一秒钟内从月球全速行进至地球，这一影响有可能与原子弹爆炸相提并论。

这就是爱因斯坦的方程式 $E = mc^2$ 背后的真正含义，也是为什么说，这个方程式相当准确地表述了原子弹爆炸所释放出的能量的原因。从某种意义上说，这个方程式确实描述了从物质到能量的核转化过程——这是当今的术语

——尽管这个在今天看起来依然神秘的过程，实际上是膨胀物质从亚原子域向外部世界动能的直接释放。

违背物理法则

辐射反射违背物理定律。

这个讨论提到了一点，就是实验证明，反射辐射（例如光）的冲击力在完全反射的情况下会加倍——原因只能是光子恰好从表面完全弹开。深入探讨这个问题就得出了一个奇怪的事实，即这个结论代表了一种很明显的能量创造现象——直接可以达到2倍的冲击力，仅仅因为相关的物质造成了反射。

并且让这一作用仅在一次反射中停止是毫无道理的。理论上讲，一束光可以在两面平行的镜子之间不断弹回，并且每次传递相同的动能效果。实际上，不存在百分之百的反射平面，光束发散出去并最终散开，但是在所有光子（光子簇）分散前将会出现巨大数量的重叠等动能影响。并且，在所有光束完全消散为许多反射后，最后剩余的光子将通过所有这些无数的反光一遍又一遍地传递动量。然而，两个上述等动量的影响还将表明对能量守恒定律的违背。是哪里来的能量给光束第二次相同的冲击力？更不必说第三次、第四次、第五次等等。膨胀理论中的所有物质的持续膨胀对此进行了解释，但是这一解释从当前科学的角度来看是彻头彻尾的能源之谜。

而且，这并不是只有反射光才能造成的奇异现象，我们在生活中还能清楚地看到更大的物体造成的此类现象。设想一团泥块和一个网球掉到地板上的情景。两个物体都会因为冲击力而被压扁和变形，这说明两个物体都消耗了所有的动能。但是，网球会从地板上再次弹起，并且回到与之前掉落时的高度几乎相同的高度。我们对于反弹的网球非常熟悉，并且认为这很合理，但是如果泥块也会恢复原形并且弹到空中，就会令人吃惊了；对于这种惊人的能量爆发不会有合理的解释。但是，实际上，反弹的网球的惊人程度毫不逊色，其原理同样也是未经解释的。它们从地板反弹到原来的高度，必将再次对地板造成与之前相同的冲击力。这就出现了在用镜子反射光的实验中所注意到的冲击力加倍的现象。光线（即电子簇线）和更大的物质物体都能在上一次冲击中反弹，并且在这个过程中利用了亚原子域的额外的隐藏力量。

这种违背我们基于能量的物理定律的情况，在我们的生活中比比皆是。这是因为我们的世界的基础，实际上是"膨胀物质"——而不是"能量"——任何事物都是依赖于原子域和亚原子域而存在的。我们看到来自亚原子域的此类现象时不应该感到惊讶，因为亚原子域只是隐藏在原子域所有事物的表面之下而已，一直以来都支持着我们真实的存在。

这个原理在运动领域也能发现。运动员的大部分力量来自肌肉，但是也有一部分是来自骨骼的弹性。我们要跳到空中，仅依靠肌肉是无法办到的，还需要我们骨骼的大力支持。一名骨骼弹性好的运动员比起骨骼弹性差的运动员更加优秀。但是，这种额外的反弹力的存在，只可能是因为骨骼中的分子键会通过回推来强烈地抵抗永久变形——这种力只能解释为来自亚原子域的作用。

这并不是一种源源不绝的力源，而只是来自亚原子域的"交叉效应"，返还我们消耗的力量的一部分，理论上最多返回消耗力量的100%。举个例子，这就是蹦床的工作原理；蹦床并没有可见的力源，但是可以让人比利用其本身骨骼的弹性跳得更高。我们当今的科学对这种现象的描述非常肤浅（弹簧的标准方程式和物质弹性，等等），但是通过进一步检验，当今的物理定律认为，这实际上是一个完全不含能量的谜团，而且是当前科学中的一个奇怪冲突。当今物理科学认为，物体不可能神秘而主动地从内部进行"回推"、"回弹"或者"反弹"，但是我们的科学充满了上述事件的抽象或数学模式。

33　什么是膨胀物质的起源？

之前关于亚原子粒子的讨论，提出了一个膨胀电子的早期宇宙——类似于池塘中扩展的涟漪。但是，这并没有提及在电子出现之前的宇宙的性质，也没有解释为什么膨胀电子最先出现。之前的讨论也没有提到，这些基本的物质粒子其本身是由什么组成的，或者为什么它们要膨胀。它没有解释，为什么膨胀电子相遇时会互相推挤（而不是互相穿越）——这种性质使得物质变得坚固，并且使惯性这种基本的性质成为可能。

这些确实都是深层次的问题，激发了科学中一些最为基本的问题。明确地回答所有这些问题并不容易，但是膨胀理论提出了一种新的有力工具，能够对一些尚未被考虑的可能性加以探索。其中一种可能性源自如下推测：想象一台电脑中有一个假想的膨胀电子的宇宙。

违背物理法则
电脑中的宇宙。

想象一个简单的电脑程序在电脑屏幕上随机地画一些圆圈，在这些圆圈中，居住着这个"宇宙"中最早的电子居民。如果这些圆圈以特定的速度扩展，那么它们就可以被认为代表着膨胀电子，不同的是，并没有任何因素会阻止这些圆圈扩展时彼此穿越。如果向程序中添加一个额外的逻辑来阻止这些圆圈互相穿越，那么我们就可以得到一个只有膨胀电子的早期宇宙的合理模拟（图6-7）。当电子互相冲撞时，这种额外的逻辑应该赋予所有的电子预先决定的弹性或者"弹力"，从而决定它们应该彼此反弹到什么程度，以及当它们相遇时应该黏合到什么程度。更贴近现实主义的做法是将这些圆圈变成三维球体。

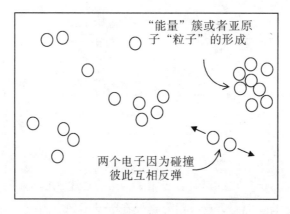

图6-7 早期宇宙模拟中的扩展圆圈

这个相当简单的程序，为我们模拟了膨胀理论所阐述的早期宇宙概貌。扩展圆圈位置的随意性，意味着将出现具有不同密度的变化区域，能够产生不同的动力。密度高的区域将比较活跃和混乱，其中的膨胀电子会膨胀和互相反弹，而密度低的区域中的电子则会在膨胀过程中聚成稳定的组合与结构。

为这些模拟电子选择的膨胀和弹性参数的变化，能够导致预料中的、不同级别的混乱和秩序——从自由膨胀的电子云或者电子簇到寿命长久的"原子"结构，都可能出现。随着程序继续运行，而且如果条件允许一些特定类型的稳定结构重复出现，这个"宇宙"将开始出现有限的、此类稳定的"原子"结构的多个复制体。这很像我们现实的宇宙，其中就充满了元素周期表中有限的稳定原子的无数复制体。

一旦发生这种情况，就有可能提出可靠的物理和化学的普遍定律。这是因为这些有限的"原子"互相作用的方式是有限的。因此，整个宇宙中重复出现的有限的"原子"之间会进行可重复的、可预见的互相作用，而不是在无限的、完全无序的结构中变成彻底的混乱和不可预见。这等于说，可以辨认的化学物质具备普遍的物理和化学性质。我们可以想象，在我们的电脑宇宙中，这个过程甚至可能会继续组成模拟的"恒星"、"行星"，或许最终甚至还会组成"生命形式"。如果没有，那么重新运行程序，并且为我们的"电子"设定不同的膨胀率和弹性值，最终可能会得到良好的结果。

在讨论这种模拟可能具有的、对我们真实世界的暗示之前，让我们先考虑一下，如果这个电脑宇宙中出现了生命形式，那会是什么样子。这些生命能像我们一样行走，因为组成它们行星的原子会膨胀——从而产生我们所称的引力作用。地面将变得坚固，因为程序设定下组成物质的模拟电子不能互相穿越。模拟的太阳能够发出模拟的光和热，因为"光能"和"热能"都只是成束的膨胀电子簇群。我们并不用费神去想如何在这个宇宙中生成无形"能量"，因为这样的现象即使在我们自己的宇宙中，实际上也是不存在的——毫不夸张地说，一切都是膨胀电子组成的。

这些模拟出来的生命形式，可能最终会像我们一样探索物质与能量的本质，甚至发现原子和亚原子粒子。它们会创造出关于能量的理论，并且发现唯一真实的、基本的、看不见的粒子就是电子——出于一些不为人知的原因。最重要的是，这种模拟存在并不会感觉到自己是被模拟出来的；所有的一切看起来都是真实和具体的，但是，它们全部都完全来自电脑中初始的膨胀球形模式。

一个需要深入讨论的问题是，如果关掉电脑屏幕，会发生什么呢？我们知道，不论电脑屏幕是否关掉，电脑都会继续运行程序，模拟出来的宇宙在电脑屏幕都会进展得非常好。因此，最初的扩展圆圈并不真的是电脑屏幕上的小圆圈而已，因为它将继续存在，并且进化为复杂的整个宇宙，即使这个圆圈再也看不到。所以，这些"电子"并不比电脑存储器中的活动形态多多少。但是，尽管具有非物质的性质，这些粒子还是能够支撑起整个宇宙，而这个宇宙对于其中的生命来说，是非常真实和具体的——就像我们自己的宇宙对于我们来说，非常真实一样。

现在，让我们来考虑这些模拟出来的生命，能获得的关于它们宇宙的知识上限是什么。它们将制定各种理论来解释它们所观察到的东西，或许会创造出"万有引力"理论和"能量波"理论。它们甚至最终会认识到，它们的整个宇宙其实是由膨胀电子组成的——但是然后呢？它们是否会进行一场实验，将一个电子击碎来看看里面是什么？在我们所进行的这场思想实验的潜在程序中，答案肯定是不会，因为只有膨胀的"电子"才可以彼此穿越或者反弹——而不是击碎。而且，即使我们设定为将这些"电子"击碎，这些生命有能力探测其导致的碎片吗？这取决于我们，即程序师，如何设定原子被击碎之后发生的情况——它们可能消失得无影无踪，也可能会在原地生成10个新的电子。

如果这些生命设计出实验设备来进行先进的实验，以试图弄清楚电子是怎样出现的，电子为什么会膨胀，以及为什么电子在彼此接触时会互相推挤而不是互相穿越（即，为什么物质具有实体和惯性）等问题，那又会怎么样呢？要完全回答这些问题，它们的实验必须要能够揭露我们所设计出来的、支持它们的宇宙的电脑和软件——甚至更理想化一些，发现程序师的存在。这些生命在它们的宇宙中有可能进行能够发现这些事情的实验吗？

虽然这一切并不表明我们就一定是处于模拟宇宙中，被一个某种类型的宇宙电脑中的、无形的膨胀电子所支持着的生命，但是如果这些是真的，那么我们的实验，就会与今天我们看到的、我们模拟出来的生命的实验完全一致。我们会感觉到物质真实而具体，我们的周围也会充满各种无形的——且我们知之甚少的——"能量"形式（引力、光、磁等）。同样，我们的宇宙也不需要完全真实地存在，只要在电脑中得到来自程序师编写的电脑程序支持就行了。由于这种情况可能是真实的，所以我们居住的"宇宙电脑"也应该是一个基本的物理领域——一个"原始领域"，其中的物理定律甚至可能很简单，但是对我们来说很陌生，它使得膨胀电子自发出现，并且表现与我们所模拟出来的宇宙相同。

现在看起来，我们的科学已经到了开始了解我们宇宙的组成成分的地步——或许也已经到了这种了解的极限。进一步的了解和基本物理的进步，也许全都取决于"程序"的本质或者可能隐藏在其之下的"原始领域"。我们已经有能力找出我们实验中最终的答案了吗？在特定类型的物理或者思维过程中，是否存在后门引导我们得到最终的答案？在我们宇宙的运行中是否隐藏着"裂缝"，为我们提供了解其背后内容的线索？在基本的程序设计中是否存在病毒或者漏洞，或者在我们开发的用于洞察和了解事物本质的硬件或者基本领域的物理中是否存在故障？是否有什么方法可以让我们探索到具有完全不同的物理定律的原始领域的存在？不管这些问题的答案如何，膨胀理论向我们提出了关于我们的宇宙和我们的存在的新观点，甚至还可能给我们提供了开始探索或者至少思考这样一些问题的必要工具。

34　什么原因造成了惯性？

物理学中一个最基本的问题就是，为什么物体具有惯性——为什么在自由空间中，质量更大的物体比起质量更小的物体更难推动和停止。尽管我们从平时的经验中，可以凭直觉理解物体的这种性质，但是我们并没有清楚地认知这种现象背后的原理，对于为什么掷一个保龄球比扔一颗小石子更困难这种问题，也没有一个可靠的解释。即使当物体飘浮在太空中时，这种现象也存在。由于没有摩擦力和地球引力（重力），物体在太空中比起在地球上更加容易运动，但是质量更大的物体比起质量更小的物体依然更加难以加速和停止。这种现象被写入了牛顿第二运动定律的方程式 $F = ma$ 中。

曾经一度认为，欧内斯特·马赫（Ernst Mach，1838—1916）解决了这种神秘现象。他认为，特定物体的惯性，来自宇宙中所有作用于该物体的物质的总引力。但是，尽管爱因斯坦也同意这个观点，他在自己的引力方程式——广义相对论中寻找对此的证据时，遇到了不小的困难。不仅爱因斯坦无法在其理论中找到关于这种观点的证据，而且从事此项研究的其他物理学家也发现，爱因斯坦的方程式得出了甚至与广义相对论本身相矛盾的奇怪结论，例如宇宙是绝对（不是相对）运动的。尽管还有其他关于惯性的理论——其中许多基本上等于又重新引进宇宙中无处不在的"以太"的观点——但是惯性的性质在当今物理学中依然是一个未解决的问题。这一观点目前的表现，涉及所谓的"希格斯粒子"（Higgs particle）也凸显了现代粒子物理学的核心理论存在的一系列缺陷。

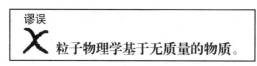

谬误

粒子物理学基于无质量的物质。

　　粒子物理学的标准模型是我们对认为组成宇宙的各种亚原子粒子所进行识别、分类与描述的全面尝试。正如元素周期表是现代化学的基石，这为现代物理学奠定了基础。许多当前的物理学理论与实验都以标准模型为中心；然而，至关重要的是对标准模型的使用不包括质量与惯性的核心概念。

　　如果我们生活的宇宙缺乏物质与惯性，那么继续进行研究显然是一个大问题，科学家在过去几十年里一直极为关注此问题。因此，高能粒子加速器实验的主要目标之一，便是找到可能创造质量与惯性效应的理论粒子，称为"希格斯粒子"，这一粒子被设想弥漫在宇宙中并与各个类型的粒子进行不同的相互作用。但是这一尝试并未发现存在上述粒子的证据，虽然涉及大量的猜想，但只被构想出以应对标准模型中的深层缺陷。（希格斯粒子已于2012年被证实发现。——编者注）

　　通常这些努力都声称实验获得了成功，随之在少数人与之接触后便产生困惑或失望，然后对进一步的出资与研究的呼吁便变得更加有节制。尽管这个过程可通往革命性发现，但往往这意味着研究者从一开始就完全陷入了致命性错误的观点和理论。然而，通过参照第4章中提到的新型原子模型，膨胀理论清楚简单地解答了这个长期存在的惯性问题，让我们不再渺茫地希望了解真相。

新观点

电子在我们的宇宙中不断膨胀的性质解释了惯性。

　　首先，让我们使用新型的原子模型来考虑一下宇宙中的物体没有惯性——也就是对外力没有阻力时的情形。这种情况发生的最直接的方式，就是原子本身对外力没有结构阻力（structural opposition）。见图 6-8。

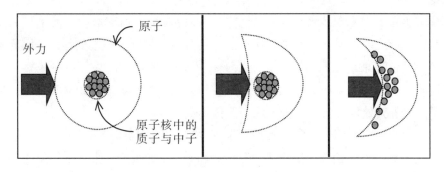

图 6-8　原子对外力没有结构阻力

在这种情形中，当我们对一个物体施力的时候不会感受到阻力，但是为了达到这种效果，该物体的原子会裂解。现在，让我们来看看，当我们推动一个物体的时候会发生什么：

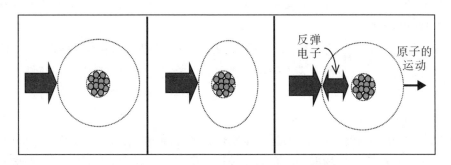

图 6-9　来自内部实际反推的内力

图 6-9 展现了根据膨胀理论在真实世界中会发生的情况。外力作用于原子的反弹电子，将它们压迫到更小的空间，并且使球形的原子变形。但是，这种情况会很快恢复，因为空间越小，电子反弹得越活跃，从而从内部生成一种力量与外力进行对抗。如果外力持续，则反弹电子生成的内力会把原子核推开，使原子恢复球形，并且使整个原子沿着外力推进的方向移动。这个压缩、产生内力和反弹的过程需要时间，而且物体中在反弹前变形的原子越多（也就是说物体的质量越大），这种外力使物体运动的"多米诺效应"所需的时间就越长。

我们当今的物理学认为宇宙是由不膨胀的物质和恒定的能量平衡组成，如能量守恒定律所述，这是一个还没被发现的全新观点。相反，上文关于惯性的解释，实际上是原子内部产生"能量"与外力对抗，相互抱团，而不是简单地解体。因此，如果一股外力作用于一个具有足够长度和强度的物体，则原子内部的力量（来自亚原子域）会使原子在外力面前弹开，并且最终使整个物体沿着外力作用的方向运动。另外，如果外力相对弱小或者作用时间过短，则原子会沿外力始发的方向反弹，而且物体不会运动。

当我们对某一固体对象施加一个作用力时，牛顿的第三运动定律通常表述为"大小相等方向相反的反作用力"。这解释了（比如）一张桌子如何能够承载一直放在桌面上的沉重物体并且桌子内部明显变形。当原子数量多时，来自每个原子内部的抵抗力加起来非常大，这也是为什么质量大的物体惯性很大的原因——推动质量大的物体并不容易，需要更大的力量，作用更长的时间。

在经典的概念中，这种来自反弹原子内部的"新能量"并没有可识别的动力来源，而是持续得到使膨胀电子产生和膨胀的亚原子域的支持。膨胀电子的牢固和不可分割的性质，是物体惯性中的一个关键因素，其由亚原子域的基本物理性质所产生。

除了反弹原子内部有效地产生能量以外，固体物体还向我们展现了，亚原子域是怎样通过能量消失来打破我们目前基于能量的物理定律的。当我们今天谈到能量吸收的时候，我们实际上指的是能量从一种形式到另一种形式的转化——能量守恒定律认为，能量不能真正被创造或者消灭，而只会被转化。举个例子，让一个物体快速撞击另一个物体，就是通过冲击，将动能转化为声音和内热以及物体内部的振动。我们的物理定律要求输入和输出能量之间始终保持能量平衡。

但是，打破这种能量守恒"定律"的情况在我们周围比比皆是。除了已经讨论过的此类违反情况以外，进一步的例子就是简单挤压固体物体。在这种情形中，外力持续作用于一个物体，但是物体也持续抵抗这股外力，消耗了外力，但是并没有将外力转化为声音或者内热或者其他的能量形式。在当今的范式模型中，这会使能量消失，因为能量在从物体内部进行持续抵抗的亚原子域中消失了。

在当今的见解中，这种能量消灭并非显而易见的，因为有说法称，当我们挤压该物体时，我们的肌肉将化学能量转化成了废热和其他内部的生物变化，从而保持了能量平衡。但是，我们只要考虑一下放在桌上的重物的例子，就会发现这种说法的荒谬之处。桌子持续地承受着重物的重量，但是重物持续向下的力（即"重力势能"）毫无痕迹地消失了——并未在桌内产生热能或者其他转化的能量。

言归正传，让我们继续考虑肌肉活动的话题，化学能量转化为肌肉中的废热，与电池中的化学能量转化为电路中的电子运动的过程是一致的。但是，我们并不认为耗电的电池能够产生自足的能量守恒；相反，我们还需要电路板元件额外的平衡能量输出（热、光等）。同样，我们肌肉使用的能量能够在外部世界产生相应的能量变化（移动物体、压紧弹簧等）。实际上，如果我们将肌肉的运动视为其内部的能量平衡，则通过肌肉作用来使物体运动或者弹簧被压紧，就完全是一个未能解释的外部能量的表现——自由能量。因此，肌肉作用肯定会产生一些外部能量表现，但是在挤压一个物体时，我们的肌肉会继续消耗能量，但物体没有移动，也没有产生任何内热。这就是实质上的能量消失，用我们目前的物理定律无法解释。

膨胀理论显示，到处都有打破能量守恒定律的情况——吸附在冰箱上的磁铁持续耗费的能量、引力无穷无尽的能量、对带电物体的不断吸引或排斥等。这种来自亚原子域的明显、神秘出现的能量十分平常，它们组成了我们日常存在和经历的基础，所以能量明显、神秘地消失在亚原子域内也很常见。

一个被挤压的物体仅仅是因为其轻微变形的原子中的空间被压缩，而具有更加活跃的反弹电子。但是这些反弹电子在亚原子域内活动，其根本来自并不属于我们所创造的、"基于能量"的原子域的物理定律的基础原始领域。因此，亚原子域中快速反弹的电子并不产生热量，因为热量仅仅是对原子域中整体振动原子的一种表现形式。此外，如牛顿理论所述，被推动或者被挤压的物体也在使用"同等且相反的力"回推——这是一种违反我们当今"物理定律"的力，使物质具有了物质的属性和惯性，但是如果没有膨胀理论，这种力也完全是一个谜团。

新观点

陀螺稳定性首次得以解释。

前面关于惯性的讨论，使得我们能够了解经典物理学中最奇异和最独特的现象之一——陀螺稳定性。陀螺仪通常被用于飞机和宇宙飞船的导航系统，因为它能够维持航行器在空间中的定位——这种作用可以简单地通过一个陀螺来说明。一个旋转的陀螺被定位后会倾倒，但是只要保持旋转就会维持其斜度，并且不会倒下。尽管这是一个众人皆知的结果，但是我们目前完全无法解释。目前能找到的唯一解释，就是陀螺具有转动惯量或者动量能够使其保持不倒。但是，这实际上并不是物理解释，而只是一种观察结果，并没有谈及为什么转动动量能够产生这种"反引力"的结果。但是，由于膨胀理论首次对惯性进行了真正的解释，也使得我们可以对陀螺仪进行首次真正的解释。

首先，让我们考虑一个如图6-10所示的、常规的不旋转物体。左图表现的是一个直立的物体，重力由上而下对其进行作用（实际上由地球向上的膨胀造成），如前所述，这种持续作用的向下的力，会毫无痕迹地消失——其在物体内部造成持续的压缩力，但并未根据能量守恒定律被转化为别的能量形式。它并未在物体内部产生热，也没有进行其他形式的能量转化——从当今基于能量的观点来看，这是一种实质上的能量消失。

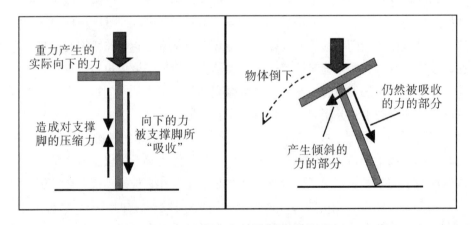

图 6-10　倾斜中向下的力的不同部分

膨胀理论的观点认为，这并没有违反自然法则，只是原子域的力通过亚原子域的普通例子，即第4章提到的"交叉效应"。由于存在一种向下的力，因此亚原子域反推以维持原子稳定，这种斗争会造成物体内部的压缩。

图6-10的右图表现的是一个正在倒下的物体，当物体开始倾斜时，部分向下的压缩力被重新分配为侧面的倾斜力。物体倾斜的程度越大，支撑脚的压缩力就越小，侧面的倾斜力就越大。所以，一个物体倒下的过程，可以被视为来自亚原子域的力的重新定向。在亚原子域中，这些力消失，并且回到原子域

造成物体的倾斜运动。在这种对倒下的物体的了解之后，现在我们可以解释神秘的陀螺稳定度了。

图 6-11 的左图表现的是一个直立的陀螺。对于这种现象更正式的描述是向心加速度，能够产生一种倾向于将盘面物质从中心向各个方向甩出的、向外的"离心力"。当然，在当今的科学中，"离心力"还完全是一个谜团，因为它代表着一种没有动力源、未经解释、理论上无穷无尽的力。陀螺在没有动力的情况下旋转，并且在自由空间中会一直旋转下去，同时产生无尽的向外的"离心力"。

但是，我们现在可以看到，这种神秘的离心力来自亚原子域，就像吸附在电冰箱上的永久磁铁的磁能一样。也就是说，当盘面旋转时，其分子将不断地沿着切线逃逸到空中，但是又在来自亚原子域的原子（即"原子键"）之间有吸力的"交叉效应"的强制限制之下沿着圆圈运行。因此，将伸展和拉紧旋转物体物质的"向外的离心力"描述为将该物质聚在一起的向内吸引力更为恰当。不管怎样描述，其结果都是一种有效的作用力伸展和拉紧了陀螺盘面的物质。

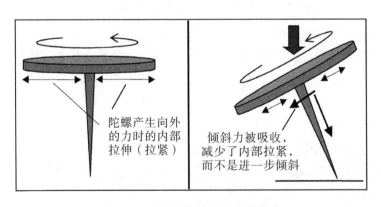

图 6-11　旋转陀螺内产生作用的力

现在，在图 6-11 的右图中，陀螺被以一个角度放在地面上，从而产生了部分倾斜。尽管其接触地面的那一点的摩擦力最终会使其完全停止旋转并且倒下，但是在最初，陀螺还是会保持一开始的倾斜角——明显未受到重力的影响。只有在旋转速度变慢或者侧面倾斜力加大的情况下，陀螺才会服从向下的重力，加深倾斜的程度。但是在这种情况发生之前，重力实际上完全被忽略了——这是目前完全无法解释的问题。

但是，现在膨胀理论已经可以解释这种现象。图 6-11 展示了由于重力而产生的向下的力，以及该力是如何分为陀螺支撑脚的压缩力和侧面倾斜力的。而且，我们从之前关于惯性的章节得知，只有当一个物体所有的原子都被压缩并反弹时，一种力才能够开始推动该物体，使其沿着原先被推动的方向运动。但是，由于旋转陀螺的原子已经有效地被拉开了，所以侧面倾斜力的首要任务，就是将原子压缩为更加正常与缓和的状态。

这种力使陀螺进一步倾斜的唯一方法，就是克服旋转盘的内部拉伸并且开始压缩原子，以使其被内部的反弹力弹回。而这种情况发生的唯一条件，就是要么增加侧面倾斜力（通过增加重力或者以更大的倾斜角放置陀螺），要么降低陀螺的旋转速度来减少内部拉伸力（"离心力"）。所以，膨胀理论通过说明陀螺如何仅靠旋转来持续抵消重力（以及在飞机或者宇宙飞船上的动力等外部力），解释了陀螺仪的谜。

关于陀螺仪能够抵消重力的一个重要推论，就是"重力"这个术语，指的是在与我们的膨胀地球接触时，感觉到的向下的作用力——而不是实际上不存在的牛顿的"引力"。通过将旋转的陀螺倾斜从高处抛下，而不仅仅是将其放置在地上，可以清楚地说明这一点。被抛下的陀螺，会以与其他常规的不旋转物体同样的方式掉在地上，如果重力是由牛顿的"引力"产生的，那么这种现象就是一个谜了。毕竟，即使是将高速旋转的陀螺以几乎倒下的倾斜角放在地上，它也能克服重力，不会倾斜。如果其真正抵消的是牛顿所称的、围绕着地球的"向下的引力场"，那么当陀螺从高处被抛下时，"引力场"应该也能产生这种惊人的反重力效果，大幅降低陀螺的降落速度。但是，当然，这是不可能发生的。陀螺会像任何其他物体一样"落下"，因为它实际上并没有真正落下；它并没有感觉到"向下的重力"，只是飘浮在空中，而膨胀地球升起来接住了它。陀螺的旋转没有改变这一事实。

35　什么是黑洞？

尽管膨胀电子的亚原子域看起来似乎与广袤的宇宙相去甚远，但是如果膨胀电子是一种组成自然界的真实物质，那么通过它，我们就能洞察宇宙的所有秘密，不管尺度是大还是小。事实上，我们所遇到的宇宙未解之谜之一，就是黑洞现象，而膨胀理论目前已经能够对这种现象进行合理的解释。

在当今的标准理论中，一个黑洞被认为是一颗大型恒星在核燃料耗尽之后，由于不能通过向外发出辐射压力来抵消其引力的向内牵引而坍塌之后的残余。据信，这种坍塌首先是坍塌恒星的原子，破坏所有原子的结构，只留下具有超密度质量的亚原子粒子，即我们所知的中子星。那么，如果质量足够大的话，它的引力甚至能够进一步压碎这些尚存的亚原子粒子。

这颗恒星剩下的物质被称为一个奇点——这是宇宙中一个连显微镜都不可见的极小区域，比一个原子还要小得多，原始恒星的所有物质都被压缩为纯能量，而且它还保持着与原始恒星同样的引力。推测起来，这种能量会被原有的引力束缚，不可能以任何形式逃逸这个极小的空间区域。这个区域被称为黑洞，因为我们探测不到从中逃逸的光及任何形式的辐射能。然而，其残存的引力还能够以神秘的形式吸引附近的物体，或者使这些物体绕着这个显然是真空空间区域的轨道运行。

这种描述意味着，靠近黑洞的任何物质都会遭遇同样的厄运，被黑洞吸引并且被粉碎为纯能量，毫无痕迹地消失，并且永远被束缚住。然而，由于引力（包括牛顿和爱因斯坦模式的引力）随着距离延伸变弱，一定有一个引力得失平衡点，位于距离奇点一定距离的地方。这个平衡点被称为事件穹界（黑洞的边界），并且被认为是有去无回的点，甚至能量进入此点后也不可能返回地进入黑洞（图 6-12）。

但是，尽管这是关于不可见的黑洞的经典观点，由于黑洞的存在只是由围绕其神秘的真空空间的轨道运行的物体推测出来的，所以在这几年来，这种经典观点一直在进行修改，以迎合否则就会矛盾的观察结果，甚至产生更加晦涩的猜测。现在的黑洞理论认为，当物体发射出大量的辐射能喷射流时，黑洞是可以看得见的——因为这已经被观察到了。如今这被解释为，围绕着奇点引力陷阱的一种奇异的量子力学现象，即每个进入事件穹界（黑洞边界）的最初

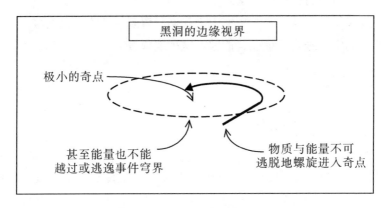

图6-12 标准理论中的典型黑洞

能量光子都神秘地创造出第二个能量光子，从而当其本身消失在奇点中的时候，其复制品却能够逃逸并且被探测到。

这种违背能量守恒定律的光子复制，或者说能量创造，据说顺理成章地符合量子理论，并且被认为可以接受，因为据说，其中一个复制出来的光子落入黑洞，在"宇宙中消失了"。通过综合广义相对论中关于扭曲时空的各种观点，科幻小说关于奇点中"虫洞"能够通往宇宙其他部分甚至完全另外一个宇宙的想象，目前已经成为了我们科学的一部分。关于包含高深莫测、有大量"负能量"的、以黑洞为间接通道的"时间机器"的观点，现在甚至被认为是科学事实。经典的黑洞观点，目前已几乎认不出了，而以各种形式的猜测与幻想为基础，表面上支持这些猜测与幻想的理论也越来越神秘，越来越奇异，因此，经典理论成为比较可靠的通常考虑的重点。

即使没有这些更加具有幻想色彩的关于黑洞的观点，经典的黑洞理论中也有许多未经解释的谜团。比如说，被粉碎的亚原子粒子如何成为纯能量，为什么奇点的纯能量显示为引力，光子怎样以及为什么会在事件穹界对其本身进行复制，扭曲时空怎样创建通往遥远领域甚至其他宇宙的通道入口，等等问题，就从未得到过物理解释。而且，从膨胀理论的观点来看，经典的黑洞理论还存在更进一步的问题，因为今天的牛顿引力理论、广义相对论、能量理论、量子力学及狭义相对论都只是抽象概念，并没有真实地描述我们的物理世界。所以，膨胀理论对此的解释是什么呢？它能够对这些问题提出合理的答案，并且解释我们所观察到的现象吗？

新观点

膨胀理论对黑洞的描述。

　　我们首先讨论黑洞理论最具特色的内容——挤压引力（crushing gravity）。尽管关于一颗恒星被其自身内在的"引力"所压碎的概念存在很多问题（完全是因为当今的引力理论本身就存在问题），但是膨胀理论认同这种概念。关于恒星有力的向内拉力将行星保持在轨道上，并且向恒星中心施加巨大的挤压引力这一点并没有争议。但是，这种有力的"向内拉力"并非来自未经解释的内在"引力"的吸引，而是来自第 2 章和第 3 章所解释的、所有原子的向外膨胀。因此，一个完全由这种膨胀原子组成的恒星，在无数原子由其中心向外的膨胀力作用下，会具有巨大的内部压力，并且施加在其核心上。所以，一旦恒星耗尽核燃料后就会因为压缩性的膨胀压力而从内部坍塌这个观点，是完全符合膨胀理论的，而不用提及之前的坍塌所涉及的神秘"引力"。

　　神秘坍塌的恒星，现在被称为中子星，将进一步坍塌为被引力永远束缚住的、含有纯能量的奇点，其深层的未解之谜也需要再次关注。由于膨胀理论认为，引力仅仅是一种抽象概念，正如爱因斯坦的扭曲时空，因此这些模型可能会有局限性。发明的这些模型用来模拟由许多原子组成的大物体的日常的重力现象，由于缺少了解，这些模型被任意地扩展到了亚原子域——甚至被应用于"纯能量"。如第 2 章所示，依据现有物理定律，只要将这些引力模型稍稍扩大，应用于贯穿我们地球的隧道的场景中，就能使它们达到断点，从而产生不可能出现的永动机。所以，当试图把它们应用于黑洞中的、坍塌原子的亚原子域时，出现非常奇怪的结果也不会令人惊讶了。

　　以膨胀原子的观点来真正了解引力，可以排除掉这些被过多扩展的模型；但是，现代科学仍然缺乏这种了解。因此，今天的引力模型被扩展到了预测出恒星的所有物质，都会被巨大的引力压缩为纯能量的极小的圆点，且仍然具有极大的引力牵制所有的物质。但是，由于膨胀理论让我们从这些被过多扩展的模型中解放出来，所以也让我们得到了不怎么神秘的结论。

　　让我们来思考黑洞的巨大引力甚至能将光本身束缚住这个观点。退一步讲，有光的地方就一定有光源。而且，当然，宇宙中唯一的已知光源就是恒星。但是，上文所述恒星变成黑洞的第一步，就是恒星必须首先耗尽其核燃料——也就是说，恒星必须熄灭。因此，我们不可能指望这颗恒星继续发光，就像我们不可能让坏掉的电灯泡发光一样。没有必要借助巨大的引力将光束缚其中，因为只有当这种光源消失的时候，黑洞才会开始形成。

进一步讲，恒星要成为黑洞，则熄灭的恒星还必须坍塌，所以即使是原子结构也要被破碎掉——不仅相当于一只坏掉的电灯泡，还相当于一只压碎的电灯泡。所以，不仅是将今天的引力模型扩展到用于预测"奇点"很有问题，而且黑洞不再像恒星一样发光这个事实也是一个当然的结果，并不能可信地说明光被神秘地禁锢在引力中了。

鉴于此，对于熄灭恒星的命运，有三种清晰的思路。第一种是，即使核进程停止，恒星也不会坍塌；第二种是，当原子被击碎，恒星变成中子星时，坍塌就结束；第三种是，甚至亚原子粒子也会被击碎而化为"纯能量"。由于我们目前的引力模型存在很多疑点，还没有被了解和发展到能够应用于后两种情况的程度，我们应把这些放到一边，以膨胀物质的观点对该情况进行分析。

如前文所述，恒星是有可能坍塌的，因为其内部确实存在压缩的力量——即使是膨胀理论也这么认为——一旦核进程停止，恒星质量达到一定的程度，这种力量就可能坍塌恒星。被认为在发光恒星中抵消这种坍塌力量的"光子"向外的"辐射压力"，现在可以被视为从内向外爆发的实际电子簇，支撑着这种向外的压力。所以，这些电子簇向外爆发的停止，将导致恒星向内压缩被坍塌。同样，现在我们观察到黑洞能够爆发出非常强大的辐射能，这种现象很难用一个完整无缺的熄灭的恒星来解释。

但是，膨胀理论对能量的描述显示出，奇点的概念是不可能的。因为纯能量的概念只是一种抽象概念，其实指的是电子云或者电子簇，不可能将恒星中大量的物质转化为占用空间比一个原子还少的"浓缩能量"（concentrated energy）。取而代之的是，膨胀理论认为，黑洞与坍塌的中子星很相像，因为中子星的亚原子粒子已经被击碎为原子域中的自由膨胀电子簇。

当原子物质坍塌时——不管是因为原子弹中的核裂变，还是恒星中巨大的压缩力量——其组成电子和电子簇（质子和中子）就被释放到原子域。中子星是这种分解的早期阶段，被释放出来的亚原子粒子作为向外爆发的自由电子簇，努力逃离其中心。这就能够解释我们所观察到的来自黑洞的巨大辐射能，因为自由电子簇建立了压力，并且在巨大的周围物质中找到了一条出路。实际上，这种活跃的黑洞与连续爆炸的原子弹很相似，即从其中心进行缓慢的受控制的释放。而且，因为恒星与所有旋转物体类似，在两极扁平而中心部分更浓厚，所以使得向内的压力能够更容易地从两极逃离——尤其是在恒星坍塌压缩，不断地旋转加大扁平化时。而且实际上，我们所观察到的黑洞呈现出扁平的旋转圆盘状，能量流从侧面喷出。这表明了膨胀理论如何可以为黑洞提供一个更简单可行的解释。

另一个必须由膨胀理论重新评估、广为人知的宇宙概念，就是我们推测的宇宙产生过程——所谓的"大爆炸"。根据推测，整个可观测的宇宙——数十亿个各自包含数十亿颗恒星的星系——都产生于与黑洞中心的纯能量类似的、极小的奇点中的纯能量的一场大爆炸。但是，之前关于黑洞的讨论以及膨胀理论对能量的定义，使得这种解释不可能成立。现在可以看到，我们生活在一个纯物质的宇宙中——一个可能是无穷的，包含无数以各种组合和配置组成原子物质、亚原子物质和能量的、膨胀电子的空间。并没有证据表明，电子可以被分解、分裂或者转化为目前膨胀物质基本粒子形式以外的任何物质，而且"纯能量"这种无形的现象，在宇宙中的任何地方都不存在。因此，当前对大爆炸或膨胀宇宙理论的普遍信任，强烈地暗示着宇宙论陷入了深层危机。

36　宇宙学中的危机

重点提示

- 诉诸权威谬误
- 错误类比谬误
- 确认性偏见谬误
- 隐瞒证据谬误
- 说服性定义谬误
- 排除证据谬误
- 假因谬误
- 一厢情愿谬误
- 可证伪性谬误
- 稻草人谬误

宇宙学涉及大尺度宇宙的起源与本质，几千年来人类充满疑惑地仰望星空希望一探究竟。尤其在 20 世纪里，科学与工程领域突飞猛进的进步大大推进了现代宇宙学的发展。然而，尽管有所进步，当前也存在很多存在争议的、令人困惑的、不可解释的论断、理论和信仰。这一原因可以追溯至被纳入宇宙学的、建立在彼此错误之上的一系列错误信仰，这导致了越来越多的对我们宇宙的扭曲看法。

为了解决这种情况，我们开始对导致目前我们理解的历史与信仰进行审视。这将作为对此说法进行深入研究的基础，并对许多当前视为既成事实或确定事实，但实际上却对我们宇宙作了严重扭曲的传统观点进行反思。

终极理论 正式的宇宙学故事

20 世纪早期，阿尔伯特·爱因斯坦提出了一个被称之为广义相对论的新引力理论。虽然爱因斯坦的理论逐渐被视为可能是引力本质的最终结论，但是由于其大部分抽象的与不可解释的方程式所计算出的结果，除在非常微妙或极端的情况下与牛顿的万有引力理论有微不足道的分歧外，没有多少实用价值。因此，爱因斯坦竭力将其新理论在最大范围内应用——推导出整个宇宙的模型。

但在此过程中，爱因斯坦发现，他的方程式所推导出的是一个所有恒星不是收缩在一起就是膨胀分离开的宇宙——与当时普遍认为的静止不变的宇宙观形成了鲜明的对比（爱因斯坦也认为宇宙是静止的）。作为理论的提出者，爱因斯坦给他的方程式额外添加了一个新的概念，用以还原一个静态的宇宙。

这是广义相对论的正式版本，直至十年以后，天文学家埃德温·哈勃（Edwin Hubble, 1889—1953）发现，所有的星系都在远离我们而去。他通过注意来自遥远星系的光的频率变低，并通过同样的方式假定当声源远离时声波频率也会变低，得出了这一结论——这就是众所周知的多普勒效应（Doppler Effect）。哈勃在星光中发现的明显等值效果被称为红移，表示向可见光谱中的低频端的红光进行的移动。哈勃以红移速度为基础对其所获得的结论进行了阐述，制定了涉及速度与距离的方程式，也就是现在称之的哈勃定律：

$V = HD$　　式中：V 表示远离我们的速度；

　　　　　　　　　　D 表示相对地球的距离；

　　　　　　　　　　H 表示哈勃常数。

　　爱因斯坦非常不情愿地放弃了他长期相信的静态宇宙的观点，哈勃的发现最终令其信服所有星系都在不断地离开我们远去，并且各星系之间的距离也在不断增加。此时，爱因斯坦从其方程式中坚定地去掉了之前添加的新概念——现在被称为宇宙常数——并宣称这是他一生中最大的错误。这使得其最初的广义相对论方程式可以自由描述不断膨胀的宇宙，以与哈勃的观测结果相匹配。

　　不久之后人们意识到，这个对宇宙的新观点也意味着在过去的某一时刻，所有的星系都会逐步相互靠近，甚至在遥远过去的某一时间，所有的星系都成群地分布在一起。最终认为，这只能意味着最初存在一个宇宙中所有物质与能量的实际创始点，这一创始点向外爆炸，产生了我们现在所看到的宇宙。

　　许多人，包括科学家与非专业人士就此产生了严重的分歧。一些人相信静态的、无限的宇宙观，否定宇宙是从创世事件中向外膨胀的说法；而那些接受了哈勃的观察结果与结论的人，就这是否意味着爆炸创世事件或一些其他的解释出现了分歧。

　　根据光的红移的证据，静态宇宙的观点最终淡出了舞台，留下两个主要观点——爆炸创世事件（exploding creation – event）的观点；由于星系膨胀，更多的物质与能量存在于缝隙之中，使空间中存在不断发展的恒星与星系的观点。后一种受到宇宙学家弗雷德·霍伊尔（Fred Hoyle，1915—2001）拥护的观点，被称为稳恒态理论（Steady State Theory）。并且霍伊尔轻蔑地将前一种观点称为"大爆炸"理论，尔后，这一称谓也就成了前一种观点的正式名称。

　　有关稳恒态理论与大爆炸理论的辩论持续了数十年，每一方都不断修改他们所支持的理论，以解决所出现的严重缺陷。1964 年，探测出从外层空间各个方向发射出的微弱的微波辐射，这些微波辐射被称为宇宙微波背景辐射（CMBR），并且很快便被声明是大爆炸事件的可预测余晖。根据预测，随着宇宙的膨胀，大爆炸爆发时产生的所有形式的辐射会被拉伸或红移，在亿万年的时间里沉落于极端的低频微波范围中，这一范围暗示的是平均温度在绝对零度以上 3 度（K）的外层空间。这与宇宙微波背景辐射的探测结果非常匹配。这一发现被授予了一项诺贝尔奖，另外一项诺贝尔奖被授予之后的宇宙背景探测器（COBE）人造卫星计划，这一计划从宇宙学家所声称的与宇宙人尺度结构相匹配的轨道中，探测出宇宙微波背景辐射的微妙变化。

这个关键的对大爆炸预言的明显确认，以及多年来对大爆炸理论所提出的修正，大大加强了宇宙自大爆炸创世事件后膨胀的理论。进一步将其与获得爱因斯坦广义相对论全面支持的哈勃红移观察结果相结合，最终平息了这一争论。现在，稳恒态理论与静态宇宙理论一起被埋葬，大爆炸理论成为正式的科学观点。所产生的大爆炸/膨胀宇宙理论提出了一幅引人注目且令人信服的图画，并在当前科学中占据着主流地位。

但是，尽管已被接受，基本问题仍不断出现在此图画中。长期以来，不断出现星系运动与爱因斯坦的广义相对论不一致的论断，且这种论断日益增多。这些差异并不是微不足道的，星系的旋转与聚集表明如果爱因斯坦的运算符合观察结果的话，宇宙中所存在的物质要比已知或假定存在的数量多 5~50 倍。很少会有人愿意质疑爱因斯坦的引力理论，因此结论便是这些所谓的"失踪物质"（missing matter）尽管无法解释与探测，但必须实际存在，最终这些物质被称为"暗物质"。这一问题：常规物质只占宇宙物质的一小部分，而绝大多数的宇宙物质完全陌生、无形无踪且不可探测——不能吸收、放射、反射或阻挡光或任何形式的辐射——甚至在当前都完全是个谜。

此外，最近宇宙学家已经通过距离和红移测量，确定星系膨胀的速度没有如预期的那样由于引力而减缓，相反却加速了。这一个在某种程度上使得星系以前所未有的速度膨胀的、明显的加速度被称为"暗能量"。暗能量不仅是一个彻头彻尾的谜团，并且据说是宇宙的最主要的元素——远远超过所有先前已知的物质和能量。并且，哈勃太空望远镜最近产生的有史以来早期宇宙最遥远的画面，超深空影像图，明确证实了这一观点。据说这个影像图显示了一个与首个原始形成的星系非常不同的宇宙。

宇宙学家日渐将暗能量描述为对爱因斯坦广义相对论与量子力学的一个预言。让我们回想一下，爱因斯坦最初在广义相对论方程式中添加了一个名为宇宙常数的概念，以便维护一个静态宇宙，而后来将此概念称为其最大的错误并从方程式中移除。如果以一种稍有不同的方式重新添加此概念，则其可以被认为是促进星系膨胀的一个暗能量物质概念。而且量子力学的许多奇怪结论之一便是真空的空间（纯粹的空无）存在能量，这一能量也有可能是暗能量。如果是这样的话，这将会解答数十年来科学家一直探讨的许多问题——爱因斯坦的广义相对论与小尺度的量子力学理论格格不入。

因此，尽管这一宇宙论必然存在问题，但因其受启发于爱因斯坦的广义相对论，所以显然受到哈勃的红移、宇宙微波背景辐射余晖与超深空影像图的支持，并且相关的大爆炸理论也被改变以解决其缺陷。此外，这一理论最终可能会将广义相对论与量子力学相结合，而且似乎已经确定了两种全新的自然现象——暗物质与暗能量——这两者可能是宇宙的主要成分。暗能量甚至似乎证实了爱因斯坦"最大的错误"是对其存在的、有先见性的预知，并且证实了量子力学中奇异的"真空能量"概念。

通过这种方式进行表达时，看起来似乎尽管宇宙论产生了许多巨大谜团，但在发现宇宙深刻真理方面已经取得了巨大的进展。但是，现代宇宙论是否在发现宇宙秘密中取得了成功，还是深层危机中的理论困惑与荒谬信仰的混杂？对这些问题的深层审视揭示了一幅完全不同的画面。

理终论极 正式故事——复核（早期）

1. 静态宇宙

这个早期复核以由亚里士多德创造的、统治了几千年的宇宙观点为重要起点。此观点认为，夜空的群星在围绕我们的大球体上都有固定的位置，并且这个球体每天慢慢地旋转。虽然我们的认识取得了很大进展，但是这一恒星固定的宇宙观点直至20世纪仍占据着主导地位，即使是专业的科学家和天文学家都持此种说法并且理由充分。

出现这一情况的原因是：想象一个非常大的房间，这个房间从地板到天花板到四周的墙壁上，都有详细描绘整个夜空的壁画。这当然是"固定的恒星"的一个例子，当然这只是一幅摄影快照。我们需要每天（如果不是每小时）更新壁画，才能看到宇宙的动态变化。然而，如果我们真这么做的话，我们会发现，壁画在明天或后天乃至明年都没有什么变化。我们星系内的遥远恒星，更别说星系外了，离我们的距离之远是难以想象的，即使穷尽一个人的一生都不可以探测到它们轻微的运动。实际上，即使在我们身处的银河系的旋转螺旋星云中，我们也看不到恒星间彼此进行的运动，当然更不会看到其他更遥远的星系的旋转或运动的距离。我们头脑中的此类运动的任何影像，只能完全来自为教育或娱乐目的而创造的人工模拟或动画。

离我们最近的恒星，距离我们穿越所在的银河系仅百分之一的一部分，是唯一的例外。在这种情况下，在一年中可以检测出它们相对于遥远恒星的位置的微小变化，但是，这一发现也不是由任何这些恒星在通过空间时已检测出的运动获得的，而是由我们地球在其每年的轨道中进行的运动而得出的。让我们在邻近的距离看奥秘所在，正如我们不同的眼睛对周围世界的观察稍有不同一样，通过将今天的夜空与 6 个月后当地球运行至太阳的另一侧的夜空对比，我们会得到稍有不同的宇宙视图。这被称为视差方法。我们位置的巨大差异，从太阳的一侧沿轨道运行到太阳的另一侧，与星际间的距离相比仍然是极为微小的，但是通过最先进的望远镜，仍然可以看到距离最近的恒星之间位置的足够微小的相对位移。

当然，夜空中存在其他的在较短时间内进行着的十分不同的事件。我们太阳系内的天体（如行星、卫星和彗星）的运动便是一个例子。一些非常遥远的天体（如变星、旋转星或爆发星）的亮度变化是可以在几周、几天，甚至在某些情况下几个小时或更少的时间内被看到。并且，地球本身有一个非常缓慢的轨道轴向进动或摆动，这就导致了所有恒星位置上的明显漂移，大概以 26 000 年为一个周期。但是，我们银河系中单个恒星的实际运动，以及我们银河系外的遥远星系的旋转和运动，是视觉所观察不到的。古代天文学家，比如亚里士多德，也察觉到了这个事实，但是对于今天漫不经心的观察者来说，偶尔抬头看看夜空，只是我们地球的旋转、月球与地球在各自轨道运行的不断变化，这一事实就不是那么显而易见。我们也听到越来越多的关于不断膨胀的宇宙充满动力的论断，比如旋转星系或星系碰撞，并且出于教育和娱乐的目的，而完全人为创造出越来越多的有关此类运动的动画。

因此，从适当的角度来看待万物，重要的是要意识到宇宙学家正在就恒星与星系的位置与运动，日复一日、年复一年地研究与我们宇宙同样的在静态墙上的壁画。那么，如果所有的宇宙学家都必须研究这一幅相同的二维壁画的话，怎么会说宇宙学家正在使用更强大的望远镜对宇宙进行深层研究呢？而且，如果他们只有这样一幅宇宙的二维图片，他们怎么研究甚至怎么知道事物有多么遥远呢？

当宇宙学家说他们正在进一步研究空间的时候，其实指的是他们正在有效地接近壁画，并对存在于较大较亮天体之间的空间中的较小较暗的天体进行观察。这一般指的是更遥远的天体，但是只是一个非常粗略的第一近似值，几乎不会提供这些天体距离的任何信息。我们将在下文对为获得最确切的距离与运动而使用的其他技术进行讨论。

发明出具备更强大功能的新型望远镜，比如哈勃太空望远镜，并不意味着可以带领我们进行深层宇宙的视觉之旅，而是为我们提供相同的墙上壁画的图片，只是这一图片更清晰和更详细，同时有更好的亮度、对比度与色度。因此，在某种程度上，通过新型望远镜可以看得更远，但是仅就宇宙学家可以通过这一望远镜有效地走到墙上壁画中，并对极微小的天体进行研究，而在此前的壁画中可能根本看不到这些微小的天体。最好的望远镜即使可以等同于使用放大镜观察壁画上最微小、最模糊的遥远天体。但是，那也只是整个宇宙的静态二维图片。

2. 静态或非静态——质疑亚里士多德

尽管亚里士多德的静态宇宙观流传至今，但是随着我们理解的不断加深，这一观念也面临着不少挑战。比如，牛顿一直与他的万有引力意味着加上足够的时间，所有事物最终都将聚集在一起的事实作斗争，然而宇宙通常被认为是一个巨大的、永恒的、静止的恒星集合。牛顿最初提出宇宙也是无限大的，因此宇宙不可能聚集到一起，并且将会一直保持静止。但是，牛顿最终被一位同行理查德·本特利（Richard Bentley，1662—1742）说服：即使因为宇宙中的全部物质都一直分布在无处不在的完美引力平衡中，这也不能解决问题。此外，即使最轻微的不平衡都将带来小区域的聚集效应，这将进一步打破事物的平衡，并且引起越来越多的聚集。即使在无限的宇宙中也会遍布到处出现日益增长的聚集。从我们今天的角度来看，我们现在可以看到牛顿曾经描述的星系，本质上是聚集在一起的恒星大集合，但是在牛顿的时代星系是未知的，当时，宇宙仅被视为是一个巨大的、相当均匀的恒星集合。因此，牛顿得出宇宙必须保持完美的引力平衡的结论。

爱因斯坦同样也质疑过这一观念，因为他同样相信当时所流行的观点——宇宙是静态的，并且可能是无限的、永恒的，但是他的引力理论所表明的却并不是这样。这一事实由宇宙学家亚历山大·弗里德曼（Alexander Friedman，1888—1925）提请爱因斯坦关注，随后，爱因斯坦的广义相对论实质上源自牛顿的万有引力理论与闵可夫斯基的时空理论的整合。正因为如此，广义相对论通常与牛顿的理论相一致，同时，由于广义相对论中包含的"时空理论"的时间维度强调了宇宙的整体运动问题，而这是牛顿的引力方程中所缺乏的。

因此，爱因斯坦面临这样的困境：他的广义相对论方程式只能对其中的恒星要么不断收缩聚拢要么不断膨胀分开的宇宙进行描述。他意识到，引力吸引的性质意味着恒星不可能向外膨胀分开，但是宇宙的吸引力也并未造成恒星相互收缩聚拢。然而，宇宙学家威廉·德西特尔（Willem de Sitter，1872—1934）通过对爱因斯坦广义相对论方程式的变体，提出了一个显而易见的解决方式——添加了一个当前被称之为"宇宙常数"的新概念。虽然这一新概念因未遵守爱因斯坦最初的推导而受到质疑，德西特尔在产生不断膨胀宇宙的纯抽象运动中将其与宇宙的无质量模型结合。但是爱因斯坦对静态宇宙深信不疑，并意识到，他可以通过在其方程式中添加德西特尔的宇宙常数并进行调整，从而得出预期的静态宇宙的结果。

但是，爱因斯坦并没有像牛顿在两个世纪前承认的那般意识到，即使这样一个理想化的宇宙平衡在实践中也是不可能的，并且仍会造成恒星四处相互聚集成团。只要我们意识到，遍布宇宙中数以亿计的星系恰恰就是这些聚集团，引力会导致宇宙收缩成恒星团——这一牛顿与爱因斯坦都与之斗争过的显而易见的问题其实并不是问题。但是独立星系的存在，每个星系包含数以亿计的恒星，在爱因斯坦的时代仍是未知的，尽管即将发生改变。

在继续探究之前，应该注意到爱因斯坦对德西特尔宇宙常数的添加，在当前被日益误传为爱因斯坦认为暗能量可能存在并且使宇宙分散开的早期直觉。然而恰恰相反，如前文所述，实际上爱因斯坦通过借用宇宙常数概念来防止出现所有物质向外膨胀分开的奇异结果。这一结果是广义相对论方程式带来的、意想不到的且不想要的结果，并且是一个爱因斯坦在引力吸引的宇宙中从未考虑过的可能性。一个收缩的宇宙是一种可能性，但是由于星系未知，爱因斯坦同样对其拒绝了。这一宇宙常数的添加纯粹是一个人为调整，以便使其广义相对论方程式根据需要进行任意调整，以避免出现以上任何一种结果。这一迎合预先设想观念的纯粹数学运算，从未被声称代表自然界中任何新的物理现象。的确，如前文所述，且下文也会详细介绍，爱因斯坦后来很尴尬地将此宇宙常数移除，并将其称之为他一生中最大的错误。这种通过宇宙常数形式来暗示暗能量是爱因斯坦的早期灵感，以增加此概念可信度的趋势，表明了当前所酝酿的一种具有很大误导性的诉诸权威谬误。

3. 放弃静态宇宙观

在爱因斯坦的广义相对论发表后的十年里，天文学和宇宙论学非常活跃。强大的新型望远镜正在制造中，许多新的想法和意见也正在酝酿。如前所述，弗里德曼发现，爱因斯坦的方程产生了一个所有恒星要么一起收缩聚拢、要么一起膨胀分离的宇宙。乔治·勒梅特（Georges Lemaitre，1894—1966），一位牧师和数学家，进一步声称，爱因斯坦的方程式暗示了一个从极小的"原始原子"（primordial atom）爆炸所产出的宇宙，并且这个宇宙迅速向外扩展。与此同时，天文学家维斯托·斯里弗（Vesto Slipher，1875—1969）正在对夜空中随处可见的旋涡状星云进行研究，我们现在知道这就是星系，但在当时这被认为是气体和尘埃组成的旋涡。斯里弗从这些星云的光中发现红移，并指出这可能是一个重要发现，但不确定它的意义。此外，以某类确定的恒星亮度变化的频率为基础，比如已知的造父变星，出现了一种确定与遥远恒星甚至相当遥远恒星之间距离的间接方法。由于宇宙学家埃德温·哈勃的工作，所有这些观点都将汇聚到一起。

哈勃使用当时世界上最强大的望远镜进行研究，他注意到束状星云的几个非常重要的特性。他发现，恒星之间实际上并不是一束束气体和尘埃，而是整个恒星本身的集合。他还在最大、最亮的星云之中定位了一个造父变星，现在被称为附近的仙女座星系，并且，根据其亮度变化来确定距离的新技术为基础，他确定这个星云要比任何已知的恒星远得多。当时已知的所有单个恒星都在银河系内，横跨银河系的距离大约10万光年，但到仙女座星云的距离计算出来是几百万光年。这意味着，他可以通过这个功能强大的望远镜看到的许多星云可能是其所有恒星的单独集合，而我们周围的恒星集合——银河系——仅仅是众多这样集合中的一个。宇宙由许多单独、遥远的星系组成的想法诞生了。

哈勃进一步探讨了斯里弗所发现的红移的星光，并注意到红移随着与遥远星系的距离增加而增加。哈勃在其数据中获得断定红移总是直接随着距离而增加的结论。并且，更为显著的是，哈勃还得出以下结论：可以将光的红移等同于声源速度减弱时声波的固定频率变化，这被称为多普勒效应。如果属实，这将意味着所有的星系都在远离我们，并且与我们之间的距离越远这些星系的速度越快。而且因为我们在宇宙中并没有起到这样一个特殊的核心作用，这也就意味着所有的星系正在加速远离对方。这意味着所有的星系都在向外膨胀——这显然是在爱因斯坦添加德西特尔的宇宙常数并对广义相对论进行调整以维护静态宇宙观之前，由弗里德曼指出且由广义相对论产生的概念。

这当然吸引了爱因斯坦的注意，他随后拜访哈勃并对这些新的启示进行了讨论。勒梅特听说了这次会晤，并加入了爱因斯坦与哈勃的讨论，并提出他的宇宙从一个"原始原子"向外膨胀的观点。在本次会晤结束时，这三个人一致认为，宇宙显然是向外膨胀的，并且是在很久以前发生的无比强大的爆炸活动之后不断演化出来的。正是在这次会晤之后，爱因斯坦放弃了他另外添加的宇宙常数。现在看来，宇宙常数可以明显地被视为不适当的错误的添加，特别是在使用爱因斯坦的方程式描述不断膨胀的宇宙之时。

这一发现的汇集与思想的融合，无疑产生了一个引人注目和令人兴奋的宇宙新观点，但这种观点是正确的吗？如果是，为什么几十年以来宇宙学与这一观点在持续地进行斗争，并产生了暗物质和暗能量这些谜团，如果是不正确的，那么在继续研究这个理论之前是否可对这种不正确性进行证明？事实上，通过进一步审视哈勃星光中的红移指示速率的假设，便可清楚地得知这一宇宙观点是不正确的。

4."红移 = 速度"假设

哈勃的红移星光表示远离我们速度的论点存在三个主要问题。

第一个问题，这是基于所感知的与声音中的多普勒频移完全不同现象的相似性进行的一个概念上的飞跃。声音仅仅是压缩波且仅为空气本身介质的一个功能。而且，由于通过在空气中的运动，频率降低的多普勒频移实际上有两个非常不同的物理原因。一种原因是，当声源在空气中移动时，随着移动而在它后面的空气中产生了更多的传播压缩波，然后作为产生低音的长波传播给我们。第二种原因是，当我们在空气中行走时，未曾改变的压缩波不断从后面赶上我们，这是因为它们以其平常的速度在空气中运动，从而导致每个声波需要更长的时间才能传播给我们，因而产生低音。这两个物理上不同的场景，有不同的多普勒方程式对不同的低频率进行计算，但是这两种情况下的相对分离速度是相同的。

但光在物理上与声波是截然不同的。光没有在任何介质内或相对于任何介质行进，并且，根据爱因斯坦的狭义相对论，在光源与观察者运动之间没有任何区别。事实上，我们的科学中并不能十分肯定地解释光的物理性质，量子力学认为光既是一种无介质的波也是一种粒子，因此声音的多普勒效应中的物理特性与公式都不适用于光。

无线电波对频移的使用，比如警察的雷达或航天器跟踪，也并不适用于光，原因是根据在第4章和第5章讨论的高频辐射的光，在物理上与无线电波的低频辐射完全不同。在低频辐射的运动诱发转移，实际上可以从这个新的角度首次在物理学中进行解释，这一方式有点类似于声音的压缩条带，只是频率没有那么高。这种区别甚至可以在今天的科学中看到，描述光的光子和高频辐射，但一般不涉及"无线电波的光子"。

此外，尽管在当今的理论中，低频无线电波（具有更长的波长）也被视为电磁能的巨大的量子光子，每个有几米长，这些奇异并且巨大的"无线电光子"的描述将被抛弃，以便完全支持对"波"的描述。事实上，使用光来测量距离或速度的设备通过一个非常不同的原理而不是雷达来进行操作，这是通过发出光脉冲串和测量它们的返回时间，而不是对光本身的频率变化进行测量。另外，红移星光被越来越多地表示为"拉伸时空"的结果，而不是实际上的穿过空间的运动，这进一步将红移物理学与声音或雷达物理学进行了分离。

而且，根据爱因斯坦的狭义相对论，更遥远星系的极高红移表明相对速度远远大于光速，根据目前的观点这是不可能的。通过考虑由时空拉伸所产生的假定红移速度，而不是在空间中的运动，宇宙学家再次放弃了这一想法，他们声称不需要这种光速极限。然而，这一个任意且不同寻常的观点缺乏相应程度的科学依据，并且没有哈勃速度的解读也是完全不必要的。

第二个问题，哈勃的"红移＝速度"假设的存在，恰恰在于它是一个假设。这一假设不仅没有坚实的科学解释或先例，而且也不是基于严格的实验。相反，它是从随着我们的视线对宇宙中红移星光的观测而推断出来的。由此看来，哈勃仅仅假设在自然界存在这样--个物理原理，其中星光的频率与宇宙中恒星的运动密切地联系在一起。

这个假设甚至被延伸到了蓝移星光的概念，这一概念指的是当恒星向我们靠近时，朝向光谱中位于蓝端的更高频率移动的趋势，类似于接近声源的更高音调。宇宙学家提及星系的旋转，这一现象实际上根本不可能被看到，因为所有可能存在的这种运动实在太慢了而不能被直接看到，即使在一个人的一生中也是如此。但据称，星系的自转可以从星系中较大的"蓝移"区域与红移区域进行推断，这可以大概表明远离我们与靠近我们的各个部分。然而，整个星系随着距离增大后红移的增加，将会完全抵消这一微小的由运动产生的蓝移。事实上，对这些说法的仔细观察表明，宇宙学家并没有对这些星系旋转观点中的"蓝移"星光进行检测，而是相较于整个星系中较小红移的区域。这被假定表示如果整个星系是静态的话，相对于我们的运动大概会表现为实际的蓝移星光，但是这些都是纯粹的假设，而并没有核实旋转运动，也没有对蓝移星光进行实际检测。

这种逻辑甚至可以用来说明偶尔整个星系正在朝我们进行加速，这可由一个整体的"蓝移"表示。例如，假定许多星系离我们的距离相同，而其红移除了一个明显较小以外，其他都相似。根据哈勃的"红移=速度"的假设，这个星系的速率相对较慢，因此肯定存在远离其他星系的相对运动，并因此向我们靠近。使用这一逻辑，一个整体红移相对较小的远方邻近星系将表现为有整体的"蓝移"，并加速向我们靠近。这里对以下事实进行考虑：我们的间接距离判断可能是错误的，或者说，哈勃的"红移=速度"的假设是有缺陷的事实，或者说，没有直接检测到实际的蓝移。这些例子表明慎重使用可能包含相当大的假设、重新解释，甚至有缺陷的理论和过程的总结性论断。

此外，还存在对红移星光更为直接的其他解释，对隐瞒证据谬误提出问题，其中可能排除了更多的可行的替代是不合理的探究或考虑。其中一个实例是，各种各样的材料，如多种类型的塑料，会导致穿过它们的光发生频移。而且众所周知，"真空的空间"实际上充满气体和尘埃，并且占宇宙质量的比例远远大于恒星和行星。因此，如果遥远的星光随着穿越数以亿计光年的空间，而变得更暗淡和更红移也不足为怪。有关哈勃的观点用一张图可以更加清晰地阐述这一点，这一张图现在被称为哈勃定律：

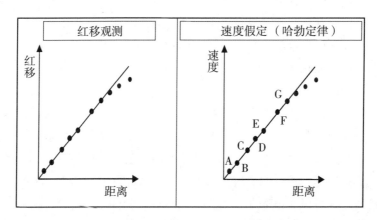

图6-13 哈勃定律——"红移=速度"假设

根据图6-13左图所示，星系距离我们越来越遥远，它们星光中的红移也会直接增加。哈勃的图解其实是更为分散的，但他通过图解获得一个直线近似值，后来发现它是合理的且要持续多年的观察。需要特别注意的是，这个左侧图是基于对星光红移的直接测量，并未对其原因进行假定。

这个"红移与距离对比"图需要我们注意另一个重要问题，即没有什么特别令人惊讶或不寻常的。它并不一定代表一种自然界的新法则，而仅仅是一种相当普遍的、大致呈线性变化的距离观测。许多过程遵循这样一个模式，如大雾弥漫中，距离越远的手电筒的光变得越模糊；或一个高层建筑越往高处建，重量越大。图6-13中显示的大致线性变化模式存在许多二级变体，但是这些变体并不能被认为是最新发现的自然规律。如果大雾的厚度有所变化，则手电筒的亮度可能有所偏离这个一般规则；并且如果大厦某层的设计有所变化，高层建筑常规重量的增加也会有所变化。尽管整体趋势可能是与距离的直线关系，但是允许在图中存在变化以反映实际的真实世界的变化。

如果红移是其他一些效应的结果而不是速度，则会出现这种情况——例如，中间空间的性质，光正是在数百万年甚至上亿年里穿过这些空间传播至我们的。许多其他的观察表明这样的解释，比如类星体，具有极高红移的天体，其亮度也十分令人惊讶。对"哈勃定律"的解释要求这些天体必须以接近光速的速度飞驰而去，并且必须在相应遥远的距离之外。但是，如果类星体真的是如哈勃定律要求的那般遥远，则它的实际亮度应该胜过10个如我们银河系这般的整个星系，尽管这一能量的来源仍是一个谜团，宇宙学家当前仍坚持这一观点。

但是，如果类星体的红移起因于它们空间区域的某个特性，比如某种气体和尘埃不寻常的密度或组成，它们可能与附近的一个较弱的实际亮度相关。它们空间区域的性质可能会大大地对光进行红移而变暗淡，远低于遥远距离，这意味着它们不需要有接近光速的速度和神秘地胜过十个星系。此外，在非常高频的X射线中也可以看到类星体的闪耀，这与可见光中观察到的向低频进行的极端红移不相关。

如果红移是由中间空间所发生的其他效应产生，那么对电磁频谱的不同部分进行转移是有可能的。但是这不能用于由运动诱发红移的哈勃定律，哈勃定律必须同等地适用于所有的频率。必须强调的是，哈勃的新自然法则是完全不同的事情。这是从对一般直线趋势中似乎引起星光中红移与距离的观察，到由于恒星与星系在宇宙中的运动，而直接导致星光频率变化的新自然规则的一个巨大飞跃。这种谨慎是十分重要的，因为哈勃"定律"中存在许多明显的例外与变化，而距离也不能被明确地看出和验证，只能间接地测定，甚至主观地判断出。

第三个问题，是哈勃的"红移＝速度"说法中最重要的问题，它包含了在过去近一个世纪中，一直被忽视的一个致命的逻辑谬误和物理错误：

谬误

X 哈勃定律的致命缺陷。

图 6-13 右图显示，哈勃的现已被广泛接受的结论（哈勃定律），即星系距离我们越远，则离开我们的速度越快。我们也了解到，我们在宇宙中并未占据任何特殊的位置，有关太阳系甚至整个宇宙，围绕着我们进行旋转的错误观点存在的历史悠久，无论是比喻或字面上。作为正式的宇宙学原理的一部分，这种认识被认为是宇宙学的基石原理之一。所以，哈勃定律中速率与距离的图解必定可以从宇宙内任何其他星系中观察到的，这意味着如果哈勃的假设是正确的，在整个宇宙中所有的星系必定在以这种方式膨胀。

与这一现象最接近的例子是在天空中爆炸的烟花——整个火球向外爆炸，其尺寸迅速增大。这个不断膨胀的火球保持其均匀球形形状的唯一方法，便是遵守"哈勃定律"图解，因为它的整体尺寸扩大一倍，意味着它的外层碎片必须随着内部碎片距离降低两倍的同时扩大两倍的距离。这意味着在相同的时间内，外层碎片涵盖了更大的距离，因此基于从爆炸中心的距离，外层碎片的运行速度也相应地比内部碎片更快。

顺便说一句，值得注意的是，尽管在外层空间的光和星系的红移动力学与"哈勃定律"或任何新自然定律绝对无关，然而这个例子却遵循"哈勃定律"。但是，关键是"哈勃定律"图解中存在一个绝对关键但却从来没有获得应有的重视和考虑的细节。这个细节是随着图解延伸至更远的距离，它也代表了更远时间内的观察结果。

当前观点认为宇宙大约 140 亿岁，数十亿个星系点缀其间，相互距离是如此之大以至于只能用光年这一术语对其进行描述，即光在整整一年所传播的距离。甚至离我们最近的星系也在数百万光年之外，其中的大部分星系位于可观测宇宙的数十亿光年之外，并向各个方向延伸 140 亿光年之外的距离。因此，"哈勃定律"图上所绘制的点代表红移和推测速度——对应位于 10 亿光年，20 亿光年，30 亿光年等距离的测量结果。这也意味着这些推测的速度测量结果发生在 10 亿年、20 亿年、30 亿年前。

宇宙学家深知这一事实，他们经常说道，寻找到的空间等同于寻找回来的时间，但都没有遵循这一理解抵达其必然的、令人不安的结论。重新参照图

6-13,位于10亿光年之遥的星系A，它被观测到的速度是其在10亿年前的活动，因为在10亿年期间它的速度不断增加，现在这一距离将更为遥远。

对于在20亿光年距离的星系B而言，真实情况也是如此，根据"哈勃定律"图，不仅它的运行速度会增加一倍，并且在20亿年以后需要花去两倍的时间才能将其带回到当前的状态。如果它只是在与星系A相同的时间内运行速度增加一倍——10亿年——与我们之间的大致相等的距离，现在星系A和星系B将会获得相同的增长，正如烟花爆炸的例子。然而，我们看到的烟花爆炸是在同一时间和相同的时间内进行，但对星系的观测结果则不是这样。因此，在20亿光年之外发现的星系B与星系A相比，将会继续运行额外的10亿光年，以使其与星系A之间的现存距离和星系A与我们之间的当前距离更大。

哈勃直线上规则排列星系图表明以往各个不同点之间所存在的距离实际上代表了在当前宇宙状态下那些与我们之间距离正在不断增大的星系。这种效应同样适用于30亿光年距离的第三星系，即星系C。正如均匀膨胀的烟花例子一样，星系C将会以比星系A快三倍的速度运行，但是与烟花例子中的同时性相比，星系C所运行的距离也是星系A运行距离的三倍，使它与其他星系的当前距离更大、更不成比例。

因此，虽然在表面上这些差距似乎是规模相等，并且推测为相等地向外膨胀，从宇宙学原理所要求的任何星系的角度给出一个统一的宇宙，然而这不是所有的情况。哈勃的"红移＝速度"的解释实际上描述了一个不可能的宇宙，在这样一个宇宙中相互间隔距离不成比例地增长——从宇宙中各个星系的角度而言。但是，当然，当前星系之间的距离在逻辑上和物理上不可能在远离遥远星系，同时靠近我们的时候，又越来越远离我们、靠近遥远星系。

图6-14显示了图6-13中哈勃定律图里展示的星系所产生的当前间隔。这些星系现在可能朝着星系G的方向远离我们，然后从星系G的位置朝我们的方向移动。由此可以清楚地看出，这是由"哈勃定律"所产生的对当前阶段相同星系间距的两个在物理学上完全不兼容的版本。

这就决定性地表明哈勃的"红移＝速度"的假定存在致命的错误，并且不存在运动诱发红移星光的"哈勃定律"，并且没有得出宇宙膨胀结论的理由。这一要点值得特别注意：

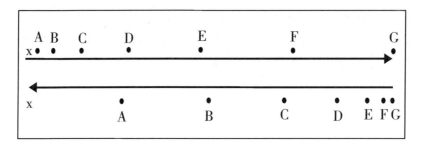

图6-14　远离我们的星系与远离遥远星系的星系

注意

因此，哈勃"红移＝速度"假设存在致命缺陷；不存在运动诱发红移星光的"哈勃定律"，并且没有得出宇宙膨胀结论的理由。

　　但是哈勃定律所产生的几何问题仍在继续深化。据称，图6-13中哈勃定律图解描述了星系过去的特点——星系 A 在 10 亿年前、星系 B 在 20 亿年前的红移与距离（以及相应的亮度）等等。但是如图6-14顶部所示，哈勃的膨胀宇宙的当前现实为实际上不成比例的巨大距离，因此产生了亮度降低与红移增加这一不成比例的现象。宇宙学家现在普遍宣称，红移是"拉伸时空"的结果，而不是穿过空间的实际速度的结果，因此图6-14中所示的不成比例的"拉伸"应当被铭印在所检测到的红移上，而不是哈勃图解中相当有规律的红移朝向远离我们的方向增大。

　　而且更重要的是，即使距离按照恒定的速度增加，星光会非常迅速地变暗。因此，图6-14所示的不成比例的距离增加，会在各个星系之间产生更加显著和不成比例的星光变暗。然而，这些不成比例拉伸的红移，以及更加不成比例变暗的亮度，都在哈勃定律图解中有所展示。讽刺的是，如果像哈勃所声称的那样宇宙实际上是膨胀的，则不会产生哈勃定律图中所示的直线或者规律间隔。反之，如果宇宙是相对静止的，且所检测到的亮度与红移仅仅由穿越真空空间的巨大跨度的性质与距离产生，则不会存在这些问题或复杂性。

　　此外，这表明爱因斯坦最初的结论——他的广义相对论方程式的解，产生了一个不断向外膨胀的宇宙，是一个无效的数学产物，而不是对自然界的正确描述。同时也表明，勒梅特努力地跟随这一数学产物，并得出整个宇宙从一个极小的"原始原子"向外爆炸的结论是同样错误的。并进一步表明，斯里弗的红移测量结果显示，在星光穿越宇宙内巨大的距离传播时，某些微妙的物体会逐渐改变星光，而这些红移既没有也不能如哈勃定律假定的那般表示速度。

唯一剩下的可能性——引力应使所有恒星相互聚集——由于最新发现的星系的存在，都不再是牛顿与爱因斯坦当初认为的那样。根据当前的观察，恒星现在可以被一起聚拢至数以亿计的局部星系结构中，而不会造成整个宇宙本身的坍塌。这进一步突出爱因斯坦对宇宙常数的添加是错误的和不恰当的，之后被爱因斯坦所放弃，虽然这一放弃是出于维护与神秘向外膨胀宇宙的相反情况而为，但哈勃和勒梅特却信服他的这一观点。

理终论极 正式故事——复核（晚期）

但是，即使这只是故事中的一半。尽管这个讨论暴露出许多问题，甚至是明显的致命缺陷，在当今的宇宙图片中，这些关键点都没有被包括在 20 世纪的发展图片中——即使在今天也仍然如此。因此，宇宙的"大爆炸"理论一诞生，自然受到哈勃的红移观测结果和他新提出的"红移＝速度"自然法则，以及爱因斯坦的广义相对论方程给"宇宙膨胀"的解决方案，乃至爱因斯坦本人（虽然不情愿）的支持。

尽管大爆炸理论起源于假因谬误、确认性偏见谬误和诉诸权威谬误这个组合，但到了 20 世纪中期，大爆炸理论已然成为了一种对宇宙作权威解释的强大的竞争理论。主要的对立理论是前面所提到的弗雷德·霍伊尔的稳恒态理论，这一理论试图解释星系如何在整个宇宙保持整体均匀一致和永恒的情况下不断向外运动。稳恒态理论本质上是对静态宇宙理论的修改，因为当时宇宙向外膨胀是不容置疑的，并且这一理论表示新的物质不断地被创造，随着星系的向外运动，新的恒星和星系填补空白间隙。

随着争执多年的持续，宇宙学界存在一种最终解决这个问题的强烈愿望，最终这一机会降临在 1965 年意外发现宇宙微波背景辐射（CMBR）之际。宇宙微波背景辐射的发现被广泛认为是大爆炸创造活动本身强有力的直接证据，这个争执告一段落。虽然大爆炸理论可被证明是假因逻辑谬误及快速增强的确认性偏见谬误双重充实和驱动的另一个例子，即使在今天的宇宙学界这一理论仍保持着这一地位。

1. 大爆炸的余晖？

宇宙微波背景辐射是在 1965 年被偶然发现的一种极其微弱的微波噪声，这一辐射均匀地从天空中的各个方向传来。因为，在某种程度上，这种来自四面八方的辐射的强度极为均匀，使其被认为是来自深空，甚至超出了我们的星系，因为任何较近的微波源大概都会体现出我们星系或太阳系结构相当大的非均匀性。因此，它被认为是从宇宙深处发出的微波背景辐射，因此被称为宇宙微波背景辐射。还有人将其称为是大爆炸创世事件之后大约 4 亿年后，年轻宇宙所发出的第一个可见的辐射。

虽然宇宙微波背景辐射被广泛视为日渐巩固的大爆炸理论的主要证据，前面的讨论表明，如果宇宙微波背景辐射是真实地验证而不是推论为真实，它将作为一个原来颇受困扰的大爆炸理论的唯一显著的证据。此外，对这个问题的仔细审视表明，这个现在几乎不容置疑的大爆炸证据的合理性远远低于通常所声言的。

首先要考虑的论断是，大爆炸理论所预测的这种辐射的存在及性质是非常不准确，而且极具误导性。实际上在当时，关于背景辐射的存在就有许多已发表的理论和预言，涵盖了范围广泛的可能值，一些基于大爆炸理论，另一些基于完全无关的经典物理学。要正确看待这些问题，需要注意一个关键性的自然过程——黑体辐射现象。

由于宇宙中的所有物体的温度都大于绝对零度（$-273.15℃$），一切物体都发射电磁辐射。并且所发射出的辐射频率与该物体的温度直接相关，此点已在经典物理学中沿用已久。这对在各个频率都能很好地吸收与发射辐射的物体而言尤为正确。这些物体都被称为黑体，以承认这样一个事实：如果它们完全吸收所有的辐射，则不会存在能被观察到或检测到的反射辐射。然而，尽管沿用这种命名惯例，黑体也很容易发出辐射，其频率精确地表示出自己的核心温度。黑体的常见实例是炉灶加热元件，或烤箱本身的内部空腔。甚至整个宇宙都通常被认为是一个巨大的黑体空腔，从核心温度的所有恒星中重新辐射出能量，核心温度可通过随处可见的微波背景辐射的频率推导出，大概在绝对零度以上 3 度（K）。

在事实来看，对背景辐射最准确的预测由物理学家亚瑟·爱丁顿（Arthur Eddington）作出，爱丁顿也因其在 1919 年进行的测试爱因斯坦的广义相对论的日食实验而被世人所知。爱丁顿的预测仅仅基于恒星输出的经典黑体再辐射的想法，这与检测到的宇宙微波背景辐射几乎完全匹配。然而，奇怪的是，尽管科学界对爱丁顿的日食实验给予很高评价，在当今的大爆炸讨论中往往没有提及他的宇宙微波背景辐射的预测。这暗示了隐瞒证据谬误，排除或不考虑这一可行的可能性。这可能导致这样的结果，一种解释被不知不觉地被忽略，因而它的存在变得越来越模糊。事实上，许多已发表的背景辐射的预测在进行检测之前就已经存在了，这创造了一系列的合理预测，从这些预测中可能会有目的地选择一种预测并展示为唯一正确的宇宙微波背景辐射的预测，而其他预测的存在性不久便会被遗忘。

实际上，这正是过去所发生的，但是并没有选择爱丁顿基于经典黑体辐射所进行的精确预测，而是选择了乔治·伽莫夫（George Gamow，1904—1968）以大爆炸理论为基础所进行的远远不够精确的预测。伽莫夫声称，爱因斯坦所认为的随着假定的大爆炸发生，万物向外膨胀后形成时空织构拉伸，将大爆炸事件中的辐射一起拉伸，然后融合至与现在绝对零度以上 5 ~ 50 度（K）相对应的频率范围之内。尽管伽莫夫的这一断言存在高度假设性，并且其基础尚未被证实，加之预测的范围相当宽泛，以及基于公认的经典物理学更精确预测的存在，但是在宇宙大爆炸的讨论中只有伽莫夫的预测被特别提到，而且通常只有最低 5K 值。这存在潜在的误导性，只对伽莫夫更宽泛的预测进行的高度选择性展示，表明了一种迎合检测到 3K 的宇宙微波背景辐射的强烈确认性偏见谬误，而对其他预测的排斥是一个强大的排除证据谬误，其中包括对作为宇宙微波背景辐射唯一解释的经典黑体辐射。

谬误
对原始宇宙微波背景辐射检测的错误验证。

作为一个结果，诺贝尔奖被授予了"宇宙大爆炸余晖"这项发现，尽管它是纯粹的猜测和假设，并产生了强大的诉诸权威谬误。这一点可被多年后发射的宇宙背景探测器（COBE）卫星清楚地证明，发射这一卫星的目的是从宇宙中获取更为灵敏的读数，以便找到陆基探测器产生的纯粹随机噪音信号之外的其他形态类型。宇宙背景探测器的结果显示，在所达到的灵敏度中只有十万分之一的随机噪声存在，已无关紧要，这与原来陆基探测器的宇宙微波背景辐射探测能力相比灵敏度更强。

这就进一步确定，上述这种整个信号的极端灵敏是由元件造成的，与假定的"大爆炸余晖"毫无关系，并且必须被减去以试图隔离任何一个可识别的微弱的宇宙大爆炸信号。这包括来自我们太阳和太阳系的微波噪声，来自我们银河系内的数十亿颗恒星，以及整个宇宙数十亿光年广袤空间的微波噪声。

但众所周知的是，原来的宇宙微波背景辐射的检测灵敏度对于检测这种"多余的"辐射而言过于局限。事实上，任何陆基探测器的检测能力都是如此之差，即使我们自己星系不均匀的区域，甚至是我们这个局部的太阳系，都不能检测得到，只留下完全随机的微波噪声。所以，宇宙微波背景辐射的信号被假定为宇宙起源的最初原因——我们银河系或太阳系对任何局部非均匀性的完全缺失——是完全无效的。实际上，因为检测方法太过粗劣，甚至检测不出这种局部变化，才显得该信号是如此的流畅和毫无特色。

这意味着，获得诺贝尔奖的宇宙微波背景辐射检测不能真正地被视为获得某项进展，而仅仅是对最接近、最强大的局部微波源的粗劣展示，也许没有超出我们的太阳系，更不必提银河系外。因此，把它称为宇宙微波背景辐射不仅是完全错误的，而且以这样高度提示性的方式对其进行命名就是一种现在能验证的说服性定义谬误。然而，大爆炸的讨论中从未提及这个重要的事实，并且事实上，宇宙背景探测器项目本身就因对宇宙微波背景辐射假说的明显确认而获得诺贝尔奖，这为支持受到高度青睐的大爆炸理论又增加了一个强大的诉诸权威谬误。

谬误

✗ 错误的"大爆炸指纹"验证。

只有源远流长的经典黑体辐射解释留了下来，因为它完全承认"多余的"辐射来自于整个宇宙的各种微波源，而不是一个大爆炸事件，这就提出了另一个关键点。宇宙背景探测器检测到的极其微弱的"大爆炸"信号，在删除所有被视为"无关的"辐射以后，恰恰具有宇宙其他部分无关的黑体辐射的相同特征。它遵循着同样的经典黑体辐射曲线，频率的内容和分布也相同。这使得鉴定"大爆炸余晖"有必要成为一个纯粹的排除过程，太阳系、星系以至整个宇宙中所有可能的微波源都需要进行识别，对其特性进行完整描绘并以完全的确定性与外科手术式的绝对精准予以排除。据称这个过程给我们留下了极其微弱的但毫无疑问的"大爆炸"指纹识别，只能在每百万倍的放大中才可能识别，从而准确地符合我们宇宙的大尺度结构。

在评估这个巨大的论断时首先必须注意到，由于这些变化是在高倍率下观察到的，这可能是一个推定遥远宇宙信号的错误假设。在原来的陆基检测中缺乏这种微小的变量，首先可以被归因于探测器较差的灵敏度。我们不可能通过超过设备已知倍率能力之外对信号类型进行探测。相反，即使源头就在附近，通过灵敏度合适的探测器，十分相同的信号可以被合理地解构和正确地表征至最微弱的每百万分之一部分。所以，事实上，人们可以假定对极其微弱的信号分析至百万分之一部分，主要是一个关于探测器表现的论断，并不能对遥远宇宙信号的论断提供任何特别性的支持。

此外，宇宙微波背景辐射并没有表明出它可能起源于多少距离之外的任何固有属性。它与星光不同，星光中包含了随着它们沿着频谱进行红移过程中容易被追踪的像条形码状的固有光谱特征，而背景微波辐射就没有这样的可追踪的特征。不能明确地确定微波背景辐射是源自于 1 光年处，还是 100 万光年之遥，甚至 10 亿光年。所以，尽管宇宙学家仅将宇宙微波背景辐射视为高红移的、非常古老和遥远的高频辐射，但实际上有证据表明，对距离可能较近的、再次辐射原有的低频微波的辐射而言，是一种极不可能和未经证实的假设。众所周知的，在这种极端灵敏度的情况下保证所出现的模式不是由其他效应产生或影响是非常困难的，甚至探测器本身最微小的缺陷、变化或热量变化都会影响。新一代的宇宙微波背景辐射项目——威尔金森微波各向异性探测器（WMAP）卫星强调了这些问题，与宇宙背景探测器相比 WMAP 卫星的灵敏度更高，并且使启用最详细的每百万分之模式成为可能。

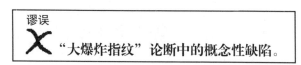

谬误

X "大爆炸指纹"论断中的概念性缺陷。

但是，对探测假定包含我们宇宙早期指纹的大爆炸余晖的概念，仍然存在其他深层次的概念性缺陷。据称，宇宙微波背景辐射是突然一起出现在早期宇宙各处，随后以光速分散开来。今天，我们当然不会希望去检测 140 亿年前从我们的邻近空间区域爆发的第一次辐射。正如在所有方向上距离我们大约 140 亿光年的巨大半径中的早期辐射一样，到现在这种辐射可能早已清澈透明了，并分布在整个宇宙。今天我们即使希望去检测唯有的早期辐射，也是已经传播了将近140亿年的辐射了，这些辐射从我们可观测到的宇宙边缘外的完全独立、完全陌生的空间区域发出。

但同时，即便这种辐射行进穿越我们广袤宇宙，通过许多混沌的不同纪元、动态演化的恒星与星系之后，它会大大地发生变化。并且，根据观察星光在整个宇宙中是扭曲和弯曲的，这一现象往往被解释为由引力透镜效应所引起。而且，由于爱因斯坦的广义相对论完全不能根据已知宇宙中物质的数量与分布，对这些观察结果进行解释，人们认为宇宙中肯定存在10倍以上的、不可见的暗物质。因此，极其微弱的、百万分之一部分的指纹，并且只能代表可见宇宙边缘内一个完全陌生区域的痕迹，在历经宇宙内140亿光年的传播后会更加严重地扭曲。

鉴于这个讨论"大爆炸余晖"的论断更像是一个一厢情愿谬误，人们通过这个论断看到了他们所希望看到的，但同时也是一个可证伪性谬误，其中论断的主要"证据"仅仅因其性质很难被牢靠地反驳。尽管如此，幸运的是已经出现对我们科学中存在的这个荒谬、极具误导性的论断进行揭露的确凿证据。

谬误

宇宙微波背景辐射曾三次错误声称"大爆炸指纹"。

现在可以坚实地证明，宇宙微波背景辐射被错误地宣称为大爆炸余晖，至今已足足有三次。第一次是最初的论断，因为我们现在知道即使真正存在这样的余晖，探测器之前根本无法探测出这一微弱、遥远的余晖。第二次是宇宙背景探测器的断言，它所产生的模式可以与宇宙中整体分布的物质精确匹配，尽管当前普遍相信在那时有10倍以上的物质是以"暗物质"的形式存在。而第三次是 WMAP（威尔金森微波各向异性探测器）声称，它所产生的更为详细的模式与宇宙的结构相匹配，并且同时与预先暗物质（pre-Dark Matter）的宇宙背景探测器成果和后来的暗物质论断相匹配。但是此外，即使 WMAP 的论断是在"暗能量"被考虑在内之前做出的，而当前宇宙学家认为暗能量是我们宇宙占主导地位的成分，据说已经深刻地影响了宇宙目前的尺寸和结构。

因此，宇宙背景探测器和 WMAP 项目所产生的微弱的模式的有效性以及意义，都没有通常声称的表现那般健全。事实上，似乎整个宇宙微波背景辐射的"大爆炸余晖"问题，可能是假因谬误、说服性定义谬误、确认性偏见谬误、诉诸权威谬误、一厢情愿谬误及可证伪性谬误的结合，以支持备受青睐的"大爆炸"理论。但是，仍然存在有许多观点。

2. 一个膨胀的宇宙?

虽然前面的讨论表明，对大爆炸理论的支持不是被高度质疑便是可被证实为错误，这一事实总体上是未知的。此外，大爆炸创世事件产生了一个不断向外膨胀宇宙的概念，现在深深扎根于宇宙学和公众的观念中。然而，即使有一个宇宙向外膨胀的概念，严重的问题依然可以看出。

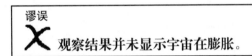

谬误
观察结果并未显示宇宙在膨胀。

正如前面提到的，根据爱因斯坦的广义相对论最早提出的膨胀宇宙的假设，由弗里德曼、德西特尔与勒梅特指出，并对其中所有恒星都不断向外膨胀分离的宇宙进行了描述。然而，虽然没有被普遍意识到，一旦发现宇宙中的恒星聚集成星系，每个星系包含数以 10 亿计的恒星，星系中的恒星并没有向外膨胀而是保持在稳定的结构内，它们在那里并没有膨胀分离开来，这种想法实际上成了无效的。

然后哈勃提出，根据爱因斯坦的广义相对论，不断膨胀分开、彼此远离的是整个星系而非单个恒星，并且与红移数据结合——哈勃曾经把其解释为速率。即使在今天，尽管宇宙学家越来越意识到，即使根据哈勃的"红移 = 速度"假设，即便是星系一般也没有向外膨胀分开，这也仍为共同信仰的观点。实际上，现今宇宙学界熟知，即使宇宙全部的星系被分组成非常静态的星系团，每个星系团包含几十、几百甚至几千个星系。即便是根据当前对爱因斯坦的广义相对论、大爆炸理论及哈勃的"红移 = 速度"假设的信仰，这当然描述的不是在单个恒星或整个星系层面上不断膨胀开来的宇宙。此外，宇宙学家现在承认，按星系团的大小比例，相对于一个典型星系中恒星之间的距离，整个宇宙中星系之间的距离实际上是紧密在一起的。

那么，宇宙学家如何纠正自 20 世纪早期贯穿至今的宇宙膨胀核心遗产论断，与对此论断越来越强烈的质疑之间的这种鲜明冲突呢？这一意识越来越被以下论断所证实："暗物质"的吸引效应与"暗能量"的排斥效应相抵消，从而令宇宙大致保持平衡。当然，这是科学无法解释的两个现象之间几近完美平衡的任意论断，但是这两种物质的存在都没有被证实。事实上，如果同时支持"暗物质"和"暗能量"的错误及不必要的论断与信念均被承认和纠正，显示上述两种现象都不存在，这两个巨大的谜团将从科学中消失。

相反，这种无处不在的膨胀宇宙的广泛误解已经悄然地从宇宙学界内部转变为当今的论断，实际上，只有在几乎难以想象的大尺度水平上，整个星系团甚至更大尺度的星系团集群在不断彼此分离。所以，宇宙膨胀分开的概念本身——即便是最支持这一观点的主张、信念与理论——都已悄然地被迫不断后撤，现在只留存下我们可以观察和概念化的绝对最遥远与最大尺度的结构。

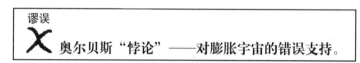

谬误

奥尔贝斯"悖论"——对膨胀宇宙的错误支持。

经常使用海因里希·奥尔贝斯（Heinrich Olbers，1758—1840）在夜空中存在观察性矛盾的观点来支持膨胀宇宙的概念，该观点被称为奥尔贝斯悖论。这个观点表明，对宇宙中来自无数恒星的光不能点亮黑暗夜空的原因没有合理的解释——现在被作为宇宙正在向外膨胀的证据而被提出来，由于宇宙的膨胀，恒星与星系不断向外急速行进，因而它们的光被拉伸、削弱。但我们现在知道银河系由超过 1 000 亿颗的恒星组成，这些恒星并没有远离我们，但是在黑暗夜空中我们仅仅能看到其中的几千颗恒星发射出的微弱光芒。进一步而言，对于我们最亲密的邻近星系仙女座，如果它在明亮时比我们在夜空中看到的满月还大，但是裸眼是看不到这一星座的，尽管它由数十亿颗恒星组成——这一事实显然与快速离去、巨大的距离或"拉伸时空"无关。

这些例子表明，漆黑的夜空并没有什么神秘或矛盾之处，这也证实一个事实，人类的视觉系统存在约束和限制。人眼不能看到与明亮的物体（如月亮或散射的城市灯光）相对比的昏暗恒星，并且即使没有这些相对比的明亮光源，人眼对极其微弱光线的灵敏度仍存在绝对限制。许多夜间活动的动物能够比人类更好地看到微弱的光线，有些动物甚至凭借星光觅食。这些动物无疑能够看到更多的恒星和更明亮的夜空，这显然可以通过长时间曝光的照片来证明一个充满星光的非常明亮的夜空。

这一漆黑夜空是一个悖论的广泛误解的持续，而且只能由大爆炸/膨胀宇宙思想来解决表明了多个逻辑谬误。它的陈述是一个稻草人谬误，表明夜空应当显得明亮而不存在"问题"，紧随其后的是一个排除证据谬误，声称没有其他合理的解释，然后是假因谬误对一个不断膨胀宇宙的极端"解决方案"。而且，这整个问题显然受到对大爆炸/膨胀宇宙信仰高度青睐的、强大的确认性偏见谬误的驱动。

宇宙膨胀的概念本身存在另一个巨大缺陷的事实，是根据爱因斯坦的广义相对论，实际上所假设的宇宙时空织构（space-time fabric）被不断加大拉伸。因此，这意味着不仅空间会如通常表现或认为的那样被拉伸，而且时间也会被拉伸。尽管这个必然的结论存在许多巨大的暗示，事实上，绝大多数对宇宙的研究、分析、讨论以及结论中，都完全忽略了时间在宇宙年龄中必须持续地、显著地被拉伸的这一事实。爱因斯坦本人回避了许多空间-时间拉伸宇宙的奇异暗示，他甚至尝试添加德西特尔的宇宙常数来竭力消除宇宙膨胀这个选项的结论。

即使宇宙膨胀仅仅是几何学的概念，也对宇宙学家提出了持续的、长期的问题。大爆炸一直被表示为一个极小的奇点或"原始原子"向外膨胀后产生了我们的宇宙，甚至在今天也继续如此表示。星系遵循"哈勃定律"以前所未有的速度远离我们也表明，宇宙从中心爆炸后迅速向外移动。然而，宇宙学家坚决否认宇宙从任何中心位置向外膨胀。这是明显的事实，宇宙本质上呈现在所有方向上都是相同的，诸如星系的亮度、红移、类型和分布等属性方面。由于没有理由认为或相信我们在巨大的宇宙中占据特殊的位置，宇宙各处必须在本质上是相同的，因此不可能有一个中心膨胀点。

宇宙学家经常面临问题的困境：一个膨胀宇宙的理论、定律及其描述都指向一个中心膨胀几何学，然而，他们的观察与论断认为不存在中心膨胀点。对此有缺陷的和不具代表性的论断，常常提出自然发酵的葡萄干面包或充气的气球作类比，并声称要解决这个矛盾；但是声称一种解释可以解决一种矛盾并不一定意味着其确实如此。无论面包片有多么大，一个几何中心可以清晰地识别出其中的葡萄干都不断向外移动，而且尽管具有可均匀拉伸的二维外皮，一个充气气球同样可以从其中心拉伸至三维体积。

这种错误类比试图证明或驳斥当前观点中所存在的不可解决的逻辑悖论，这再次证明了对于当前受到高度青睐的宇宙理论存在强大的确认性偏见。当我们考虑到宇宙学家无中心膨胀点的观察结论时，这一点更为明显，并且不存在中心膨胀点的论断与根本不存在对外膨胀的理论更容易达成一致。但是在普通视图中存在一个与大爆炸/膨胀宇宙概念更为有利的观测性实例，这一例子由哈勃太空望远镜产生，并声称支持这一观点。

谬误
X 超深空中不存在大爆炸或膨胀宇宙。

2003 年，哈勃太空望远镜指向天空的一小片黑暗区域——面积大约相当于手臂长度所持的一粒沙子尺寸——许多个星期来创建了一张有足够长时间曝光的微弱、遥远宇宙的最早期图片。由此产生的、广泛刊印的图片，被称为哈勃超深空（Hubble Ultra Deep Field，或哈勃超深场），展示了空间中以及时间回溯中我们所能看到的数以千计的星系，尽管事实上我们大概是在寻找一个婴儿期宇宙最初始的纪元。据称，目前宇宙大约 140 亿岁，孕育现代恒星的第一批星系在第一个 10 亿年内形成，此后无数生命短暂的第一批首个 10 亿年的早期恒星作为超新星爆炸，产生了现代的恒星和化学元素。然而，这一张超深空图片并没有显示所声称的、充满早期恒星和爆炸超新星、又热又密集的婴儿期宇宙，而是一个广泛分布着星系，整个星系包裹在黑暗空间里的相当典型的宇宙。这是特别奇怪的，因为我们检测到宇宙微波背景辐射——推测源自大爆炸之后 4 亿年并红移到微波——并且我们可以在可见光中看到所推测出的第一代星系（按理说应在此后不久），但是，即使用我们最强大的望远镜在最长时间的曝光下，都没能在星系之间发现任何物质。

　　确实存在采用低于可见光的低频红外光谱望远镜对宇宙进行观察，这种望远镜对光学望远镜不容易观测到的恒星进行观测。这有时也表示为现在把频率转移至低于可见光的范围，对婴儿期宇宙中的早期恒星进行检测。然而，对这种情况的仔细审视表明，这些红外线探测到的恒星往往有自己的可见光，只是受到星云附近大密度气体的很大程度掩盖，但它们的红外线辐射——也被认为是热辐射——可以被检测出来。这类似于使用热量对尘埃中或黑暗中的物体进行检测的红外线夜视镜，并且与塞满了密集的早期恒星与爆炸超新星的遥远婴儿期宇宙的检测有很大不同。这个因单纯光学遮蔽对星罗棋布于宇宙的恒星的红外观测的重大误解，再次表明了强大的确认性偏见谬误。

　　最后，这张包含成千上万个星系的极差分辨率与色深度的图片，从这么一极小片天空中产生，每一单个星系图像模糊，整张图片相当模糊就可理解了。在许多情况下，不可能对原始星系、成熟但十分模糊的椭圆形星系、从一个奇怪的角度看模糊成熟的螺旋形星系进行区分。此外，不仅图片中的星系间隔按照其大小与距离比例分布合理，并且也被广泛承认的是很多星系都位于整个宇宙中不同的距离上，最远的距离里留下了更少的星系。在整个宇宙中发现貌似原始、残缺或畸形的星系也不是特别不寻常。

　　因此，我们可能看到的假定最早的宇宙可以说是典型星系的全体成员，星系的间距在任何区域或时间段也可以说是非常典型的。然而，宇宙学家计算得知，即使当宇宙大概只有现在大小的一半也会比今天密集 8 倍，尽管观测显示在整个历史中星系的密度一直保持一致。并且，根据今天的理论，首先形成的星系应该是非常原始的、非常密集的聚在一起——呈现在一张大约拉伸 95% 的方式回到创造奇点的图片中。然而，尽管有这个与最遥远的超深空相悖的证据，宇宙学家仍声称，这张照片显示了原始早期星系从热的、密集的早期宇宙刚刚兴起。所以，虽然这是超深空的官方解释的图像，实际上是宇宙中任何区域或时间段的典型呈现，并且并未显示大爆炸和膨胀宇宙的明确迹象。这种情况表明，宇宙学家可能只是看到他们希望看到的，再次展现了对现在备受青睐的大爆炸/膨胀宇宙理论的强大的确认性偏见谬误。

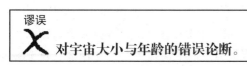

谬误
X　对宇宙大小与年龄的错误论断。

这种由超深空图片产生的观点认为，所有空间的距离及我们回溯时间就能看到它，彰显出宇宙的大小和年龄的问题。通常所说的大约 140 亿年的年龄在很大程度上是基于我们使用当今最好的望远镜所能观测到的距离。宇宙年龄不可能小于我们最遥远的观察，因为除非宇宙至少在某个给定的光年年份便存在以使光线有足够的时间传播至我们，否则的话不可能看到从相应的光年年份所传播出的光。但存在进一步的假定，宇宙也不能比这些遥远的观测老很多，因为如果是这样的话，我们可以观测到更远的范围。

根据这一思路，所推测的宇宙年龄随着我们的观察和对距离估计的进展已经发生了巨大变化，从哈勃时代所认为的 20 亿年到高达 200 亿年，根据当前的估值，这一年龄稳定在大约 140 亿年。后来这个年龄段的估计被用于确定假定的大爆炸之后，宇宙会以多快的速度进行膨胀才能达到目前的尺度和星系间的距离。因此，哈勃定律中的哈勃常数值和假定的宇宙膨胀速率，同样也随着宇宙年龄推断的变化而进行了大幅度的变化。

然而，由于整个宇宙膨胀的信念似乎大有问题，我们只能合理地得出这一结论：根据从超新星和红移观测的距离估算，我们只是凝视着大约 140 亿光年的宇宙。但是，这绝不代表宇宙本身任何特定的大小、年龄或膨胀动态。根据观测结果，它很可能是一个整体相当静态的宇宙，甚至也可能尺度无限、年龄永恒。看来即使通过最强大的望远镜，我们可能只能够看到大约 140 亿光年的距离，但宇宙的真正大小和年龄仍是一个悬而未决的问题。

鉴于此，我们可能会质疑当前的信念，即光从我们最远的观察点传播 140 亿年到达我们，意味着这也与宇宙的大小与年龄相对应。毕竟，在一个被推测为不断膨胀并且很可能是无限大的宇宙中，如果它在长达 1 000 亿年内一直相对缓慢地进行膨胀是比较合理的。宇宙学家经常指出，大爆炸没有中心点，宇宙甚至有可能是无限大的，并且宇宙根本就是应运而生和突然开始向各处进行膨胀。因此，我们受技术与物理上的明显限制，只能看到大约 140 亿光年的无限宇宙这一事实，对宇宙在假定的大爆炸之后可能向外膨胀了多长时间并没有影响。事实上，假设宇宙在最古老的观测后一直进行膨胀，宇宙学家预估，所观测到的最遥远的宇宙到目前为止的大小在理论上应该为大约 460 亿光年，但是从那个距离所传播出的光仍在传播过程当中，因此看不到。

即使在我们可能无限的宇宙中的星系已经存在并缓慢膨胀了 1 000 亿年，我们可能仍然只能看到 140 亿年的距离。我们对天空中微如沙粒大小区域内存在的成千上万个星系的研究，可以被假定为我们正在接近一个实用的分辨率极限。而且我们知道"奥尔贝斯悖论"是一个谬误，并且可被检测到的距离大小与光的微弱程度都存在实际的限制。因此，并不存在特别的理由可以推断出，光在我们视野主观的 140 亿光年限制的传播时间内，同时可以表明所有物质与光的创造时间点，以及宇宙本身的实际大小与年龄。这种以人类为中心的思想一直困扰着天文学，创造出巨量的宇宙及我们在其中位置的扭曲图片，这应该作为一个长期的提醒和警示，以确保我们不会重复这样的错误。

3. 宇宙加速膨胀分离?

尽管存在着这许多问题，宇宙从一个遥远的大爆炸事件之后不断向外膨胀的想法，最终成为宇宙论的既定事实，唯一存在的问题是，是否存在足够的引力可以最终停止这一膨胀并将宇宙拉回到之前的状态，或者是否宇宙会继续向外永远膨胀。宇宙学家最终得到了一种判断距离的方法，哪怕是最遥远的星系，这一方法帮助了这一探索。

起初，它只可能确定银河系中相距最近恒星之间的距离——直接通过视差法。根据星光随着距离增大而速率减小的程度可以推断出这些恒星最初的明亮程度。也有人注意到，一些邻近恒星的亮度呈规律性变化，它们变化的速率似乎也与其实际的平均亮度相对应。宇宙学家曾经深信，他们可以对这些附近的造父变星使用这个"变化＝亮度"的假设，对更多遥远的星系乃至所有星系的直接距离确定而不会再有限制。只要在任何星系内可以发现造父变星，其实际亮度可以由其变化速率进行假定。这就允许根据其被观测到的光相对于所推断的实际最初亮度变暗的程度，对其距离进行推断。

然而，在相对较近的星系中造父变星足够亮时才可以被观察到，但是人们进一步注意到，这些临近星系的某种非常特殊的超新星爆炸的亮度似乎同样与其距离相关。这是因为这些特殊类型的Ⅰa型超新星最初爆炸所确定的实际亮度似乎一直是相同的，这表明了仅仅根据这些标准光源（现在称为"标准烛光"）所减弱的亮度便能推导出距离。宇宙学家曾经相信，他们可以对这些距离相对较近的Ⅰa型超新星使用这个"变化＝亮度"的假设，可以仅仅使用造父变星方式对与相对较近星系间的距离进行推导而不再是一个限制。超新星爆炸在整个宇宙中都可见，因此只要这一特殊类型的超新星能在爆炸过程中被发现——这一爆炸可以持续几个星期——不管它的距离有多遥远，都可以通过对比它的观测亮度与所有这些爆炸所假定的实际亮度推导出其距离。

虽然这是一个假设的增加链接——将直接局部视差距离延伸至更远的间接

造父变星距离，然后将这一距离延伸至更加遥远的间接Ⅰa型超新星距离，现在宇宙学家普遍对此过程的可靠性持有相当大的信心。事实上，可以确定距离的准确方法，对为了验证哈勃定律而对哈勃原始的邻近星系分散图的完善与延伸是至关重要的。在首先没有一个可靠的、独立的方式确定距离的情况下，我们不可能制定出速度与距离甚或直接测量到红移与距离的哈勃图。

然而，关键是要注意，一旦这个过程指向哈勃发现了一个真实的自然法则的结论，星光的频率与恒星的运动直接地和密切地关联，则独立的距离测量就成为次要。正如根据多普勒效应，声源的音调变化必须与其运动相匹配；根据哈勃定律，星系的红移也必须与其运动相匹配。如果红移直接由速度引起，而速度是距离随着时间而进行的变化，那么这是一个无法回避的事实。当哈勃基于他的论断与声音的多普勒效应有明显的相似性，他确信这三个量也由一个类似的直接的物质性总是形影不离地联系在一起，得到了"哈勃定律"结果。

需要明确的是，哈勃没有说，譬如，红移会普遍地反映距离，大概是由于一些间接原因，比如在整个宇宙中气体和尘埃的相当规律的密度。在这种情况下，如果注意到了某些变化也不会特别令人惊讶，并且不存在希望或要求一直严格遵守"红移＝距离"自然法则的特别原因。但是哈勃声称，恒星的运动直接转移了其所发出的光，就如声音的多普勒效应，并且产生观测到的红移。这是一个极其重要的区别，因为它意味着红移必须总是随着恒星运动的任何变化而变化。

鉴于这一事实，例如，宇宙不可能在红移没有相对增加的情况下因为运动的迅速变化而突然加速膨胀，并将星系推至预期之外的更远距离。这仍然与哈勃图上的某一个点对应，但它只是沿着哈勃的直线比预期远一点点，因为它仍然必须遵循哈勃定律，沿着将红移、速度和距离密切联系的这条线。而且正是这一事实最近在宇宙学界掀起了轩然大波，促使一种全新的、神秘的能量形式出现，据说，现在这一被称为"暗能量"的物质现在主宰着宇宙。

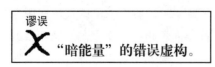

谬误
✗ "暗能量"的错误虚构。

返回参考图6-13，宇宙学家近期发现，更多的遥远的星系似乎都偏离了哈勃的直线图。具体来说，所观测到的Ⅰa型超新星的亮度与根据哈勃定律通过它们红移所暗示距离的预期亮度相比明显较暗。他们检测出的红移表明了一个距离，这可从哈勃直线图中读出，然而，观察到的亮度所表明的距离与此数值不一致，而是表示了一个更大的距离。这表明两个基本结论中的一个，对宇宙学家来说是个巨大的问题：

（1）"亮度＝距离"的超新星假设是不可靠的。

或者

（2）哈勃"红移＝速度"的假设是错误的。

但"标准烛光"超新星亮度的假设是关于宇宙的许多结论的基石，甚至被用来对哈勃定律进行扩展与验证，而哈勃的"红移＝速度"假设被认为是自然法则，而且是整个大爆炸/膨胀宇宙信念的基石。面对这两个令人烦恼的选项，宇宙学家创造了第三个在逻辑上和物理上都不可能的选项，指出一个神秘的排斥性的"暗能量"一定无法说明数十亿年前开始加速的宇宙膨胀，通过引力扭转了预期中的变缓慢。然而，这可以容易地看作是一个有缺陷的科学发现：

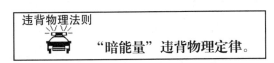

违背物理法则

"暗能量"违背物理定律。

这个新近引入的"暗能量"，假设性地创造出一种在我们的经验或科学中无其他先例的力，并且明显违背能量守恒定律。这一个神秘的新排斥力的能量源未知，它没有运行的物理机制，并且不仅不会根据需要随着使用而减少，反而可能会增加，随着时间的推移产生出更多的加速度。

除此之外，对此现象没有物理或科学解释，并且除了上述宇宙学家近期遇到的解释困难之外，没有证据能表明它在自然界的存在。有关这一论断的不可能性还有另外一个明显原因：

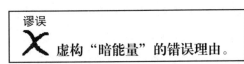

谬误

X　虚构"暗能量"的错误理由。

如前文所述，哈勃定律要求红移、速度和距离始终保持紧密联系——速度不变则距离不变，红移不变则速度不变。这种情况相当于一个物体独立于它的影子之外进行移动。然而"暗能量"的论断称，这一神秘现象不知何故突然开始加速星系分开的速度与距离，速度越快距离越远，而它们的红移却莫名其妙地按之前那般增加。在距离的加速增长情况下，红移却按正常增长，生成了一条在哈勃直线法则之外的曲线（如图 6-13 所示）。正因如此，这一发现才让天文学家如此吃惊与困惑。

在哈勃的宇宙中，不可能出现这一现象，就如同不可能出现声源突然加速而音高不变的情况一样。声音的多普勒效应中并未出现这一现象，这一效应描述了一个直接的自然物理法则，并且根据哈勃定律也不可能出现这一情况，这一结论出自相同的原因——假定哈勃定律是正确的。因此，宇宙学家虚构了在逻辑上、物理上都不可能存在的第三个"暗能量"的选项，而不是去解决上述两个令人困惑的选项结论。如果"暗能量"的论断是正确的，则不仅带来了大量无法解释的物理谜团，而且通过在不影响红移的情况下加快速度使哈勃定律变得无效。

谬误
✗ 存在缺陷的广义相对论与量子力学的统一。

但是，问题并未到此为止。人们一直努力将广义相对论与量子力学相统一，从而更接近万物理论，但是一直没有成功。最近，宇宙学家与物理学家尝试通过猜想将这两个分离的世界进行合并，这一猜想是：爱因斯坦的宇宙常数与量子力学声称的"真空能量"描述，可能是自然界中的同一现象——现在认为是加速宇宙膨胀分离的"暗能量"。如前文所述，这一猜想为连接和验证所有这些概念与理论提供了诱人的可能性。尽管事实上，现实已经坚实地证明这是不可能的，仅仅概念上的"可能"通常只能错误地作为对这些信念的进一步支持。当宇宙学家对支持当前加速膨胀宇宙理论所需的宇宙常数的数值，与量子理论"真空能量"所需的相应数值进行对比时发现，这两个数值相差 10 至 120 倍的能量，或者数万亿乘以 10 倍那么大。换言之，长久追求的广义相对论与量子力学这两个不兼容世界，希冀通过"暗能量"进行的概念性统一大错特错了，然而，确认性偏见谬误仍认为此概念存在确认的可能性。

因此，可以看到，困扰着今天的宇宙图片的因素很多：大爆炸、膨胀宇宙、哈勃定律、宇宙微波背景辐射、宇宙常数、暗物质、暗能量与加速的宇宙，以上只是主要演员。不容忽视的是，爱因斯坦的广义相对论位于这张图片的中心位置，引入或维系着大多数的这些因素，并且设置需要一些诸如暗物质理论以挽救其存在性。同时，这张图片下面还存在许多其他令人不安的事实、观察结果与暗示，其中一些长期被争论但是却从未获得结果，另一些则因为对备受高度青睐、大量的既得利益者和当前不容置疑的主流信仰体系的挑战，他们在很大程度上被忽略了或者被辞退。

然而，对许多这些高度困惑的理论与信仰存在着更简单的解释。对存在缺陷的"红移＝速度"假设与同样存在缺陷关联的大爆炸/膨胀宇宙概念的承认，是一个重要的开始点。这将允许简单的距离与空间有关的红移对光线传播的效应，数十亿光年间，光在充满气体、尘埃、宇宙射线和其他许多可能交互作用的宇宙进行传播。膨胀理论对光的解释表明，观测到的红移可能仅由于星光的电子簇中一个移动缓慢的电子加入，随着其在穿越宇宙中传播速度的加快而产生。已经证明了膨胀理论取代了广义相对论和它存在的许多问题——包括虚构了大量的"暗物质"以解释其以物质为基础的计算错误的需求。并且，宇宙常数或膨胀宇宙的概念不再会长久地支持对"暗能量"的虚构。通过将我们观测到的所有知识与膨胀理论提出的单一明晰的观点相结合，在人类历史上，人们将比其他任何时期都更加清晰地认识了宇宙。

37　什么是时间？

任何关于科学重大问题的讨论，都不可能完全不谈到时间的问题。尽管时间通常用时钟的有规律走动来显现，但同时也是当今许多科学理论整体的一部分，许多科幻故事的主角，以及多个世纪以来让诗人和哲学家得以发挥想象的主题。尽管人们已经对时间发表了很多看法，但是同样对于物理学家和哲学家来说，时间依然是一个谜团、一项推测，以及引起争论的源泉。然而，如之前的章节所示，我们物理世界当前存在的许多谜团，以膨胀理论的观点来考虑就变得不再神秘——这个观点也能够帮助解释时间的问题。

爱因斯坦认为，时间是四个维度之一，组成了我们物理世界的基础。他还认为，时间的流动完全是相对的，在每个月亮、行星和恒星上的速率都在某种程度上不同，因为它们流动的相对速度不同。然而，如果这是真的，则宇宙中每个运动的物体，都会因为自然界中已知的各种物理、化学和生物进程而具有不同的速率，从而使我们的宇宙成为一个非常不可预测和混乱的空间。

时间旅行的观点也越来越多地被提起，人们认为某些装置或者自然进程，能够让我们回到过去或者去往未来——不仅是科幻故事，甚至严肃的科学也越来越多地这样认为。确实，科学与科幻在由黑洞产生的、能够通往不同时间甚至不同宇宙的"时空虫洞"的概念方面，并不存在区别。许多科学家甚至认为，每时每刻都会出现无穷无尽的平行宇宙，而且我们宇宙中的每个原子可能生成所有的结果，每时每刻都会在平行宇宙中产生不同的现实情况。量子力学、广义相对论和狭义相对论的践行者经常会认为，这些观点具有重大的科学价值。

关于时间的众多困惑的根源，就是很多时候在我们的思想中，时间是有寿命的，好像时间真的是一个具备自身物理特性的独立实体或者维度。人们经常说，时间可能会以某种方式加速、减速甚至直接倒退，从而使得我们宇宙中的所有事物都跟着仿效，就好像时间是一个外部的、技术高超的、操纵木偶的人，能够在其控制的宇宙内部对其自身进行控制。尽管这些原理和观点探讨起来是很有趣的，但是膨胀理论中简单的膨胀原理，一定能够解释我们物理宇宙的行为——包括时间。此外，如同独立且无形的"能量"的神秘运动的现象，能够被简单地解释为膨胀电子的物理动力，时间也能以同样的方式加以解释。

从一个简单模拟时钟运行中，可以找到我们最熟悉和最直接的关于时间的例子。我们通常都认为，时钟是测量时间本身这个单独实体的装置，当时间稳定地前进时，它追踪时间的运行。在这种观点中，如果我们能够以某种方式使时间倒退，那么我们也应该能看到时钟倒退，因为时钟忠实地遵循着时间的流动。但是实际上，时钟并不是以某种方式"遵循时间流动"的特殊装置，而仅仅是人造的、根据常规的间隔前进的机械，其根本动力是膨胀电子——而不是单独的"时间"实体。

实际上，如果时钟是由"时间"驱动的，那么我们今天关于能量的概念就过时了。但是无疑，所有时钟都是由某种"能量"（即膨胀）提供动力的——当失去动力时就会停止——但是，仍然有很多人认为，时钟是由"时间"向"未来"驱动的。这种原理同样存在于所有的发明、所有的生命形式以及所有的自然现象。如果没有膨胀亚原子和膨胀原子物质，自然界以及人类发明不会如此活跃，但与"时间"的任何观点无关。而有了膨胀物质，整个宇宙就出现了生气，同样与"时间"的观点无关。

因此，对我们宇宙的行动的唯一要求就是膨胀，而关于"时间"的观点则完全是多余的抽象的人类发明罢了——这是对于我们宇宙根本的、奇特的膨胀原理的误解，关于能量的观点也同样如此。膨胀理论使得我们无须使用这两个神秘的、我们还知之甚少的现象（能量和时间），而是用一种我们具有清晰物理认识的膨胀原子的、单一且统一的原理来解读我们的宇宙。

进一步说，这种"时间"操纵木偶不仅在膨胀理论中不存在，而且时间也绝不会像爱因斯坦所说的、能够根据宇宙中各个物体的相对速度神秘地变化速度。甚至我们用来计量时间流逝的最根本的方式——每天24小时——也仅仅是地球在膨胀驱动的独立的太阳系中，以独立的速度转动所投下的阴影造成的结果。如果地球转动的方向反过来，时间是否就会倒流？当然，答案是"否"——结果仅仅是太阳从空中经过的方向会反过来，变成从西向东，但是基本的物理、化学或者生物进程都不会"时间倒流"。

同样地，所有的时钟都是与这个例子一样的独立机械装置，因为，并没有任何叫作"时间"的单独实体驱动事件向前或者向后。事实上，根本没有向前或者向后展开的事件；这也只是人们在想象中的发明罢了。整个宇宙中，只存在持续不断的物质膨胀，以及随之而来的各种力学——过去和现在一直如此，将来也会是这样。时间只是我们为了组织和方便，而附加在我们的观察结果上的一个有用的抽象概念。从这一点出发，可以说时间是存在于我们周围事物以外的单独的维度，但是这种单独的维度并不是我们今天认为的神秘物理维度——以某种方式推动事物"向前"的维度——而仅仅是人类想象出来的维度。

谬误
✗ "时间之箭"。

时间在不断向前推进的观点源自"时间之箭"（arrow of time）这个概念，它已经在当今科学中作为一个术语被广泛使用。这个短语指的是，我们所观察到的我们宇宙的事物都会流失能量、减缓速度并且最终耗尽能量的现象，就像所有事物都被某种单向的"时间之箭"驱动，走上衰减的道路一样。比如说，一杯热咖啡会自然变冷，但是不会自然变热。一个使用电池驱动的设备会不断消耗电池的能量，直到电池的电量耗尽为止，但是电池并不会自动充电。而且所有的设备都会自然而然地被磨损或者用坏（即使不用也会因为生锈或者分子降解的其他过程而损坏），但是相反情形绝对不会出现。这种认为我们整个宇宙都在"变缓"的观点，在被称为热力学第二定律的自然定律中得到了正式阐述。通常热力学第二定律被正式地表述如下：

物理法则

热力学第二定律：封闭系统总是趋向于最大的熵（随机性）和最小的焓（热含量）。

该定律的第一部分认为，任何独立或封闭的系统，都会随着时间而变得越来越随机和无序，而不会逆转。例如，一块具有有序结构的方糖，在水中会自动分解为随机散布的糖分子，但是不能逆转——糖水中随机分布的糖分子不会自动地组成具有有序结构的方糖。

该定律的第二部分认为，一个封闭系统中的任何能量都会自然消失，但是并不会在该系统中自发地集合或者集中。例如，热的物体会自动地变冷（热能消失），但是不会自动变热；要让物体变热，必须有外部来源人为地对该封闭系统施加或者增加能量。热力学第二定律与能量守恒定律都被视为物理学的传统基石。

但是，近距离的观察就显示出，这种"变缓"的普遍化，并不能证明外部"时间之箭"总是沿着由无序和衰败确定的"前进"的方向流动，而是我们宇宙的动力进行的狭窄、有选择性的观察而导致的过度普遍化。例如，将一根绳子悬浮在一杯糖水中，随着糖水蒸发，在绳子上会自发地生成有序的糖结晶体。而且，在我们的宇宙中，物体也会自动变热，就像它们变冷一样经常，因为预热是每个冷却物体所需要的。同样，在我们的宇宙中，电池也会自动充电，因为电池在输出电量之前都会进行预先充电。此外，尽管骨头可能会折断，恒星也可能会熄灭，但是骨头会愈合，新的恒星也会诞生——不断如此，而且自发如此。而且尽管对无数的局域活动与整个太阳系的运动带来了巨大的影响，月球、行星与恒星的引力绝不会有所减弱。

在这些例子中，有一些是人为的作用来提高一个系统的能量或者秩序，在另一些例子中则不是，但这些都仍然是宇宙膨胀物质的自发动力的例子。从广义的概念来说，即使是人力造成的加热、充电或者修复，也依然是自发膨胀的结果，因为我们自身的存在以及我们身体和意识从事的活动，都是在膨胀物质产生的持续动力下进行的。如果将微波炉对咖啡的加热视为人为的情况，那就等于把人类和我们的发明置于我们宇宙的力学之外。但是，当然，人类以及我们的行动和发明，如同发光的恒星和沿着轨道运行的行星一样，都是我们的宇宙及其功能的自然产物——怎么可能不是呢？

因此，被广泛接受的一个"向前的时间之箭"正在引领我们的宇宙变缓的观点，并不是一个正确的结论。实际上，我们宇宙中物质的每个粒子都一直保持活跃和膨胀，促使有序与无序、加热与冷却以及生与死的持续循环。即使这些循环注定会最终在宇宙中造成更大程度的无序和"能量"消失，也不能证明外部的、向前流动的、被称为"时间"的木偶师的存在。时间只表明自然中的普遍原理，它是膨胀物质的动力在我们的宇宙中唯一的表现方式。热力学第二定律是一个有用的阐述，它说明封闭（或者闭合）系统依照我们已经认识的全部规则行事——对于我们进行可靠的实验或者设计有用的机器是一项必要的认识。但是这些观察仅仅认识到了我们膨胀物质的宇宙中的全部动力中，我们能够加以利用的可靠原理；但是，它们并不是真实外部、向前流动的"时间"实体的证据。

38　时间旅行是否可能？

在此之前的讨论也谈到了时间旅行的概念。当看着日历时，我们可以认出未来或者过去特定的一天，但是那一天到底在哪里呢？在哪个宇宙中有那一天的真实存在，从而使得我们能够离开现在前往那一天呢？无限多个宇宙真实存在着，同时容纳在无尽的时间中的、向后和向前展开的能够想象到的每一刻。

尽管许多科学家认为，时间旅行在今天具有很大的可能性，但是膨胀理论认为，我们的宇宙在任何时候都只有一种表现形式，也就是我们所称的现在。过去在任何地方都不会真正存在，因为只要它成为过去，就没有存在的空间了。几秒钟前发生的事件就在我们现在所处的地方，并且涉及我们周围同样的物体；因此，过去只可能以记忆的形式同时存在于我们大脑的神经联系中。同样，未来——及其可能产生的、无穷的结果存在的唯一空间——就是我们的想象。我们可以在日历上看到未来的一天，并且对其加以各种各样的想象，但是在那一天到来之前，其物理结果并不存在于任何地方——那一天过去之后，它将永远成为回忆。

人的大脑可以将"时间"设想为一个外部的驱动实体，甚至能够倒流，像电影倒放那样倒转所有已知的事件；但是，尽管时间旅行的概念为科幻提供了很好的素材，但将这个概念嵌入我们的科学是另一回事。科学与科幻的界限模糊在今天已经达到空前的地步——又是因为我们科学中的广义相对论、狭义相对论和量子力学这些神秘理论被广泛接受——经常使得人们很难分清现实与幻想。在我们求知的路上，指引我们的只有科学信念，而如果这些信念是错误的，我们就会被误导。如果我们不仔细，那么我们的科学就会因为具有良好动机但是最终被误导的科学遗产而脱轨——尤其是当出现许多明显的逻辑问题，甚至违反我们目前所认可的物理定律的情况之后，这些科学遗产还不进行检验，这也是我们科学的现状。

但是，尽管之前的讨论显示，我们将"时间"定义为一种外部的驱动实体仅仅只是一种抽象的创造，关于这一点还有更深层次的讨论。膨胀理论可以证明，一种完全不同类型的时间，确实存在于我们由膨胀驱动的宇宙之外——可以被称为原始时间。

新观点

原始时间。

回想之前的讨论，我们的膨胀电子宇宙可以看作是原始海洋中的不计其数的球状涟漪，是这些完全存在于我们宇宙物理学之外的原子粒子，创造和支持我们的宇宙及其物理定律。这些涟漪在原始海洋中可能具有特有的速度，从而在所有电子上产生普遍膨胀率 X_S。由于是电子的膨胀奠定了我们宇宙中的所有物质与能量存在的基础，因此，这种粒子的膨胀率，决定了所有的事物在我们宇宙中呈现的速度。而且，因为这种膨胀率是由定义我们宇宙的原始海洋中的涟漪的速度决定的，所以我们可以认为，我们宇宙中所有膨胀驱动的事件的步调，都来自原始时间的维度。

原始时间与时钟测量的"时间"，是非常不同的概念。时钟仅仅是由原子组成的独立机械，并且被设计为以定期、独立的间隔来测量"时间"。但是，原始时间是出现得更早的、支持我们物质和"能量"的宇宙的维度。时钟不能测量原始时间，因为时钟存在和运行的基础是膨胀电子组成的原子和电，而膨胀电子的存在和性质却依赖于基本的原始时间推移。一个依靠膨胀电子的活动而存在和运行的时钟，并不能测量更早出现的甚至驱动这些电子的原始时间维度。与"时间"不同，原始时间并不是由我们宇宙中事件的展现定义的，而是支持电子存在和膨胀从而使我们宇宙出现各种事件的维度。我们将经过的"时间"这个抽象概念应用于我们宇宙中的事件，而原始时间则存在于我们的宇宙之外。可以说我们所了解的"时间"本身，就是由于原始时间而出现和存在的。

由于原始时间的速度（即原始海洋中的涟漪速度）决定了所有电子的普遍膨胀率 X_S，所以也就决定了电子对撞时的交互动力。例如，快速膨胀的电子比起缓慢膨胀的电子，能够更加活跃地进行反弹。这将决定电子聚集起来组成质子和中子的难易程度，和这些膨胀质子和中子聚集起来组成原子核的难易程度，以及生成的原子结构的性质、元素周期表的组成以及化学键与化学分子的种类。进一步说，所有形式的"能量"的性质也是由原始时间的速度决定的，因为引力、电、磁和电磁辐射都是膨胀电子的产物。

实验
变更时间。

如前所示，变更时间是一个错误的抽象概念，但是变更原始时间呢？如果我们能够变更原始时间的速度，将对我们的宇宙产生什么影响呢？作为回答这个问题的起点，应该考虑一个简单的类比。从最广泛的意义上说，一个为我们宇宙所有物质和"能量"提供动力的原始维度与支持电影放映的电影放映机有些相似。我们称为电子的球形涟漪持续膨胀，推动着我们宇宙中所有的物质与"能量"。

同样地，电影放映机根据其正常速度播放电影，自然地展现电影中的角色和场景。在这项简单的类比中，如果原始海洋突然被冻结，完全停止运动，我们的宇宙应该也会被冻结——就像电影画面冻结一样。在这种情况下，不仅原始时间会停止，我们所知道的"时间"也会被冻结，因为我们宇宙中所有物质和"能量"的引力将会停止不动。

由于在正常播放和画面定格的情况下，原始时间和电影放映机之间的类比都成立，那么将快进、慢放和倒退等概念应用于这项类比，应该也能同样地作用于原始时间。假如这样，那么加快原始时间的速度，就能加快我们的宇宙前进的速度，减缓原始时间的速度，就能减缓我们宇宙中所有事物的速度，而使原始时间倒流就能使我们的宇宙逆转。这听起来与今天关于常规"时间"的一些更加具有想象色彩的观点很像，但是这种类比真的成立吗？

在进一步探讨这个电影的类比之前，我们应该谨慎地梳理一遍从一开始就可能存在一些陷阱的讨论。首先，如之前所指出的，不能说我们的宇宙是由正好在膨胀（而不是带电荷）的电子组成的，而应该说正是因为电子是原始海洋中的膨胀形态，我们的宇宙才会存在，而且，我们不能认为宇宙还会以其他方式存在。如果电子不是持续膨胀的实体，就不会成为组成我们宇宙的电子，因为，正是这种膨胀决定了组成我们宇宙的这些奇特的基本粒子的性质——及其存在。

如果我们愿意，我们可以将电子想象为不会膨胀的，但是这种想象与现实没有而且永远不会有任何关联。因此，如果原始时间突然停止，我们的宇宙并不会简单地"定格"，还可能会消失。所有的物质和能量都可能会不可挽回地衰变或失去其形式和功能，因为，组成一切事物的电子一旦停止膨胀就会失去所有的意义。如果原始时间被解冻，我们的宇宙是否可能从这种不存在的状态中恢复？这取决于原始海洋中的涟漪是否会继续进行与被冻结之前相同的运动，或者这个过程是否永久性地改变了其本来的运动。比如说，如果我们瞬间冻结成一片冰，那么当突然解冻之后，被冻结的波浪和涟漪不会继续之前的运动，因为它们已经失去了之前的动力。

其次，使原始时间逆转意味着什么？我们目前所知道的"时间"并不能逆转，因为"时间"只是一个附加在组成我们宇宙的膨胀物质的动力之上的人造概念。由于我们的宇宙及其物理定律，都是由这些膨胀物质的动力决定的，所以只有当这些动力持续存在的时候，我们的宇宙才会继续存在；所以，将"时间"概念化是没有意义的——时间是完全基于这些动力之上的——即使逆转也是如此。

同样，原始海洋中的涟漪，也就是我们知道的电子来自于原始海洋自身的动力。为了让这片海洋中的涟漪停止活动并且逆转，就需要有一个被称为"原始前时间"的维度，以电影放映机控制电影的方法来控制整个海洋中的涟漪。只有当一个类似于电影中的镜头的领域，处于与电影放映机类似的外部过程驱动之下时，才可能毫不夸张地以这种方式被逆转。毫无疑问，原始维度就是这种被其之外的一个与电影放映机类似的维度驱动，从而使其海洋中的涟漪被逆转的领域。而且即使这种现象得以实现，随之萎缩的电子将彻底改变宇宙中所有的物理定律，以及所有物质和"能量"的性质。

所以，我们可以看到似乎是显而易见的冻结时间和逆转时间的概念——出现在当今的科幻小说中，甚至越来越多地出现在科学中——实际上提出了非常巨大的困难，具有影响广泛的意义。剩下的只有时间运行快慢的问题。前面已经指出，这种观点应用于时钟所表现的常规时间的抽象概念时，这些观点被认为是错误的，但是当应用于原始时间时，这些观点就并非不合理；事实上，已经找到了这种现象的证据，下文中我们就将看到。

原始时间前进过程的变化概念之所以与其定格和逆转的有问题的概念不同，就是因为原始时间可以在没有外部因素介入的情况下自然地改变速度。也就是说，逆转原始时间需要一些特别复杂的物理定律来逆转原始海洋中的所有动力，冻结原始时间需要同时停止所有的原始涟漪，而改变原始时间正常运动的速度则非常自然。

如果将一块鹅卵石投入池塘，从鹅卵石入水的地方会产生一个圆形的涟漪，并且向外扩张。这个圆形涟漪最初很小，而且扩张得非常快，然后随着在池塘中的面积越来越大，扩张的速度也降低了。当然，在这个过程中，水中涟漪的速度都是保持不变的，但是在这种同样的速度下，更小的涟漪扩张到两倍大小所需的时间，比更大的涟漪扩张到两倍大小所需的时间少（见图6-1）。因此，尽管随着在池塘内传播，圆形涟漪扩张的速度会变慢，但是，造成这种现象的物理定律和涟漪的速度都没有改变。同样的原理也适用于原始海洋中的膨胀电子——随着体积变大，膨胀速度会变慢。

这意味着在过去，"能量"更加活跃，物质更不稳定、更简单以及更无序，假如原子膨胀速度更快。光速会更快，电与磁的速度更快，力量也更大。同样，如果出现了原子，也只可能是最简单的原子，因为由于电子彼此之间快速膨胀，质子和中子都处于高度活跃和不稳定的状态。有趣的是，宇宙最初时期能观测到的射线表明，光速和我们宇宙中的其他自然常数，可能在极其漫长的时间内因为一些不为人知的原因发生了变化。如果这些观察结果能够经得起推敲，那么膨胀理论可以给出可能的原因。

原始时间变慢这种观点所具有的含义，进一步说明了为什么改变常规"时间"速度的概念被认为相当有问题。随着原始时间变慢，宇宙中的常规时间并不会随之变慢，因而时钟的运行速度以及所有常规事物的速度会变慢。而很可能的是，整个自然定律都会改变。光速、电与磁的速度和强度、原子的稳定性和性质，甚至引力（即原子膨胀率）都可能会改变。这将产生一个非常不同的宇宙，我们今天所知道的物理定律都会彻底改变。这种物理上的区别，可能存在于我们婴儿期的宇宙中，而原始时间速度的任何改变，都毫无疑问地对我们宇宙的物理定律产生同样的改变，而不是改变常规"时间"速度本身。爱因斯坦的狭义相对论提出的由于相对速度的变量而造成的"时间膨胀"的简单化的抽象概念，忽略了这种概念所蕴藏的深层次的物理含义。

39　万物理论已经达成？

理终论极 我们的两种万物理论

当今常见的科学设想都归结于主流标准理论，偶尔会提出一些补充或变动，意欲达到更深的理解，而且其最终目的是达成几乎不可能的万物理论。但是实际上，当今的科学也就是我们目前的"万物理论"。也就是说，标准理论是我们在描述我们的宇宙以及其中所有事物的最佳尝试，而且实际上，这也是我们迄今为止的唯一尝试。科学中其他不时出现的理论一直都没能取代标准理论，也没能凭借自己本身的实力成为真正的替代理论，而只是在标准理论的框架内进行的改善、修订或延伸。

例如，量子力学并不能够取代标准理论而成为新的"万物理论"，它仅仅是对标准理论中的亚原子粒子、原子结构和能量领域的改善和延伸。狭义相对论也不是一项新的"万物理论"，而只是对我们目前的"万物理论"——标准理论关于物质、能量和时间的观点的延伸。改变或者修改后的引力理论，如广义相对论，也仅仅是对我们包罗万象的标准理论仅仅一方面的修改。

因此，这不仅意味着标准理论就代表了我们当今的"万物理论"，还意味着目前尚未出现独立于标准理论的其他理论。迄今为止，所有看似能够取代标准理论的其他理论，仍然在某一方面存在着缺陷，以至于在我们的科学历史中，标准理论是我们唯一知道的"万物理论"。实际上可以说，标准理论是一种基于能量基础之上的万物理论，因为标准理论是与能量这种神秘而无形的"能量"现象紧密联系在一起的。因此，任何一种实质性的替代"万物理论"，都不得不完全基于我们的科学目前还不知道的原理之上。

如前所述，膨胀物质理论展示了这样一种新的科学原理。膨胀理论是一种全新的、可作为替代的理论，没有被当前基于能量基础之上的标准理论所涵盖。它也并不像引力理论一样，仅仅是对标准理论中牛顿引力学说的延伸或者替代，而是提出了一种全新的、基于完全独立领域的膨胀物质原理之上的观点。它并不是对标准理论中量子力学的观点进行改善的能量理论，而是全新的属于与之前相同的、完全独立领域的能量观，因为它也遵循膨胀物质的原理。此外，膨胀理论也并没有提出另一种适合标准理论的原子结构模型，而是以原子为主的全新观点，基于同样的膨胀物质原理定义这种新的完全独立领域的运作。

我们现在可以清楚地看到，标准理论是建立于神秘的无形能量概念之上的，而膨胀理论是建立于牢固的膨胀物质的物理原理之上的。膨胀理论并不是对标准理论的改善或者延伸，而是标准理论完整的替代物。它提供了唯一完整的外部框架——完全在标准理论之外——来完整地描述所有的物理学。换句话说，膨胀理论就是另一种"万物理论"。

因而，我们现在有了标准理论和膨胀理论两种完全独立且完整的对物理学的描述——这在历史上尚属首次。因此，我们也首次有了选择的机会，而不再是标准理论一家独大。在这种新的框架之下，我们第一次可以完全从标准理论之中迈出，坚决站在膨胀理论之中对标准理论进行客观的批判性的审视，而不对宇宙唯一已知的解释进行质疑。在标准理论的宇宙中，其核心物理定律经常会被引力、电灯泡和磁性冰箱贴条违背，我们会是什么感觉？我们现在可以将标准理论的宇宙与膨胀理论的宇宙进行比较。在膨胀理论的宇宙中，物质和能量都得到了清楚的解释，甚至还首次被完全制成了图表，而且标准理论中的未解之谜、矛盾之处以及违背物理定律的现象都将不复存在。

很明显，标准理论和膨胀理论是我们人类目前为止所发现的仅有的两套"万物理论"。现在的问题是，如果这两者中有一者是正确的，那么是哪一者呢？可以肯定的是，尽管标准理论提供了许多有用的工作模型，但是同时它每次都会违反构成其基础的基本物理定律。不仅是标准理论中存在的未解之谜和矛盾之处使其不能满足我们的求知，甚至标准理论本身就不是一套首尾一致的体系，总是在一次又一次地自相矛盾。标准理论无疑是一套有用和必要的过渡的"万物理论"——也是我们目前所知的唯一的一套——但是并不是我们所追求的真正的万物理论。

那么，膨胀理论是第二套过渡的"万物理论"，还是真正的最终理论——万物理论呢？要回答这个问题，最直接的方法就是考虑膨胀理论是否起到了万物理论被发现之后应该起到的作用。膨胀理论是否解决了我们今天一直在努力解决的未解之谜和矛盾之处？膨胀理论是否对所有的已知现象——甚至是今天尚未解释的现象作出了深入、清晰和全面的物理解释？膨胀理论是否能够让我们解答关于这些尚未被解答的现象的更加深入的问题？膨胀理论是否展现了我们的自然常量的来源？膨胀理论是否统一了物理学各个分散的领域，证明所有的物质、能量和力都能够通过一种简单且统一的隐藏于自然之下的原理来加以解释？膨胀理论是否点亮了我们对宇宙的了解过程，而之前我们仅仅是在黑暗中进行了毫无联系的几瞥？

这些都是我们预计的万物理论所应该起到的作用，也是我们如此急切地追求这种理论的原因。因此，按照定义来说，任何实现这些目标的替代性的"万物理论"都应该被视为可能的万物理论。这些都是能够在本书章节中找到的特性，也是为什么这样的理论被认为是物理学的"圣杯"的原因。

如果膨胀理论被发现存在致命的缺陷，那么我们就有了两套存在缺陷的"万物理论"，因为许多日常现象都已经证明，标准理论存在致命的缺陷。如本书所示，引力不符合标准理论，磁性冰箱贴条不符合标准理论，电荷不符合标准理论，电灯泡也不符合标准理论，而这些只是众多例子中的很小一部分。今天的标准理论已经是一套存在致命缺陷的"万物理论"；剩下的问题只是膨胀理论究竟属于哪种类型的"万物理论"？它只是一套已出现的与标准理论完全类似的、对宇宙进行另一种描述的科学理论，还是确实是我们所追求的万物理论？

你将会遇到……甚或会反思的概念

牛顿万有引力理论   爱因斯坦广义相对论

爱因斯坦狭义相对论   伽利略及下落物体

月球的引力   潮汐的原因

光的物理性质   波粒二象性

能量的性质   能量守恒定律

星光红移   大爆炸理论

量子力学   原子结构

强核力   弱核力

双生子佯谬   平坦宇宙

宇宙微波背景辐射   宇宙膨胀

电场   平行宇宙

宇宙的物理基础   磁场

粒子加速器实验   正电荷和负电荷

质子和中子的性质   电

电磁波谱   夸克的性质

时间的性质   物质的基本性质

化学键的性质   光速极限

轨道的性质   牛顿第一运动定律

黑洞   先驱者号异常

违背物理定律   爱因斯坦 $E=mc^2$ 方程

暗物质   全球卫星定位系统（GPS）

行星和恒星质量   暗能量

超光速通讯   爱因斯坦的太空升降舱

奥尔贝斯悖论   量子纠缠

空间温度   超导性

惯性的原因   陀螺稳定性

热力学第二定律   引力助推机动（引力弹弓效应）

海森伯测不准原理   棱镜与光谱

功方程   薛定谔波动方程

反物质   核裂变

反引力   波得定律

果壳书斋　　实体书店、各大网店有售。邮购:重庆出版社天猫旗舰店。

科学可以这样看丛书(25本)

门外汉都能读懂的世界科学名著,顶级学者用心写就的经典科普著作。
在学者的陪同下,作一次奇妙的、走向未来的科学之旅,
他们的见解可将我们的想象力推向极限!

1	平行宇宙	[美]加来道雄	39.80 元
2	量子纠缠	[英]布赖恩·克莱格	32.80 元
3	量子理论	[英]曼吉特·库马尔	55.80 元
4	生物中心主义	[美]罗伯特·兰札等	32.80 元
5	物理学的未来	[美]加来道雄	53.80 元
6	量子宇宙	[英]布莱恩·考克斯 等	32.80 元
7	平行宇宙(新版)	[美]加来道雄	43.80 元
8	达尔文的黑匣子	[美]迈克尔·J.贝希	42.80 元
9	终极理论(第二版)	[加]马克·麦卡琴	57.80 元
10	心灵的未来	[美]加来道雄	48.80 元
11	行走零度(修订版)	[美]切特·雷莫	32.80 元
12	暴力解剖	[美]阿德里安·雷恩	预估 58.80
13	遗传的革命	[英]内莎·凯里	预估 46.80
14	失落的非洲寺庙(彩)	[美]迈克尔·特林格	预估 43.80
15	达尔文的疑问	[美]斯蒂芬·迈耶	预估 52.80
16	机器消灭秘密	[美]安迪·格林伯格	预估 49.80
17	物种之神	[美]迈克尔·特林格	预估 68.80
18	揭开美国	[美]马克·利文	预估 35.80
19	量子时代	[英]布赖恩·克莱格	预估 35.80
20	领悟我们的宇宙(彩)	[美]斯泰茵·帕伦 等	估 160.00
21	奇异的宇宙与时间现实	[美]李·斯莫林 等	预估 58.80
22	宇宙简史	[美]尼尔·德格拉斯·泰森	预估 68.80
23	爱因斯坦的骰子和薛定谔的猫	[美]保罗·哈尔彭	预估 42.80
24	哲学大对话	[美]诺曼·梅尔赫特	估 128.00
25	P53 癌症基因	[英]休·阿姆斯特朗	预估 52.80

问题：引力是什么？

回答：对一些科学家来说，它是由物质发出的永不枯竭的吸引力；对另一些科学家来说，它是四维空间-时间的神秘扭曲，或者是更加神秘的在 10 维空间卷曲的超弦，或者也许是量子引力、引力波或引力子。也就是说，没有一个真正的答案。

问题：当光进入水或玻璃时会减慢速度（引起它弯曲），但是当光离开水或玻璃时怎么又会回到原来的速度呢？

回答：对这个令人惊奇的光加速，今天的科学中没有清晰的解释。

问题：吸附在电冰箱上的磁铁怎么能永无止境地抵抗重力呢？

回答：电冰箱壁上的一块木头必定掉落到地板上，而一块磁铁却可借助内部的磁能吸附在电冰箱上。磁铁内部的能量源是什么呢？当此能量源抵抗重力保持一块比木头沉重的磁铁不掉落时，能量消耗率是多少呢？在当今任何物理学的教科书中，你都找不到简单的和清晰的答案。

马克·麦卡琴（Mark McCutcheon），1965 年生于加拿大。当今世界著名的科学探索者和从业电气工程师，拥有物理学和电气工程双学位，在北美几所著名大学的物理实验室开展基础科学研究。他一直致力于深层次的科学探索，敏锐地意识到我们伟大的科学遗产中存在着许多悬而未决的谜团和至今未能解答的问题，这种认识在他的《终极理论》一书中达到了巅峰。